# イオンビームによる
# 物質分析・物質改質

藤本　文範・小牧　研一郎
共　編

内田老鶴圃

## 編　者

**藤本　文範**（ふじもと　ふみのり）
　　東京大学教授，大阪大学教授を経て岡山理科大学客員教授　理学博士　1994年没

**小牧研一郎**（こまき　けんいちろう）
　　東京大学教授　理学博士

## 執筆者と執筆分担

**森田　健治**（もりた　けんじ）　　　　　　1.1
　　名古屋大学　大学院工学研究科　教授（結晶材料工学専攻）　工学博士

**小牧研一郎**（こまき　けんいちろう）　　　1.2
　　東京大学　大学院総合文化研究科　教授　理学博士

**八木　栄一**（やぎ　えいいち）　　　　　　1.3
　　理化学研究所　副主任研究員　工学博士

**石井　慶造**（いしい　けいぞう）　　　　　1.4
　　東北大学　大学院工学研究科　教授（量子エネルギー工学専攻）　理学博士

**尾浦憲治郎**（おうら　けんじろう）　　　　1.5
　　大阪大学　大学院工学研究科　教授（電子工学専攻）　工学博士

**田村一二三**（たむら　ひふみ）　　　　　　1.6
　　日本工業大学，東京工業高等専門学校　非常勤講師　工学博士

**小林　紘一**（こばやし　こういち）　　　　1.7
　　東京大学　原子力研究総合センター　助教授　理学博士

**平尾　孝**（ひらお　たかし）　　　　　　　2.1
　　大阪大学　大学院工学研究科　教授（電気工学専攻）　工学博士，学術博士

**岩木　正哉**（いわき　まさや）　　　　　　2.2
　　理化学研究所　物質基盤研究部　部長　工学博士

**三宅　潔**（みやけ　きよし）　　　　　　　2.3
　　埼玉大学　大学院理工学研究科　教授（環境制御工学専攻）　工学博士

**山田　公**（やまだ　いさお）　　　　　　　2.4
　　京都大学　大学院工学研究科附属イオン工学実験施設　施設長，教授　工学博士

**緒方　潔**（おがた　きよし）　　　　　　　2.5
　　日新電機株式会社　研究開発部　室長　工学博士

**蒲生　健次**（がもう　けんじ）　　　　　　2.6
　　大阪大学　大学院基礎工学研究科　教授　工学博士

まえがき

 本書は既刊の「イオンビーム工学 イオン・固体相互作用編」の姉妹編として同時に企画されたものです．共編者である故藤本文範先生が総括責任者であった文部省科学研究費補助金特定研究「イオンビーム・固体相互作用」の完結にあたり，得られた成果を一般の役に立つ形で社会に還元しようということになり，書籍を出版することとなりました．
 この分野の研究を始めようとする人にも，またすでにイオンビームを専門としている人にも役立つものとすることを目指して，イオンビームが固体に照射されるときに起こる諸過程の基礎的事項を解説する「基礎編」と，イオンビームを物質の分析や，改質，新物質の創生に応用している現場の要請に応える「応用編」と称する2編の書籍としてまとめることとなり，その構成の検討・決定，執筆者の選定，原稿の執筆と具体的作業が進められてきました．
 1994年6月，本事業を推進されてきた藤本先生が亡くなられましたが，「基礎編」は翌年2月「イオンビーム工学 イオン・固体相互作用編」として刊行されました．両編の編集を引き継ぐこととなり，引き続き「応用編」の刊行を目指して参りましたが，このたび「イオンビームによる物質分析・物質改質」として刊行のはこびとなりました．

 本書は実際に，イオンビームを物質分析や物質改質に利用してこられた方々に執筆を依頼し，これらの応用現場の方々，これから応用研究を始められる方々に役立つことを編集方針としてきました．さらに，応用の基礎となるイオンビームと固体との相互作用にまで立ち返って研究される場合には既刊「イオンビーム工学 イオン・固体相互作用編」を併せて参照して頂ければ幸いです．

本書の刊行が遅れたことはひとえに編者の力不足のためであり，お待ち下さった執筆者，内田老鶴圃の皆様，そして読者の皆様にお詫び申し上げます。その間，ご督励下さった内田悟氏と，ご協力下さった執筆者の方々にお礼申し上げます。


2000年2月

小牧研一郎

# 目　　次

はじめに ……………………………………………………………… i

# 1　イオンビーム物質分析

1.1　RBS（ラザフォード後方散乱分光法）……………………………1
 1.1.1　はじめに　1
 1.1.2　RBSによる元素分析の原理　2
 1.1.3　元素の深さ分析の原理　3
 1.1.4　後方散乱イオンのエネルギースペクトル　5
 1.1.5　組成の決定法　8
 1.1.6　RBS装置　9
 1.1.7　分析精度　10
 1.1.8　RBS分析の応用例　13
 1.1.9　おわりに　25

1.2　ERD（反跳原子検出法）……………………………………………27
 1.2.1　はじめに　27
 1.2.2　原理と方法　27
 1.2.3　反射型ERD　29
 1.2.4　透過型ERD　34
 1.2.5　同時計測法　34
 1.2.6　おわりに　35

1.3 NRD（核反応検出法） ……………………………………………………37
   1.3.1 核反応 37
   1.3.2 軽元素不純物の深さ分布の測定 40
   1.3.3 チャネリング法 46
   1.3.4 ブロッキング法 51
   1.3.5 水素の振動状態 54

1.4 PIXE ……………………………………………………………………59
   1.4.1 はじめに 59
   1.4.2 装　置 62
   1.4.3 ターゲットと不純物の混入 65
   1.4.4 定量方法 68
   1.4.5 X線の発生断面積 71
   1.4.6 PIXEの検出限界 81
   1.4.7 応用例 85

1.5 ISS（ICISS） ……………………………………………………………91
   1.5.1 概要と歴史 91
   1.5.2 原理と特徴 93
   1.5.3 組成分析と表面分析 97
   1.5.4 構造解析と表面超構造 100
   1.5.5 薄膜成長に及ぼす水素の影響（構造解析の応用例） 104
   1.5.6 リコイル散乱 107
   1.5.7 結　言 110

1.6 SIMS ……………………………………………………………………113
   1.6.1 はじめに 113
   1.6.2 SIMSで利用する基礎事項 114
   1.6.3 装置の全体構成および各部の機能 118

1.6.4 SIMSにより得られる情報および応用　127

## 1.7 AMS······145
1.7.1 はじめに　145
1.7.2 AMSの歴史　146
1.7.3 AMSの原理　147
1.7.4 AMSの適応範囲　149
1.7.5 AMSの実際　149
1.7.6 AMSの性能　161
1.7.7 AMSの応用　162
1.7.8 おわりに　164

# 2 イオンビーム物質改質

## 2.1 イオン注入技術 ······169
2.1.1 はじめに　169
2.1.2 イオン注入技術の基礎事項　170
2.1.3 イオン注入装置　178
2.1.4 イオン注入技術の半導体デバイスへの応用　184
2.1.5 高エネルギーイオン注入の応用　189
2.1.6 超高濃度イオン注入の応用（SOI技術とSIMOX）　192
2.1.7 非質量分離大口径イオン注入（イオンドーピング）の応用　193

## 2.2 イオン注入による表層改質 ······199
2.2.1 イオン注入表層改質の概要　199
2.2.2 金属へのイオン注入　206
2.2.3 炭素材・ポリマーの改質　214

　　　　2.2.4　セラミックス，ガラス　223
　　　　2.2.5　将来展望　226

2.3　イオンビームデポジション ················231
　　　　2.3.1　低エネルギーイオンビームプロセス　231
　　　　2.3.2　イオンビームデポジション法　232
　　　　2.3.3　まとめ　263

2.4　クラスターイオンビーム技術 ················269
　　　　2.4.1　はじめに　269
　　　　2.4.2　装置の構造と動作特性　271
　　　　2.4.3　分子動力学法によるクラスターイオンと固体表面相互作用のシミュレーション　274
　　　　2.4.4　クラスターイオンによる極浅イオン注入　276
　　　　2.4.5　クラスターイオンによるラテラルスパッタリング　279
　　　　2.4.6　高反応性効果と薄膜形成　283
　　　　2.4.7　あとがき　284

2.5　ダイナミックミキシング ················287
　　　イオンビーム蒸着法による固体表面改質および薄膜形成
　　　　2.5.1　はじめに　287
　　　　2.5.2　イオンの役割　288
　　　　2.5.3　装　　置　290
　　　　2.5.4　形成された膜の特性　293
　　　　2.5.5　応　　用　304
　　　　2.5.6　おわりに　310

2.6　イオンビーム加工 ················313
　　　　2.6.1　イオンビームリソグラフィー　313

2.6.2 イオンビーム支援エッチング　320
2.6.3 反応性イオンビームエッチング　327
2.6.4 イオンビーム支援デポジション　330
2.6.5 応 用 例　333

索　引 ……………………………………………………………**341**

# *1* イオンビーム物質分析

## 1.1 RBS（ラザフォード後方散乱分光法）

### 1.1.1 はじめに

　RBS は，Rutherford Backscattering Spectroscopy（ラザフォード後方散乱分光法）の略語であり，固体試料に，MeV 領域の水素やヘリウムのような軽いイオンビームを入射し，ラザフォード散乱によって試料表面から後方へ反射されるイオンのエネルギーを測定し，試料中の組成を定量する分析法である．MeV の陽子や $\alpha$ 粒子ビームは，従来，原子核物理学の研究に使用されてきた．

　この RBS 分析法は，1959 年に Rubin らにより初めて，MeV 領域の陽子や $\alpha$ 粒子の後方散乱エネルギースペクトルを測定することによる材料表面層の不純物の濃度の決定に使用された[1]．その後，1963 年に発見されたイオンの結晶中におけるチャネリング効果の研究に利用された．1967 年頃には，チャネリング条件で測定された RBS は，シリコンやゲルマニウムにイオン注入により混入した不純物原子の活性度，すなわち格子位置への置換率の決定に利用された．このような発展段階で，RBS 分析法は結晶中の格子欠陥の構造決定にも利用されるようになり，その優れた特徴が広く知られることにより，材料表面の腐食の研究，宇宙や環境試料の分析，核融合炉の開発研究を含む一般的な材

料分析に利用されるまでに発展した．さらに1975年頃に清浄結晶表面上の原子配列の決定に適用され，今日のように材料分析法のひとつとして定着し，材料創製，化合物・合金薄膜の成長の動的過程，材料表面層の改質の研究に広く利用され，種々の問題の解決に貢献している[2~6]．

このRBS分析法の特徴は，①材料の組成を表面からの深さの関数として分析でき，その深さ分解能は比較的高い，②同一場所を多くの場合非破壊的に連続分析ができる，③分析に必要な試料の寸法が微小であり，分析に要する時間が短い，④非常に高い検出感度を有し，かつ標準試料を必要としない，⑤チャネリング条件における分析は，結晶中あるいは表面や界面に存在する原子の格子位置や配列の決定を可能にする，ことなどである．

本節では，このRBSの元素分析の原理，RBSの基礎データである後方散乱エネルギースペクトル，元素の深さ分析の原理，分析の精度，実際に使用される実験装置の概略，およびRBSの応用例を順次述べる．

### 1.1.2 RBSによる元素分析の原理

RBSによる材料中の元素分析の原理は，原子によりある方向にラザフォード散乱されるイオンのエネルギーが，その原子の質量により異なるという事実に基づいている．図1.1.1に示すような入射エネルギー $E_0$，質量 $M_1$ のイオンが，静止している質量 $M_2$ の原子と衝突するとき，入射方向から測った実験室系の散乱角 $\theta$ に散乱されるイオンのエネルギー $E_1$ は次式で表される．

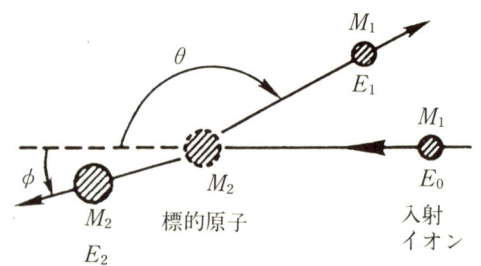

図1.1.1 入射イオンの標的原子による散乱の概念図．

$$E_1 = \left( \frac{M_1 \cos\theta + \sqrt{M_2^2 - M_1^2 \sin^2\theta}}{M_1 + M_2} \right)^2 E_0 \equiv kE_0 \qquad (1.1.1)$$

　式(1.1.1)から，散乱イオンのエネルギーは，$\theta$が一定の値であるとき，原子の質量のみに依存し，その増加とともに増加するのがわかる．これはイオンと原子の質量差が小さいほど，イオンから原子に与えられるエネルギーが大きいことによる．

　材料中に含まれる元素の濃度は測定される散乱イオンの強度から決定される．散乱イオン強度は，イオンが原子によってラザフォード散乱される確率，つまりラザフォード散乱の微分断面積に比例する．イオンの原子番号が$Z_1$であり，被分析元素の原子番号が$Z_2$であるとき，その微分断面積$\sigma(E,\theta)$は次式で与えられる．

$$\sigma(E,\theta) = \left(\frac{Z_1 Z_2 e^2}{2E}\right)^2 \frac{1}{\sin^4\theta} \frac{(\cos\theta + \sqrt{1-(M_1/M_2)^2 \sin^2\theta})^2}{\sqrt{1-(M_1/M_2)^2 \sin^2\theta}} \qquad (1.1.2)$$

ここで，$e$は電子の電荷であり，$e^2 = 14.4\,\mathrm{eV\,Å}$である．また，$E$はイオンが原子と衝突するときのイオンのエネルギーである．式(1.1.2)から$\sigma$は$Z_2^2$に比例し，$E^2$に反比例するのがわかる．このことは，イオンのエネルギーが低いほど，また被分析元素の原子番号が大きいほど，検出感度が高いことを示している．

### 1.1.3　元素の深さ分析の原理

　RBS分析の最も優れた特徴のひとつは，被分析元素の試料中に存在する深さを知ることができる点にある．この深さ分析の原理は，分析に使用されるMeV領域の軽イオンが固体試料中をほぼ直進し，その進入深さが十数μmであることによっている．このことは分析可能な深さは数μmであることを示している．

　図1.1.2に示されるように，入射イオンビームは試料中をほとんど直進し，その進入過程でごく一部のイオンがラザフォード散乱されて表面から出ていく．このため，散乱イオンの軌道は，図1.1.2のように高い精度で一回散乱モデルで記述される．エネルギー$E_0$で表面から入射し，試料中の表面からの垂直方向の深さ$x$から$x+\mathrm{d}x$の間に存在する原子によって散乱されて，同じ表

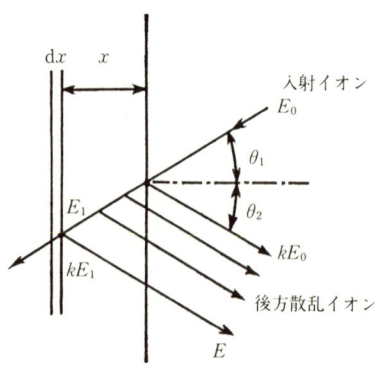

図 1.1.2 入射イオンが固体試料から反射される一回散乱モデル．

面から試料外に出る散乱イオンのエネルギー $E(x)$ は，次式で表される．
$$E(x)=kE_1(x)-\Delta E_2=k(E_0-\Delta E_1)-\Delta E_2 \tag{1.1.3}$$
ここで，$E_1(x)$ は被分析原子と衝突するときの入射イオンエネルギー，$\Delta E_1$ は入射イオンが衝突するまでに試料中で失うエネルギー，$k$ はラザフォード散乱時のエネルギー係数で式(1.1.1)で表され，$\Delta E_2$ は散乱イオンが表面に達するまでに失うエネルギーである．

エネルギー $E$ のイオンが試料中の単位長を進む間に失うエネルギーである阻止能 $S(E)$ を用いると，深さ $x$ で散乱されたイオンのエネルギーは次式で表される．
$$E(x)=kE_0-x\left(\frac{k\langle S\rangle_{\text{in}}}{\cos\theta_1}+\frac{\langle S\rangle_{\text{out}}}{\cos\theta_2}\right) \tag{1.1.4}$$
ここで，$\theta_1$ および $\theta_2$ は入射イオンおよび散乱イオンの方向と表面の法線のなす角である．$\langle S\rangle_{\text{in}}$ および $\langle S\rangle_{\text{out}}$ はそれぞれ，入射イオンが原子と衝突するまで，および散乱イオンが表面に達するまでの間の平均の阻止能であり，
$$\frac{E_0-E_1(x)}{\langle S\rangle_{\text{in}}}=\int_{E_1(x)}^{E_0}\frac{dE}{S(E)} \tag{1.1.5 a}$$
$$\frac{kE_1(x)-E(x)}{\langle S\rangle_{\text{out}}}=\int_{E(x)}^{kE_1(x)}\frac{dE}{S(E)} \tag{1.1.5 b}$$
で与えられる．深さ $x$ が小さく，$S(E_0)$ と $S(E_1(x))$ および $S(kE_1(x))$ と $S(E(x))$ の差が小さいときは，$\langle S\rangle_{\text{in}}\cong S(E_0)$，$\langle S\rangle_{\text{out}}\cong S(E(x))$ と近似するこ

とができ，被分析元素の深さは次式によって与えられる．

$$x = \frac{kE_0 - E(x)}{\dfrac{kS(E_0)}{\cos\theta_1} + \dfrac{S(E(x))}{\cos\theta_2}} \tag{1.1.6}$$

## 1.1.4　後方散乱イオンのエネルギースペクトル

図1.1.2に基づくと，固定試料表面から $x$ の深さにある厚さ $\mathrm{d}x$ の層内の被分析元素iの原子により散乱されるイオンの強度 $\mathrm{d}I_\mathrm{i}$ は，次式で表される．

$$\mathrm{d}I_\mathrm{i} = I(x)\Omega\eta\sigma_\mathrm{i}(E_1, \theta)N_\mathrm{i}(x)\mathrm{d}x \tag{1.1.7}$$

ここで，$I(x)$ は深さ $x$ における入射イオンの強度，$\Omega$ は検出器の立体角，$\eta$ は検出効率，$\sigma_\mathrm{i}(E_1, \theta)$ は衝突時にエネルギー $E_1(x)$ をもつ入射イオンの原子iによる散乱微分断面積，$N_\mathrm{i}(x)$ は深さ $x$ における元素iの濃度（単位体積中の原子数）である．通常入射イオン強度はほとんど減衰しないので，$I(x) = I_0$ とおくことができる．このような場合，散乱イオンのエネルギースペクトルは

$$Y_\mathrm{i}(E_\mathrm{i}) = \frac{\mathrm{d}I_\mathrm{i}}{\mathrm{d}E_\mathrm{i}} = I_0\Omega\eta \frac{N_\mathrm{i}(x)\sigma_\mathrm{i}(E_1, \theta)}{\left(-\dfrac{\mathrm{d}E_\mathrm{i}}{\mathrm{d}x}\right)} \tag{1.1.8}$$

で与えられる．分母の $(-\mathrm{d}E_\mathrm{i}/\mathrm{d}x)$ は，式(1.1.6)から計算され，元素iから散乱されたイオンのスペクトルは次式で与えられる．

$$Y_\mathrm{i}(E_\mathrm{i}) = I_0\Omega\eta \frac{N_\mathrm{i}(x)\sigma_\mathrm{i}(E_1, \theta)}{\dfrac{k_\mathrm{i}S(E_0)}{\cos\theta_1} + \dfrac{S(E_\mathrm{i})}{\cos\theta_2}} \tag{1.1.9}$$

$k_\mathrm{i}$ は原子iによる散乱のエネルギー係数である．

式(1.1.9)に現れる阻止能は，試料中に含まれる元素からの寄与の総和である．合金や化合物の阻止能は，ブラッグ(Bragg)の法則(加成則)に従うと仮定すると，各構成元素の阻止断面積とその濃度の積の総和で与えられる．被分析元素iのみが試料母体に含まれている場合の阻止能は，

$$S(E) = Ns(E) + N_\mathrm{i}s_\mathrm{i}(E) \tag{1.1.10}$$

で表される．ここで，$N$, $N_\mathrm{i}$ は母体元素および元素iの濃度，$s(E)$, $s_\mathrm{i}(E)$ は母体元素および元素iの阻止断面積である．

式(1.1.10)を用いると式(1.1.9)は次のように書かれる．

$$Y_i(E_i) = I_0 \Omega \eta \frac{N_i(x)\sigma_i(E_1, \theta)}{N\left(\dfrac{k_1 S(E_0)}{\cos\theta_1} + \dfrac{S(E_1)}{\cos\theta_2}\right) + N_i\left(\dfrac{k_i S_i(E_0)}{\cos\theta_1} + \dfrac{S_i(E_i)}{\cos\theta_2}\right)} \quad (1.1.11)$$

同様に母体元素からの散乱イオンのスペクトルは次式のようになる．

$$Y(E) = I_0 \Omega \eta \frac{N(x)\sigma(E_1, \theta)}{N\left(\dfrac{k S(E_0)}{\cos\theta_1} + \dfrac{S(E)}{\cos\theta_2}\right) + N_i\left(\dfrac{k S_i(E_0)}{\cos\theta_1} + \dfrac{S_i(E)}{\cos\theta_2}\right)} \quad (1.1.12)$$

実際の試料からの散乱イオンエネルギースペクトルは，式(1.1.11)と式(1.1.12)の重畳となる．式(1.1.12)から母体元素からの散乱強度が不純物原子iが存在することにより減少するのがわかる．同様のことは不純物原子からの散乱強度に対しても生じている．

ここで，具体的に種々の分析試料に対するRBSエネルギースペクトルの概略を図1.1.3に示す．図1.1.3の(a)，(b)，(c)および(d)は，それぞれ，$SiO_2$結晶，黒鉛基板上のSi薄膜，黒鉛基板上の$SiO_2$薄膜および黒鉛基板上のSiC薄膜からのRBSエネルギースペクトルである．スペクトル中の実線の矢印は表面に存在する原子から散乱されたイオンのエネルギーを表す．これらの散乱イオンエネルギーは，式(1.1.1)の散乱エネルギー係数$k$から計算される．表面原子による散乱イオンエネルギーより低いエネルギーにおける散乱強度は試料内部に存在する原子からの散乱を表している．

(a)の$SiO_2$結晶からのスペクトルがゼロ・エネルギーまで連続的に延びているのは，$SiO_2$の厚さが入射イオンの侵入深さに比べ十分大きいためである．また(a)の点線はSiからのRBSエネルギースペクトルを表し，実線と点線との差のスペクトルはOからのRBSエネルギースペクトルである．(b)の黒鉛基板上のSi薄膜からのエネルギースペクトルは，Siからの散乱強度が台形状であり，またCの実線の矢印のエネルギーにおける散乱強度がゼロであることを示している．前者のSiの台形スペクトルはSi膜が薄いことを示し，式(1.1.4)を用いるとスペクトルのエネルギー幅から膜厚が決定される．後者はC原子が表面に存在しないことを示すとともに，Si中に炭素が含まれていないことを示している．このことは(d)のスペクトルと比較するときわめてよくわかる．

(b)において点線の矢印Cの低エネルギーにおいて散乱強度が現れているのは，Si薄膜が黒鉛基板の上に存在するためである．つまり実線の矢印Cと

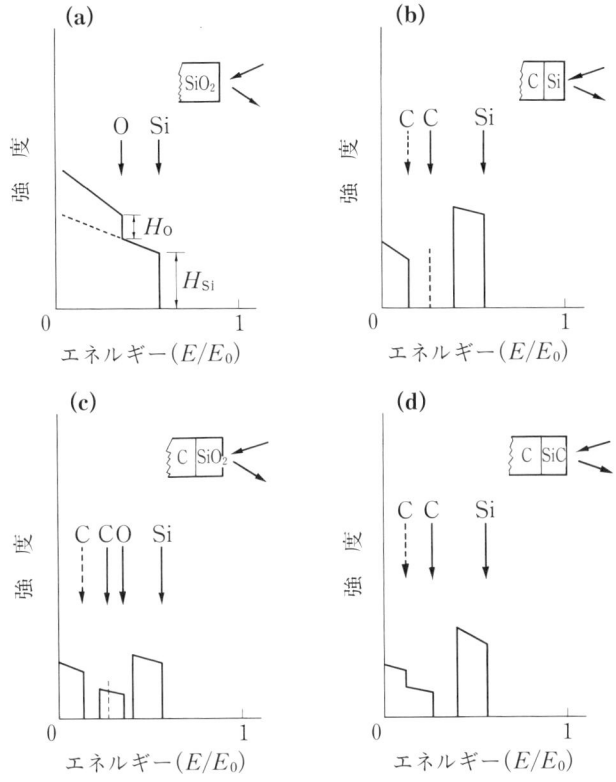

**図1.1.3** 種々の試料に対するRBSエネルギースペクトルの概略図.

点線の矢印Cとの差もまたSi膜の厚さに対応する．(c)の黒鉛基板上のSiO₂膜からのRBSエネルギースペクトルはSiO₂膜が薄いとき，Si原子およびO原子からのスペクトルが分離した2つの台形スペクトルになることを示している．このようなRBSエネルギースペクトルを用いると，後で述べるように薄膜の組成がきわめて精度よく決定される．(d)の黒鉛基板上のSiC膜からのRBSエネルギースペクトルは，試料中の元素の濃度が異なるとき，その差がRBSエネルギースペクトルに明瞭に現れることを示している．つまり点線の矢印Cを境にして炭素の濃度が黒鉛とSiCで大きく異なることを示している．

このような図1.1.3の代表的なRBSエネルギースペクトルを基準にすると

き，たいていの材料の元素組成は，後に述べるように RBS エネルギースペクトルの解析により決定される．

## 1.1.5 組成の決定法

#### a. 軽い母体試料中に含まれる微量の重い元素の分析

微量の被分析元素からの RBS エネルギースペクトル $Y_i(E_i)$ は式(1.1.11)から次式で表される．

$$Y_i(E_i) = I_0 \Omega \eta \frac{N_i(x)\sigma(E_1, \theta)}{N\left(\dfrac{k_1 s(E_0)}{\cos\theta_1} + \dfrac{s(E_1)}{\cos\theta_2}\right)} \qquad (1.1.11')$$

式(1.1.11′)には $I_0 \Omega \eta$ が含まれているので，元素 i の濃度 $N_i(x)$ は式(1.1.11′)から直接決定できない．他方，同時に測定される表面近傍の母体元素からの散乱強度 $H$ は次式で書かれる．

$$H = Y(kE_0) = I_0 \Omega \eta \frac{\sigma(E_0, \theta)}{\dfrac{ks(E_0)}{\cos\theta_1} + \dfrac{s(kE_0)}{\cos\theta_2}} \qquad (1.1.12')$$

したがって，微量の被分析元素の組成は，式(1.1.11′)と式(1.1.12′)から次式となる．

$$\frac{N_i(x)}{N} = \frac{Y_i(E_i)}{H} \frac{\sigma(E_0, \theta)}{\sigma_i(E_1, \theta)} \frac{\dfrac{k_1 s(E_0)}{\cos\theta_1} + \dfrac{s(E_1)}{\cos\theta_2}}{\dfrac{ks(E_0)}{\cos\theta_1} + \dfrac{s(kE_0)}{\cos\theta_2}} \qquad (1.1.13)$$

式(1.1.13)は，深さ $x$ における元素組成が式(1.1.4)を用いることによって RBS エネルギースペクトル $Y_i(E_i)$ から求められることを示している．

#### b. 合金・化合物の組成分析
(1) スペクトル比法

入射イオンの侵入深さに比べて十分に厚い試料の組成を解析する方法を述べる．この場合の RBS エネルギースペクトルは図1.1.3(a)のようになるので，母体試料中に含まれる被分析元素の組成比 $f = N_i/N$ は，式(1.1.11)と式(1.1.12)で表される散乱強度の比から次式で表される．

$$\frac{H_\mathrm{i}}{H}=\frac{Y_\mathrm{i}(E_\mathrm{i})}{Y(E)}$$

$$=\frac{f\sigma_\mathrm{i}(E_1,\theta)}{\sigma(E_1,\theta)}\frac{\left(\dfrac{kS(E_0)}{\cos\theta_1}+\dfrac{s(E)}{\cos\theta_2}\right)+f\left(\dfrac{kS_\mathrm{i}(E_0)}{\cos\theta_1}+\dfrac{s_\mathrm{i}(E)}{\cos\theta_2}\right)}{\left(\dfrac{k_\mathrm{i}S(E_0)}{\cos\theta_1}+\dfrac{s(E_\mathrm{i})}{\cos\theta_2}\right)+f\left(\dfrac{k_\mathrm{i}S_\mathrm{i}(E_0)}{\cos\theta_1}+\dfrac{s_\mathrm{i}(E_\mathrm{i})}{\cos\theta_2}\right)} \quad (1.1.14)$$

ここで，$H_\mathrm{i}$ および $H$ は図1.1.3(a)に示されている試料表面近傍からの散乱強度である．式(1.1.14)中の $E$ および $E_\mathrm{i}$ がそれぞれ $kE_0$ および $k_\mathrm{i}E_0$ で近似されるとき，$f$ は二次方程式の根として求められる．

### (2) 面積比法

入射イオンの侵入深さに比べ薄い試料の組成を解析する方法を述べる．この場合のRBSエネルギースペクトルは図1.1.3(c)のようになる．母体試料中に含まれる被分析元素の組成比 $f$ は，2つの台形状スペクトルの面積 $A_\mathrm{i}$ と $A$ の比で，正確に表される．

$$f=\frac{A_\mathrm{i}}{A}\frac{\sigma}{\sigma_\mathrm{i}} \quad (1.1.15)$$

## 1.1.6 RBS装置

MeV領域のエネルギーの陽子や $\alpha$ 粒子を分析イオンとして使用する通常のラザフォード後方散乱分光(RBS)装置の概略を図1.1.4に示す．イオンビームは通常バン・デ・グラーフ加速器やタンデム型加速器から発生され，約1mほど離れて置かれた一対の直径1mm程度のアパチャを通してコリメートさ

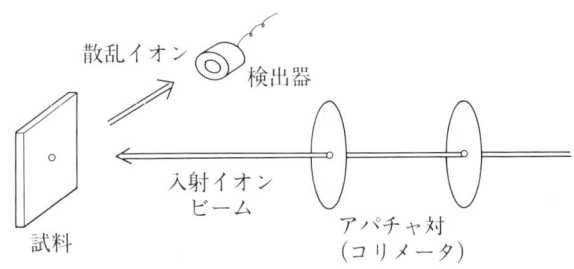

図1.1.4　RBS分析装置の概念図．

れ，試料に照射される．試料から後方散乱されたイオンは，通常シリコン・サーフェス・バリア(SSB)検出器で計測される．試料は通常回転および平行移動の可能なマニピュレータに取り付けられる．これらのシステムは通常真空槽内に配置されている．

チャネリング条件でRBS測定を行う場合，試料は2軸あるいは3軸回転可能なゴニオメータに取り付けられる必要がある．散乱イオンのエネルギースペクトルは，SSB検出器の出力パルスを波高分析器を用いて記録することにより得られる．通常のシステムを用いて実現されているイオンのエネルギー分解能は，半値幅で15 keV程度である．

### 1.1.7 分析精度

#### a. 質量分解能

RBS分析における散乱イオンエネルギーは，式(1.1.1)に示されているように散乱角すなわち分析角と被分析元素の質量に依存している．式(1.1.1)から $\theta=180°$ のとき，散乱イオンエネルギーが最小になるので，分析角に対する質量分解能が最大になる．以下では $\theta=180°$ におけるRBSの質量分解能を考察する．式(1.1.1)を用いると，質量分解能は次式のように表される．

$$\frac{\Delta M_2}{M_2} \simeq \frac{\Delta E_2}{E_0} \cdot \frac{M_2}{4M_1} \qquad (1.1.16)$$

ここで，$\Delta E_2$ は散乱イオンのエネルギー分解能であり，$\Delta M_2$ は分解可能な元素の質量差である．式(1.1.16)から質量分解能はイオンのエネルギー分解能に比例し，被分析元素の質量の2乗に比例するのがわかる．また入射イオンのエネルギーおよび質量に逆比例するのがわかる．質量の2乗の比例性は，被分析元素の質量が大きくなるとともに，質量の近い元素は分離分析し難いことを示している．

#### b. 深さ分解能

RBSの最も重要な特徴は試料中の元素の存在深さを決定できることである．その深さ分解能は検出器のエネルギー分解能で決まり，式(1.1.4)から次式となる．

$$\Delta x = \frac{\Delta E}{\dfrac{kS(E_0)}{\cos\theta_1} + \dfrac{S(E)}{\cos\theta_2}} \tag{1.1.17}$$

式(1.1.17)から，深さ分解能 $\Delta x$ は試料の阻止能に逆比例し，また試料表面に対する分析ビームの入射角，散乱イオンの出射角に依存するのがわかる．前者は，$^4\mathrm{He}^+$ イオンビームが $^1\mathrm{H}^+$ ビームより高い深さ分解能を与えることを示し，後者は，低入射の低出射角が高い深さ分解能を与えることを示している．

図1.1.5 に，Williams らが炭素基板上に蒸着した，30 nm の $SiO_2$ 膜からのRBSエネルギースペクトルを種々の入射・出射角で測定し，$\theta_1$ と $\theta_2$ とを最適に選ぶと分解能が数倍改善されることを示した実験データを示す[7]．図1.1.5(a)は，垂直入射（$\theta_1=0$）の場合，Si，O および不純物の W からの

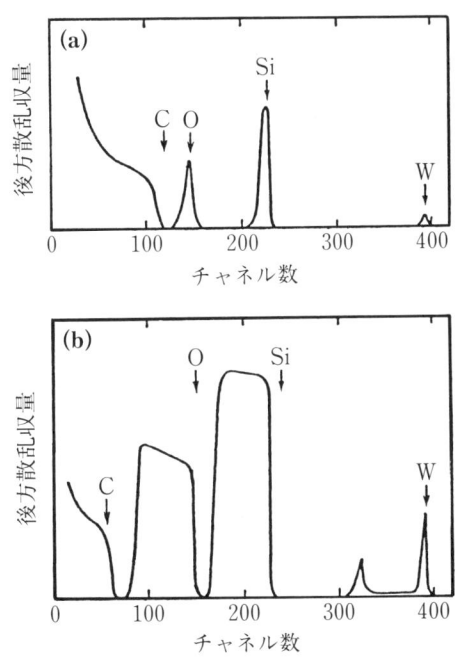

**図 1.1.5** 炭素基板上に蒸着した $SiO_2$ 薄膜(30 nm)からの 2 MeV $He^+$ イオンの後方散乱エネルギースペクトル．(a)は垂直入射($\theta_1=0$)におけるもの，(b)は $\theta_1$ および $\theta_2$ の最適幾何学的条件におけるもの[7]．

散乱スペクトルが狭いパルス状になることを示している．他方，図1.1.5(b)は $\theta_1$ および $\theta_2$ を最適に選んだ場合のスペクトルであり，Si および O からのスペクトル幅が大きく増大し，不純物の W からのスペクトルが2つの鋭いパルスに分離されることを示している．図 1.1.5 は，深さ分解能が大幅に改善され，そのため蒸着時に混入した不純物の W が $SiO_2$ 膜の表・裏面にだけ存在していることが明らかになったことを示している．また彼らは 2 MeV $He^+$ イオンを $\theta_1=85°$，$\theta_2=-73°$（$\theta=168°$）で用いた場合，Al 蒸着膜における深さ分解能の測定値が 5.0 nm になり，試料内部における深さ分解能がエネルギーストラグリングや小角多重散乱のため深さの増加とともに低下し，深さ 90 nm において，15 nm になることを示している．

このような RBS 分析システムを用いてさらに深さ分解能を改善するためには，分析ビームとして $He^+$ より $Z_1$ の大きい $Ne^+$ を用いる方法がある．例えば，$Ne^+$ イオンを用いると阻止断面積が増加するため，深さ分解能は約 2.0 nm に改善できると予測される．

### c. 組成分析精度

スペクトル比法を用いる場合，組成比は式(1.1.13)から決定される．したがって，この式から組成比の精度は，分析ビームに対する阻止断面積に依存するのがわかる．合金や化合物の阻止断面積の値は，式(1.1.13)では Bragg 則を仮定して計算されたが，通常化学結合効果のため，±数%の誤差を含んでいる．そのため式(1.1.13)から決定された組成比の絶対値は，この阻止断面積の誤差と同程度のあいまいさを含んでいる．

他方，面積比法を用いる場合，組成比は式(1.1.14)から決定される．したがって組成比の精度はきわめて高くなる．この場合の誤差の要因は散乱微分断面積の散乱角依存から生じる検出器の見込み角である．草尾らは，ポリカーボネート上に作製された Al-Cu 合金膜を用いて，その組成が 0.63% 程度以内の誤差で決定され得ることを示している[8]．このことは，分析試料が薄膜でその RBS スペクトルが図 1.1.3(c) のように作成されているとき，RBS 分析法は従来の分析法と同程度の分析精度を与えることを示している．

#### d. 不純物濃度の検出限界

　RBS エネルギースペクトルは，図 1.1.3 にも示されるように各組成元素の RBS エネルギースペクトルの重畳である．したがって母体元素の質量より大きい不純物を検出する場合，その検出感度はきわめて高い．このことは図 1.1.3(d) の炭素基板上の SiC 薄膜からのスペクトルからも推察される．つまり母体の C 原子から散乱されるイオンのエネルギーが Si 原子から散乱されるイオンのエネルギーよりも非常に低いため，また散乱微分断面積が原子番号の 2 乗に比例するため，例えば Si 原子の組成が $10^{-4}$ 程度に低くなっても，その検出が可能である．

　この場合の検出限界を決める要因は炭素基板から散乱されたイオンの検出器におけるパイルアップとコリメータ用アパチャ・エッジで散乱された分析ビームの真空槽の壁やマニピュレータによる散乱から生じるバックグラウンドである．したがって試料調整基板やその他の部品には，低原子番号材料を用いるのが望ましい．最適条件では軽い基板上の重い不純物の検出限界が 0.1 ppm 程度にまで下げ得ることが示されている[9]．

### 1.1.8 RBS 分析の応用例

#### a. 界面反応の解析

　RBS 分析は今日では種々の分野に利用されている．ここでは RBS 分析を用いることにより初めて明らかになった現象の例を 2 つ述べる．

　シリコンと金属薄膜との界面反応によるシリサイド形成の研究が半導体デバイス開発への応用のため，1980 年頃活発に行われた．高速イオン照射により界面にエネルギーを与え，シリサイド生成反応を促進させるイオン誘起界面反応の解析例を述べる．このイオン誘起界面反応は固溶体，安定化合物の生成だけでなく，幅広い組成の準安定相の生成などにも利用されている．J. W. Mayer らはイオン照射によるシリサイド生成の動的過程の解析に標準的な RBS 分析法を適用し，その機構を明らかにした[10]．

　図 1.1.6 は Cr を 30 nm 蒸着した Si ウェハーに，250°C で 300 keV $Xe^+$ イオンを照射し，$CrSi_2$ の成長量の照射量依存を測定した 1.5 MeV $He^+$ イオンビームの RBS エネルギースペクトルである．実線はイオン照射前の試料から

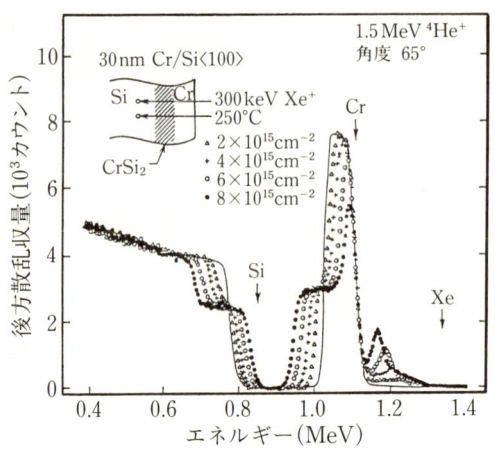

**図1.1.6** イオン誘起界面反応によるCrSi₂相の成長過程を表すRBSエネルギースペクトル．CrSi₂層の厚さはXe⁺イオンの照射量とともに直線的に増加している[10]．

のスペクトルである．試料がCr/Siの2層になっているのがわかる．Xe⁺イオンを照射すると，Crからのスペクトルの低エネルギー側(界面)に変化が生じるのがわかる．Cr薄膜の界面が高エネルギー側にずれ，界面に高さ一定の台形状のスペクトルが成長するのがわかる．それに対応してSiからのスペクトルの高エネルギー側(界面)に変化が生じている．CrおよびSiからのスペクトルの散乱強度比から式(1.1.13)を用いて成長層の組成がCrSi₂であると決定された．成長層の幅の照射量依存から，CrSi₂層の成長層は通常の熱処理における成長と同様に照射量(照射時間)に比例することが明らかにされた．このような明確な反応層の成長過程の解析は，RBSを用いて初めて実現されたといえる．しかしRBSは成長層の平均組成と成長速度に関する知見を与えるだけであり，成長シリサイドの結晶性の決定にX線回折等の他の分析法の併用が重要である．

次に高温における2元薄膜のスパッタリングの解析について述べる．核融合炉の壁材料の損耗の評価のために，材料の高温におけるスパッタリングの解析が必要とされている．高温における合金や化合物のイオン照射は単にスパッタリングで材料を削り取り損耗させるだけでなく，表面における選択的な原子放

出に起因する組成変化を生じるので，その過程の解析にはRBSがきわめて有用な手段となる．ニッケル/ニッケル炭化物の2層薄膜を用いて，表面炭素の解析と炭素の選択スパッタリングがニッケルのスパッタリングを抑制することを実証した例を紹介する[11]．

図1.1.7はニッケル/ニッケル炭化物の自己支持2層薄膜からの1.3 MeV $H^+$のRBSエネルギースペクトルである．上段の$Ar^+$イオン照射前のスペクトルは，ニッケルの膜厚が600 nmであり，その裏面に150 nm程度のニッケル・炭素の混合層が存在することを示している．$C_s$のマーカ矢印の部分の小さいピークはニッケル膜表面に2原子層の炭素が偏析していることを示している．

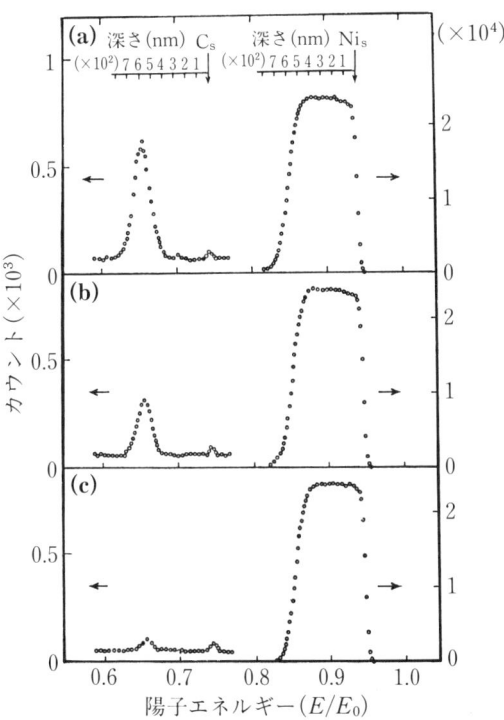

図1.1.7 ニッケル/ニッケル炭化物の，自己支持2層薄膜試料からの1.3 MeV $H^+$の後方散乱エネルギースペクトル．(a)作成直後の$Ar^+$イオン照射前の試料に対するもの，(b)600°Cで1.5 µA/cm² の5 keV $Ar^+$イオンを80分間照射した試料に対するもの，および(c)125分間照射した試料に対するもの[11]．

中段,下段のスペクトルは,600°Cで$1.5\,\mu A/cm^2$の5 keV $Ar^+$ イオンを,80分および125分照射した後の試料の状態を示している.上中下段のスペクトルの比較から,$Ar^+$ イオンをニッケル表面に照射しているにもかかわらず,ニッケルのピーク幅(膜厚)およびニッケル表面上の偏析炭素のピーク面積(厚さ)が変化しないことがわかる.他方,ニッケル膜裏面に存在するニッケル炭化物中の炭素が減少し,125分間の照射後にはほとんどなくなっているのがわかる.

このニッケル膜がスパッタされないという結果は,表面における炭素の偏析と結びつけると説明できる.つまり $Ar^+$ イオン照射中,ニッケル表面が完全に偏析炭素(2原子層)で覆われていればニッケル膜はスパッタされない.$Ar^+$ イオン照射によって表面上の炭素のスパッタリングは生じているが,その減少量がニッケル膜裏面から拡散と表面偏析により補給されるとすると,偏析炭素の厚さとニッケル膜の厚さが減少せず,ニッケル膜裏面の炭素のみが減少することが矛盾なく説明される.このような現象を材料表面の自己修復性と呼ぶことができる.このモデルによると高い電流密度の $Ar^+$ イオン照射ではニッケル膜厚も偏析炭素量も減少することが予想されるが,同様の RBS を用いた測定で確認されている.このように RBS 分析は材料中の原子の動的挙動の解析にきわめて有用であることがわかる.

### b. RBS チャネリングを用いた表面・界面の原子構造の解析

金属・半導体界面の性質は,マイクロエレクトロニクスの加工技術の開発のため,大きな注目を集めている.またIII-V化合物半導体結晶を用いるデバイスは,高速のロジック回路,集積光学素子などへの応用の可能性を有し注目されている.化合物半導体表面は反応性に富むので,その実現には金属との良好な電気的接触特性が必要とされている.その要求を満たすには,界面の幾何学的原子配列や電子状態に関する知見が不可欠である.ここで InP(001)-p(2×4)表面上に蒸着された Au 膜を,低速電子線回折(LEED),オージェ電子分光(AES),RBS チャネリング分析を in situ で併用して解析した例を紹介する[12].具体的には,超高真空下で清浄な InP(001)-p(2×4)表面上に室温で蒸着した20Å の Au 膜は,その表面が c(2×2)構造を示す単結晶にエピタキシャル成長していることが RBS チャネリングを用いて示される.またその c(2×2)構造表面の原子配列を決定するとともに InP 結晶と Au 結晶との界面構造

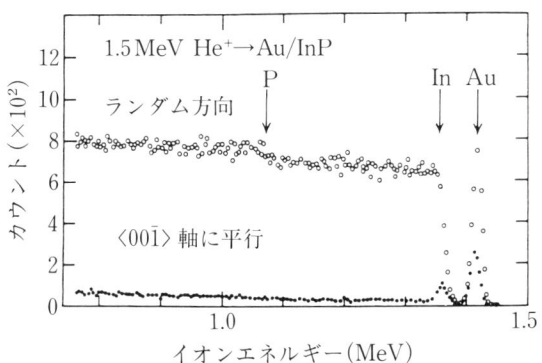

**図1.1.8** InP(001)-p(2×2) 表面上に室温にて蒸着した，Au薄膜からの1.5 MeV He$^+$ イオンのRBSチャネリングエネルギースペクトル．○はランダム方向入射，●はInP結晶の$\langle 00\bar{1}\rangle$軸に平行なチャネリング入射[12]．

も決定されている[13]．

　図1.1.8は，InP(001)-p(2×4) 表面上に室温にて蒸着されたAu膜からの1.5 MeV He$^+$ イオンのRBSチャネリングのエネルギースペクトルである．図中の(○)はランダムスペクトルを表し，(●)はチャネリングスペクトルを表す．図1.1.8のチャネリングスペクトルから，Au膜からの散乱強度が大きく減少しているのがわかる．これは明らかにAu膜が単結晶であることを示している．チャネリングスペクトルから評価されたAu結晶の平均の最小収率は32.5%である．他方，ランダムスペクトルから評価されたAu結晶の平均膜厚は20Åである．したがってAu結晶の大きな最小収率は，薄膜の効果とAu結晶表面のc(2×2)の再構成配列に帰すことができる．また図1.1.8のチャネリングスペクトルから基板InP結晶からの表面ピークが明瞭に現れているのがわかる．このピーク面積から評価された表面収率は原子列当たり3.0原子であり，清浄なInP(001)-p(2×4) 表面に対する表面収率(原子列当たり2.7原子)よりわずかに増加している．この結果は，InP結晶中のInの原子列は蒸着されたAu単結晶中のAuの原子列と同軸になっていないことを示している．

　以後，これらのRBSチャネリングスペクトルのデータからAu結晶表面の原子配列および界面原子構造を決定する方法を述べる．

　まずAu結晶表面の原子配列の決定について述べる．図1.1.9にAu(001)-

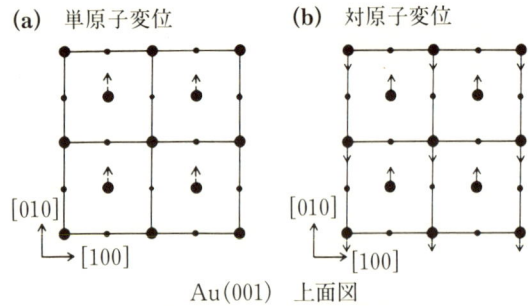

**図 1.1.9** Au(001)-c(2×2)再構成表面に対して予測される原子配列の概念図．（a）は単原子変位モデル，（b）は対原子変位モデルである[12]．

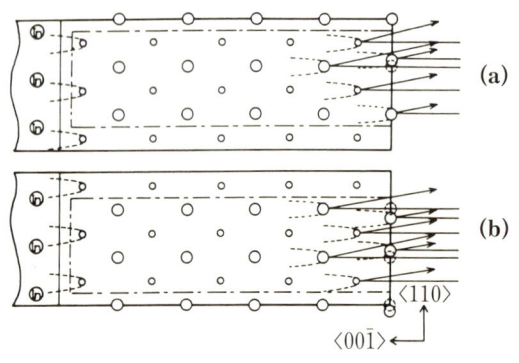

○；(110) 面の Au
∘；(220) 面の Au

**図 1.1.10** InP(001)結晶上の Au 薄膜結晶(20.4Å)の⟨00$\bar{1}$⟩原子列に対する(001)側面図．（a）表面最外層の1個の Au 原子が変位している単原子変位モデル，（b）表面最外層の2個の Au 原子がペアで変位している対原子変位モデル．一点鎖線は c(2×2) の単位胞を表し，点線は入射イオンに対する Au 原子のシャドー・コーンを表す[12]．

c(2×2)再構成表面の可能な原子配列を示す．図中(a)は単位胞中の1個の Au 原子が変位する単原子変位モデルであり，(b)は単位胞の2個の Au 原子が対で変位する対原子変位モデルである．図1.1.10に20ÅのAu(001)単結晶の原子列の側面構造を示す．図中，表面第1原子の位置は，図1.1.9の2つの変位モデルに基づき，変位されている．図1.1.10の側面構造において，表面

近傍のAu原子の左後方に描かれた点線の円錐は，右側から入射するイオンビームに対するシャドー・コーンを表す．チャネリング条件では，シャドー・コーンの内側の原子はイオンの散乱に寄与しないので，シャドー・コーンを形成する原子のみがAu膜からのチャネリングの最小収率に寄与する．したがって，原子が格子振動しない静止格子であると仮定し，表面第1層原子が変位することによる散乱収率の増加分を$I_2$とすると，最小収率は，単原子変位モデル(a)では$(4+I_2)/20$になり，対原子変位モデル(b)では$(2+I_2)/10$となる．この仮定に基づくと，表面第1層原子が全く変位しない場合，最小収率は20%になる．他方，表面第1層原子が第3層原子をシャドーしないほど大きく変位する場合，最小収率は，単原子変位モデル(a)では25%になり，対原子変位モデル(b)では30%になる．これらの計算から，最小収率の実験値(32.5%)はエピタキシャル成長したAu膜の結晶性がきわめて優れていることを示している．

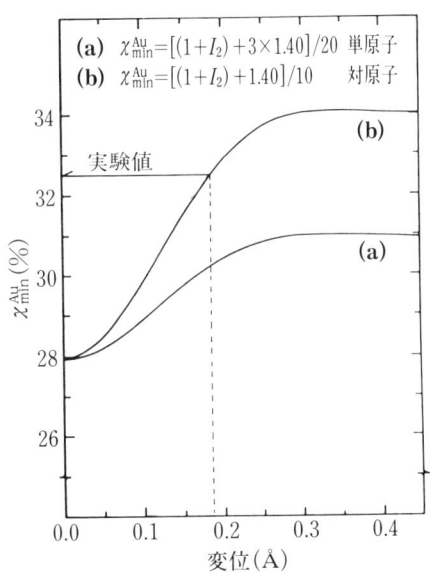

図1.1.11 InP(001)-p(2×4)表面上のAu薄膜結晶(20.4Å)に対する⟨00$\bar{1}$⟩チャネリングの最小収率の最外層Au原子の変位量依存の計算結果．(a)は単一原子変位モデルに対するもの，(b)は対原子変位モデルに対するもの[12]．

表面第1層原子の変位量を定量的に決定するためには，原子の格子振動を考慮しなければならない．2原子層のみを考えるモデルを用いて，表面第1層原子の変位による最小収率の変化が計算された．その結果を図1.1.11に示す．図1.1.11から，最小収率は，変位に対して単原子変位モデル(a)では28%から31%まで増加し，また対原子変位モデル(b)では28%から34%まで増加するのがわかる．最小収率の実験値は32.5%であるので，図1.1.11から(b)の対原子変位モデルが表面原子配列として妥当であり，原子の変位量は0.18Åであると決定されている．

続いてInP基板結晶とAu薄膜結晶との界面の原子配列について述べる．

InP結晶およびAu結晶の再構成のない理想的な(001)表面は図1.1.12のような原子配列をもつ．図中に示されているようにAuの格子定数は4.08Åであり，InPのそれは5.87Åである．したがって図のように配列した場合，Au格子とIn格子との不整合は1.7%で，きわめて小さい．このことが，Au

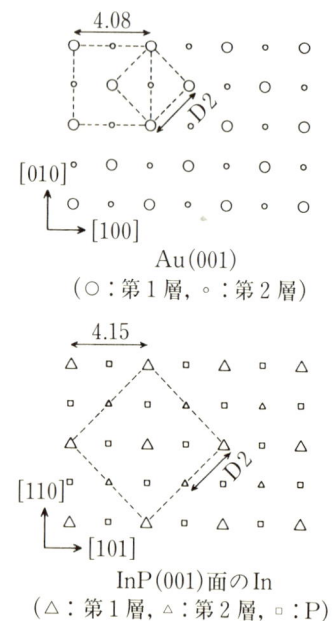

Au(001)
(○：第1層, ◦：第2層)

InP(001)面のIn
(△：第1層, ▵：第2層, □：P)

図1.1.12 Au(001)面(a)およびInP(001)面(b)における原子配列の概略図．Auの単位胞はInPの単位胞に対して45°回転されている．

がInP(001)表面にエピタキシャル成長する要因のひとつであると考えられる．平均厚さが20ÅのAu結晶がInP結晶表面上にある場合のRBSチャネリングスペクトルは，図1.1.8のように，界面のIn原子からの表面ピークを明瞭に示し，またその表面収率はAu結晶のない場合の1.1倍であった．このことは，前述のように，Auの〈001〉原子配列がInPのInの〈001〉原子列と同軸上にないことを示している．それゆえに，In〈001〉原子列に対するAu〈001〉原子列の相対位置を定量的に評価するため，In原子からの表面収率を計算機シミュレーションにより計算した．シミュレーションでは，20ÅのAu結晶を透過した1.5 MeV He$^+$イオンの粒子束分布をモンテカルロ法を用いて計算した．その後，Au結晶を基板InP結晶の〈100〉方向に変位させ，In原子からの散乱収率を計算した．その散乱収率の変位量依存の計算が図1.1.13に示されている．

図1.1.13から，Au〈001〉原子列がIn〈001〉原子列と同軸になる変位量（0，および±D2）において，In原子からの収率がシャドー効果のためゼロになっているのがわかる．また，その変位の近傍においてIn原子からの収率がフォーカス効果で増大しているのがわかる．フォーカス効果の非対称性は，Au結晶表面が再構成によりc(2×2)構造をとり，Au原子が0.18Å変位していることにより生じている．In原子からの収率が1.1倍になる範囲は図1.1.13から，−0.72と−2.16の間と0.72と2.16の間とであることがわかる．この結

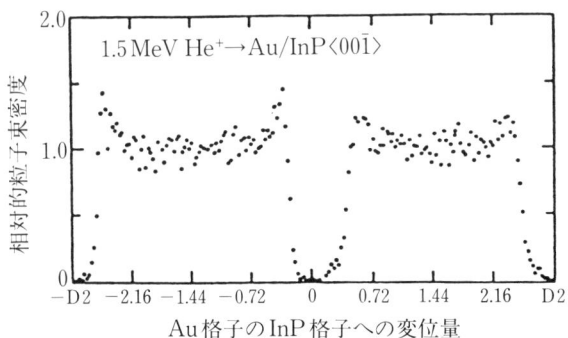

**図1.1.13** 図1.1.12のIn原子位置から〈001〉方向に沿ってAu膜結晶全体を変位させた場合の1.5 MeV He$^+$イオンビームのAu結晶通過後のIn原子位置における粒子密度の変位量依存の計算結果[13]．

果から Au 結晶は図 1.1.12 において P 原子間を結ぶ直線と In 原子間を結ぶ直線の交点まで変位していると結論される．このような界面構造の解析は RBS チャネリングを用いてのみ可能となる．

### c. 高分解能深さ分析

前述の応用例（a）および（b）の実験では，シリコン・サーフェス・バリア検出器が使用されたので，深さ分解能は約 100 Å 程度である．そのため 2 原子層の偏析炭素がすべてニッケル表面上に存在するか，あるいは一部がニッケル表面層内に溶解しているかは明らかでない．またはエピタキシャル成長した Au 薄膜結晶表面の再構成構造に関与している原子は表面第 1 層原子だけであり，第 2 層以下の原子はバルクと同じ周期構造をもつかを知ることはできない．さらには Au 薄膜結晶と InP(001) 基板結晶の界面における元素組成の急峻さを知ることはできない．このような情報は表面における物理・化学現象の解明にきわめて重要であり，このような情報を得るためには高分解能深さ分析が不可欠である．本節では，高分解能深さ分析の現状を述べる．

1 原子層レベルの高分解能深さ分析を行うには，散乱イオンを高エネルギー分解能で測定する必要がある．高エネルギー分解能測定として，これまで電磁場分析法，飛行時間分解法およびイオンエネルギー減速法が提案されている．ここでは，静電分析器および磁場分析器を用いて実現された高分解能深さ分析例を 2 つ述べる．

その第 1 例は，オランダ FOM 研究所の J. Vrijmoeth らによる Si(111) 表面上にエピタキシャル成長した $NiSi_2$ 結晶の表面構造の解析である[14]．彼らは 100 keV 陽子ビームの $NiSi_2$ 結晶表面からの RBS スペクトルを $\Delta E/E = 9 \times 10^{-4}$ の精度で測定した．その結果の代表例が図 1.1.14 に示されている．図中の(b)は RBS スペクトルであり，(a)は(b)のデータ解析から決定された $SiNi_2$ 結晶の表面構造である．(b)のスペクトルにおける 2 つのピークは Si（〜97 keV）および Ni（〜98.6 keV）から生じていて，Ni ピークの形は明白に表面第 1 層と第 2 層からの寄与を示している．その第 2 層からの寄与は，第 1 層ピークの裾に現れていて，第 1 層ピークより約 300 eV 低いエネルギーに位置している．このエネルギー幅は測定系のエネルギー分解能 90 eV より十分大きく，非弾性エネルギー損失から評価された値とよく一致している．彼ら

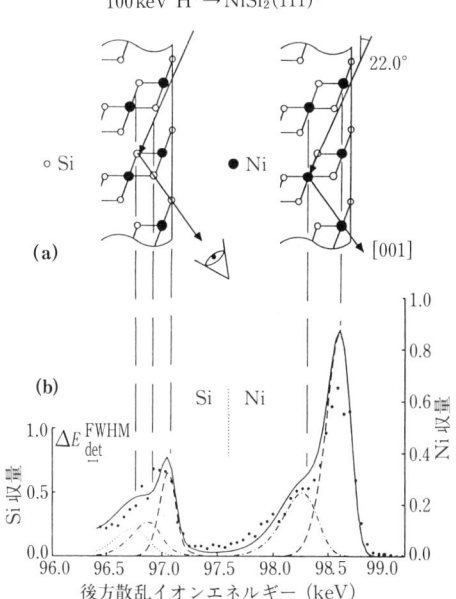

**図 1.1.14** NiSi$_2$(111) 結晶からの 100 keV H$^+$ の高エネルギー分解能 RBS エネルギースペクトル．(a) は NiSi$_2$(111) 結晶の ($1\bar{1}0$) 側面原子配列と入射・出射条件．(b) は (111) 表面に対して 35.03° 出射の [001] ブロッキング条件におけるスペクトル．実線はモンテカルロ・シミュレーションの結果であり，個々の原子層からの寄与は点線で表されている[14]．

は，SiNi$_2$ 結晶表面の原子配列を詳細に決定するため，最外層における Ni 原子面と Si 原子面，および Ni 原子面と Ni 原子面の間隔をパラメータにしてモンテカルロ・シミュレーションを行い，その結果を種々の散乱角における RBS スペクトルと比較した．その比較における最適合条件から，前者の距離はバルク内のそれより 0.12 Å 短く，また後者はバルクのそれより 0.05 Å 短いという結論を得ている．

第2例は，京都大学の木村らによる 0.5 MeV He$^+$ イオンの SnTe(001) 表面における荷電変換の解析である[15]．彼らは，0.5 MeV He$^+$ イオンビームの SnTe(001) 表面からの RBS スペクトルを $\Delta E/E = 1 \times 10^{-3}$ のエネルギー分解能で測定した．その RBS スペクトルが図 1.1.15 に示されている．図 1.1.15

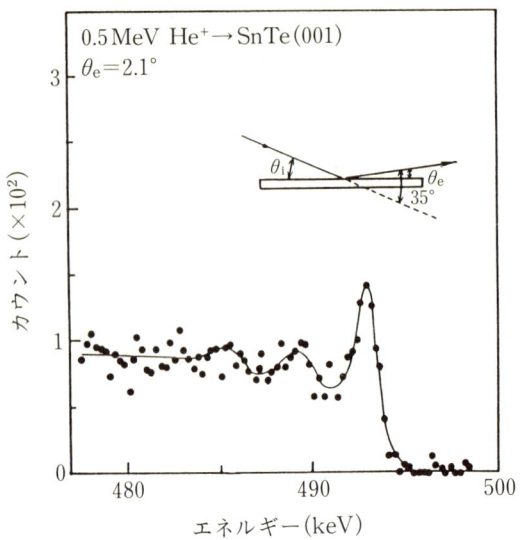

**図 1.1.15** SnTe(001) 結晶表面からの 0.5 MeV He$^+$ イオンの高エネルギー分解能 RBS エネルギースペクトル．入射角は 32.9°，出射角は 2.1° である．表面第 1 層，第 2 層，第 3 層の寄与が別々のピークとして分解されている[15]．

には実験条件である入射角 $\theta_i$ と出射角 $\theta_e$ が示されている．また図 1.1.15 には実線で描かれているように 3 つのピークが 493，489，および 485 keV に等エネルギー間隔で現れている．このことから彼らは，それぞれのピークは SnTe(001) 表面第 1 層，第 2 層，および第 3 層から生じていると結論している．図 1.1.15 に示された入射・出射角条件における深さ分解能は式(1.1.16)を用いて単純に評価すると約 0.3 Å となる．この深さ分解能が原子面間隔より 1 桁小さいにもかかわらず，図 1.1.15 の RBS スペクトルのピークがそれほど明確に分離されていない原因は，長い出射距離におけるエネルギー損失のストラグリング効果であると考えられる．

木村らがピーク分離の最適出射角を得るために求めたピーク間隔とピーク幅と出射角との関係を図 1.1.16 に示す[15]．図 1.1.16 の計算結果は金に対するものである．図からピーク間隔およびピーク幅が出射角の減少とともに増加している．ピークが分離される条件はピーク間隔がピーク幅より大きい出射角において満たされるので，この図から金標的では，出射角が 2° 以下であるとき，

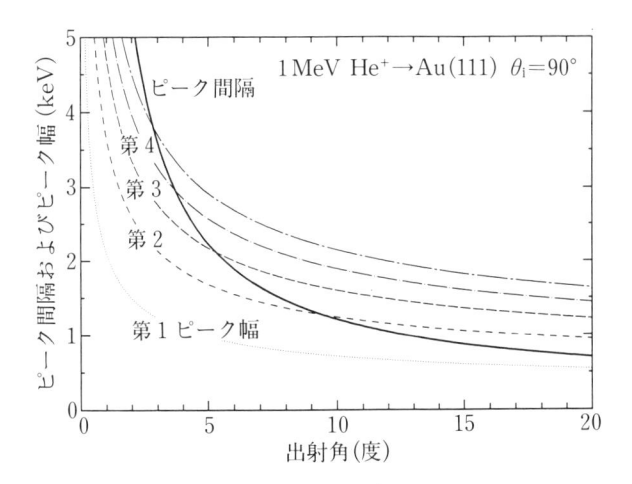

**図 1.1.16** Au(111) 結晶表面に垂直入射した 1 MeV He$^+$ イオンが各原子層から散乱されて出射するピーク幅とピーク間隔の出射角依存．ピーク幅はエネルギー損失のストラグリングから生じる．

各原子層からのピークが分離されることが期待される．

このような RBS の高分解能エネルギー測定や高分解能深さ測定は，表面が関与する最先端研究に適用され，広く利用されるものと期待している．

最後に，最近液体と接する固体表面に吸着した原子の濃度が RBS その場分析により測定できることが実証され，RBS を用いて固・液界面における原子の吸着・脱着の研究が可能になっていることを付記したい[16]．

## 1.1.9 おわりに

RBS 分析は，低原子番号母体中に含まれる高原子番号原子を定量するのに最適な分析手法である．しかし本章では高原子番号原子母体中の低原子番号原子の分析も，試料を最適に作成することにより可能になることを強調した．分析可能な試料作成が不可能な場合，RBS と姉妹分析手法である NRA が有効である．また原子番号の接近した 2 種の元素の分析には，もうひとつの姉妹分析手法である PIXE の併用が有効である．

## 参 考 文 献

1) S. Rubin : Nucl. Instr. Meth. **5** (1959) 177.
2) J. W. Mayer and E. Rimini (ed.) : Ion Beam Handbook for Material Analysis (Academic Press, New York, 1977).
3) L. C. Feldman, J. W. Mayer and S. T. Picraux : Materials Analysis by Ion Channeling (Academic Press, New York, 1982).
4) L. C. Feldman and J. W. Mayer : Fundamentals of Surface and Thin Film Analysis (Nort-Holland, Amsterdam, 1986).
5) 伊藤憲昭, 森田健治 : 日本原子力学会誌 **18** (1976) 119.
6) 森田健治 : Radiosotopes **35** (1986) 84.
7) J. S. Williams et al. : Nucl. Instr. Meth. **149** (1978) 207.
8) K. Kusao, M. Satoh and K. Morita : Surf. Interf. Anal. **18** (1992) 417.
9) H.-D. Carstanjen et al. : Nucl. Instr. Meth. **B51** (1990) 152.
10) J. W. Mayer, B. Y. Tsaur, S. S. Lau and L.-S. Hung : Nucl. Instr. Meth. **182/183** (1981) 1.
11) K. Morita et al. : J. Nucl. Mater. **116** (1983) 63.
12) T. Katoh and K. Morita : Appl. Surf. Sci. **56-58** (1992) 185.
13) T. Katoh, M. Hanebuchi and K. Morita : Proc. Int. Conf. Evolution in Beam Applications (Takasaki, 1991) 150.
14) J. Vrijmoeth et al. : Phys. Rev. Lett. **67** (1991) 1134.
15) K. Kimura, H. Ohtsuka and M. Mannami : Phys. Rev. Lett. **68** (1992) 3797.
16) K. Morita et al. : Rad. Phys. and Chem. **49** (1997) 603. 大橋弘士, 他 : 大学・原研プロジェクト共同研究成果と展望とりまとめ班, 日本原子力学会誌 **41** (1999) 993.

## 1.2 ERD（反跳原子検出法）

### 1.2.1 はじめに

　イオンビームを用いた元素分析法に，前節で述べた RBS 法，次節以下で述べる NRD，PIXE 法と並んで反跳原子検出法（Elastic Recoil Detection (Analysis)；ERD(A)）がある．
　RBS 法では標的原子と弾性衝突して後方に散乱されたイオンを検出する．これに対して，ERD 法では，入射粒子との弾性衝突により，反跳された標的原子を直接検出する．この方法は，J. L'Ecuyer ら[1]により母体元素より軽い元素の深さ分布を測定する手段として初めて紹介されて以来，数々の手法が開発・応用されている．本節では，ERD の基本原理と具体的な測定方法を紹介する．

### 1.2.2 原理と方法

　不純物の同定・定量と深さ分布測定の原理は，基本的には RBS の場合と同じである．すなわち，元素の同定は主として運動学(エネルギー，運動量の保存則)で定まる反跳エネルギーにより，深さの情報は入射イオンと，反跳原子（イオン）の試料通過時のエネルギー損失から得られ，不純物元素の濃度は測定された反跳原子収量がそれに比例することから求められる．
　反跳は $\phi \leq 90°$ の角度範囲でのみ起こるため，検出器は前方に置かれる．検出器としては，簡便に粒子エネルギーを測定できる SSD が多く用いられている．通常は入射イオンの入った表面から出射する反跳原子を検出する「反射型」（図 1.2.1(a)）の配置が用いられるが，薄い試料の場合には，入射面と反対の表面から出射する反跳原子を検出する「透過型」（図 1.2.1(b)）の配置も用いられる．
　衝突の素過程は RBS の場合と同じである．図 1.1.1 のように，静止してい

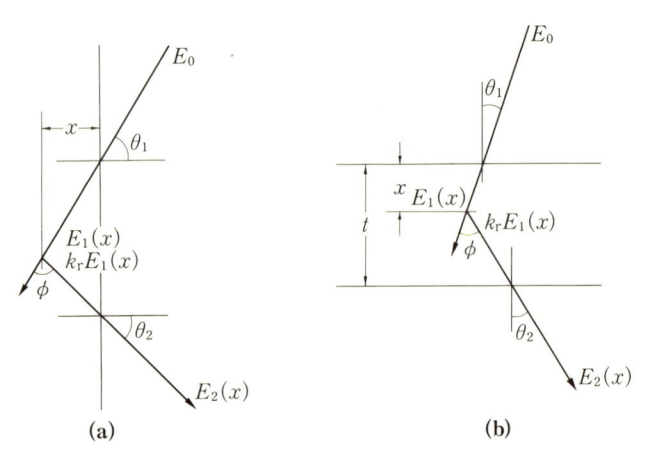

**図 1.2.1** 反射型 ERD(a)および透過型 ERD(b).

る質量 $M_2$ の標的原子に,運動エネルギー $E_0$,質量 $M_1$ の入射イオンが弾性衝突したとき,角 $\phi$ 方向に反跳された標的原子の運動エネルギー $E_2$ は,

$$E_2 = \frac{4M_1M_2\cos^2\phi}{(M_1+M_2)^2}E_0 \equiv k_r\left(\phi, \frac{M_2}{M_1}\right)E_0 \qquad (1.2.1)$$

で与えられる.図1.2.1のように,エネルギー $E_0$ で表面から入射したイオンによって,深さ $x$ において角 $\phi$ の方向に反跳された標的原子が試料外へ出たときのエネルギーは

$$E_2(x) = k_r E_1(x) - \Delta E_2 = k_r(E_0 - \Delta E_1) - \Delta E_2 \qquad (1.2.2)$$

で与えられる.ここで,$E_1(x)$ は衝突直前の入射イオンエネルギー,$\Delta E_1$ は入射イオンが衝突するまでに試料中で失うエネルギー,$\Delta E_2$ は反跳原子が表面に達するまで失うエネルギーである.入射方向および検出方向が表面の法線となす角を $\theta_1$ および $\theta_2$ とすると,反射型の配置では,

$$E_2(x) = k_r E_0 - x\left(\frac{k_r\langle S_1\rangle}{\cos\theta_1} + \frac{\langle S_2\rangle}{\cos\theta_2}\right) \qquad (1.2.3\,\mathrm{a})$$

厚さ $t$ の試料の場合,透過型配置では,

$$E_2(x) = k_r E_0 - \frac{\langle S_2\rangle t}{\cos\theta_2} - x\left(\frac{k\langle S_1\rangle}{\cos\theta_1} - \frac{\langle S_2\rangle}{\cos\theta_2}\right) \qquad (1.2.3\,\mathrm{b})$$

となる.$\langle S_1\rangle$ および $\langle S_2\rangle$ は入射イオンおよび反跳原子の試料内での平均の阻止能であり,$x$ や $t$ が小さい場合は,$\langle S_1\rangle \cong S_1(E_0)$,$\langle S_2\rangle \cong S_2(E_2(x))$ と近似

することができる．

深さ $x$ における不純物元素の濃度 $N_2(x)$ は，測定された反跳原子のエネルギースペクトル $Y_2(E_2)$ と，反跳微分断面積 $\sigma_2(E_1, \phi)$，検出器の立体角 $\Omega$，検出効率 $\eta$ から

$$N_2(x) = \left(-\frac{dE_2}{dx}\right) \frac{Y_2(E_2)}{I_0 \eta \Omega \sigma_2(E_1, \phi)} \tag{1.2.4}$$

と求められる．右辺の第1因子は，式(1.2.3)から

$$-\frac{dE_2}{dx} = \frac{k_1 \langle S_1 \rangle}{\cos\theta_1} \pm \frac{\langle S_2 \rangle}{\cos\theta_2} \simeq \frac{k_r S_1(E_0)}{\cos\theta_1} \pm \frac{S_2(E_2(x))}{\cos\theta_2} \tag{1.2.5}$$

となる．複号は上が反射型，下が透過型に対応する．

衝突がラザフォード散乱であると仮定すると，反跳の微分断面積は

$$\sigma_2(E, \phi) = \left(\frac{Z_1 Z_2 e^2 (M_1 + M_2)}{2 M_2 E}\right)^2 \frac{1}{\cos^3 \phi} \tag{1.2.6}$$

と表される．

RBS では母体元素より軽い微量不純物元素からの散乱イオンのエネルギースペクトルは，母体からの散乱イオンのスペクトルと重なり，微量軽元素は分析できなかった．ERD では，測定したい元素の反跳原子自身を検出するので，そのような制約はないが，検出した原子が目的のものであることを識別する必要がある．

多元素からなる試料の場合，識別できる限り，複数の元素が同時に計測できる．複数元素を同時に分析する場合には幾何学的条件が共通になるので，散乱の断面積から直接組成を求められる．

母体元素や被検出元素により弾性散乱された大量のイオンが検出器に到達すると，検出器のデッドタイムを増やすことや，エネルギースペクトルが被測定元素のスペクトルと重なるなど測定の邪魔になる．また，エネルギーだけの測定では，異なる深さにある異なった元素が同じエネルギーをもって検出されることから，測定できる深さが制限される．これらの短所を補うため，実際の測定では次に述べるようなさまざまな手法が用いられている．

### 1.2.3 反射型 ERD

反射型 ERD では，散乱イオンが検出器に入るのを防ぐことが本質的に重要

である.このための代表的な手法を以下にあげる.

## a. ストッパフォイル法

　最も簡便な方法は,適当な薄膜を検出器の前に置くことである.検出される元素より重い($Z_1 > Z_2$)入射イオンを用いると,弾性散乱されたイオンの阻止能は反跳原子の阻止能より大きくなるため適当な厚さのストッパフォイルを挿入することにより,散乱イオンを遮断することができる.ストッパフォイルとしてはマイラー膜,ハーバーフォイル,アルミニウムフォイルなどが用いられる.この方法では,薄膜中でのストラグリングにより深さ分解能が劣化する,薄膜中でのエネルギー損失が分析できる最大深さを小さくする,などの欠点がある.

　図1.2.2は$Si_3N_4$中の水素の深さ分布を2.4 MeV $^4$Heおよび12 MeV $^{12}$Cイオンを用いてERDで測定した結果と,$^1$H($^{19}$F, $\alpha\gamma$)$^{16}$O共鳴核反応によるNRAと比較したものである[2].ここでは10 μmのAl膜がストッパフォイルとして用いられた.

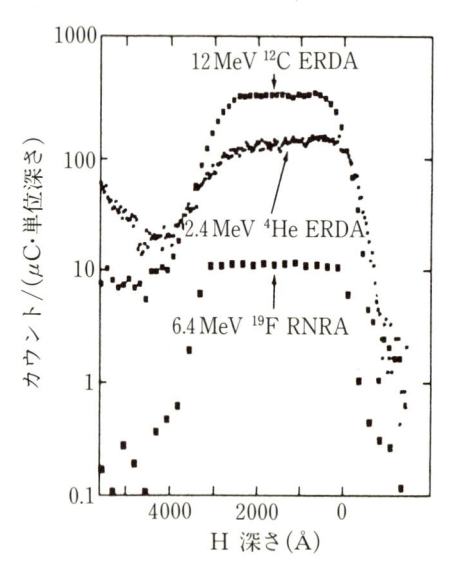

**図1.2.2** 2.4 MeV $^4$Heおよび12 MeV $^{12}$Cイオンを用いたERDおよび$^1$H($^{19}$F, $\alpha\gamma$)$^{16}$O共鳴核反応によるNRAで測定した$Si_3N_4$中の水素の深さ分布の比較.

## b. 運動学の応用

質量 $M_1$ の入射重イオンがそれより軽い質量 $M_2$ の原子と衝突したときの散乱角 $\theta$ は，$\sin\theta \leq \sin\theta_{max} = M_2/M_1$ に制限される．したがって，試料中の最も重い元素に対応する $\theta_{max}$ よりも高角度に検出器を置けば散乱イオンの影響を除くことができる．

図1.2.3は30 MeVのClイオンを用いて，Be中に注入されたHeを検出した例である[3]．検出器は散乱Clイオンがこない30°方向に置かれている．

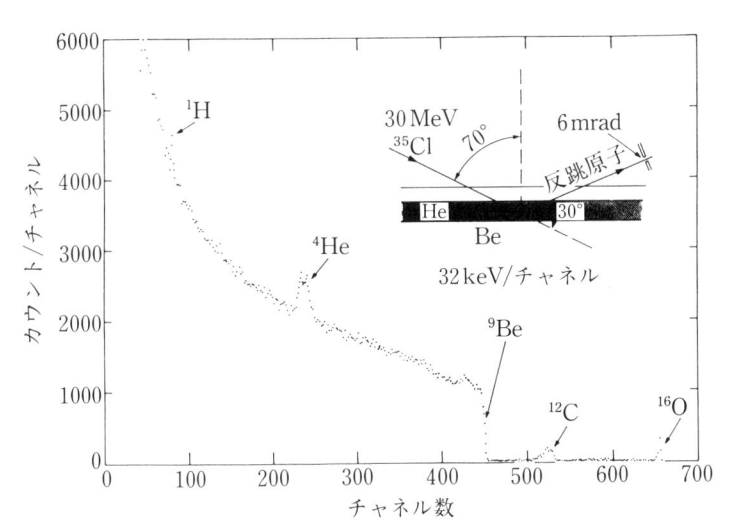

**図1.2.3** 30 MeVのClイオンを用いたERDスペクトル．母体のBe，注入されたHe，表面に付着したH，C，Oが検出された．検出器は散乱Clイオンがこない30°方向に置かれている．

## c. 反跳原子を識別する方法

反跳原子の反跳角とエネルギーだけの測定では，その質量と，衝突位置の両方を決定することはできない．これに加えて速度を測定することにより，検出された粒子の質量と深さを決定する方法が開発されている．以下に代表的なものを紹介する．

## (1) $\Delta E$-$E$ テレスコープ法

粒子識別に広く用いられている方法で,適当な媒質を透過するときのエネルギー損失 $\Delta E$ と,全エネルギー $E$ を同時計測して行う.通常は,$\Delta E$ 検出器として薄い(数 μm)全空乏 SSD[4],ガス電離箱[5] などが用いられ,$E$ 検出器としては厚い SSD が用いられる.$E$ と $\Delta E$ とを電極を分割した Bragg 電離箱[6] で測定する方法も行われている(図1.2.4).$E$ と $\Delta E$ とを軸に2次元スペクトル上で個々の元素(同位体)は別々の曲線の上に現れ,曲線に沿った方向に深さ分布が現れる.

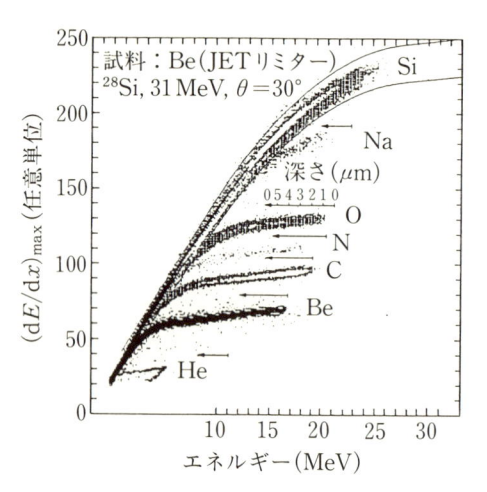

図1.2.4 トカマクで照射された Be 試料に 31 MeV Si イオンを入射して Bragg 電離箱を用いて測定した ($E$-$dE/dx$) 2次元スペクトル.

## (2) 飛行時間(TOF)法

反跳原子のエネルギーとともに,飛行時間(time of flight, TOF)を測定して粒子の質量を識別する方法である.薄い(約 10 μg/cm$^2$)炭素膜からの二次電子を時間信号とする方法がよく用いられる.これを2組あるいは,これと SSD の組み合わせで TOF を測定し,SSD でエネルギーを測定し,両者から個々の反跳原子の速度とエネルギー,したがって,質量と深さを求めることができる.この方法では試料中の全元素を同定・計測できるので,標準試料を用いずに組成を求めることができる.ただし,軽元素による二次電子収量が小さいた

め，検出効率が低いという難点がある．また，二次電子収量がエネルギー依存性をもつため，深さ分布の測定では特に注意が必要である．炭素膜に MgO などをコートすることにより，二次電子収量を上げるとともにエネルギー依存性を緩和することができる[7]．

図1.2.5は，Si 中に窒化物と酸化物の層が埋め込まれた SIMOX 構造を 48 MeV $^{81}$Br$^{8+}$ イオンを用いて，TOF 法で解析した結果である[8]．

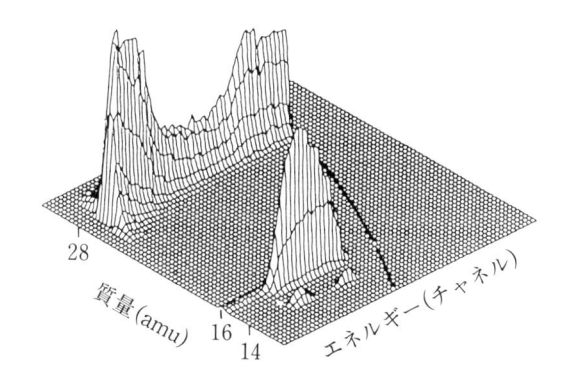

**図 1.2.5** Si 中に窒化物と酸化物の層が埋め込まれた SIMOX 構造を 48 MeV $^{81}$Br$^{8+}$ イオンを用いて，TOF 法で解析した 2 次元スペクトル．太線は表面から反跳されたときのエネルギーである．

### (3) その他の方法

上の例のほかにも静電型分析器[9]，磁気分析器[10]，互いに直交する静電場と静磁場を用いた E×B（E クロス B と読む）フィルタ[11] などにより粒子を識別する方法が報告されている．E×B フィルタは，エネルギー分散の目的ではウィーン（Wien）フィルタとして $E = vB$ の条件で用いるが，ここでは，$E = vB/2$ の条件とし，エネルギー分散を最小にし，質量分析器として用いる．

これらの電磁場を用いる方法では，中性原子は分析できない，重イオンは荷電ごとに分かれてしまう，という難点がある．これを避けるひとつの試みとして，ガスを満たした磁場分析器[12] が用いられている．これにより，原子番号と速度のみで決まる平衡荷電での軌道が得られる．ガス圧が低いと荷電のゆらぎが大きく，高いとエネルギーストラグリングが大きくなるという難点があり，真空の分析器に比べ，感度は高いが，深さ分解能は劣る．

### 1.2.4　透過型 ERD

　透過型の配置で，被測定元素より重い入射イオンを用いると，試料の厚さを適当に選ぶか，ストッパフォイルを用いることにより，入射イオンは検出にかからなくすることができる[1]．この方法には次に述べるように反射型にはない利点があるが，自己支持薄膜の試料を用意しなければならないという大きな制約がある．

　入射イオン種を適当に選ぶと，試料内の全元素を同時に測定することができ，組成を直接求めることができる．

　また，表面に垂直に(近く)入射させることができるので，マイクロビームを用いて2次元的に走査すると，試料内の3次元組成分布を高い位置分解能で測定することができる[13]．

　式(1.2.1)からわかるように，$\phi=0$ で $dE_2/d\phi=0$ であるので，前方 ($\phi=0$) に検出器を置くと，検出器の立体角による深さ分解能の低下を避けられるので，検出効率を高めることができる．

### 1.2.5　同時計測法

　厚い試料ではひとつの衝突による散乱イオンと反跳原子のたかだか一方しか試料外で検出できないが，試料が薄い場合には，反跳原子と散乱イオンの両方を検出することができる．実験の配置としては，(1) 一方を反射型，他方を透過型で検出する方法[14]と，(2) 両方を透過型で検出する方法がある．

　この方法では，個々の衝突事象について散乱角 $\theta$，散乱イオンのエネルギー $E(x)$，反跳角 $\phi$，反跳原子のエネルギー $E_2(x)$ が測定の対象となる．衝突時の運動量・エネルギー保存則から，例えば，2つの大立体角検出器による $E(x)$ と $E_2(x)$ の測定[15]，あるいは2つの位置敏感型SSDによる $\theta$ と $\phi$ の測定[16] から，解析により，反跳原子の質量 $M_2$ と衝突位置(深さ) $x$ の両方を決めることができる．

　散乱イオンと反跳原子の時間差から反跳エネルギーをSSDを凌ぐ分解能で測定することもできる．

## 1.2.6 おわりに

以上述べたように，ERD法は初期にはRBS法の欠点を補うものとして登場したが，次第にその多様な拡張性が注目され，次々と新しい手法が導入され，検出の分解能や，感度を向上させる方法も含め現在も新しい工夫が行われている．

## 参 考 文 献

1) J. L'Ecuyer, C. Brassard, C. Cardinal, J. Chabbal, L. Deschênes, J. P. Labrie, B. Terreault, J. G. Martel and R. St. -Jaques: J. Appl. Phys. **47** (1976) 381.
2) B. L. Doyle and P. S. Percy: Appl. Phys. Lett. **34** (1979) 811.
3) G. Ross and B. Terreault: J. Appl. Phys. **51** (1980) 1259.
4) W. M. Arnoldbik, C. T. A. M. de Laat and F. H. P. M. Habraken: Nucl. Instr. Meth. **B64** (1992) 832.
5) J. P. Strquert, G. Guillaume, M. Hage-Ali, J. J. Grob, C. Ganter and P. Siffert: Nucl. Instr. Meth. **B44** (1989) 184.
6) R. Behrisch, R. Grötzschel, E. Hentschel and W. Assmann: Nucl. Instr. Meth. **B68** (1992) 245.
7) S. C. Gujrathi and S. Bultena: Nucl. Instr. Meth. **B64** (1992) 789.
8) H. J. Whitlow, C. S. Petersson, K. J. Reeson and P. L. F. Hemment: Appl. Phys. Lett. **52** (1988) 1871.
9) H. J. Whitlow, C. S. Petersson, K. J. Reeson and P. L. F. Hemment: Nucl. Instr. Meth. **B89** (1994) 191.
10) C. R. Gossett: Nucl. Instr. Meth. **B15** (1986) 481.
11) G. G. Ross, B. Terrault, G. Gobeil, G. Abel, C. Boucher and G. Veilleux: J. Nucl. Mater. **128/129** (1984) 730.
12) G. L. Sandker, P. Eeken, W. M. Arnold Bik, K. van der Borg and F. H. P. M. Habraken: Nucl. Instr. Meth. **B64** (1992) 292.
13) J. Tirira, P. Trocellier, J. P. Frontier, P. Massiot, J. M. Costantini and V. Mori: Nucl. Instr. Meth. **B50** (1990) 135.
14) H. A. Rijken, S. S. Klein and M. J. A. de Voigt: Nucl. Instr. Meth. **B64** (1992) 395.

15) H. C. Hofsäss, N. R. Parikh, M. L. Swanson and W. K. Chu : Nucl. Instr. Meth. **B45** (1990) 151.
16) S. S. Klein, P. H. A. Mutsaers and B. E. Fischer : Nucl. Instr. Meth. **B50** (1990) 150.

## 1.3 NRD（核反応検出法）

　後方散乱法(RBS)は母体構成原子より重い原子の分析には有効であるが，試料が非常に薄いなどの特殊な場合を除けば，軽い原子に対しては，その散乱スペクトルが母体原子によるスペクトルの低エネルギー側に重なってしまい両者を分離して測定できないため分析は困難である．ところが，通常我々が分析に使用する数MeVのエネルギーのビームに対しては比較的軽い元素との間に多くの核反応が存在し，重い元素との間には存在しないため，核反応での放出粒子あるいは$\gamma$線等を測定することにより軽元素を分離して測定できる場合が多い．したがって，核反応検出法（Nuclear Reaction Detection；NRD）は通常の後方散乱法では測定が困難な，物質中の軽元素の分析や，PIXE法でも検出不可能な水素同位体の検出に有効な手段として利用されている．本章では核反応を利用した軽元素の深さ分布，チャネリング，ブロッキング法による軽元素原子の格子内位置の決定，水素の振動状態の研究などへの応用について述べる．なお，核反応寿命の測定については「イオン・固体相互作用編」のチャネリングの章で述べられている．

### 1.3.1 核　反　応

　入射粒子aが原子核Aと衝突しb粒子と原子核Bとが生じたときa+A→b+Bの原子核反応が起こったことになり，通常軽い粒子の方に小文字を用いてA(a,b)Bと表される．入射粒子と標的原子核との組み合わせが同じでも種々の核反応が起こり得る．いま，単位断面積の標的物質の厚さを$dx$，単位体積中の標的原子の数を$N$，入射粒子の総数を$I_0$とすると，種類iの核反応が起こった総数は

$$Y_i = I_0 N \sigma_i dx \tag{1.3.1}$$

で表され，$\sigma_i$は1個の入射粒子と1個の標的核の間で種類iの核反応が起こる割合を表す量で，核反応の断面積と呼ばれる．空間の$\theta$方向の立体角$d\Omega$内

にb粒子が放出される割合を$\sigma_i(\theta)d\Omega$とすると，$\sigma_i$は

$$\sigma_i = \int \sigma_i(\theta) d\Omega \tag{1.3.2}$$

で与えられ，この種の核反応の起こる全確率を表し，$\sigma_i(\theta)$は微分断面積と呼ばれる．あらゆる種類の核反応の断面積の総和$\sigma = \Sigma \sigma_i$を全断面積という．核反応の断面積は，原子核半径程度の値の2乗である$10^{-24}$ cm$^2$=1バーン(barn)を単位として表される．

上記の反応で始めと終わりの状態の間の静止エネルギー差$Q = (M_a + M_A)c^2 - (M_b + M_B)c^2$を核反応エネルギーあるいは$Q$値（$Q$-value）という．$Q > 0$を発熱反応，$Q < 0$を吸熱反応という．$Q < 0$の反応では2つの粒子を接触させただけでは反応は起こらず，入射粒子がある値以上の運動エネルギーをもたねばならない．この境になるエネルギーの値をしきい値（threshold energy）と呼び，$E_{th} = |Q|(1 + (M_a/M_A))$で与えられる．発熱反応では，入射粒子の運動エネルギーが零でも，反応断面積はある値をもつが，原子核の正電荷とのクーロン斥力に逆らって，粒子が核力の及ぶ距離のところまで近づかなければ反応が起こらないので，ある運動エネルギーを与えねばならない．すなわち，核半径$R_0$の位置でのクーロンポテンシャル（クーロン障壁）を超える条件を満たさねばならない．

図1.3.1は一例として，核反応の断面積が入射粒子のエネルギーとともにどのように変化するかを示したものである．図1.3.1(a)の$^1$H($^{15}$N, $\alpha\gamma$)$^{12}$C反応では入射エネルギーが約6.4 MeVのとき断面積がピークを示し，その他のエネルギーでは低い一定の値を示す．これは，このエネルギーで核反応が共鳴して非常に反応が起こりやすくなることを示しており，共鳴型の反応といい，このピークを生じるエネルギーを共鳴エネルギーという．図1.3.1(b)は非共鳴型の反応で，反応断面積が入射粒子のエネルギーとともに緩やかに変化している．

核反応の結果，p, $\alpha$のような粒子が放出される場合のほか，$\gamma$線が放出される場合もある．通常の分析実験では検出器を2個用意し，検出器1では母体結晶原子による入射粒子の散乱を，もうひとつの検出器2では目的とする核反応収量を測定する．反応の結果，粒子が放出される場合は，必要に応じて検出器2の前にフィルターとして適当な厚さの薄膜をおき，母体結晶原子により散

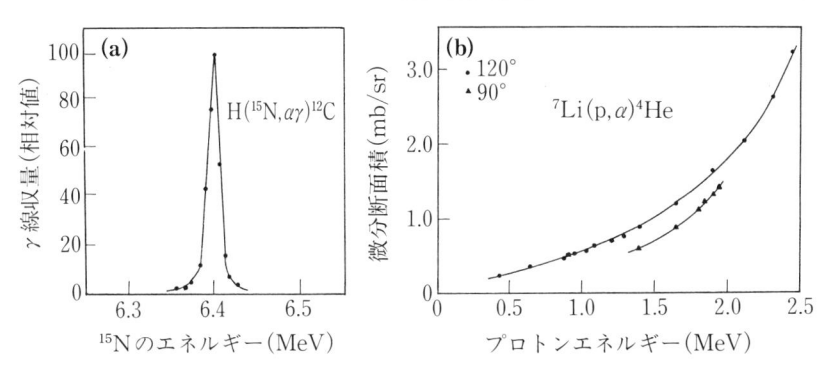

**図1.3.1** 核反応断面積と入射イオンのエネルギーとの関係（励起関数）．(a) $H(^{15}N, \alpha\gamma)^{12}C$ を用いて Ta 表面上の水素との反応で得られた $\gamma$ 線収量（相対値）（文献1より），共鳴エネルギーでの断面積〜1650 mb．(b) $^{7}Li(p, \alpha)^{4}He$ 反応で，実験室系で角度 120°または 90°方向に $\alpha$ 粒子が放出される場合[2]．

**表1.3.1** 固体内軽元素原子の深さ分布測定に利用される核反応の例．

| 軽元素 | 核反応 | 共鳴[#]，入射[b]<br>エネルギー<br>(MeV) | 検出エネルギー<br>(MeV) |
|---|---|---|---|
| H | $H(^{7}Li, \gamma)^{8}Be$ | 3.07[#] | 14.7, 17.6 $\gamma$ |
|  | $H(^{11}B, \alpha)^{8}Be$ | 1.79[#] | 1-4 $\alpha$ |
|  | $H(^{15}N, \alpha\gamma)^{12}C$ | 6.39[#] | 4.43 $\gamma$ |
|  | $H(^{19}F, \alpha\gamma)^{16}O$ | 6.46[#] | <6 $\alpha$ |
|  |  | 16.4[#] | 6.1, 6.9, 7.1 $\gamma$ |
| D | $D(d, p)T$ | 0.2[b] | 0.5-1.0 t, 2-3 p |
|  | $D(^{3}He, p)^{4}He$ | 0.64[#] | 2-5 $\alpha$, 12-14 p |
| T | $T(p, n)^{3}He$ | 2.5[b] | 〜1 n |
| $^{3}He$ | $^{3}He(d, p)^{4}He$ | 0.43[#] | 2-4 $\alpha$, 12-14 p |
| $^{4}He$ | $^{4}He(^{10}B, n)^{13}N$ | 0.377[#] | 2-3.5 n |
| $^{6}Li$ | $^{6}Li(d, \alpha)^{4}He$ | 0.7[b] | 9.7 $\alpha$ |
| $^{7}Li$ | $^{7}Li(p, \alpha)^{4}He$ | 1.5[b] | 7.7 $\alpha$ |
| $^{11}B$ | $^{11}B(p, \gamma)^{12}C$ | 0.163[#] | 4.43 $\gamma$ |
|  | $^{11}B(p, \alpha)^{8}Be$ | 0.65[#] | 3.7 $\alpha$ |
| $^{12}C$ | $^{12}C(d, p)^{13}C$ | 1.2[b] | 3.1 p |
| $^{14}N$ | $^{14}N(d, \alpha)^{12}C$ | 1.2[b] | 6.7 $\alpha$ |
| $^{16}O$ | $^{16}O(d, p)^{17}O$ | 0.96[#] | 1.5 p |
| $^{18}O$ | $^{18}O(p, \gamma)^{19}F$ | 1.167[#] | 6.3 $\gamma$ |
|  | $^{18}O(p, \alpha)^{15}N$ | 0.639[#] | 3.4 $\alpha$ |

乱された入射粒子はこの中で止まり，反応粒子のみがこれを通り抜けて検出器に入り測定されるような手段もとられる．γ線の場合は真空散乱槽の壁などによる散乱・吸収はほとんど無視できるので，検出器は散乱槽の外に置くことができる．よく利用される核反応の一例を表1.3.1に示してある．その他の反応およびその断面積などの詳細については文献3を参照されたい．

## 1.3.2 軽元素不純物の深さ分布の測定[4〜6]

（1） 非共鳴型の核反応 D(d, p)T や，共鳴エネルギー幅が大きい D($^3$He, p)$^4$He のような反応では，あるエネルギーのビームを入射させたとき，深いところではエネルギーが低下しても，そのエネルギーに応じた断面積で決まる量の核反応が起こる．すなわち，種々の深さから核反応粒子が放出されることになる．したがって，目的とする原子の深さ分布の測定は，核反応で放出された粒子のエネルギー分布の測定，すなわち，そのエネルギーの粒子がどの深さから放出されてきたかを求めることに帰着する．図1.3.2のように試料面の法線方向に対して $\phi$ の角度で入射したエネルギー $E_a(0)$，質量 $M_a$ の粒子が深さ $x$

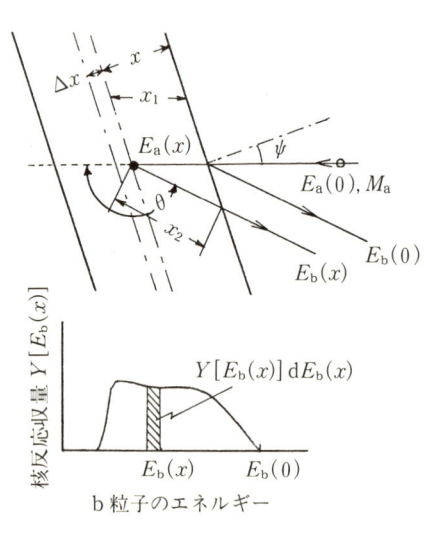

**図1.3.2** 反応の結果放出される粒子のエネルギー分析による軽元素原子の深さ分布の測定．

のところで（エネルギー $E_a(x)$）核反応を起こし，エネルギー $E_b[E_a(x)]$ の b 粒子が放出されたとすると，$\theta$ 方向に試料内を $x_2$ 進んで外へ出てきた b 粒子のエネルギー $E_b(x)$ は

$$E_b(x) = E_b[E_a(x)] - \int_0^{x_2} S_b(x) dx \; ; \qquad x_2 = x/|\cos(\theta - \psi)|$$

$$E_a(x) = E_a(0) - \int_0^{x_1} S_a(x) dx \; ; \qquad x_1 = x/|\cos \psi|$$

$$E_b[E_a(x)] = E_a(x) \frac{M_a M_b}{(M_b + M_B)^2} \left\{ 2\cos^2\theta + \frac{M_B(M_b + M_B)}{M_a M_b} \left( \frac{Q}{E_a(x)} + \frac{M_B - M_a}{M_B} \right) \right.$$
$$\left. \pm 2\cos\theta \left[ \cos^2\theta + \frac{M_B(M_b + M_B)}{M_a M_b} \left( \frac{Q}{E_a(x)} + \frac{M_B - M_a}{M_B} \right) \right]^{1/2} \right\}$$
(1.3.3)

で与えられる．$S_a(x)$, $S_b(x)$ は，試料物質の入射粒子 a および反応で放出された粒子 b に対する阻止能である．実験ではエネルギー $E_b(x)$ と，$E_b(x)$ をもった粒子の収量 $Y[E_b(x)]$ の関係が得られる．$S_a$, $S_b$ が既知ならば $E_b(x)$ は深さに換算され，したがって，$Y[E_b(x)]$ と深さの関係が求められる．$Y[E_b(x)]$ はビームのエネルギーの広がりがないとすれば深さ $x$ のところでの角度 $\theta$ 方向に対する核反応断面積 $\sigma_\theta[E_a(x)]$ によって

$$Y[E_b(x)] dE_b(x) = I \Delta\Omega \left( \frac{d\sigma_\theta[E_a(x)]}{d\Omega} \right) N(x) \frac{dx}{\cos \psi} \qquad (1.3.4)$$

で与えられる．ここに，$I$ は入射粒子の数，$\Delta\Omega$ は検出器の立体角，$N(x)$ は分布を測定しようとする目的の原子の濃度である．$\sigma_\theta[E_a(x)]$ がすでに他の実験で求められているか，あるいは，濃度が既知の試料を用いて求められれば，$N(x)$，したがって濃度分布が求められる．実際には，ビームのエネルギーの広がり，検出器の分解能，あるいは，試料，検出器の配置による $E_b(x)$ における広がり（例えば，ビームスポットの大きさが有限で，検出器の立体角に広がりがあるために $\theta$，したがって，$x_2$ に広がりが生じ $E_b(x)$ に広がりを与える）等により実際に得られるスペクトルと式(1.3.4)とは幾分異なってくる．したがって，測定された $Y[E_b(x)]$ の分布を計算と合わせるには式(1.3.4)に上記の装置関数を考慮してエネルギー補正をした計算結果と比較することになる[7~9]．また，例えば，$D(^3He, p)^4He$ 反応ではしばしば放出 $\alpha$ 粒子の測定から上記の方法で深さ分布が求められるが，より深いところまでの D の分布を測

定するために，$^3$He のエネルギーを広範囲に変え，$^3$He のエネルギーの関数として p の収量を測定して深さ分布を求めることも行われている[8,10]．

この種の実験では A(a, b)B の核反応による目的の粒子 b のスペクトルが，A 原子や母体構成原子により散乱された a 粒子のスペクトルや，同時に起こる他の核反応によるスペクトルから十分に分離できることが必要で，それが満たされるように，また，深さ分解能がよくなるように入射エネルギー $E_a$ や $\theta$，$\psi$ が選ばれる．また，場合によってはスペクトルを分離するため検出器の前にフィルターを置くこともある．

（2） $^1$H($^{15}$N, $\alpha\gamma$)$^{12}$C や $^1$H($^{19}$F, $\alpha\gamma$)$^{16}$O のような共鳴型の核反応では，共鳴エネルギーより高いエネルギー範囲で入射イオンのエネルギーを段階的に変えて核反応収量を測定して深さ分布が求められる．例えば，$^1$H($^{15}$N, $\alpha\gamma$)$^{12}$C では $^{15}$N のエネルギーが 6.39 MeV のとき共鳴反応が起こり 4.43 MeV の $\gamma$ 線が（共鳴幅は約 1.8 keV，実際には十数 keV，1.3.5 項参照），$^1$H($^{19}$F, $\alpha\gamma$)$^{16}$O では $^{19}$F のエネルギーが 16.44 MeV のとき共鳴反応が起こり，6.1, 6.9, 7.1 MeV の $\gamma$ 線が放出される．このように $\gamma$ 線の測定から深さ分布を求める場合が多い．$\gamma$ 線が出ない $^{18}$O(p, $\alpha$)$^{15}$N のような反応では $\alpha$ 粒子を測定することになる．$^1$H($^{15}$N, $\alpha\gamma$)$^{12}$C の例で説明すると，共鳴エネルギーより高いエネルギー $E_0(x)$ で入射したイオンは試料中を進むと，ある深さ $x$ のところで共鳴エネルギー $E_r$ に達し，その場所での薄い厚さ領域内の水素と核反応を起こし $\gamma$ 線が放出される．したがって，$E_0(x)$ を少しずつ変えると共鳴エネルギーに達する深さが変わるので，$E_0(x)$ の関数として $\gamma$ 線の収量を測定すれば水素の深さ分布が求められる（図 1.3.3）[11,12]．$^1$H($^{15}$N, $\alpha\gamma$)$^{12}$C のように共鳴幅が非常に狭く，かつ，共鳴エネルギー以外のエネルギー領域（off-resonance）での反応断面積が無視し得るような場合には，深さ分布は次のようにして求められる．

$$E_r = E_0(x) - \int_0^{x/\cos\psi} S_a dx \; ; \; S_a = |dE/dx| \qquad (1.3.5)$$

考える深さ領域で $S_a$ が一定と近似できるなら

$$\frac{E_0(x) - E_r}{S_a} = \frac{x}{\cos\psi} \qquad (1.3.6)$$

として $E_0(x)$ を深さ $x$ に換算できる．このとき，深さ $x$ で共鳴エネルギーに達して生じた $\gamma$ 線の収量 $Y[E_0(x)] = Y(E_r)$ は式(1.3.4)と同様の式で与えら

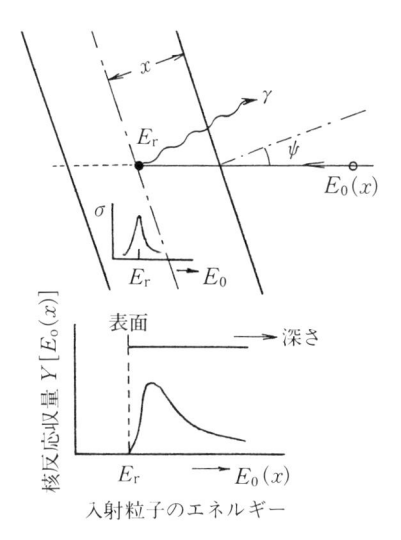

図1.3.3 共鳴型核反応を用いた軽元素原子の深さ分布測定.

れ，共鳴幅 $\Gamma$ が狭いので

$$I\Delta\Omega\frac{d\sigma(E_r)}{d\Omega}N(x)\frac{\Gamma}{S_a\cos\psi} \tag{1.3.7}$$

に比例し

$$Y[E_0(x)]=\frac{N(x)}{KS_a} \tag{1.3.8}$$

と近似できる．$K$ の値が，既知の濃度の水素を含む試料についての測定で求められれば，水素の濃度分布が式(1.3.5)〜(1.3.8)より求められる．以上のように共鳴幅が小さいために簡単な近似がよく用いられるが，実際には次のような問題があるので考慮しておかなければならない．

ある深さ $x$ の場所での水素の無限に薄い層を測定したときに得られる水素の分布の半値幅が深さ分解能となるが，実際にはこの幅は共鳴幅のみで決まらず，入射イオン自身のエネルギーの広がり，試料に入ったときに生じるエネルギーの広がり，さらに，水素が物質中で振動していることによる共鳴エネルギーのずれに基づく共鳴幅の広がり（ドップラー広がり）によって決まる．また，非共鳴エネルギー領域での核反応からの寄与がある．$^1H(^{15}N,\alpha\gamma)^{12}C$ では，こ

の反応断面積は共鳴反応の断面積に比して$10^4$ほど小さい．しかし，このような場合でも非共鳴エネルギー領域での核反応収量が影響を与えることがある．例えば，表面からごく浅い層Aに水素が多く，内部Bでは非常に少なくても，深い領域Bでの水素分布を測定するため共鳴エネルギーより高いエネルギー$E_1$で入射したときAの領域での多量の水素との反応でγ線が測定され，深い部分Bで実際の量より多くの水素が存在するかのような結果を与えることになる．この問題は$^1H(^{19}F, \alpha\gamma)^{16}O$の場合には重要である．図1.3.4のように，この反応には$^{19}F$のエネルギーが16.44 MeV(共鳴幅〜88 keV)のほかに17.5 MeVに第2の共鳴反応がある(共鳴幅〜177 keV)[13]．通常，共鳴幅の狭い16.44 MeVの共鳴を利用して水素の分布が測定されているが，深い領域を測定するために入射エネルギーを高くすると，表面付近の水素と第2の共鳴核反応が起こってγ線の収量が大きくなり，見かけ上，水素の濃度が高くなったように見える．したがって，この反応を用いるときは両者のエネルギー差1 MeVに相当する深さ(Siでは約4000Å)までの分析に限らねばならない．$^1H(^{19}F, \alpha\gamma)^{16}O$の反応のように，共鳴幅が狭くないときは上述の近似は正確でなくなるので解析は複雑になる．くわしくは個々の例を参照されたい[8,14〜16]．

軽元素の深さ分布の測定手段は少なく，その中でSIMSがよく用いられる

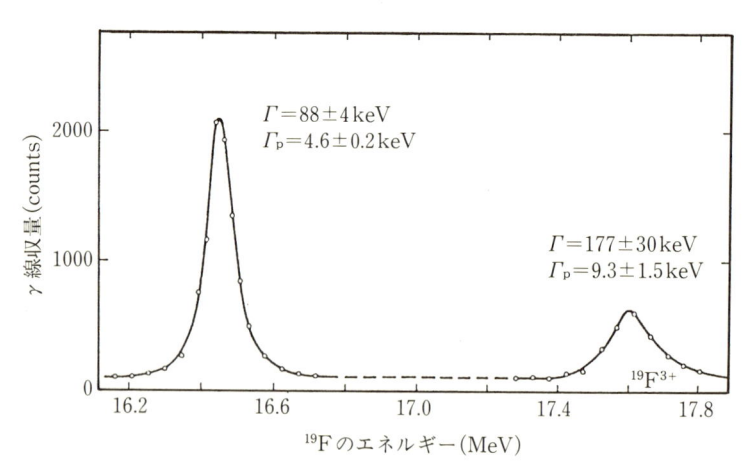

図1.3.4 Al試料上の吸着水素を$H(^{19}F, \alpha\gamma)^{16}O$反応を用いて測定したときのγ線の収量．$\Gamma$は共鳴線の半値幅，$\Gamma_p$は逆反応$^{19}F(p, \alpha\gamma)^{16}O$で測定された半値幅[13]．

が，試料をスパッタしなければならず，スパッタリングの非一様性，選択スパッタリングなどの問題があり，定量的解釈には複雑な問題がある．一方，核反応を利用した軽元素の深さ分布の測定は，イオンビームによる放射線損傷の効果は無視し得るものではないが，この点に注意すれば深さ分解能，定量性もよく，有効な手段として反跳原子検出法(ERD)とともによく用いられている．前掲の表1.3.1に深さ分布測定に利用される核反応をいくつか挙げてあるので参照されたい．この手法は，拡散係数の測定[7,17]，表面での吸着原子の挙動，試料中での不純物の挙動の研究などに応用されている．ここでは，金属中にイオン注入された重水素のうち，どの程度が表面付近に保持されるか(retention)の問題，および保持された重水素が温度を上げたとき放出される過程(release)の研究例を示す．

図1.3.5はMo中に8 keVで重水素を室温で注入したとき，注入量と表面付近の重水素の濃度の関係をD($^3$He, p)$^4$Heの反応による放出p（〜13 MeV）の測定から調べたものである[18]．$^3$Heのエネルギーは750 keVで，この測定では表面から0.5 μmまでの深さの重水素の量を測定していることになる．点線は，拡散が起こらずに注入されたすべての重水素が表面付近に保持されたと仮定したときの重水素濃度と注入量との関係を示す．あらかじめ55 keVで

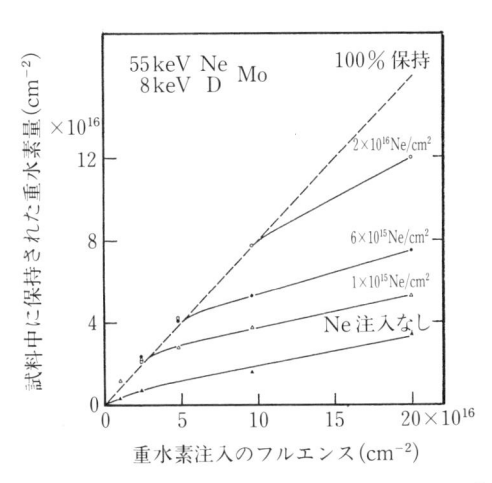

図1.3.5 あらかじめ55 keVでNeを注入したMoと，していないMo中に注入され保持された重水素の量．重水素注入；8 keV，室温[18]．

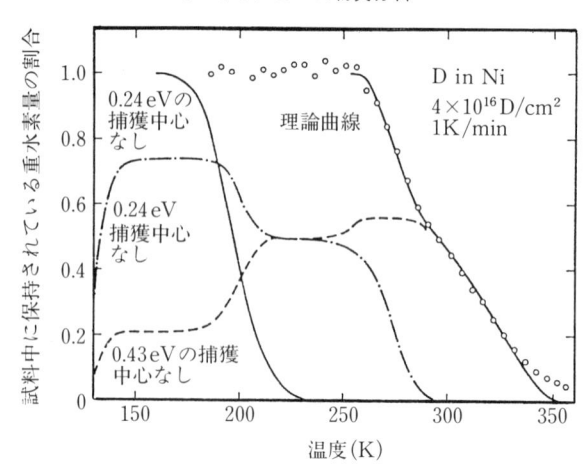

**図1.3.6** Ni単結晶中に10 keV，100 Kで$4\times10^{16}$/cm$^2$の重水素を注入した後，保持されている重水素の量の温度上昇による変化．注入後の値を1.0とする[19]．

Neを注入した試料と，していない試料とを比較すると，Ne注入により保持される重水素の量が増えることがわかる．これはNe注入の際の放射線損傷により形成された格子欠陥に重水素が捕えられるとして解釈されている．図1.3.6にはNi中に100 Kで注入された重水素の温度上昇に伴う放出過程を示す[19]．重水素は10 keVで$4\times10^{16}$/cm$^2$注入され，重水素量は上記の核反応収量から求められた（○印）．250 K以上で重水素量が温度とともに減少する．同時に深さ分布の測定をすると分布のピークが表面付近にずれていることから重水素が表面から放出されていると考えられ，この過程は図に示されているように結合エンタルピー0.24 eVと0.43 eVに対応した2種の捕獲中心が存在するとして説明されている．

## 1.3.3 チャネリング法

### a. 軽元素不純物の格子内位置の決定

軽い不純物と入射ビームとの間に適当な核反応があり，なおかつ，核反応で放出される粒子または$\gamma$線が，前述のように他のスペクトルと分離して測定できれば，チャネリング法により不純物の格子内位置を決定することができ

る．特に，この手法は水素のような軽元素に対して威力を発揮する．

従来，水素同位体である重水素については $^3$He ビームによる D($^3$He, p)$^4$He の核反応を用いた実験が多く行われているが，ここでは $^1$H($^{11}$B, $\alpha$)$2\alpha$ の核反応を用いた V 中の H に関する実験例について述べる．水素同位体の格子内位置については中性子回折法でも実験されているが，重水素についての実験が多く，軽水素については実験上の困難さのため少ない．したがって，イオンビームを用いた実験が有効である．$^1$H($^{11}$B, $\alpha$)$2\alpha$ の反応には約 1.8 MeV に共鳴反応があり(共鳴幅～66 keV)，反応の結果 5 MeV 以下の $\alpha$ 粒子が放出され，これを測定することで水素が検出される．したがって，約 2 MeV の $^{11}$B ビームで実験がなされた．ひとつの検出器を 150°の散乱角の位置に置き，母体結晶原子により散乱された $^{11}$B イオンを後方散乱法で検出しチャネリング効果を調べる．もうひとつの検出器を 90°の位置に置き，その前にフィルターとして 4 μm のマイラー膜を置く．90°方向に散乱された $^{11}$B はこの膜の中で止まり $\alpha$ 粒子のみがこの膜を通って検出器に入り，水素のみが分離して測定される[20]．

図 1.3.7 に 10 at%H を含む V(bcc 結晶)に関して 423 K で測定された角度-収量曲線を示す[21]．V 単結晶を測定用散乱槽内の試料台に取り付け 423 K で水素を 10 at%（固溶限以下）まで均一に拡散させ，そのまま 423 K でチャネリ

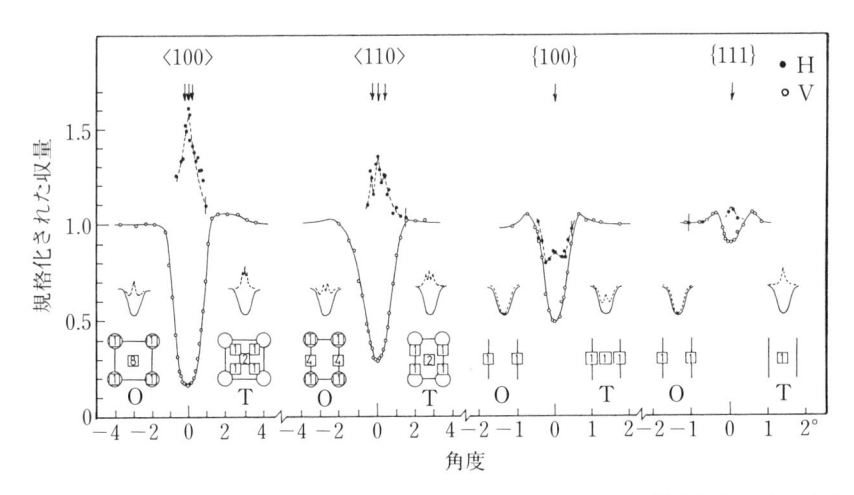

図 1.3.7 $^1$H($^{11}$B, $\alpha$)$2\alpha$ の反応を用いて 423 K で VH$_{0.1}$ について測定されたチャネリング角度-収量曲線[21]．

ング実験を行った．水素が占めると予想される代表的な格子間四面体(T)位置，八面体(O)位置をチャネルに垂直な面に投影した位置が挿図に□印で示されている．□内の数字は等価な位置を考えたときの重率である．水素がこれらの位置にあったときに予想される角度-収量曲線が点線で示されており，さらに，T位置を占有したときに予想されるピーク位置が矢印で示されている．例えば，O位置占有の場合〈100〉チャネルでは1/3が原子列に隠されることによるディップと，2/3がチャネルの中心にあることによるピークとの重ね合わさった角度-収量曲線が予想される．実験結果との比較からわかるように固溶水素はT位置を占めると結論される．また，固溶水素に対する応力の効果を調べるため弾性限内の $7\,kg/mm^2$ の[001]圧縮応力下で(100)と(001)の面チャネリングの実験が行われた[22]．実験は室温で行われ，水素濃度は固溶限以下である．図1.3.7からわかるように，水素がT位置を占めるときは$\alpha$粒子の{100}収量曲線はディップに小さな中心ピークの重なった曲線を与えるが，圧縮応力下では収量曲線はこれと異なり，(100)，(001)とも$0.25°$にピークをもったディップを示す．応力を除去するとT位置特有の曲線を示す．これは水素が弾性限以下の小さな応力の付加および除去に対してその位置を可逆的に変えることを示す．水素は応力下でT位置からO位置方向に約$0.44\,Å$ずれた位置(d-T)，またはO位置のまわりの4つのd-T位置の間の一種の共鳴状態(4T状態)をとるものと解釈された．この核反応法はNb-Mo合金中の水素の状態の研究にも応用された．周期表Va族の金属V，Nb，Taに原子半径の小さな合金元素を添加すると水素の固溶限が増大することが知られているが，Nb-3 at%Mo合金中の水素の格子内位置を調べると，水素が室温ではMo原子に捕えられてT位置からずれた位置を占め，373 KではMo原子から自由になってT位置を占めることが明らかとなり，固溶限増大の機構としてMo濃度が小さいときはMo原子による捕獲機構が有効であることが示された[23]．種々の軽元素の格子内位置に関する結果は文献にまとめられている[24~26]．

### b. Dの熱振動振幅の測定

　Pbおよび$Pb_{0.8}Au_{0.2}$合金中(fcc結晶)のDについての例を述べる[27,28]．Dは$D(^3He, p)^4He$の反応で調べられ，チャネリング実験によればDはいずれの場合もO位置を占める．O位置は〈100〉，〈111〉チャネルの場合，母体結晶原子

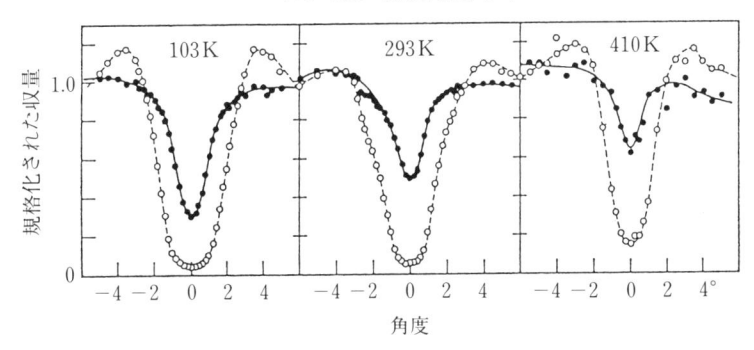

図 1.3.8　[Pd$_{0.8}$Au$_{0.2}$]D$_{0.04}$ について D($^3$He, p)$^4$He 反応を用いて種々の温度で測定された〈100〉チャネリング角度-収量曲線. ○；後方散乱収量，●；核反応収量[28].

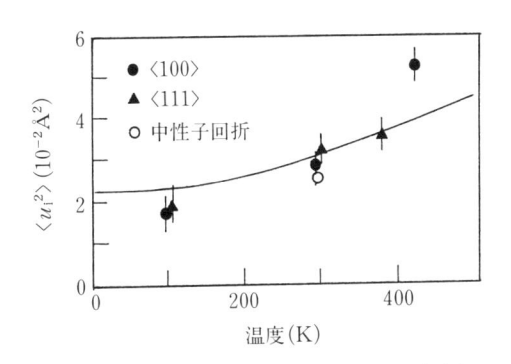

図 1.3.9　重水素の熱振動の平均 2 乗振幅[28].

列に隠されるので，もし，D の熱振動の振幅 $u_1$ が母体原子のそれより大きくなければ核反応収量の角度-収量曲線は母体原子のそれと重なると予想されるが，実験結果は図 1.3.8 のように母体原子による $^3$He の後方散乱の角度-収量曲線より浅く，かつ狭いディップを与え，温度の上昇とともにさらに浅くなる．これらの結果は，温度とともに D の熱振動の振幅が大きくなり母体原子による遮断効果が小さくなることを示している．実測された半値幅 $\psi_{1/2}$ から半値幅に関するバレット (Barrett) の式[29]

$$\psi_{1/2} = 0.80[U(1.2u_1)/E]^{1/2} \tag{1.3.9}$$

を用いて求められた D の $\langle u_1^2 \rangle$ が，中性子回折による実験値とともに図 1.3.9 に示されている．ここで $E$ は入射イオンのエネルギー，$U(r)$ は軸から $r$ だ

け離れた点における軸ポテンシャルである．式(1.3.9)による計算は $u_1$ の評価には都合がよいが，正確には実験条件と一致していない．それは，この式は表面に近いところで適用されるもので，一方，D の実験での核反応収量は共鳴幅が広いため $^3$He ビームの通った厚い深さ領域での核反応収量となっている．計算機シミュレーションにより求めた角度-収量曲線との比較から $\langle u_1^2 \rangle$ を求めることも行われている．実線は D の振動数 $\nu = 1.13 \times 10^{13}\,\mathrm{s}^{-1}$ を用いてアインシュタイン模型で計算された熱振動振幅の 2 乗平均である．低温側では，中性子回折の結果および計算値とも一致するが，高温側でずれており，これについて議論されている．hcp 結晶においても同様の実験が行われている[30,31]．

### c. 吸着不純物の位置の決定

単結晶薄膜試料をチャネリングしたイオンでは，そのフラックスの分布が保持されるのでビーム入射面と反対側の背面に吸着あるいは蒸着させた原子の位

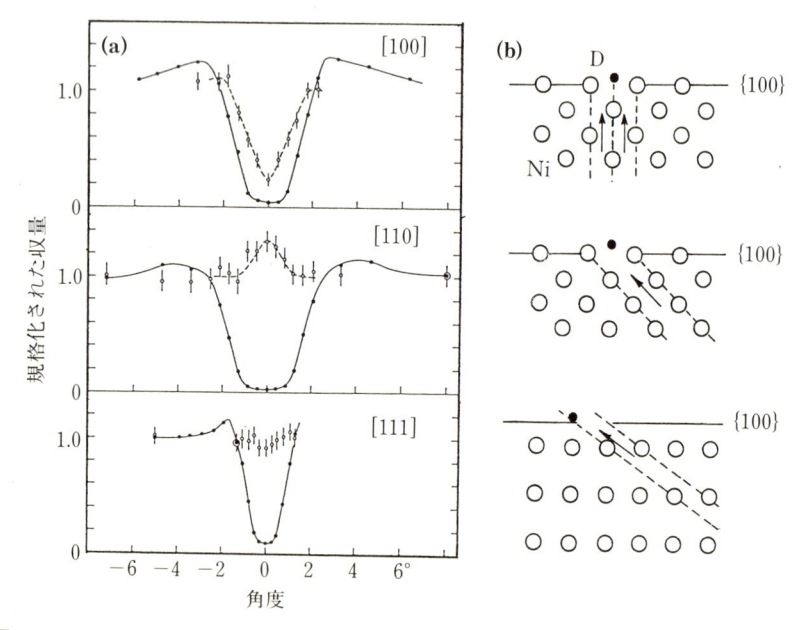

図 1.3.10 （a）表面に重水素を吸着させた Ni 単結晶薄膜について D($^3$He, p)$^4$He 核反応を用いて得られたチャネリング角度-収量曲線．●；Ni による散乱収量，○；核反応収量[34]．（b）各々の場合の原子配列．

## 1.3 NRD（核反応検出法）

置決定や表面層の解析にチャネリング法が利用される．実験は，最初，後方散乱チャネリング法で行われ，Si 薄膜上に蒸着した原子の位置決定や Si-SiO$_2$ 界面の解析がなされた[32,33]．ここでは D の位置決定の例を述べる．300 nm 厚の Ni 単結晶薄膜上に 120 K で D を少量吸着させた．吸着させなかった方の面から 800 keV の $^3$He ビームを入射し，Ni による散乱と D($^3$He, p)$^4$He の反応収量の角度-収量曲線を求めた．その結果を図 1.3.10(a) に示す[34]．図(b)には各々の場合の原子配列を示す．核反応の角度-収量曲線は [100] ではディップとなるので D 原子は [100] Ni 原子列上に存在し，[110] ではピークを与えるので [110] チャネルの中心付近に存在し，[111] チャネルでは Ni 原子列に近い位置に存在すると考えられ，D 原子の Ni 第 1 層からの距離は約 0.5 Å と求められた．同様の実験が前方反跳原子検出法（ERD）でも試みられている[35]．

### 1.3.4 ブロッキング法

通常のチャネリング実験では十分平行性のよいビームを結晶のチャネル方向に入射し，試料中の原子による散乱，核反応収量などを測定する．一方，結晶内に放射性核が存在する場合，これから放出される粒子のチャネリング効果の測定も可能である．図 1.3.11 に示すように核が格子点 A にある場合，結晶軸 $a$ 方向に放出された粒子は隣の原子により散乱されて結晶軸方向には進むことはできない（ブロッキング効果）．ところが格子間位置 B にあるときは $a$ 方向

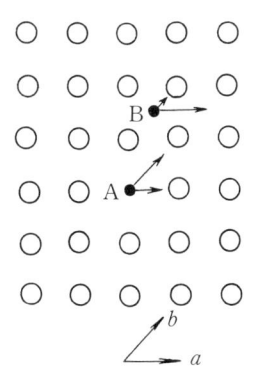

図 1.3.11 ブロッキングによる放射性核の格子内位置決定．

にはチャネリング効果で進むことができる．したがって，$a$ 方向に検出器を置き，結晶または検出器を動かして $a$ 軸に対する角度の関数として放出粒子の収量を測定すれば，A の場合は，角度 0° で収量が極小となり収量曲線はディップを示し，B の場合は逆にピークを示す．検出器を $b$ 方向に置けば A，B いずれの場合も角度 0° で収量が極小となる．ブロッキングとチャネリングは相反の関係があることが知られており[36]，このような実験から試料中にある放射性核の格子内位置が決定できる．これはエミッションチャネリング (emission channelling) とも呼ばれている[37]．

また放出粒子が電子の場合も類似のことが起こる．ただし，正粒子とは違い，$a$ 方向に検出器を置いたとき，放出核が格子点にあれば収量は角度 0° で極大となり，格子間にあれば角度 0° で極小となる[38]．ただし，電子の場合は陽電子の場合と全く逆というのではなく，電子特有の効果による収量曲線が得られることもあり，また，陽電子，電子いずれの場合もエネルギーの値によっては波動効果が現れることがある[39]．ブロッキングの実験は，最初，長寿命の放射性核を用い，W 中に注入された $^{222}$Rn（半減期 3.83 d）からの $\alpha$ 線の測定[40]，Ta に注入された $^{133}$Xe から放出される変換電子[41]，Cu に注入された $^{64}$Cu(12.7 h) からの電子，陽電子などの測定が行われた[42]．また，試料を中性子照射することにより内部線源をつくる方法も試みられ[43]，Ag 結晶内の $^{110m}$Ag からの電子あるいは 0.06 wt%Au を含む Pb 合金中の $^{198}$Au からの電子の測定がなされ，後者の場合，Au 原子が格子間に存在することを結論している．長寿命の核を利用した実験としては，最近は $^{111}$In を用いて内部変換電子を測定する実験が多く，$^{111}$In は摂動角相関実験にも適しているので両者を組み合わせた In と格子欠陥との相互作用などの研究が多い[44,45]．最近は，各種の短寿命の不安定核が高エネルギー加速器を用いて核反応により生成され，これをビームとして取り出すことが可能となり，不安定核を試料中に注入して不安定核からの放出粒子のチャネリング効果を測定し，その挙動を調べる研究も行われるようになっている．

ブロッキング実験の一例として $\pi^+ \to \mu^+$ チャネリングの例を述べる．パイオン ($\pi^+$) は一般に 500 MeV 以上のプロトンを，例えば Be のようなターゲットに当てると核反応によって生成され，26 ns の寿命でミューオン ($\mu^+$) とニュートリノとに崩壊する．また，$\mu^+$ は 2.2 μs の寿命で崩壊し，陽電子 ($e^+$) が放出

される.これら $\pi^+$ や $\mu^+$ はビームとして取り出され,種々の実験に供されている. $\pi^+$, $\mu^+$ はそれぞれプロトンの約 1/7, 1/9 の質量をもち,物性の観点からは水素の軽い同位体として考えられる.このようにして得られた高エネルギー $\pi^+$ を Be 薄膜などを通してエネルギーを下げ($E_{\pi^+}<10$ MeV 程度)単結晶試料に注入する. $\pi^+$ は $10^{-12}$〜$10^{-13}$ s 程度の短時間にそのエネルギーを失い,$kT$ 程度のエネルギーまで下がる(熱化).その後は水素のように振る舞い格子間位置に留まったり,格子間位置を拡散したり,不純物や格子欠陥に捕えられたりする.これら $\pi^+$ は 26 ns の寿命で崩壊し 4.12 MeV の $\mu^+$ を放出する.したがって,結晶外に $\mu^+$ 用の検出器を置き $\mu^+$ の収量を結晶軸あるいは面に対する角度の関数として測定すれば $\pi^+$ の格子内位置を決定できる. Ta 中の $\pi^+$ に関する実験結果を図 1.3.12 に示す[46].〈100〉チャネル方向,〈111〉チャネル方向でいずれも収量が極大となることから, $\pi^+$ は格子間位置に存在することがわかる.両者のピークの高さの違いから $\pi^+$ は T 位置を占めると結論された.

 $\mu^+$ を注入し放出 $e^+$ を測定し $\mu^+$ の位置を調べる実験も行われている[47].また,最近,短寿命核 $^8$Li(寿命 843 ms)ビームを用い,例えば p 型 Si に注入し,これが崩壊し $^8$Be の励起状態になり,その分解によって放出される約 1.6

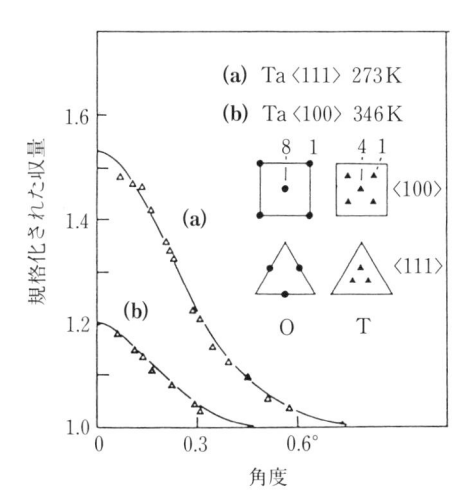

**図 1.3.12** Ta 中に注入された $\pi^+$ からの崩壊 $\mu^+$ のチャネリング角度-収量曲線[46].

MeVのα粒子のエミッションチャネリングを測定して$^8$Liの格子内位置を調べる実験も行われ，室温以下でT位置と格子位置を占めているが室温以上ではその位置が変化することが観察された[48]．これは温度が上がるとLiが拡散して，Li注入時に生じた原子空孔を含む格子欠陥または不純物酸素に捕えられ，その位置を変えたと解釈された．

エミッションチャネリングの利点は，放射性核そのものがプローブとなるので，通常のチャネリング実験で必要とされる不純物濃度より十分少ない放射性核の量(約$10^{13}/cm^2$の注入量)で実験可能で，したがって，特に半導体の場合は放射線損傷の少ない領域で実験できる．注入の際の放射線損傷はあるが，注入後にさらに入射ビームを用いて分析するわけではないので分析ビームによる放射線損傷の効果は考えなくてよい．ただし，角度分解能を上げるため放射性核の注入面積(線源の大きさ)が小さくなければならないし，検出器に工夫が必要となる．この方法は上述のように，注入された放射性核と注入の際生じた格子欠陥との相互作用の研究のほか，通常のチャネリング法によるものと同様の研究に利用される．

## 1.3.5 水素の振動状態

プロトンを用いた逆反応$^{15}$N(p, $\alpha\gamma$)$^{12}$Cの励起関数の測定から，$^{15}$Nイオンのエネルギーが6.39 MeVのときの$^1$H($^{15}$N, $\alpha\gamma$)$^{12}$Cの共鳴反応の励起関数はローレンツ型で，その共鳴幅は約1.8 keVとされている[49,50]．しかし実際に$^{15}$Nビームを用いた測定では，励起関数はガウス型で共鳴幅は十数 keVと広い．Si表面に吸着させた水素についての種々のイオンを用いた同種の核反応$^1$H($^{15}$N, $\alpha\gamma$)$^{12}$C，$^1$H($^{27}$Al, $\gamma$)$^{28}$Si，$^1$H($^{30}$Si, $\gamma$)$^{31}$Pの共鳴幅の研究から，上記の共鳴幅の広がりが表面の水素原子の振動に基づくドップラー効果によることが明らかとなり，逆にこの広がりから水素の振動状態を調べ得ることが指摘されている[51]．

いま図1.3.13のように試料表面の水素が振動しているとき，水素から見た入射$^{15}$Nイオンの衝突エネルギーは

$$E = \frac{1}{2}m_N(V_N - v_H)^2 = \frac{1}{2}m_N V_N^2 - m_N V_N v_H \cos\theta + \frac{1}{2}m_N v_H^2 \quad (1.3.10)$$

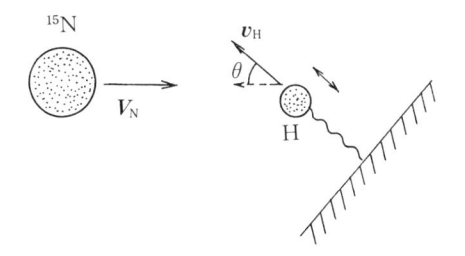

**図 1.3.13** 表面上の水素が振動しているときの $^{15}$N イオンとの衝突.

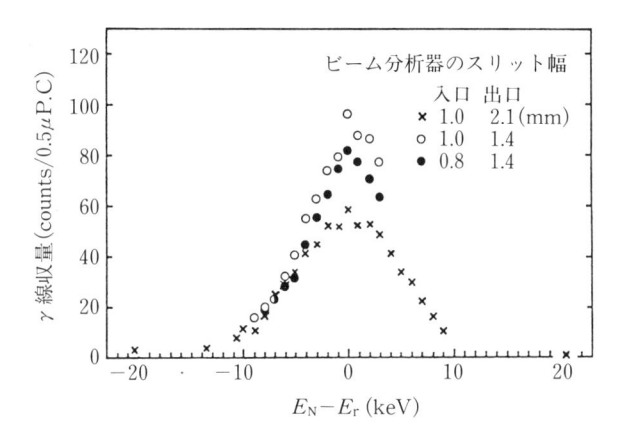

**図 1.3.14** W(001) 上に吸着された水素について H($^{15}$N, $\alpha\gamma$)$^{12}$C を用いて得られた $^{15}$N のエネルギー $E_N$ と $\gamma$ 線の収量の関係. $E_r$ は共鳴エネルギー. ビーム分析磁石の入口と出口にあるスリットの幅が示されている[52].

となる. $^{15}$N イオンの速度 $V_N$ は 6.4 MeV で $9.07\times10^6$ m/s, 水素の速度 $v_H$ は $10^3$ m/s 程度であるので, 上式より $m_N V_N v_H \cos\theta$ の項が 10 keV 程度のエネルギーの広がりを与え, $(1/2)m_N v_H^2$ は 1 eV 以下であるので, この小さなエネルギーをもった水素の運動が増幅されて共鳴幅の広がりとして keV 程度の尺度で測定できることになる. この共鳴幅の広がりへの寄与は

$$\Delta E_D = [16\ln 2 \cdot E_N m_N E_H / m_H]^{1/2} \qquad (1.3.11)$$

で与えられる[51]. ここに, $E_H$ は水素原子のビームに平行な方向の振動のエネルギー, $E_N$ は入射粒子のエネルギーを, $m_H$, $m_N$ はそれぞれの質量を表す. 共鳴線の幅には入射イオンのエネルギーの広がりも影響するのでその広がりを

小さくしておかねばならないし，標的となる表面水素が共鳴線のエネルギーの広がりに寄与しないようにその層は十分に薄くなければならないなど，実験上の制限がある．この原理に基づき固体表面の水素の振動状態や，水素を含むガス標的での水素の振動状態が調べられている[52,53]．図1.3.14は，W(001)面上に吸着された水素に関して得られた $^{15}$N のエネルギーと反応 $\gamma$ 線収量の関係を示す[52]．この曲線は 1.8 keV の幅をもつローレンツ型と 8.2 keV の幅のガウス型とからなり，水素の振動エネルギーとして 64 meV が得られた．

## 参考文献

1) F. Xiong, F. Rauch, C. Shi, Z. Zhou, R. P. Livi and T. A. Tombrello : Nucl. Instr. Meth. **B27** (1987) 432.
2) W. E. Sweeney Jr. and J. B. Marion : Phys. Rev. **182** (1969) 1007.
3) Ion Beam Handbook for Material Analysis, ed. J. W. Mayer and E. Remini (Academic Press, New York, 1977) ; Handbook of Modern Ion Beam Materials Analysis, (ed.) J. R. Tesmer and M. Nastasi (Mater. Res. Soc., Pittsburgh, 1995).
4) G. Amsel, J. P. Nadai, E. D'Artemare, D. David, E. Girard and J. Moulin : Nucl. Instr. Meth. **92** (1971) 481.
5) J. Bøttiger : J. Nucl. Mater. **78** (1978) 161.
6) J. F. Ziegler et al. : Nucl. Instr. Meth. **149** (1978) 19.
7) G. Amsel, G. Béranger, B. de Gélas and P. Lacombe : J. Appl. Phys. **39** (1968) 2246.
8) P. P. Pronko and J. G. Pronko : Phys. Rev. **B9** (1974) 2870.
9) D. Dieumegard, D. Dubreuil and G. Amsel : Nucl. Instr. Meth. **166** (1979) 431.
10) S. M. Myers, S. T. Picraux and R. E. Stoltz : J. Appl. Phys. **50** (1979) 5710.
11) D. A. Leich and T. A. Tombrello : Nucl. Instr. Meth. **108** (1973) 67.
12) W. A. Lanford, H. P. Trautvetter, J. F. Ziegler and J. Keller : Appl. Phys. Lett. **28** (1976) 566.
13) J. Bøttiger, J. R. Leslie and N. Rud : J. Appl. Phys. **47** (1976) 1672.
14) J. L. Whitton, I. V. Mitchell and K. B. Winterbon : Can. J. Phys. **49** (1971) 1225.
15) D. J. Land, D. S. Simons, J. G. Brennan and M. O. Brown : Ion Beam Surface Layer Analysis, (ed.) O. Mayer, G. Linker and F. Käppler (Plenum Press,

New York, 1976) p. 851.

16) G. J. Clark, C. W. White, D. D. Allred, B. R. Appleton, F. B. Koch and C. W. Magee : Nucl. Instr. Meth. **149** (1978) 9.
17) H. Nakajima, S. Nagata, H. Matsui and S. Yamaguchi : Phil. Mag. **A67** (1993) 557.
18) J. Bøttiger, S. T. Picraux, N. Rud and T. Laursen : J. Appl. Phys. **48** (1977) 920.
19) F. Besenbacher, J. Bøttiger and S. M. Myers : J. Appl. Phys. **53** (1982) 3536.
20) E. Yagi, T. Kobayashi, S. Nakamura, Y. Fukai and K. Watanabe : J. Phys. Soc. Jpn. **52** (1983) 3441.
21) E. Yagi, T. Kobayashi, S. Nakamura, Y. Fukai and K. Watanabe : Phys. Rev. **B31** (1985) 1640.
22) E. Yagi, T. Kobayashi, S. Nakamura, F. Kano, K. Watanabe, Y. Fukai and S. Koike : Phys. Rev. **B33** (1986) 5121.
23) E. Yagi, S. Nakamura, F. Kano, T. Kobayashi, K. Watanabe, Y. Fukai and T. Matsumoto : Phys. Rev. **B39** (1989) 57.
24) 小沢国夫 : Radioisotopes **34** (1985) 697.
25) 山口貞衛, 小沢国夫 : 日本結晶学会誌 **20** (1978) 199.
26) E. Ligeon, R. Danielou, J. Fontenille and R. Eymery : J. Appl. Phys. **59** (1986) 108.
27) H. D. Carstanjen, J. Dünstel, G. Löbl and R. Sizmann : Phys. Stat. Sol. (a)**45** (1978) 529.
28) J. Takahashi, K. Ozawa, S. Yamaguchi, Y. Fujino, O. Yoshinari and M. Hirabayashi : Phys. Stat. Sol. (a)**46** (1978) 217.
29) J. H. Barrett : Phys. Rev. **B3** (1971) 1527.
30) R. Danielou, J. N. Daou, E. Ligeon and P. Vajda : Phys. Stat. Sol. (a)**67** (1981) 453.
31) A. C. Chami, J. B. Bugeat and E. Ligeon : Rad. Eff. **37** (1978) 73.
32) L. C. Feldman, P. J. Silverman, J. S. Williams, T. E. Jackman and I. Stensgaard : Phys. Rev. Lett. **41** (1978) 1396.
33) N. W. Cheung and J. W. Mayer, Phys. Rev. Lett. **46** (1981) 671.
34) I. Stensgaard and F. Jakobsen : Phys. Rev. Lett. **54** (1985) 711.
35) F. Besenbacher, I. Stensgaard and K. Mortensen : Surf. Sci. **191** (1987) 288.
36) E. Bøgh and J. L. Whitton : Phys. Rev. Lett. **19** (1967) 553.
37) H. Hofsäss and G. Lindner : Phys. Rep. **201** (1991) 121.

38) E. Uggerhøj and J. U. Andersen : Can. J. Phys. **46** (1968) 543.
39) 藤本文範: 物理学最前線 15　チャネリング・ブロッキング　(共立出版, 1986) p. 136.
40) B. Domeij and K. Björkqvist : Phys. Lett. **14** (1965) 127.
41) G. Astner, I. Bergström, B. Domeij, L. Eriksson and Å. Persson : Phys. Lett. **14** (1965) 308.
42) E. Uggerhøj : Phys. Lett. **22** (1966) 382.
43) P. N. Tomlinson and A. Howie : Phys. Lett. **27A** (1968) 491.
44) Th. Wichert, G. Lindner, M. Deicher and E. Recknagel : Phys. Rev. **B24** (1981) 7467.
45) H. Hofsäss, G. Lindner, E. Recknagel and Th. Wichert : Nucl. Instr. Meth. **B2** (1984) 13.
46) K. Maier, G. Flik, A. Seeger, D. Herlach, H. Rempp, G. Jünemann and H. D. Carstanjen : Nucl. Instr. Meth. **194** (1982) 159 ; W. Sigle, H. D. Carstanjen, G. Flik, D. Herlach, G. Jünemann, K. Maier, H. Rempp, R. Abela, D. Anderson and P. Glasow : Nucl. Instr. Meth. **B2** (1984) 1.
47) B. D. Patterson, A. Bosshard, U. Straumann, P. Truöl and A. Wüst : Phys. Rev. Lett. **52** (1984) 938.
48) U. Wahl, H. Höfsass, S. G. Jahn, S. Winter, H. Hoffmann, E. Recknagel and ISOLDE Collaboration : Nucl. Instr. Meth. **B63** (1992) 91.
49) B. Maurel and G. Amsel : Nucl. Instr. Meth. **218** (1983) 159.
50) G. Amsel and B. Maurel : Nucl. Instr. Meth. **218** (1983) 183.
51) M. Zinke-Allmang, S. Kalbitzer and M. Weiser : Z. Phys. **A320** (1985) 697.
52) Y. Iwata, F. Fujimoto, E. Vilalta, A. Ootuka, K. Komaki, K. Kobayashi, H. Yamashita and Y. Murata : Jpn. J. Appl. Phys. **26** (1987) L1026.
53) K. M. Horn and W. A. Lanford : Nucl. Instr. Meth. **B29** (1988) 609.

## 1.4 PIXE

この節では，加速器からのイオンビームを用いた簡便にして，かつ高感度で多元素を同時に分析できるPIXE(ピクシーと一般に呼ばれている)について述べる．

### 1.4.1 はじめに

物質にバン・デ・グラーフ加速器やサイクロトロンなどの加速器からの陽子やヘリウムイオンなどのビームを照射すると，その物質固有のエネルギーをもつX線(特性X線)が発生する．このX線の発生断面積は非常に大きく，微量の元素からの特性X線の測定が可能である．X線の測定には半導体検出器(通常Si(Li)検出器)が用いられている．物質中に含まれている元素の量は，その特性X線のカウント数から求めることができる．PIXEとは粒子線励起X線 Particle Induced X-ray Emission の略であるが，この原理に基づいた元素分析法のことを一般にこう称している．

図1.4.1は，人間の血液を薄膜に滴らして，それに3.5 MeVの陽子を照射して得られたX線スペクトルである．血液中に色々な元素が含まれていることが一目でわかる．ここでY元素は定量分析を行うために血液に混入させたものである．このように一度に多くの元素を同時に分析できるのもPIXEの特徴である．イオンビーム照射によって，特性X線のほかに連続X線も発生する(図1.4.1の特性X線のピークの下に広がる連続のバックグラウンド)．PIXEでは，この連続X線が主なバックグラウンドであり，検出限界を決定する[1]．しかし，特性X線の強度は連続X線のそれよりきわめて大きい．つまりPIXEでは，信号対雑音比(S/N比)が非常に大きいので微量の元素を感度よく検出することができる．一方，電子ビーム照射によっても特性X線は発生するが，この場合は電子のターゲット原子核による制動輻射が多量に発生し，S/N比は大変低く微量元素分析には適していない．加速器を用いたこの

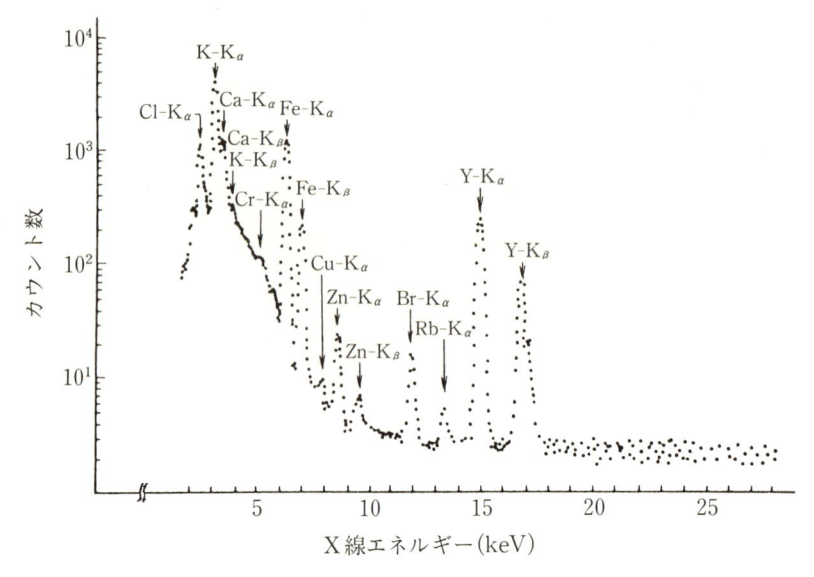

図 1.4.1 健康人の全血の PIXE スペクトル.

高感度分析法 PIXE は,以下の特徴を有している.
1) 1回の測定で試料中に含まれるほとんどの元素を同時に定量分析できる(通常の Be 窓付き Si(Li) 検出器では,アルミニウムからウランまで ppm の量の分析が可能である. 窓なし Si(Li) 検出器を用いるとホウ素から測れる).
2) 測定はきわめて簡単である. 試料を薄膜上に載せて,またはそのままをビームでたたいて X 線を測定すればよい.
3) 数十 μg の少量の試料でも分析できる.
4) 大気中にビームを取り出すと液体の試料などを直接に分析できる.
5) 数 μm のビームスポットを使うことによって,微量元素の試料中での空間分布を μm のスケールで測定することができる.

現在, PIXE は医学,歯学,生物学,水産学,農学,地質学,岩石学,環境科学(環境汚染,大気汚染),考古学,資源探索,半導体や金属学,化学,宇宙物理学,地球科学,犯罪捜査,食物等の汚染検査など幅広い分野に応用されている.

## 1.4 PIXE

　イオン衝撃によって発生するX線を元素分析に応用する試みは古くからあったが，活発に行われるようになったのは1970年の初めである．特に，ルンド大ではヨハンソン(S. A. Johansson)を中心にして，積極的にPIXEの研究が取り組まれ，1977年ルンドでPIXEに関する国際会議が初めて開かれた[2]．PIXEの発展の大きな理由としては，ちょうどその頃，X線測定用のSi(Li)半導体検出器が開発され，非常に簡単にX線のエネルギースペクトルを測定できるようになったことである．それまでは，結晶分光器によるX線スペクトルの測定が行われていた．これはエネルギー分解能はよいが，1回の測定で分析できる元素が限定されるため，図1.4.1のように，たくさんの元素を同時に短時間で測定できない．さらに，1970年頃までに原子核研究用に建設された多くの小型バン・デ・グラーフ加速器は，もはやエネルギーが低すぎて利用されなくなってきたために，その利用価値としてPIXEに活路が求められたことも理由のひとつである．

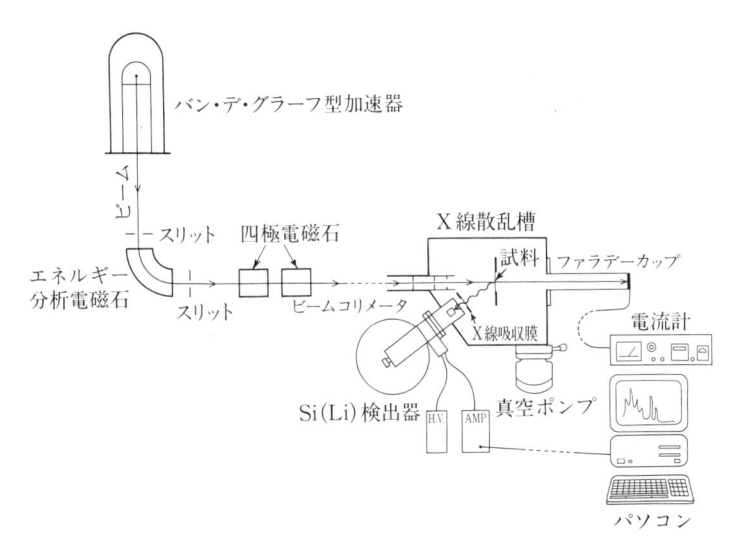

図1.4.2　PIXE分析装置．

### 1.4.2 装　　置

　図1.4.2は，PIXEの測定装置の概略図を示す．バン・デ・グラーフ加速器で加速されたイオンビームは，二極電磁石によって，エネルギー分析され，四極電磁石で試料表面上(ターゲット)に集束され，試料を通過して，ファラデーカップに入る．ファラデーカップは電流計につながれており，ビーム電流が測定される．PIXEの検出感度は，陽子ビームエネルギーが2 MeVから4 MeVの間で高い．数十nAの陽子ビームをエネルギー3 MeV程度に加速できる加速器ならば，どれでもPIXEに利用できる．ここでは，加速器の例としてバン・デ・グラーフ加速器を示したがサイクロトロンもよく用いられている．試料から発生したX線は，検出器に入射し，エネルギーに比例した電圧信号に変換され，波高分析器PHAのアナログデジタル変換器(ADC)でデジタル化されてX線スペクトルになる．最近では，ADCとパソコンを接続して，パソコン上でX線スペクトルをつくったり，スペクトルを解析したりすることができるようになった．

　イオンビームは，通常は2連の四極電磁石によってターゲット上に1～2 mmφのビームスポットに集束される．さらに，一様に分布したビームを得たいときには，炭素膜などを通してビームを広げる工夫がなされる．PIXEスペクトルに現れた元素が試料中に一様に分布していたのか，粒々にばらまかれて分布していたのか，それをμmのスケールで知りたいときはマイクロビームの技術[3]を用いる．例えば，加速器からのイオンビームを45 μm×8 μmのスリットで縦横にコリメートし，約2 m離れたところで4連の四極電磁石で強集束すると，ターゲット上に2 μmφ程度のビームスポットが得られる．また，スリットの幅を色々変えることによってビームスポットの大きさを調節することができる．このビームを用いたPIXEをマイクロPIXEと呼んでいる．コンピュータ制御のもとで，イオンビームを電場または磁場によってターゲット上を走査させるか，またはターゲット自身を動かすかすれば試料中に含まれている元素の2次元空間分布を求めることができる．マイクロPIXEでのビームカレントは数十pAと少ないが，ビームサイズがμmなので試料は損傷されやすい．化石とか魚の耳骨のような試料はμm領域の微量元素分析がマイクロ

PIXE で可能だが，有機物が主成分であるような試料は，ビームによる破壊，変形および元素の蒸発が問題になる．ビームをただ単に細いコリメータ (20〜100 μm 径の穴) を通してできるビームも，大変有用な情報を与えてくれる．植物の断面を調べるにはこれで十分である．

X 線検出器としては，Si(Li) 半導体検出器が一般によく用いられている．ここで，Li 元素は，放射線を検出できる荷電欠損領域を Si 結晶内につくるためにドリフトされている．ドリフトされた Li 元素が逆戻りしないように，Si(Li) 結晶を常時液体窒素で冷やしておく必要があったが，最近のものはその必要がない．ただし，使用時には熱雑音を落とすために液体窒素で冷やして使用する．この検出器のエネルギー分解能は，鉄の $K_\alpha$-X 線 (6.403 keV) に対して約 160 eV である．Si(Li) 結晶は真空容器に収められ，X 線はベリリウムの薄膜を通して，外から Si(Li) 結晶に入射し測定される．エネルギー $\hbar\omega$ の X 線に対する検出効率 $\mathrm{eff}(\hbar\omega)$ は，

$$\mathrm{eff}(\hbar\omega) = e^{-(\mu_{Be}x_{Be} + \mu_{Au}x_{Au} + \mu_{Si}x_{Si})}(1 - e^{-\mu_{Si}x_D}) \tag{1.4.1}$$

で与えられる．ここで，$\mu_{Be}$, $\mu_{Au}$, $\mu_{Si}$ は X 線の線吸収係数である．また，$x_{Be}$, $x_{Au}$, $x_{Si}$ および $x_D$ はそれぞれ Be 窓，金の電極，結晶の不感領域および

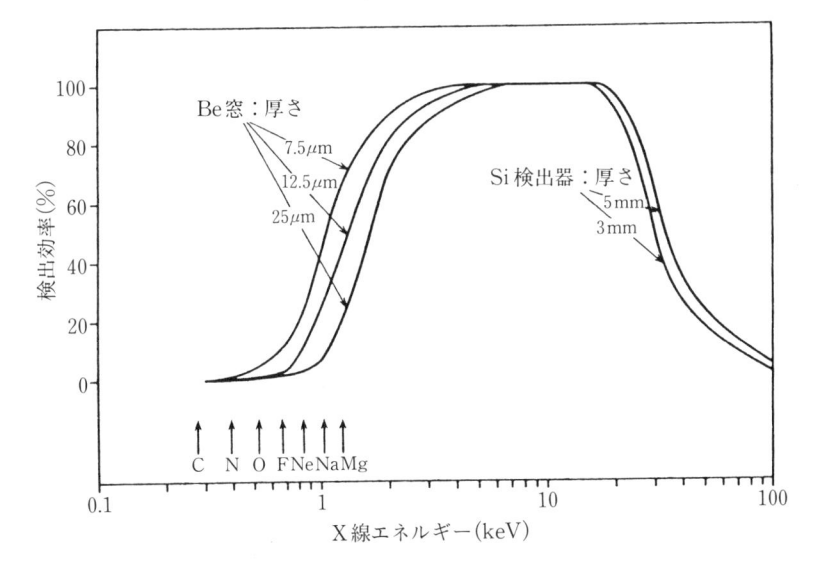

図 1.4.3 Si(Li) 検出器の検出効率．

荷電欠損領域の厚さを表す．図1.4.3に $x_{Be}=7.5$, 12.5および25 μm, $x_D=3$ mmおよび5 mmの場合の検出効率曲線を示す．7.5 μmの厚さのBe窓付きSi(Li)検出器では，フッ素のK-X線まで測定可能であるが，窓なしSi(Li)検出器では，ホウ素のK-X線も測定可能である．しかし，"窓なし"といっても実際には検出器の内と外は非常に薄い金の膜で区切られている．試料を納入している真空散乱槽と検出器内が真空でつながると，Si(Li)結晶が液体窒素で冷やされているため散乱槽内の残留ガスが結晶表面にトラップされてしまうからである．

　Si(Li)結晶内に入ったX線は主にSi原子のK殻の光電効果によって吸収される．光電子およびK殻空孔消滅からのオージェ電子は次々と電子-空孔対を結晶内に生成する．この電子-空孔対の数が入射X線のエネルギーに比例するので，エネルギーに比例した電気信号が得られる．しかし，結晶表面近くでX線が吸収される場合は，SiのK-X線が結晶から抜け出すことがあり，検出器はSiのK-X線のエネルギー分だけ低いエネルギーを示す．この効果でつくられるピークはエスケープピークと呼ばれ，親ピークに比べてその強度は大変小さいが，微量元素分析を目的としているPIXEでは，他の元素からの特性X線と間違えないように注意する必要がある．

　図1.4.2では試料とSi(Li)検出器の間にX線吸収膜を入れられる工夫がなされている．この吸収膜は，2つの目的で使われる．試料中の主元素からの特性X線の強度が大きすぎると，このX線のパイルアップ信号が微量元素のスペクトルを覆ってしまう．そこで，このX線をちょうど吸収するK吸収端をもつ元素の膜を使ってその計数率を減衰させる．もうひとつの目的は，試料中でラザフォード散乱された入射イオンが検出器に侵入するのを防ぐためである．ラザフォード散乱された入射イオンが検出器に直接入ると，X線信号とは比べものにならない大きな信号が発生される．信号が大きすぎるため，この信号がきてから数ミリ秒の間は，X線信号はこの信号のテイルとパイルアップしてしまう．散乱イオン信号は大きすぎて回路系で正常に処理されないため，X線エネルギー領域にゴーストピークを形成することがある．また，この散乱イオン信号の計数率が高すぎると検出器は計数不能な状態に陥る．このため，しばしば検出器が何も数えないので故障したように思われることがあるが，その時はビーム強度を下げれば復帰する．3 MeVの陽子は100 μmのマイ

ラー膜によって止められるので，これを検出窓の前に置くと低い原子番号の元素のX線は検出できなくなるが，重い元素がよく観測できるようになり，またラザフォード散乱とのパイルアップによるバックグラウンドもなくなる．したがって，軽元素はマイラー膜なしでビーム強度を落として測定し，重元素はマイラー膜を入れてビーム強度を上げて測定すれば効率よく全元素の分析ができる．

　Si(Li)検出器のほかに，純Ge検出器もX線測定に使用されるが，検出効率曲線にGeのK吸収端の大きな構造が現れる．しかし，液体窒素で常時冷やしておく必要がない長所をもっている．最近では，Si(Li)検出器よりエネルギー分解能がよくて（140 eV以下），液体窒素で常時冷やしておく必要がない純Si検出器が市販されるようになった．

## 1.4.3　ターゲットと不純物の混入

　少量の試料をターゲット枠に張られた非常に薄いバッキング膜(マイラー膜またはフォルムバール膜)の上に載せ，自然乾燥させ，それをターゲットホルダーに納め，真空散乱槽に入れてビームを当てる方法が一般的に行われている．回転式スライドプロジェクターのようなターゲット交換器を用いると50から60枚ものターゲットを一度に扱える．

　ターゲットの準備においては，不純物が混入しないようその作業には十分過ぎるくらいの注意を払う必要がある：

1) 試料をターゲットにするまでの処理で用いる薬品および蒸留水は，高純度のものでなければならない．この純度もPIXEで調べられる．
2) 作業中に，大気中を浮遊している不純物が試料に混入することがしばしばある．これを避けるためには，クリーンルームまたはクリーンベンチのような環境で作業を行うとよい．
3) 試料を載せるバッキング膜としては，できるだけ薄くて，しかもH，C，O，Nだけでできた高純度の膜を用いる(ただし，B，C，N，O元素を窓なしSi(Li)検出器で調べようとする場合は，試料自身をターゲット枠に固定する工夫がいる)．

バッキング膜としてはビームによる損傷，および，機械的にも強いマイラー

膜，カプトンの薄膜が一般的であるが，厚さはせいぜい数 μm である．フォルムバール膜は比較的簡単に製作できる[4]，高純度でしかも非常に薄い膜である（〜0.1 μm 以下）．このほかに炭素膜もバッキング膜として使用されている．バッキングに含まれている不純物元素をあらかじめ PIXE で分析して調べておくことが必要である．薄いマイラー膜には微量のカルシウムが含まれているので注意を要する．

このように，注意深くターゲットを製作しても思わぬ不純物が PIXE スペクトルに観測されることがある．例えば，ターゲット枠にビームのハロー（ビ

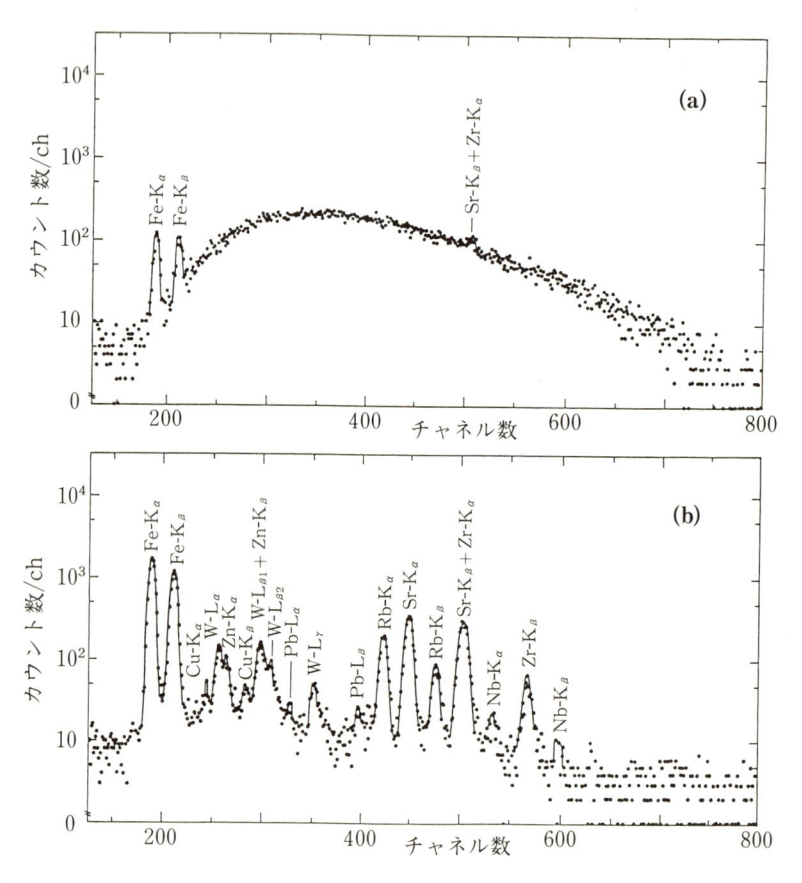

図 1.4.4 （a）はみかげ石（絶縁物）の PIXE スペクトル[5]．（b）は炭素フィラメントで中和して放電を防いでいる．

ーム）がスリットを通るとき，スリットの縁から広がる非常に微弱な二次ビーム）が当たって，ターゲット枠の元素およびそれに含まれていた元素のK-X線などが観測される．これは，ビームスポットを決めるコリメータの後にハローを取るスリットを設けることによって防げる（図1.4.2）．また，試料によってラザフォード散乱したビームが散乱槽の壁に当たり，そこから発生したX線が検出器に入ることもある．

　試料の導電性もPIXEでは重要である．図1.4.4(a)はみかげ石のPIXEスペクトルである．大きな連続のバックグラウンドは，ビーム照射によって試料から二次電子がはじき出され，みかげ石が絶縁物であるため試料表面が正に帯電し，ターゲット枠などからその場所めがけて放電を起こして発生した連続X線である．この帯電現象を抑えるために，次の方法が考えられている．

1) 試料に電導テープを貼る．
2) 試料の近くで炭素フィラメントを灯して熱電子を出し，帯電を中和する（フィラメントの材質が多少蒸発し，試料に蒸着するので炭素が用いられている）．図1.4.4(b)は，この方法によって得られたPIXEスペクトルである[5]．図1.4.4(a)でバックグラウンドに埋もれていた元素のピークがよく観測されている．
3) 試料の前のビームコリメータからの二次電子で中和する．一般には，この方法で十分である．さらに，積極的に，試料の前に高純度の薄い炭素膜を置いて，この膜から出る二次電子で中和する方法がある．この方法では，炭素膜からの二次電子が試料に当たって制動輻射X線が発生し少し検出感度を落とすけれども，非常に効果的である．

　これまでは真空槽の中に試料を入れてPIXEを行う方法を解説したが，薄い膜を通すか差動排気しているコリメータを通すことによって，ビームを大気中に取り出し，大気中で試料を分析することができる．大気からの制動輻射X線が加わることによって検出感度は多少落ちるが，試料はほとんどそのままの状態で分析することができる．紙のような試料は，ビームを照射した直後は何ともないが，放射線損傷が原因で後で照射した場所が変色したり，壊れたりすることがあるので注意を要する．

## 1.4.4 定量方法

　PIXE スペクトルに現れた元素の特性 X 線の強度から,その量を求めることができる.PIXE スペクトルには,試料に含まれている元素の K-,L-,M-X 線が現れる.これらの特性 X 線はさらに分岐し,$K_\alpha$-,$K_\beta$-,$L_\alpha$-,$L_\beta$-,$L_\gamma$-,$M_\alpha$-,$M_\beta$-,$M_\gamma$-X 線とそれぞれ呼ばれている(1.4.5節を参照).

　まず,既知の元素が入ったターゲットの PIXE スペクトルをとり,その特性 X 線のピークのチャネル数と X 線のエネルギーとの校正曲線をつくる.次に,試料の PIXE スペクトルに現れているピークのエネルギーを求め,各元素の特性 X 線のエネルギーと適合させて元素を同定する.

　調べようとしている元素の特性 X 線が単独でスペクトル上にある場合は,その X 線のカウント数は簡単に算出できる.2つ以上の特性 X 線が接近していて,Si(Li)検出器のエネルギー分解能では分離できない場合がある.この場合は,ガウス関数を仮定し(正確には,ガウス関数でない.ピークから低エネルギー側にわずかだが裾をひく[6]),計算機(パソコンなど)でピークフィットして各々のカウント数を求めることができる(図 1.4.6 参照).ピークフィットのプログラムとしては,汎用の放射線データ解析用のものも利用できるが,PIXE スペクトル専用解析プログラムが最近では開発されている[7].

　このようにして得られた,元素 a の特性 X 線のカウント数 $Y_a$ は,入射エネルギー $E_p$ がほとんど変わらず,X 線が吸収されないほど試料が薄い場合には,次式で与えられる.

$$Y_a = \frac{d\Omega}{4\pi} \text{eff}(\hbar\omega_a) \int dt \int dx dy dz \frac{i(x,y,t)}{Z_p e} n_a(x,y,z) \sigma_a^X(E_p) \qquad (1.4.2)$$

ここで,z 軸方向はビームの方向にとられ,試料面はビームに対して垂直に置かれている.$i(x, y, t)$ はビーム電流の $x$-$y$ 平面上での密度(クーロン/cm$^2$・秒)を表し,$n_a$ は元素 a の密度分布(個/cm$^3$)を示す.$Z_p$ は入射イオンの電荷数,$e$ は素電荷,$\sigma_a^X(E_p)$ は,入射エネルギー $E_p$ の荷電粒子に対する元素 a の特性 X 線(エネルギー $\hbar\omega_a$)の全発生断面積である.X 線は,近似的に等方的に放出されるので全発生断面積が用いられている.ただし,入射エネルギーが非常に低い場合は,L-および M-X 線については角度分布を考慮しなければ

ならない(1.4.5項の a. を参照). $d\Omega$ は X 線検出器の立体角, eff $(\hbar\omega_a)$ はエネルギー $\hbar\omega_a$ の X 線に対する検出器の検出効率を示す. 元素が一様に分布し($n_a=$ 一定), 試料の厚さが一定で, かつビームスポットより試料が大きい場合, 式(1.4.2)は次式になる.

$$Y_a = \frac{d\Omega}{4\pi} \text{eff} \frac{Q}{Z_p e} n_a \delta z \sigma_a^X$$

$$Q = \int dt \int dx dy\, i(x, y, t) \tag{1.4.3}$$

$Q$ は入射したイオンの総電気量, $\delta z$ は試料の厚さを表す.

逆に, ビームの広がりが一様ならば,

$$Y_a = \frac{d\Omega}{4\pi} \text{eff} \frac{Q}{Z_p e} \frac{N_a}{S} \sigma_a^X$$

$$N_a = \int dx dy dz\, n_a(x, y, z) \tag{1.4.4}$$

となり, ビームスポット $S$ 内の元素 a の原子数 $N_a$ が直接求められる.

試料が厚い場合, 試料自身が X 線を吸収する効果を考慮しなければならない. しかし, 入射粒子のエネルギーロスは無視できるものとすると, 式(1.4.3)の場合は簡単に計算できて,

$$f_{\text{self-ab.}} = \frac{1 - e^{-\mu_M(\hbar\omega_a)\delta z/\cos\theta_d}}{\mu_M(\hbar\omega_a)\delta z/\cos\theta_d} \tag{1.4.5}$$

を, 右辺にかければよい. $\mu_M(\hbar\omega_a)$ は, エネルギー $\hbar\omega_a$ の X 線に対する試料の線吸収係数である[8]. $\theta_d$ はビーム方向の反対方向から測った検出器の角度である.

入射粒子が試料中で止まるくらい十分に厚い場合には, 入射粒子のエネルギーの変化による X 線発生断面積の変化を考慮しなければならない. 主成分の元素は一様に分布し, 調べている元素 a が $x$-$y$ 平面では一様であるが, 試料の厚さ方向に関して分布関数 $n_a(z)$ で分布している場合には, 式(1.4.3)を次のように変形すればよい.

$$Y_a = \frac{d\Omega}{4\pi} \text{eff} \frac{Q}{Z_p e} \int_0^{R(E_p)} dz\, n_a(z) \sigma_a^X(E_p') e^{-\mu_M z/\cos\theta_d}$$

$$R(E_p) = R(E_p') + z \tag{1.4.6}$$

ここで, $R(E_p)$ は入射粒子の試料に対する飛程である. このように, 元素が不均一に分布している場合は, X 線の強度を入射エネルギーの関数として求

め，デコンボリューション法によってその分布を求めることができる[9]．しかし，X線の発生断面積は深さとともに急激に減少するので，分布関数を求めることに対する感度はよくない．

**[内部標準法]**

試料 $M$ g に微量の標準元素 S の既知量 $m_S$ g を一様に混ぜ合わせ，その一部をターゲットとして作成し，これを PIXE 分析する．標準元素 S と試料中の元素 a は一様に混じり合っているので，ターゲット中でのそれぞれの空間分布 $n_a(x, y, z)$, $n_S(x, y, z)$ は次式で表される．

$$n_{a(S)}(x, y, z) = \frac{m_{a(S)}}{M_{a(S)}} \times N_{Av.} \times \frac{\delta V_M}{V_M} \times \frac{\rho(x, y, z)}{\delta m_T} \tag{1.4.7}$$

$V_M$ は試料 $M$ g の体積，$\delta V_M$ はターゲットとして試料から取り出した体積，$m_a$ は試料 $M$ g 中での元素 a の量(g) である．$\rho(x, y, z)$ (g/cm$^3$) はターゲット上での試料の濃度分布，そして $\delta m_T$ はターゲット上での試料の全量(g) を表す．$M_a$ および $M_S$ は元素 a および S の原子量 (g)，$N_{Av.}$ はアボガドロ数を表す．ただし，式(1.4.2)と同様，試料の厚さは，X線の吸収，入射粒子のエネルギー損失が無視できる厚さとする．式(1.4.7)を式(1.4.2)に代入し，標準元素 S の特性 X 線のカウント数 $Y_S$ と元素 a の X 線カウント数 $Y_a$ の比をつくると，$\int dt \int dx dy dz\, i(x, y, t)\rho(x, y, z)$, $V_M$, $\delta m_T$, $\delta V_M$, $Q$, $d\Omega$ は分子と，分母とで相殺して，次の定量公式が得られる．

$$\frac{Y_a}{Y_S} = \frac{M_S m_a \text{ eff } (\hbar\omega_a)\sigma_a^X(E_p)}{M_a m_S \text{ eff } (\hbar\omega_S)\sigma_S^X(E_p)} \tag{1.4.8}$$

つまり，この方法では，試料はビームスポットより大きくても小さくても，また厚さも均一でなくてよい．さらに，ビームカレント，検出器の立体角の値は必要とされない．X線スペクトル上で標準元素の特性X線の強度と各元素のX線の強度を比較することによって，各元素の濃度が一目で推測できることもこの方法の長所のひとつである．この方法は内部標準法と呼ばれ，現在広く用いられている．図1.4.1のY元素は，内部標準元素として試料に混入されたものである．標準元素Sとして，試料に含まれている適当な元素を選べば，式(1.4.8)を用いて，この元素に対する他の元素の含有量の比を求めることができる．

**[外部標準法]**

ビームスポット内でビームが一様で，入射エネルギーの試料中での損失が小さく，試料がビームスポット内に納められるようにできる場合は，元素Sを$m_s$g含む標準試料のターゲットと調べようとする試料のターゲットを別々に作成して，各々のターゲットからのX線カウント数$Y_a$，$Y_s$から試料中の元素aの量$m_a$を求めることができる．その定量公式は，式(1.4.4)を用いて，

$$\frac{Y_a}{Y_s} = \frac{\mathrm{eff}\,(\hbar\omega_a) Q_a m_a \sigma_a^X(E_p) M_a}{\mathrm{eff}\,(\hbar\omega_s) Q_s m_s \sigma_s^X(E_p) M_s} \tag{1.4.8'}$$

で与えられる．

ここで，$Q_a$, $Q_s$は試料および標準試料に対して照射したビームの総量をそれぞれ表す．この方法では，ひとつの標準試料を作成しておけば，上式によって様々な試料に含まれる元素の定量分析ができる．

## 1.4.5 X線の発生断面積

### a. X線の発生

原子は内側から，K殻，L殻，M殻，N殻，…によって構成されている．L殻以上は，さらに副殻に分岐し，それらは$L_1$〜$L_3$, $M_1$〜$M_5$, $N_1$〜$N_7$のように名付けられている．

イオンが原子と衝突すると，原子の内殻の電子は，クーロン相互作用を介して，入射イオンからエネルギーを得て電離される．電離後には，この殻に空孔が残り，この空孔をX線遷移の選択則で許された外殻の電子が埋め，余分なエネルギーをX線として放出する．このX線が特性X線と呼ばれるもので，K殻，L殻，M殻の空孔が埋められるとき発生するX線を，K-X線，L-X線，M-X線と呼んでいる．最も強度が高い双極輻射(E1遷移)で可能な遷移が，図1.4.5に示されている．さらに，これらのX線遷移は，強度の大きい順に，一般に$\alpha$, $\beta$, $\gamma$…と名付けられている．図1.4.6に，Sn元素のK-X線，L-X線のスペクトルを示す．一方，外殻電子が余分なエネルギーをX線として放出して内殻を埋める代わりに，同じ殻またはそれより外殻の電子にエネルギーを与えて，内殻を埋める過程がある．これは，オージェ遷移と呼ばれ，このとき放出される電子をオージェ電子と呼んでいる．X線と同様にオ

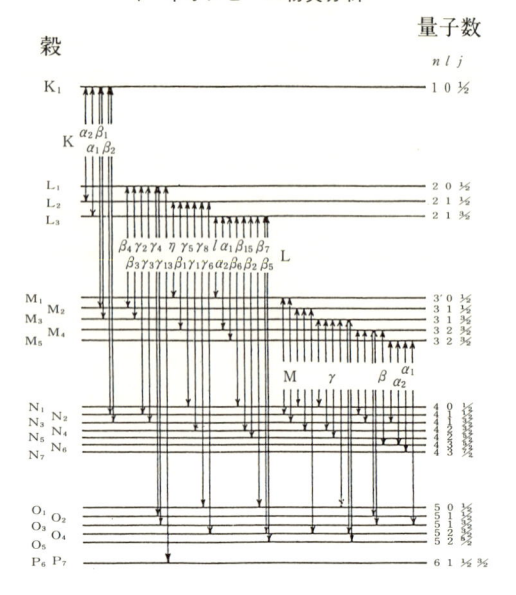

X線遷移

**図1.4.5** 特性X線とエネルギー準位との関係（M. Siegbahn: Spectroscopy of X-rays (Oxford Univ. Press 1925)）.

ージェ電子放出にも，選択則がある[10].

さて，イオン衝撃による K- および L-X 線の発生全断面積は次式で与えられる.

$$\begin{aligned}
\sigma_x^{K\alpha} &= \sigma_i^{K}\omega_K/(1+K_\beta/K_\alpha) \\
\sigma_x^{K\beta} &= \sigma_i^{K}\omega_K K_\beta/K_\alpha/(1+K_\beta/K_\alpha) \\
\sigma_x^{L\alpha} &= \sigma_x^{h3}\Gamma_{3\alpha}/\Gamma_3 \\
\sigma_x^{L\beta} &= \sigma_x^{h3}\Gamma_{3\beta}/\Gamma_3 + \sigma_x^{h2}\Gamma_{2\beta}/\Gamma_2 + \sigma_i^{L1}\omega_1\Gamma_{1\beta}/\Gamma_1 \\
\sigma_x^{L\gamma} &= \sigma_x^{h2}\Gamma_{2\gamma}/\Gamma_2 + \sigma_i^{L1}\omega_1\Gamma_{1\gamma}/\Gamma_1 \\
\sigma_x^{Ll} &= \sigma_x^{h3}\Gamma_{3l}/\Gamma_3 \\
\sigma_x^{L\eta} &= \sigma_x^{h2}\Gamma_{2\eta}/\Gamma_2 \\
\sigma_x^{h2} &\equiv (\sigma_i^{L1}f_{12} + \sigma_i^{L2})\omega_2 \\
\sigma_x^{h3} &\equiv (\sigma_i^{L1}(f_{13}+f_{12}f_{23}) + \sigma_i^{L2}f_{23} + \sigma_i^{L3})\omega_3
\end{aligned} \quad (1.4.9)$$

ここで，$\sigma_i^{K}$, $\sigma_i^{L1}$, $\sigma_i^{L2}$, $\sigma_i^{L3}$ は K, $L_1$, $L_2$, $L_3$ 殻のイオンによる電離断面積

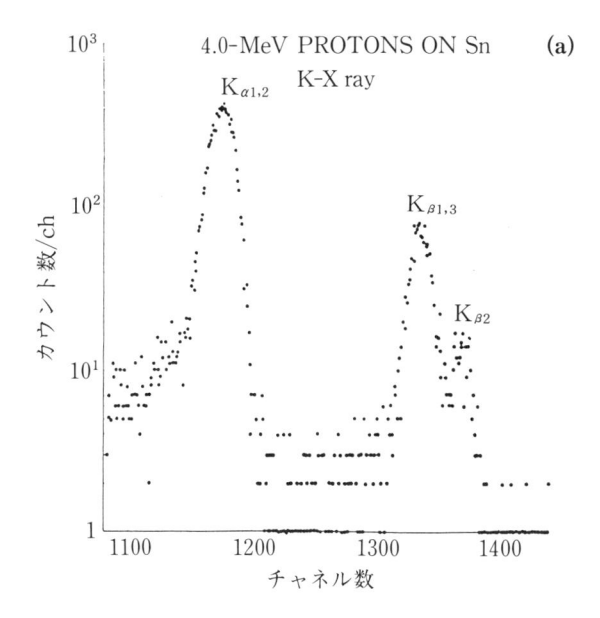

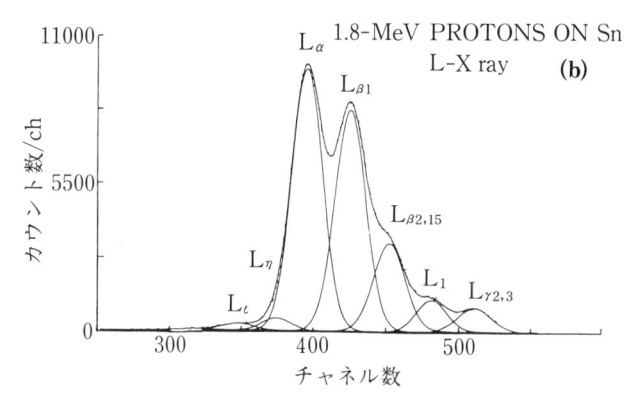

**図1.4.6** スズ(Sn)のK-X線とL-X線スペクトル (K. Ishii et al.: Phys. Rev. **A10** (1974) 774).

である．$\omega_K$，$\omega_1$，$\omega_2$，$\omega_3$ は，蛍光収量といわれるもので，K，$L_1$，$L_2$，$L_3$ 殻の空孔がX線遷移で埋められる割合を示す．図1.4.7に $\omega_K$ を原子番号の関数として示す．軽い元素の内殻電離では主としてオージェ過程によってその空孔が埋められるので，$\omega_K$ は大変小さい．$K_\beta/K_\alpha$ は $K_\alpha$-X線と $K_\beta$-X線の強度比

を示す．$f_{ij}$ はコスター-クローニッヒ (Coster-Kronig) 遷移係数と呼ばれるもので，$i$-副殻の空孔が $j$-副殻に移る割合を示す．$\Gamma_1$ は，$L_1$ 殻への全輻射遷移幅，$\Gamma_{3\alpha}$ は $L_3$ 殻への X 線遷移の中で $\alpha$ 線に所属する輻射遷移幅である (図 1.4.5 を参照)．$K_\beta/K_\alpha$, $\omega_i$, $f_{ij}$ に関しては文献 11 に $\Gamma_i$ に関しては文献 12 にそれぞれ与えられている．図 1.4.8 に 3 MeV の陽子による K-X 線の全発生断面積(理論値[13])を原子番号 $Z$ の関数として示した．ここで，白丸は K 殻電離断面積の実験値[14]である．低い原子番号の K 殻電離断面積はたいへん大きいが，蛍光収量，検出効率を考えると検出できる X 線の強度は低くなる．図 1.4.8 には，平均原子番号を 8 と仮定した生体試料からのバックグラウンド (1.4.6 節を参照)の断面積が一緒に示されている．バックグラウンドの断面積は特性 X 線の $10^{-5}$ 倍以下で，しかも原子番号の増加とともにより急激に減少する．PIXE によって微量元素分析ができる物理的基礎は，特性 X 線の発生断面積が大きいことと，バックグラウンドのこの性質による．

　式 (1.4.9) は，全 X 線発生断面積であり，式 (1.4.2) では，X 線は等方的に放出されることが仮定されている．これは，K-X 線に対しては正しいが，内殻電子の分布が異方性をもつ $L_2 \sim L_3$ 殻，$M_2 \sim M_5$ 殻からの L-X 線では，ビーム方向に対して若干の角度依存性を示す．この現象は，内殻電子による原子の整列効果として知られている[15]．例えば，$L_\alpha$- および $L_l$-X 線は次の角度依存

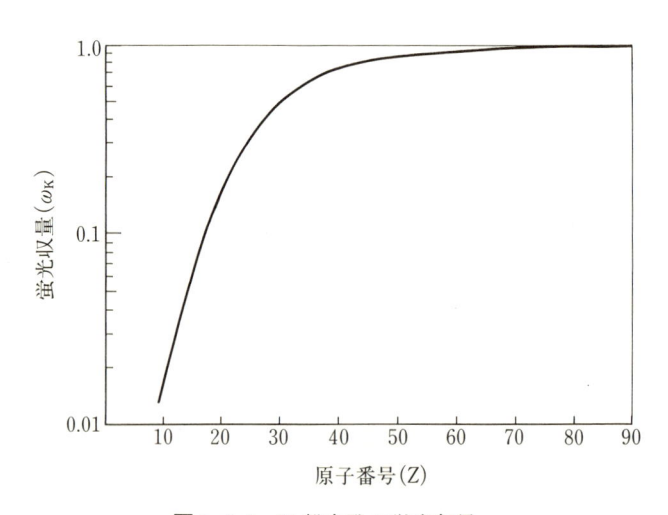

**図 1.4.7**　K 殻空孔の蛍光収量 $\omega_K$.

性をもつ[16].

$$\frac{d\sigma_x^{L_\alpha}}{d\Omega} = \frac{\sigma_x^{L_\alpha}}{4\pi} + \frac{\omega_3}{80\pi}\frac{\Gamma_{3a}}{\Gamma_3}A_{20}\sigma_1^{L_3}P_2(\cos\theta)$$

$$\frac{d\sigma_x^{L_l}}{d\Omega} = \frac{\sigma_x^{L_l}}{4\pi} + \frac{\omega_3}{8\pi}\frac{\Gamma_{3l}}{\Gamma_3}A_{20}\sigma_1^{L_3}P_2(\cos\theta)$$

(1.4.10)

ここで，$A_{20}$ は原子の整列の度合を表す量である．$P_2$ は第2種のルジャンドル

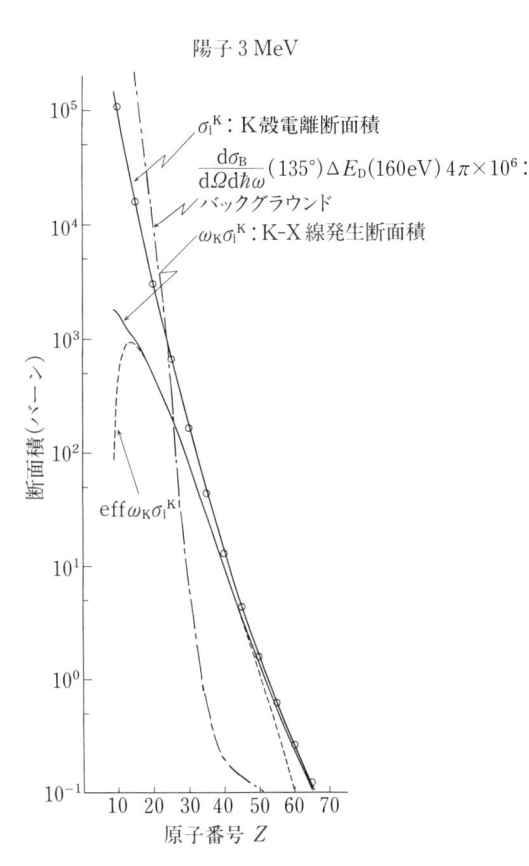

図1.4.8 3 MeVの陽子によるK-X線の全発生断面積とバックグラウンド．バックグラウンドとして試料からの制動輻射[1]が仮定されている．制動輻射の微分断面積に検出器の分解能 $\Delta E_D$ (160 eV)，全断面積である X 線発生断面積と比較するために $4\pi$，スケールを合わせるために $10^6$ がかけられている．○はK殻電離断面積の実験値．

関数であり，$\theta$ はビーム方向から測った X 線の放出角度を表す．$\theta=125°$ で $P_2(\theta)=0$ となる．したがって，検出角度を 125° 近傍にすれば，式(1.4.2)は正しくなる．一方，入射エネルギーが 2～3 MeV/amu での PIXE の場合，この効果はほとんど無視できる．

### b. 内殻電離断面積

　内殻電子を自由で静止していると仮定すると，入射粒子が内殻電子に与える最大エネルギーは $T_m=4E_p/\lambda$ で与えられる．ここで，$\lambda$ は電子の質量 $m_e$ と入射イオンの質量 $m_p$ の比である：$\lambda=m_p/m_e$．$T_m$ が内殻電子の束縛エネルギー $U$（イオン化エネルギー）より大きければ，内殻電子は電離される．したがって，入射イオンのエネルギーが高い場合，イオンは内殻電子を原子からたたき出せる．$U$ より $T_m$ が小さくなるような入射エネルギーでは，内殻電子は電離されなくなることになるが，実際にはこのような場合でも内殻電子は電離される．エネルギーが低い場合，内殻電子が入射イオンに衝突して原子が電離されると考える（入射イオンが電子の場合はこのような電離過程は考えられない）．これは，内殻電子は大きな運動量をもっているので，入射イオンのエネルギーが低くても運動学的に $U$ 以上のエネルギーをイオンから得ることができるからである．内殻電子の運動エネルギーとクーロンポテンシャルエネルギーの和は一定であるから，内殻電子の運動量は原子の中心に向かうほど大きいので，原子の内側を回っている内殻電子が電離されることになる．PIXE では，主にこの電離過程からの X 線が観測される．このような内殻電離の断面積を計算する理論としては，内殻電子の状態をある速度分布をもった自由電子の集まりと近似して入射イオンと電子とのラザフォード散乱から内殻電離断面積を求める Binary Encounter Approximation (BEA)[17]，入射イオンを時間依存の相互作用に見立てて計算する Semi-Classical Approximation (SCA)[18]，および入射イオンを平面波に近似した Plane Wave Born Approximation (PWBA)[19] がある．BEA は，内殻電離断面積が次のスケーリング則に近似的に従うことを示す．

$$U^2 \sigma_I / Z_p^2 = f(E_p/\lambda U) \qquad (1.4.11)$$

ここで，$\sigma_I$ は内殻電離断面積を示す．同様なスケーリング則が PWBA 理論からも導出される[19]．SCA 理論では，ある衝突係数 $b$ における内殻電子の電離

確率を求めることができる．これは，K 殻および L 殻が同時に電離されるような多重電離断面積を計算するのに便利である．この 3 つの理論の中で，PWBA 理論は以下に示されるように内殻電離に寄与する様々な効果を容易に取り入れることができて，内殻電離断面積を精度よく計算することができ，PIXE の定量分析に用いることができる．ここでは，この PWBA 理論による計算方法を説明する．

PWBA 理論では，入射イオンによる内殻電離の散乱振幅 $T_{fi}$ は，次式で与えられる[19]．

$$T_{fi} = \frac{1}{(2\pi)^3} \int d\boldsymbol{r} \int d\boldsymbol{R}\, \phi_k^*(\boldsymbol{r}) e^{-i\boldsymbol{K}_f \cdot \boldsymbol{R}} \frac{-Z_p e^2}{|\boldsymbol{R}-\boldsymbol{r}|} \phi_s(\boldsymbol{r}) e^{i\boldsymbol{K}_i \cdot \boldsymbol{R}} \tag{1.4.12}$$

ここで，$\boldsymbol{r}$ と $\boldsymbol{R}$ はそれぞれ，内殻電子および入射イオンの位置ベクトルを表す．$\phi_s(\boldsymbol{r})$ は電子の s 殻の始状態の波動関数，$\phi_k(\boldsymbol{r})$ は(波数 $k$ の)連続エネルギー状態の終状態での波動関数を表す．$\boldsymbol{K}_{i(f)}$ は，始(終)状態での入射イオンの波数ベクトルを表す．式(1.4.12)の右辺の $\boldsymbol{R}$ についての積分を実行すると，

$$T_{fi} = -\frac{Z_p e^2}{2\pi^2 q^2} F_{ks}(\boldsymbol{q}) \tag{1.4.13}$$

となる．ここで，

$$F_{ks}(\boldsymbol{q}) = \int d\boldsymbol{r}\, \phi_k^*(\boldsymbol{r}) e^{i\boldsymbol{q}\cdot\boldsymbol{r}} \phi_s(\boldsymbol{r}) \tag{1.4.14}$$

$$\boldsymbol{q} = \boldsymbol{K}_i - \boldsymbol{K}_f \tag{1.4.15}$$

である．$\hbar \boldsymbol{q}$ は入射イオンから原子が受け取る運動量移行である．

式(1.4.13)を用いることによって，s 殻電離断面積は，次のように計算できる．

$$\sigma_i^s(\eta_s, \theta_s) = 8\pi \frac{Z_p^2}{Z_s^4} \frac{a_0^2}{\eta_s} \int_{\theta_s/4\eta_s^2}^{\infty} dW \int_{W^2/4\eta_s}^{\infty} \frac{dQ}{Q^2} |F_s(W, Q)|^2 \tag{1.4.16}$$

$$\theta_s = I_s/(Z_s^2 Ry), \quad \eta_s = E_p/(\lambda Z_s^2 Ry), \quad Q = a_0^2 q^2/Z_s^2, \quad k \equiv ka_0/Z_s \tag{1.4.17}$$

$$F_s(W, Q) \equiv F_{ks}(\boldsymbol{q}), \quad W = k^2 + \frac{1}{n_s^2} \tag{1.4.18}$$

ここで，$a_0$ はボーア半径，$Ry$ はリドベルグ定数であり，$Z_s$ は s 殻電子に対する原子核の有効電荷数で，K 殻，および L 殻に対しては，それぞれ，

$$Z_K = Z_T - 0.35, \quad Z_L = Z_T - 4.15 \tag{1.4.19}$$

である．$n_s$ および $I_s$ は，それぞれ s 殻の主量子数，イオン化ポテンシャルで

ある.

　内殻電子の波動関数として，水素様波動関数を仮定すると，式(1.4.14)は，容易に計算できて，K, L 殻については，

$$|F_{1s}(W, Q)|^2 = 2^3 \left( Q + \frac{1}{3} W \right) A_1(W, Q) \tag{1.4.20}$$

$$|F_{2s}(W, Q)|^2 = \left\{ Q^5 - \left( \frac{8}{3} + \frac{11}{3} k^2 \right) Q^4 + \left( \frac{41}{24} + 6k^2 + \frac{14}{3} k^4 \right) Q^3 \right.$$
$$+ \left( \frac{5}{48} - \frac{31}{24} k^2 - \frac{10}{3} k^4 - 2k^6 \right) Q^2 + \left( \frac{47}{3840} - \frac{41}{120} k^2 - \frac{2}{3} k^6 - \frac{1}{3} k^8 \right) Q$$
$$\left. + \left( \frac{1}{768} + \frac{1}{768} k^2 + \frac{7}{48} k^4 + \frac{11}{24} k^6 + \frac{2}{3} k^8 + \frac{1}{3} k^{10} \right) \right\} A_2(W, Q) \tag{1.4.21}$$

$$|F_{2p}(W, Q)|^2 = \left\{ \frac{9}{4} Q^4 - \left( \frac{3}{4} + 3k^2 \right) Q^3 + \left( \frac{19}{32} - \frac{3}{4} k^2 - \frac{1}{2} k^4 \right) Q^2 \right.$$
$$+ \left( \frac{107}{960} + \frac{41}{48} k^2 + \frac{113}{60} k^4 + k^6 \right) Q$$
$$\left. + \left( \frac{11}{3072} + \frac{3}{64} k^2 + \frac{7}{32} k^4 + \frac{5}{12} k^6 + \frac{1}{4} k^8 \right) \right\} A_2(W, Q) \tag{1.4.22}$$

$$|F_K(W, Q)|^2 = |F_{1s}(W, Q)|^2, \quad |F_{L_1}(W, Q)|^2 = |F_{2s}(W, Q)|^2$$
$$|F_{L_2}(W, Q)|^2 = \frac{1}{3} |F_{2p}(W, Q)|^2, \quad |F_{L_3}(W, Q)|^2 = \frac{2}{3} |F_{2p}(W, Q)|^2 \tag{1.4.23}$$

で与えられる．また，1s, 2s および 2p は，1s, 2s および 2p 電子軌道を表し，$L_1$, $L_2$ および $L_3$ は L 殻の副殻をそれぞれ表す．$A_{n_s}(W, Q)$ は，

$$A_{n_s}(W, Q) = \frac{2^4 Q \exp \left[ -\frac{2}{k} \arctan \left( \frac{2k}{n_s(Q - W + 2/n_s^2)} \right) \right]}{(1 - \exp(-2\pi/k))((W-Q)^2 + 4Q/n_s^2)^{(2n_s+1)}} \tag{1.4.24}$$

である.

　$\theta_s/n_s^2 \leq W \leq 1/n_s^2$ のとき，$k^2$ は負になる．このときは，

$$A_{n_s}(W, Q) = \frac{2^4 Q}{((W-Q)^2 + 4Q/n_s^2)^{(2n_s+1)}} \left( \frac{Q + (|k| - 1/n_s)^2}{Q + (|k| + 1/n_s)^2} \right)^{1/|k|} \tag{1.4.25}$$

となる.

　式(1.4.16)と(1.4.20)～(1.4.25)で与えられる内殻電離断面積は，次のスケーリング則に近似的に従う(「イオン・固体相互作用編」参照).

$$Z_s^4 \sigma_i^s / Z_p^2 \fallingdotseq f_s(\eta_s/\theta_s^2) \tag{1.4.26}$$

関数 $f_s$ は，内殻ごとにそれぞれ異なる．

　PIXE では，主として K-X, L-X 線を測定して元素分析を行うが，希土類元素以上では M-X 線も検出されるようになる．M 殻電離断面積の PWBA 計算も行われており，文献 20 にその表式が与えられている．

　式(1.4.16)〜(1.4.25)から計算される断面積は，入射エネルギーが高い領域では実験データをよく再現するが，エネルギーが低くなると実験値を大きく上回る．これは，式(1.4.12)において入射イオンは電離の前後において平面波であり，電子は電離されるまではその状態は変わらないと仮定していることに原因している．実際には，以下のような効果が内殻電離に影響を与える．

1) クーロン偏向の効果

　低エネルギーの入射イオンはターゲット原子核のクーロン斥力によってその軌道が曲げられる．したがって，原子核の近くを回っている運動量の大きい電子に近づくことができないために内殻電離断面積が減少する．

2) 束縛エネルギー増加の効果

　入射粒子がターゲット原子核に近づくことによって，内殻電子は，ターゲット原子核の電荷に加えて入射粒子の電荷も感じ，その束縛エネルギーが増加し，電離されにくくなる．

3) 入射エネルギー損失の効果

　入射粒子はターゲット原子核に近づくと，ターゲット原子核のクーロン斥力によって減速され，より大きな運動量をもつ内殻電子しか電離できなくなる．

以上は，電離断面積を減少させる効果であるが，増加させる効果もある．

4) 電子軌道の分極効果

　入射イオンが電子軌道の外側を通ると，電子は引っ張られてその軌道は膨らみ，電離しやすくなる．

5) 相対論的運動の効果

　内殻電子は，原子核のクーロンポテンシャルに拘束されている．原子番号が大きくなるとクーロン引力が増して，内殻電子の速度が増加し，相対論的効果のために質量が増え，運動量が大きくなる．したがって，電離されやすくなるので，非相対論的近似と比べてその電離断面積は大きくなる．

6) 荷電移行の効果

　内殻電子は，入射粒子からエネルギーをもらって原子から電離するのが主過

程であるが，入射粒子に捕獲される過程もある．この効果は，入射粒子のクーロン力に強く依存する．Oppenheimer-Brinkman-Kramers (OBK) 近似[21]によると，その断面積は入射粒子の荷電数の5乗に比例する．したがって，重イオンビーム衝撃では効果的であるが，陽子または $\alpha$ 粒子を用いる PIXE では，無視できる効果である．

式(1.4.16)は，1)から5)の効果を取り入れた式に修正することができる[22] (ECPSSR 理論と呼ばれている)．

$$\sigma_s^{\text{ECPSSR}} = c_s R_s \sigma_1^s(m_s^R \eta_s, \zeta_s \theta_s) \tag{1.4.27}$$

ここで，$\zeta_s$ は 2)と 4)，$R_s$ は 3)，$c_s$ は 1)，$m_s^R$ は 5) の効果を考慮した補正因子であり，K および L 殻電離断面積に対しては，次式で与えられる．

$$\zeta_s = 1 + 2(Z_p/(Z_s\theta_s))\{g_s(\xi_s) - h_s(\xi_s, \chi_s)\} \tag{1.4.28}$$

$\xi_s = 2n_s\eta_s^{1/2}/\theta_s$

$g_{1s}(\xi) = (1 + 9\xi + 31\xi^2 + 98\xi^3 + 12\xi^4 + 25\xi^5 + 4.2\xi^6 + 0.515\xi^7)/(1+\xi)^9$

$g_{2s}(\xi) = (1 + 9\xi + 31\xi^2 + 49\xi^3 + 162\xi^4 + 63\xi^5 + 18\xi^6 + 1.97\xi^7)/(1+\xi)^9$

$g_{2p}(\xi) = (1 + 10\xi + 45\xi^2 + 102\xi^3 + 331\xi^4 + 6.7\xi^5 + 58\xi^6 + 7.8\xi^7 + 0.888\xi^8)$
$\quad /(1+\xi)^{10}$

$h_s(\xi_s, \chi_s) = (2n_s/\theta_s\xi_s^3) I(\chi_s n_s/\xi_s)$

$\chi_{1s} = \chi_{2s} = \dfrac{3}{2}, \quad \chi_{2p} = \dfrac{5}{4}$

$I(x) = \dfrac{3}{4}\pi\left(\ln\dfrac{1}{x^2} - 1\right) \quad (0 < x < 0.035)$

$I(x) = e^{-2x}(0.031 + 0.210x^{1/2} + 0.005x - 0.069x^{3/2} + 0.324x^2)^{-1}$
$\quad\quad\quad (0.035 \leq x < 3.0)$

$I(x) = 2e^{-2x}/x^{1.6} \quad (3.0 \leq x \leq 11)$

$I(x) = 0 \quad (x > 11)$

$$R_s = \dfrac{1}{2^\nu(\nu-1)}\{(\nu z - 1)(1+z)^\nu + (\nu z + 1)(1-z)^\nu\} \tag{1.4.29}$$

$z = (1 - \zeta_s I_s m_p/(m_T E_p))^{1/2}$

$\nu = 9 + 2l_s$

$$c_s = \nu E_{\nu+1}(2\pi d q_s \zeta_s z^{-1}(1+z)^{-1}) \tag{1.4.30}$$

$dq_s = Z_p Z_T Z_s^{1/2} \theta_s/(2n_s^2 \eta_s^{1/2}), \quad E_{\nu+1}(x) = \displaystyle\int_1^\infty t^{-(\nu+1)} e^{-xt} dt$

$$m_s{}^R = (1+1.1y_s{}^2)^{1/2} + y_s \tag{1.4.31}$$

$$y_s = \frac{0.1(4-l_s)(Z_s/137)^2}{n_s \xi_s}$$

ここで，$l_s$ は s 殻の軌道角運動量を表し，K 殻，$L_1$ 殻に対して $l_s=0$，$L_2$，$L_3$ 殻に対しては $l_s=1$ である．

　式(1.4.27)による計算値は，$E_p=1\sim3$ MeV のエネルギー領域では，数%以内で実験値と一致する．図1.4.8のK殻電離断面積 $\sigma_i{}^K$ は式(1.4.27)を用いて計算されたものである．実験値と非常によく一致していることがわかる．式(1.4.16)～(1.4.31)を用いれば，内殻電離断面積をパーソナルコンピュータで計算できる．

　ここでは，内殻電離断面積の計算式の導出過程を示さなかったが，この計算では，内殻電子は原子内の他の電子とは全く独立に運動しているとして，入射イオンとひとつの内殻電子の衝突問題だけが精密に取り扱われた．しかし，エネルギー分解能のよい結晶分光器を用いて $K_\alpha$-X線を測ると，入射粒子によって同時に複数の電子が電離された原子(多重電離原子)からの特性X線が，サテライト線として見える．一方，PIXE ではこれらサテライト線を分離できるほど分解能がよくない Si(Li) 検出器が一般に用いられるので，図1.4.6のように，1本のピークとして測定される．すなわち，PIXE で用いられる内殻電離断面積は，多重電離断面積の和であり，1電子の電離断面積でない．しかし，上の1電子との衝突に基づいた理論による内殻電離断面積（式(1.4.27)）は精度よく実験値を再現する．この矛盾はレディング(Reading)の定理によって解かれる[23]．レディングの定理は次のように表される：独立粒子模型の仮定のもとでは，ある内殻のひとつの電子に対する電離断面積は，その内殻電子と他の殻の電子との同時の電離つまり多重電離断面積をすべて加えた断面積に等しい．

## 1.4.6　PIXEの検出限界

　PIXE の検出限界は，特性X線の下に広がる連続のバックグラウンドによって決定される(図1.4.1参照)．

　一般に，バックグラウンドのカウント数 $Y_b$ の統計誤差の3倍より，特性X

線のネットカウント数 $Y_a$ が大きければ，ピークとして確認できると考えられる．

$$Y_a \geq 3\sqrt{Y_b} \quad Y_b \geq 1$$
$$Y_a \geq 3 \quad\quad Y_b = 0 \quad\quad\quad (1.4.32)$$

ここで，$Y_b$ は検出器の分解能の幅 $\Delta E_D$ のバックグラウンドのカウント数である．$Y_b$ が実験的に求められている場合は，上式と式(1.4.4)より微量元素aの検出限界量が計算できる．一方，バックグラウンドの発生断面積が与えられていれば，次式より検出限界値が推定できる．

$$\frac{n_a}{n_M} \geq \frac{3}{\sqrt{Q'\mathrm{d}\Omega n_M' \sigma_x' \,\mathrm{eff}}} \sqrt{\frac{\sigma_B'}{\sigma_x'}}, \quad Y_b \geq 1$$

$$\frac{n_a}{n_M} \geq \frac{3}{Q'\mathrm{d}\Omega n_M' \sigma_x' \,\mathrm{eff}}, \quad\quad Y_b = 0$$

$$Y_b = Q'\mathrm{d}\Omega n_M' \,\mathrm{eff}\, \sigma_B' \quad\quad (1.4.33)$$

ここで，

$$\sigma_x' = \sigma_x/4\pi, \quad \sigma_B' = \Delta E_D \mathrm{d}\sigma_B/(\mathrm{d}\Omega \mathrm{d}(\hbar\omega)),$$
$$Q' = Q/Z_p e, \quad n_M' = n_M \delta z$$

また，$n_a$ は試料中に含まれるある元素aの濃度(個/cm³)，$n_M$ は試料中の主構成元素の濃度(個/cm³)を表す．$\mathrm{d}\sigma_B/\mathrm{d}\Omega\mathrm{d}(\hbar\omega)$ は，バックグラウンドの微分断面積である．バックグラウンドの主な源は，ターゲットからくる連続X線で，次の4つがある．

1) 準自由電子制動輻射X線(Quasi-Free Electron Bremsstrahlung；QFEB)

これは，ターゲット中の電子が入射粒子に固定した座標系で放出する制動輻射で，その最大放出エネルギーは約 $\hbar\omega = E_p/\lambda$ で与えられる．$E_p = 3\,\mathrm{MeV}$ の陽子では，1.63 keV 以下にバックグラウンドを形成する．

2) 二次電子制動輻射(Secondary Electron Bremsstrahlung；SEB)

入射イオンがターゲット原子に衝突すると，二次電子が放出される．この二次電子がターゲット中の他の原子核と衝突して発生する制動輻射がSEBで，この連続X線の最大エネルギーは，$\hbar\omega = 4E_p/\lambda$ である．$E_p = 3\,\mathrm{MeV}$ の陽子では，6.53 keV 以下のバックグラウンドを形成する．

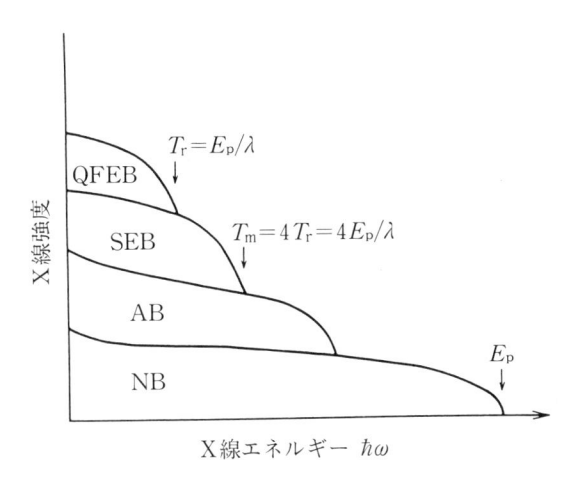

図1.4.9 PIXEのバックグラウンドの階層構造.

3) 原子制動輻射(Atomic Bremsstrahlung; AB)

入射イオンがターゲット原子に衝突して,ターゲット原子全体から放出される連続X線である.SEBより高いX線エネルギー領域のバックグラウンドを形成する.入射エネルギーが,1.5 MeV以下では上の2つの制動輻射の寄与は無視できて,ABがバックグラウンドの主成分となる.

4) 原子核制動輻射 (Nuclear Bremsstrahlung; NB)

入射粒子の原子核とターゲット原子の原子核との制動輻射で,その発生断面積は,QAEB, SEB, ABに比べてきわめて小さく,PIXEではほとんど問題にならない.

図1.4.1の$Z_n$のK-X線より低いエネルギー領域に見られる大きな連続のバックグラウンドは,SEBおよびABである.

連続X線スペクトルはX線エネルギーの増加とともに単調に減少するので,特徴のないスペクトルに思えるが,図1.4.9に示すように階層構造を形成している.また,連続X線の強度は放出角度に依存し,近似的に次のような角度分布を示す.

$$\frac{d\sigma_B}{d\Omega d(\hbar\omega)} = c_1(\hbar\omega) + c_2(\hbar\omega)\sin^2\theta \quad (1.4.34)$$

ここで,$\theta$はX線のビーム方向についての放出角度である.$\theta=90°$で連続X

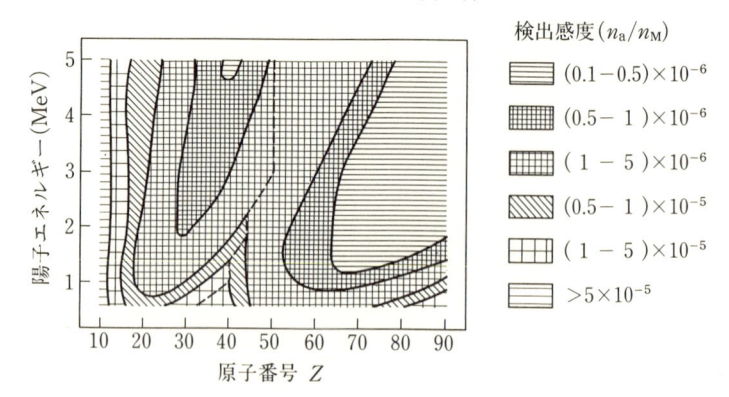

**図1.4.10** PIXEの検出限界曲線(理論値)(K. Ishii and S. Morita: Nucl. Instr. and Methods **B4** (1988) 209).

線の強度は最も大きい.実際の角度分布は,ドップラー効果のために90度対称ではなく,前方が増えて後方が減る.したがって,PIXEではなるべく後方で検出するとよい.

図1.4.8に示されたバックグラウンドは,PWBA理論に基づいたAB,NBおよびBEA理論によるSEBの微分断面積の計算値の和である[1].これにさらにPWBA理論によるQFEBの計算値を加えて,式(1.4.27)でX線発生断面積を計算し,式(1.4.33)から計算した,酸素,窒素,炭素を主成分とした生物試料に対する検出限界曲線を示したのが図1.4.10である.入射陽子エネルギーが3 MeV以上で検出限界値は小さいが,実際には入射エネルギーが高くなると原子核反応が起こるようになり,核反応によって発生したγ線が検出器に入り,検出器中の電子とコンプトン散乱を起こし,連続で一定のバックグラウンドを形成する.図1.4.1の高いエネルギー領域に広がっているバックグラウンドは,血液中のナトリウム元素の原子核 $^{23}$Na が励起され発生した440 keVのγ線がSi (Li)検出器内でコンプトン散乱して形成されたものである.ナトリウムは生体試料中によく含まれる.ナトリウムのほかに,Li,Fなどの元素からもγ線が発生し,連続のバックグラウンドを発生する.入射エネルギーが4 MeV以上になると,酸素,炭素など生体試料の主成分元素からもγ線が発生するようになる.したがって,陽子ビームを用いたPIXEの最適入射エネルギーは,約3 MeVとなる.また,入射粒子がα粒子の場合につ

## 1.4.7 応用例

このように，PIXEは簡便にしてかつ高感度であるので非常に幅広い分野に応用されている[25]．特に，医学，環境科学の分野に積極的に応用されている．それは，図1.4.10の検出限界曲線からわかるように，PIXEはH，C，O，Nのような生体の主構成元素に対しては極端に感度が低いので，生体中のアルミニウム以上の元素は微量でも浮かび上がるからである．

以下に，医学および環境科学へのPIXEの応用例を2,3紹介してこの節を閉じる．

### a. 医学への応用

PIXEの医学への応用は，PIXE法の誕生とともに精力的に行われてきた．生体内の微量金属元素の役割は非常に重要で，その元素が多くなったり少なくなったりすると，疾患を起こすことがある．

図1.4.1は，血液のほんの1滴から得られた健康人のPIXEスペクトルである．ここで，Y元素は，定量分析のために試料に混入させたものである．血液中に含まれているものとしてよく知られている元素のほかに，Cu, Zn,

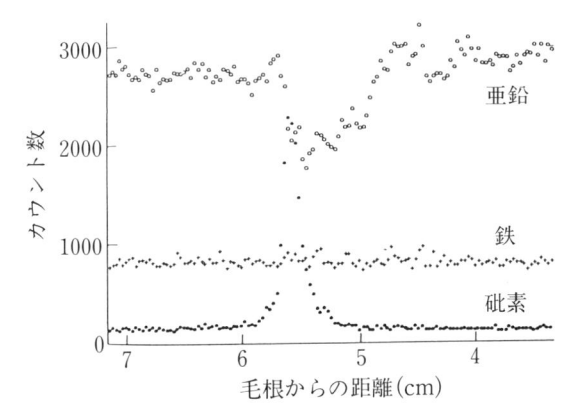

図1.4.11 ヒ素を吸入した患者の毛髪のPIXE分析[29]．

Cr, Rb などが見える．これらの元素の量の十倍以上の増減は明らかに疾病等によるものと考えられる．しかし，数倍程度の違いでは，個人差があるからその量だけで判断できない．Sha ら[26]は白血病患者の血液中の銅と亜鉛の濃度比 Cu/Zn を調べた．結果は，Cu/Zn 比は，健康人の値の4倍になることが示された．Lecomte ら[27]は慢性関節リウマチの患者の血漿中の Cu/Zn 比もやはり健康人の値より大きくなることを示した．浜島ら[28]は血清中の Cu/Zn 比の年齢依存性を調べた．20～35歳の Cu/Zn 値はほとんど1を示したが，70歳以上の老人は1～3のまちまちの値を示した．このように，PIXE で測られた血液中の Cu と Zn の比は健康状態に深く関係していることがわかる．一方，Ma ら[29]は30人の脳腫瘍患者と同数の健康人の血清と毛髪を PIXE で分析し，血清についてはこれまでの報告と同じであったが，毛髪については Cu/Zn 値は患者の値は健康人より低いことがわかった．毛髪に関しては，ヒ素を吸入した患者の毛髪をその長さ方向に沿って PIXE で調べた興味ある報告がある[30]．髪は体の排泄物とも考えられ，一日の成長は約 0.4 mm である．図 1.4.11 はある日からヒ素が毛髪に排泄され始め，同時に亜鉛の排泄量が少なくなり，ヒ素の排泄が終わると徐々に回復していることを示す．このような研究は，診断ばかりでなく，微量元素の体内での生理学的役割を知るための重要な情報を与える．このほかに，心筋梗塞，糖尿病，アルツハイマー病，肝機能疾患，動脈硬化症，間質肺炎，癌などの多くの疾病の原因究明または治療方法の研究にPIXE が応用されている[25]．

**b. 環境科学への応用**

　工場，自動車からの排気ガスによる大気汚染，工場，住宅からの廃液による河川，海の汚染，これらは，我々の生活を脅かす深刻な問題である．例えば，石炭を燃料にした火力発電所からの硫黄を含んだ排煙は，酸性雨をもたらして森林，湖を破壊する．

　大気汚染による環境破壊は，大気中の浮遊塵つまり，エアロゾルの PIXE 分析を行って調べることができる．カリフォルニア大学は，硫黄を含んだエアロゾルによる国立公園などの森林破壊の監視を，エアロゾル捕集器を各地に配置した大規模な監視網で行っている[31]．日本でもエアロゾルの PIXE 分析は盛んで，東北地域のスパイクタイヤ廃止に一役買った[32]．

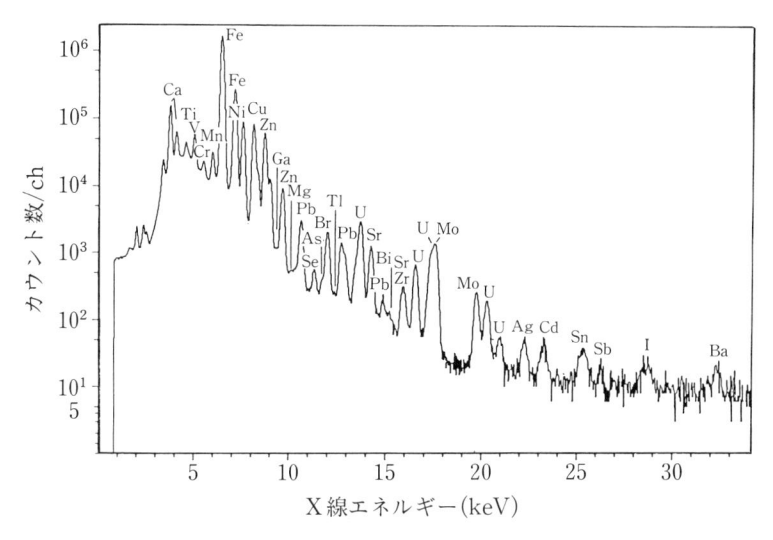

図 1.4.12 スウェーデン西海岸の海水の PIXE スペクトル[33].

一方,海,河川の汚染も深刻な問題である.前田ら[33]は多摩川の中流から河口までの汚染状況を PIXE で調べ,汚染の原因を調べた.人の生活活動によるもの,工場によるもの,またはその他の原因による汚染が川の流れに沿った元素の濃度分布から同定できた.このような液体の分析は,ppm 程度の場合には,まず捕集してきたサンプルを,フォルムバールなどの薄膜のバッキングに1滴たらして,自然乾燥させて,PIXE 分析するだけで簡単にできる.汚染の広がりなどを調べたいときなどは,ppm 以上の感度が必要になる.このような場合は,前段濃縮を行ってから PIXE 分析するとよい.ルンド大学の Johannson ら[34]は,溶液にキレート剤と活性炭を加えて,微量金属元素をキレート化し活性炭に付着させて,濾過してこの活性炭を取り出した後,さらに濃硝酸で金属元素を抽出し,濃硝酸を蒸発させた後,蒸留水に溶かして,それをカーボン膜上で乾燥させるなどの濃縮法によって,ppt までの検出感度を得た.図 1.4.12 は,このようにして得られたスウェーデン西海岸の海水の PIXE スペクトルである.

## 参考文献

1) K. Ishii and S. Morita : IJPIXE **1** (1990) 1.
2) PIXE とその応用についての国際会議は,1977 年にルンドで開かれて以来 3 年おきに開催されている.第一回の会議のプロシーディングズは Nucl. Instr. Meth. **142** (1977) にまとめられている.
3) G. J. F. Legge : Nucl. Instr. Meth. **B3** (1984) 561.
4) Y. Iwata, T. Fujiwara and N. Suzuki : IJPIXE **2** (1992) 381.
5) M. Ahlberg, G. Johansson and K. Malmqvist : Nucl. Instr. Meth. **131** (1975) 377.
6) K. Shima, S. Nagai, T. Mikumo and S. Yasumi : Nucl. Instr. Meth. **217** (1983) 515.
7) U. Tapper and P. Paatero : Nucl. Instr. Meth. **B49** (1990) 132 ; A. D. Lipworth, H. J. Annegarn, S. Bauman, T. Molokomme and A. J. Walker : Nucl. Instr. Meth. **B49** (1990) 173 ; K. Sera, T. Yanagisawa, H. Tsunoda, S. Futatsugawa, S. Hatakeyama, Y. Saitoh, S. Suzuki and H. Orihara : IJPIXE **2** (1992) 325.
8) Burton L. Henke and Eric S. Ebisu : Advanced X-ray Analysis Vol. 17 (1974) 150.線吸収係数を与える光の散乱,吸収断面積の理論値をまとめたものとして,W. M. J. Veigele : Atomic Data Tables **5** (1973) 51 ; E. Storm and H. Israel : Nuclear Data Tables **A7** (1970) 565 がある.
9) J. Vegh, D. Berenyi, E. Koltay, I. Kiss, S. Seif Ernasr and L. Sarkadi : Nucl. Instr. Meth. **153** (1978) 553.
10) D. Chattarji : The theory of Auger transitions (Academic Press, London) p. 93.
11) $K_\beta/K_\alpha, \omega_i, f_{ij}$ の実験値をまとめたものとして,W. Bambynek, B. Crasemann, R. W. Fink, H. V. Freund, H. Mark, C. D. Swift, R. E. Price and P. Venugopala Rao : Rev. Mod. Phys. **44** (1972) 716.理論値としては,M. O. Krase : J. Phys. Chem. Ref. Data **8** (1979) 307 がある.
12) J. H. Scofield : Atomic data and Nuclear data tables **14** (1974) 121.
13) D. D. Cohen and M. Harrigan : Atomic data and Nuclear data tables **33** (1985) 255.
14) H. Paul and J. Sacher : Atomic data and Nuclear data tables **42** (1989) 105.
15) W. Mehlhorn : Phys. Lett. **26A** (1968) 166.
16) M. Kamiya, Y. Kinefuchi, H. Endo, A. Kuwako, K. Ishii and S. Morita : Phys. Rev. **A20** (1979) 1820.

17) J. D. Garcia: Phys. Rev. **A1** (1970) 280.
18) J. M. Hansteen and O. P. Mosebekk: Nucl. Phys. **A201** (1973) 541.
19) E. Merzbacher and H. W. Lewis: Encyclopedia of physics, Vol. 34, (ed.) S. Flugge (Springer, Berlin, 1958) p. 166.
20) Byung-Ho Choi: Phys. Rev. **A7** (1973) 2056.
21) H. C. Brinkman and H. A. Kramars: Proc. Acad. Sci., Amsterdam **33** (1930) 973.
22) T. Mukouyama: IJPIXE **1** (1991) 209.
23) K. Ishii: IJPIXE **2** (1992) 197.
24) S. A. E. Johansson: IJPIXE **2** (1992) 33.
25) PIXEの応用全般に渡っての解説書としては, Sven A. E. Johansson and John L. Campbell: PIXE (John Wiley & Sons), 千葉廉編: 日本原子力学会誌 **26** (1984) 827がある. また, 医学, 生物学への応用についての解説書としては, IJPIXE **2** (1992) 189. Proceedings of International Symposium on Bio-PIXE (Sendai, July 16-18, 1992), 石井慶造, 森田右: RADIOISOTOPE Vol. 42, No. 10 (1993) 579がある.
26) Y. Sha, P. Liu, P. Zhang, G. Liu, H. Lin, B. Yang and L. Qian: IJPIXE **2** (1992) 569.
27) R. Lecomte, P. Paradis, S. Monaro, M. Barrette, G. Lamoureux and H. A. Menard: Nucl. Instr. Meth. **181** (1981) 301.
28) S. Hamashima, T. Sato, K. Ohgai, K. Kubota and T. Matsuzawa: Tohoku University, CYRIC Annual Report (1980) p. 216.
29) C. Ma, Z. Yin, J. Hao, X. Jiang and S. Qiang: Abstracts of Contributed Papers for International Symposium on Bio-PIXE, Sendai, July 16-18, 1992, p. 65.
30) P. Horowitz, M. Aronson, L. Grodzins, W. Ladd, J. Ryan, G. Herrian and C. Lecheme: Science **194** (1976) 1162.
31) A. R. Eldred, T. A. Cahill, L. L. Asbaugh and J. S. Nasstrom: Nucl. Instr. Meth. **B3** (1984) 479.
32) S. Amemiya, Y. Tsurita, T. Masuda, A. Asawa, K. Tanaka, T. Katoh, M. Mohri and T. Yamashina: Nucl. Instr. Meth. **B3** (1984) 516.
33) K. Maeda, Y. Sasa, M. Maeda and M. Uda: Nucl. Instr. Meth. **B3** (1984) 154.
34) E. M. Johansson and S. A. E. Johansson: Nucl. Instr. Meth. **B3** (1984) 154.

## 1.5 ISS（ICISS）

### 1.5.1 概要と歴史

　固体に方向とエネルギーの揃ったイオンビームを入射させ，散乱して出てくる粒子のエネルギー分析を行う方法をイオン散乱法と呼ぶ．試料にあてるイオンビームのエネルギーが数 keV 程度，数百 keV 程度，数 MeV 程度で，得られる情報が大きく異なるので，それぞれ LEIS（Low Energy Ion Scattering）または ISS（Ion Scattering Spectroscopy），MEIS（Medium Energy Ion Scattering），HEIS（High Energy Ion Scattering）または RBS（Rutherford Backscattering Spectrometry）と呼ばれる．ここでは ISS（LEIS よりも歴史的に古い呼称である ISS がよく用いられる）に限って概説する．

　ISS は 1967 年に D. P. Smith によって金属表面に吸着したガス分析に用いられたのが最初である[1,2]．当時は表面における組成分析として AES が一般的であり，ISS の利点はさほど省みられなかった．1970 年代の後半に入って，入射するイオンビームが高い中性化確率をもつことによる表面最外層に対する高感度分析法としての立場を確立する．同時期に標的原子の下流側に入射イオンが入れない領域が存在する（これをシャドー・コーンという）ことによる ISS シグナルの方向依存性から結晶構造を調べた研究も現れた[3]．イオンビームの入射方向を変えることによって結晶構造が調べられるというのは，AES には真似のできない性質である．1981 年に青野らによって ICISS という散乱角を 180°付近に設定した ISS が提唱された[4,5]．従来の ISS は感度をかせぐためと鏡面反射に近い幾何条件での測定のために，比較的散乱角が小さい 90°付近の値が用いられていた．これらの角度では出射時に標的原子によって軌道が偏向を受ける（これをブロッキング効果という）ことがあり，そのため構造解析が複雑になっていた．新しく提唱された ISS は散乱角を 180°付近に設定するだけで，ブロッキングの影響は完全に防げ，なおかつシャドー・コーンを用いた構造解析が著しく簡略化されるということで，急速に広まった．この特殊化され

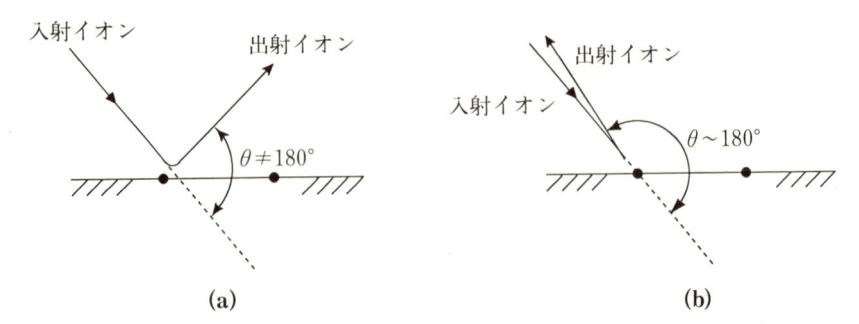

**図 1.5.1** ISS と ICISS の違いを模式的に示す．(a) 従来の ISS，(b) ICISS．

た ISS を ICISS(Impact Collision ISS；直衝突 ISS)という．図 1.5.1 に従来の ISS と ICISS を模式的に示す．当時の ICISS の特徴の歌い文句，ブロッキングの影響は完全に防げ，シャドー・コーンを用いた解析の簡略化というのは，現在においては完全には正しくないが(散乱角を 180° にしてもブロッキングの影響を受け得るし[*]，従来の散乱角でもある角度だけオフセットがかかるだけで別に 180° だからといって解析が簡単になるわけではない)，間違いなくブロッキングの影響は少なくなるし，シャドー・コーンを用いた解析も作図して考えることができるので簡略化されたように感じられる．なによりも視覚に訴えるのが素晴らしく，ICISS の提唱で，ISS もようやく一人歩きを始めた．現在において ISS といえばほとんどが ICISS モードを指す．

ICISS がいろいろな表面構造の解析に用いられはじめると，定量性の観点からいくつかの欠点が指摘された．最大の欠点はイオンビームが試料に入射したときに受ける中性化の確率が状況によって異なり，散乱イオン強度の定量解析ができないことであった．より精密な構造解析を行うためには，ピークの出現位置のみならず強度情報も必要なことは明らかで，いかにして中性化の問題を克服するかに焦点が絞られた．その結果，中性化の少ないアルカリイオンビー

---

[*] ブロッキングは入射イオンに対する散乱角で決まるのではなく，出射方向にのみ依存する．これはちょうど標的内からランダムに発射したイオンがシャドーイングによって出射できない方向が存在する(スターパターン)ことと等価であり，これを相反定理という．散乱角を意図的に 180° からずらし，よりブロッキングの影響を少なくする試みとして新しい ISS が考えられている．

ムを用いた ALICISS(ALkali ICISS)が開発された[6,7]. アルカリイオンを入射イオンビームとすると,中性化の確率がきわめて小さくなる反面,試料にアルカリ金属が吸着してしまい,試料に悪影響を及ぼすことがある. そこで出射する中性粒子の飛行時間を測定する方法(TOF 法;Time-Of-Flight)が利用され, 検出器の中心にあけた穴からイオンビームを入射し, 散乱された粒子の飛行時間を測定する方法が, 1988 年に筆者らのところと青野らで独立にしかも同時に発表された[8,9]. この方法は散乱角をほぼ180°に設定した上で中性粒子を検出できる方式で,今までの欠点を補っている. 筆者らはこれを TOF-ICISS と名づけ[8], 青野らはこれを CAICISS(Co-Axial ICISS)と名付けた[9](後述の図 1.5.6[8]に TOF-ICISS 装置の概要が記されている). TOF-ICISS は中性粒子を検出するので, 中性化の影響を受けず, 定量解析ができるとともに, イオンのみを検出していたときと異なって信号強度が大きく, そのため入射イオンビームの強度を小さくすることができる. このことは表面損傷の観点から非常に重要なことである. 反面, 結晶内部から散乱された粒子も検出してしまうので, 表面感度の低下と多重散乱粒子検出による解析の複雑化を招いた(詳しくは, 次項で述べる). 現在では ISS は目的に応じて, 静電型アナライザーを用いた従来の ISS, ICISS と ALICISS, TOF-ICISS (CAICISS) が並行して用いられている.

## 1.5.2 原理と特徴

ISS においては入射イオンビーム(質量 $m_1$ とする)のエネルギーが $E_0$ で表されるとき, 質量 $m_2$ の標的原子によって散乱角 $\theta$ の方向に散乱されたとき, エネルギー分析器で測定されるエネルギー $E_1$ は次の2体弾性散乱モデルで表され,

$$\frac{E_1}{E_0} = \left\{ \frac{\cos\theta + \sqrt{\alpha^2 - \sin^2\theta}}{1+\alpha} \right\}^2 \quad \text{ただし} \quad \alpha \equiv \frac{m_2}{m_1} \quad (1.5.1)$$

となる. これは単純に運動量保存則とエネルギー保存則が成り立つ結果で, 古典力学的に記述できるのが特徴である. さて, 式(1.5.1)から標的元素の質量 $m_2$ が異なれば, 散乱イオンのエネルギー $E_1$ が異なり, エネルギー分析の結果, 標的元素の同定ができる. この式は HEIS, MEIS, ICISS, TOF-ICISS

を含むイオン散乱法全般に成り立つ式で，たいへん重要な式である．散乱イオンの強度は

$$I \equiv I_0 N \frac{d\sigma}{d\Omega} \Delta\Omega (1-P) g \tag{1.5.2}$$

で表され，ここに，$I$ は散乱イオン強度，$I_0$ は入射イオン強度，$N$ は試料内の単位面積当たりの標的元素の数，$d\sigma/d\Omega$ は微分散乱断面積，$\Delta\Omega$ は検出器の立体角，$P$ は中性化確率(すなわち $1-P$ は生き残り確率)，$g$ が構造因子である．ALICISS では $P$ が 0.1 以下であり，TOF-ICISS では $P$ が 0 である．

次に ICISS による構造解析法を ISS と比較しながら簡単に述べる．先ほどの図 1.5.1 でも述べたように ISS と ICISS の違いは，散乱角が 90° 付近か 180° 付近かということである．構造解析においては入射イオンビームの入射角を変えながらスペクトルを測定する．そのとき，ある原子がつくるシャドー・コーンから他の原子が外れた場合に，ある原子に対して他の原子が見え始め，ISS 信号として観測される．この他の原子が見え始める入射角を臨界角 $a_c$ というが，ISS と ICISS では，この臨界角が異なる．図 1.5.2 に ISS と ICISS で臨界角の現れる角度の違いを示すが，図 1.5.2(a) の ICISS では散乱角が 180° に設定してあるので，仮に A の原子が存在しないとしたときに B の原子から散乱されたイオンが検出器に捕えられるのは，インパクトパラメータがほぼ 0 のほとんど直衝突の場合であり，臨界角は，A の原子のシャドー・コーンが B の原子を通過するときに現れる．しかしながら ISS では，図 1.5.2(b) に示すように散乱角が 180° と異なるので，A の原子が存在しないと仮定したときの B の原子からの散乱イオンは，ビームの入射方向からみて，B の原子を通る位置から離れており，このため，A 原子が存在する場合，B 原子が見え始める臨界角は，A 原子のシャドー・コーンが B 原子からの散乱に相当するインパクトパラメータ分だけずれた位置に現れる．構造解析をする場合，A 原子に対する B 原子の位置を求めるためには，図 1.5.2(a) の ICISS では原子 A のシャドー・コーンの形のみがわかっていればよいが，図 1.5.2(b) の ISS の場合は原子 A と原子 B のシャドー・コーンの形が必要となる．しかしながらそれ以上に大切なことは，ICISS モードでは作図による直感的な解析ができることにある．このことから構造解析には ICISS が用いられることが多い．

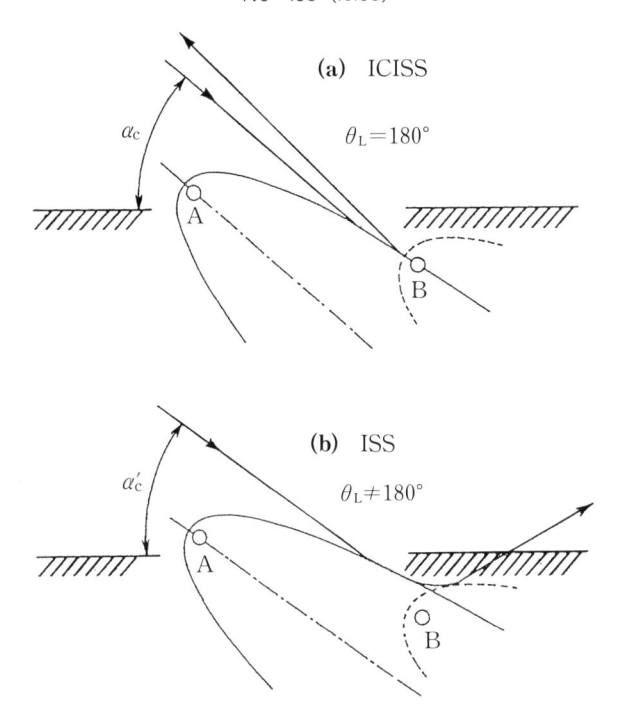

**図 1.5.2** ICISS と従来の ISS での臨界角の現れ方の違い．(a) ICISS, (b) 従来の ISS.

シャドー・コーンの形状は衝突する粒子間に働く力を考えて，理論的に求めることができるが(通常，遮蔽クーロン力を用いる)，あらかじめ構造のわかった試料で実験的にも求めることもできる．これを自己補正型の方法(self-calibration method)という．

原理を一通り述べたところで，以上のことをふまえて各種の ISS の長所と短所をまとめる．

(1) 静電型アナライザを用いた通常の ISS

長所
・表面最外層の分析ができる．
・質量分解能が高い．
・前方散乱やリコイル散乱を用いて軽元素の検出ができる．

・装置が安価で構造が簡単.

短所

・定量解析が困難.
・散乱スペクトルが弱いので,入射イオンの総量を多くしなければならない.

(2) ICISS

長所

・上記の ISS の長所のうち軽元素の検出を除くすべて.
・構造解析が簡単.

短所

・中性化のためスペクトル強度の解析ができず,定量性に不安が残る.
・散乱スペクトルが弱いので,入射イオンの総量を多くしなければならない.

(3) ALICISS

長所

・中性化確率が小さいので,定量性がよい.
・構造解析が簡単.
・イオン銃の構造が希ガスを用いるものよりも簡単.
・少ない入射イオンで測定できる.

短所

・表面にアルカリイオンが付着する.
・簡単な解析で精度を上げるには,多重散乱を避けて,一回散乱成分を抽出しなければならない.あるいは多重散乱を含めたシミュレーションが必要.

(4) TOF-ICISS

長所

・生き残り確率を考えなくてよいので,定量解析が可能.
・イオン銃とアナライザが同一の方向にあるので,MBE 装置などに後からポートひとつで接続できる.
・最表面というよりも表面下十数層の情報を得ることができる.
・中性粒子を検出するので,入射イオン数が少なくてもよい.

短所

- 表面最外層の分析能力は ISS よりも劣る．
- 多重散乱がスペクトル上で大きく寄与するので，構造解析には（多重散乱を扱った）シミュレーションが必要．

### 1.5.3 組成分析と表面分析

ISS では前述の式(1.5.1)に従って標的原子と散乱したイオンのエネルギーが決定されるので，エネルギー分析を行うことによって試料に存在する元素種の同定ができる．また式(1.5.1)から，試料に比較的質量数 $m_2$ の近い元素同士が同時に存在するときは，$m_1$ の値を大きくすると $a$ の値が小さくなって，

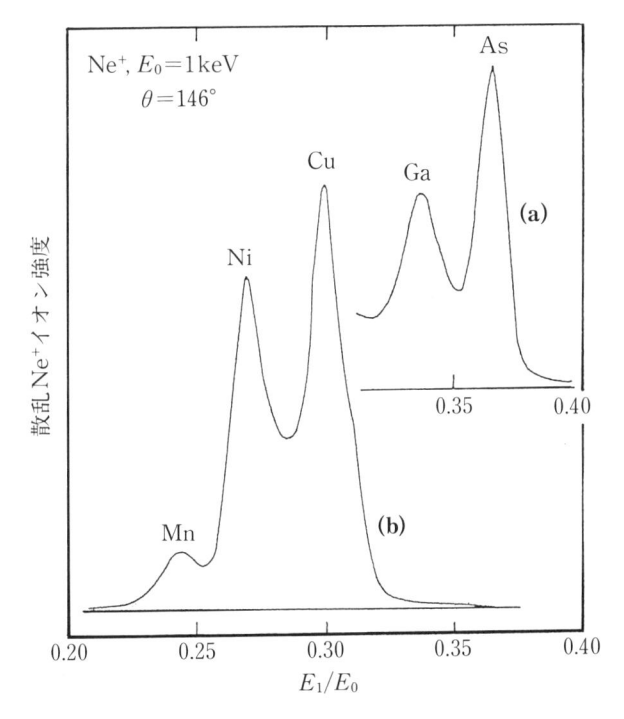

図1.5.3 $Ne^+$ イオンの利用によって分離した GaAs 試料の Ga と As(a)，およびコンスタンタンの Cu, Ni, Mn(b)．

わずかの差が大きく拡大される．その結果，スペクトルが分離して分析しやすくなる．図1.5.3は入射イオンとして比較的質量の大きい$Ne^+$を用いたときに，質量数の近いGaとAs，CuとNiとMnがどのように分離されるかを示した図で，それぞれ試料はGaAsとコンスタンタン[10]である．通常のHeイオンを用いたのであれば，これらの元素ははっきりとは分離しない．目的に応じて入射イオンのイオン種を選ぶことが必要である．なお，これらのスペクトルから存在量を導くことは中性化確率がわかっていないために難しい．ある程度組成のわかった試料から強度比を測定し，組成に合わせるための係数を求めれば未知試料の組成比に対してある程度の見積りはできる．

図1.5.4はISSの表面敏感性を端的に表した測定結果である[11〜13]．図1.5.5に示すように市販のオージェ装置を改良し，電子銃の前段にイオン銃をつけることによって電子-イオン兼用銃とし，アナライザにかける電圧を電子のときとイオンのときで反転することによって，ひとつの試料に対してAES測定とISS測定を行える装置を作製し[10]，AESとISSの深さ分解能の違いを調べた．図1.5.4(a)では液体窒素で冷却して110KにしたW基板上に，MnとCuを

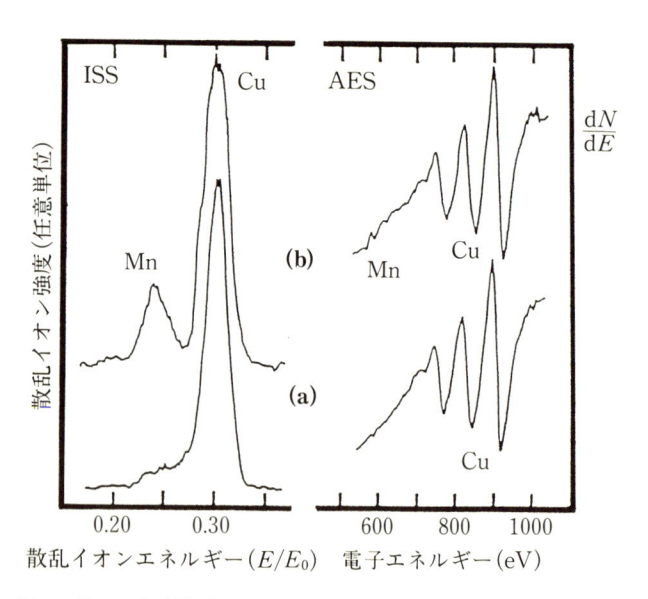

**図1.5.4** $Mn_{0.04}Cu_{0.96}$合金膜表面のISSとAESスペクトル．（a）110KのW基板に蒸着直後，（b）530Kでアニール．

## 1.5 ISS (ICISS)

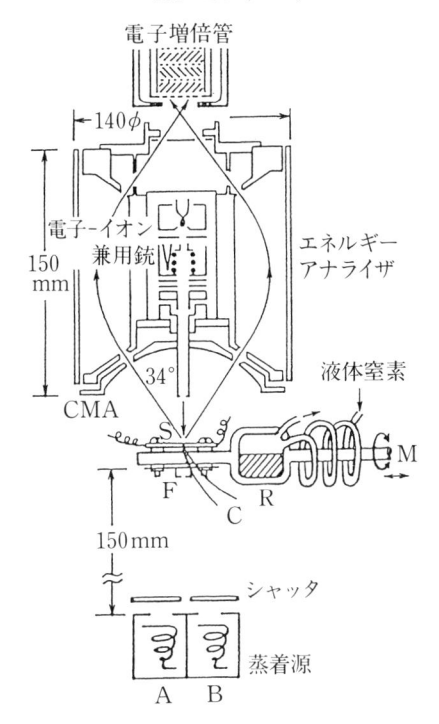

図1.5.5 AES, ISS 兼用分析装置の模式図.

組成比で $Mn_{0.04}Cu_{0.96}$ となるように（膜厚計で校正して）蒸着した試料の ISS と AES のスペクトルを示す．希少物質である Mn は 110 K の低温でも多少偏析して Mn rich な表面を形成するが，その量はわずかであり AES でも ISS でも Cu の信号のみしか捕えられていない．ところがこの試料の温度を 530 K まで上げると，表面に大きく Mn が偏析して図 1.5.4(b) に示すように，ISS でははっきりとした Mn のピークが現れる．このとき AES ではほとんど Mn の信号が現れていないので，偏析は，ごく表面近傍に起こったことを示唆する．このように通常の ISS は AES に比べて明らかに表面における感度がよく，最表面の研究に適している．また AES と ISS を同時に利用できれば，表面下数層の深さに関する情報を得ることができる．表面感度の目安として，試料内部での中性化確率の低いアルカリイオンを用いた ALICISS では AES と同程度であり，TOF-ICISS は AES よりも少し悪いと考えればよい．

### 1.5.4 構造解析と表面超構造

一般に金属や固体の清浄表面上の原子は，そこで結晶構造が終わることによって結晶内部とは異なった力を受け，その結果として結晶内部と異なる構造を有することがある．これを表面超構造といい，近年表面分析手法が発達するにつれて急速に研究され始めた．特に有名なものとしてビニッヒ(Binnig)らが1983年に明らかにしたSi(111)-7×7表面超構造(DASモデル)がある[14,15]．このとき初めて走査トンネル顕微鏡（STM）が開発され用いられた．Si(111)面では表面においてエネルギーを最小にするためにSi原子が大きく変位している．従来の技術では半導体内部の規則正しい結晶部分のみを用いたデバイスしかつくられていなかったが，近年の集積技術の革新的な進歩に伴い，結晶表面あるいは結合界面の特性を用いた超微細デバイスが実用化されるのは，時間の問題であろう．現在でも電極などが半導体と接合する界面は幅広く研究されている．このような表面超構造あるいは界面構造変化にISSの果たした功績は大きい．Si(111)-7×7表面超構造のような同種原子の変位に関してはISSはSTMに遅れをとったが，異種原子の吸着問題についてはISSで明らかにされたケースが多い．ここではSi(111)-7×7表面超構造に400℃程度でAgを蒸着したときに現れる$\sqrt{3}$表面超構造に対してTOF-ICISSで求められた結果に

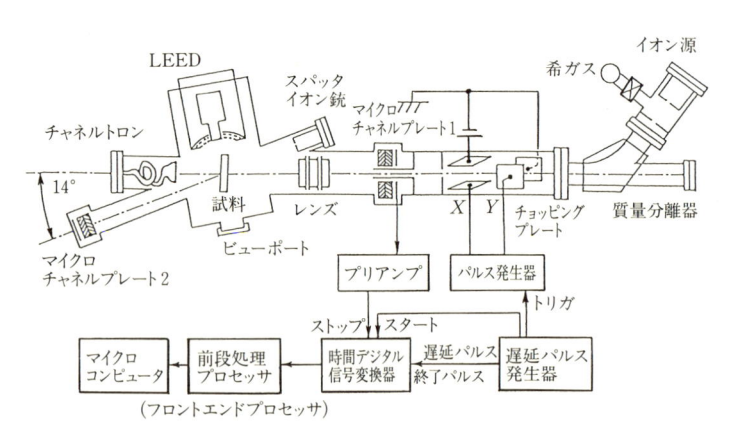

**図1.5.6** TOF-ICISS/ERDA解析装置の概略図．

ついて述べる．ALICISSを用いても，ほとんど同様な方法で構造解析ができる[16]．

最初にTOF-ICISS装置の概略を図1.5.6に示す[8]．イオン源より発生したイオンは質量分析器を通過することによって単色化され，$X$，$Y$方向のチョッピングプレートを通過した後，2つのスリットに向かう．チョッピングプレートにはパルス電圧がかけられ，これによって繰り返しサイクル内の任意の時間幅を選んでスリットを通過するイオンビームを得ることができる．スリットを通過する電圧のときにDelay Generator(遅延パルス発生器)がTime-to-Digital Converter(時間デジタル信号変換器)にスタート信号を送り，繰り返しサイクル終了後EOW(End of Window)信号を送る仕組みとなっている．スリットを通過したイオンビームはMCP(Micro Channel Plate)の中心にあけられた穴を通過し，試料に入射後180°散乱されて，MCPに入射する．Time-to-Digital Converterがスタート信号と散乱してMCPに検出されたイオンの信号の時間差をデジタル変換してコンピュータに送るので，飛行時間を測定することができる．TOFスペクトルを収集するマイクロコンピュータは，試料の方位角や入射角に沿った回転をステッピングモーターを用いて同時に制御できるので，このシステムでは散乱イオンの飛行時間測定からスペクトルの表示，試料の回転まで含めて，すべて1台のコンピュータで自動処理する．このような装置を用いて行ったSi(111)-$\sqrt{3}\times\sqrt{3}$-Ag表面超構造の解析について解説する．

図1.5.7(a)に400℃でAgを約1ML程度蒸着したときに得られるSi(111)-$\sqrt{3}\times\sqrt{3}$-Ag表面超構造に対して，[$\bar{1}\bar{1}2$]方向と[$\bar{1}10$]方向から入射角を変えながらAgのTOF-ICISS散乱信号をプロットしたものを示す[16]．この図からどちらの方向から見てもAg原子はひとつの臨界角しか有さず，結果として単層からなるAg層がSi表面より上方に存在することを示唆する．構造モデルとして提唱されている3種類のモデルからどの構造が一番ふさわしいか，そして変位パラメータの値はどの程度かを見積もるために実験結果をコンピュータシミュレーションと比較する．図1.5.7(b)から(e)は各モデルに対する[$\bar{1}\bar{1}2$]方向および[$\bar{1}10$]方向でのシミュレーション結果である．構造モデルとして提唱されている3つのモデルを図1.5.8に示すが，(a)をハニカムモデル(honeycomb model)[17,18]，(b)をトライマーモデル(trimer model)[19,20]，(c)

をHCT(Honeycombly Chained Triangle)モデルという[21]．図中の斜線を施した原子がAg原子で，大きな白丸が第1層のSi原子，小さな白丸が第2層のSi原子，小さな黒丸が第4層のSi原子である．図中で対称性から変更し得

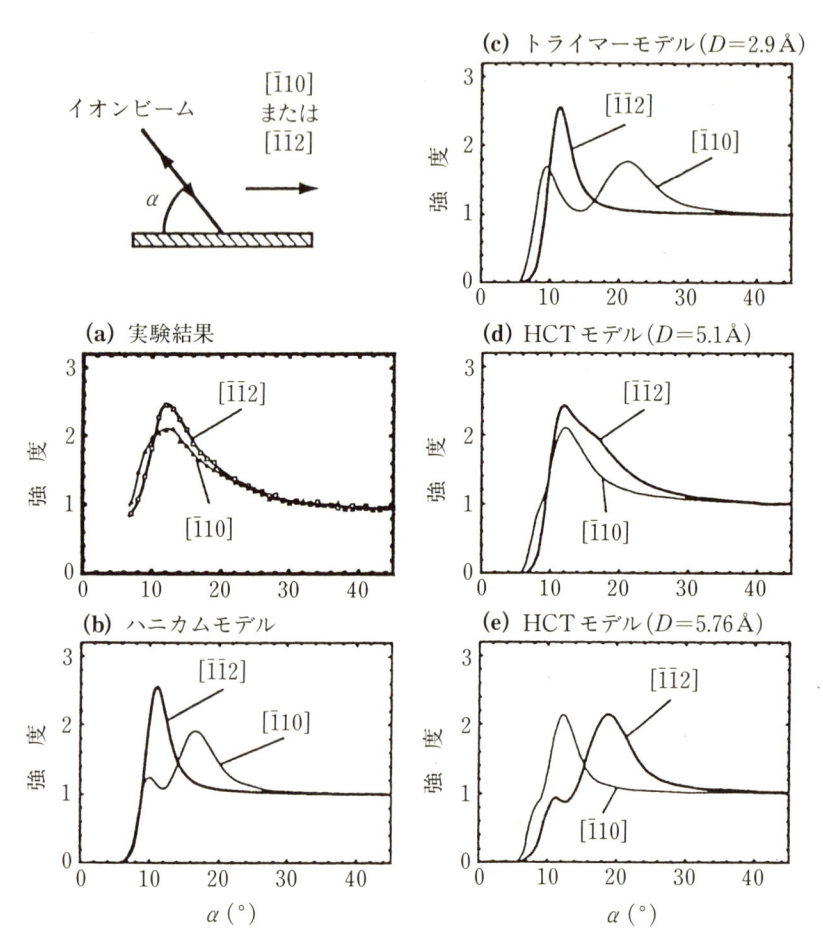

図1.5.7 Si(111)-$\sqrt{3}\times\sqrt{3}$-Ag構造に対するTOF-ICISSの照射角依存性；(a) [$\bar{1}\bar{1}2$]方位と[$\bar{1}10$]方位の実験結果，(b) ハニカムモデルのシミュレーション，(c) トライマーモデルのシミュレーション，(d) HCTモデル($D=5.1$Å)のシミュレーション，(e) HCTモデル($D=5.76$Å)のシミュレーション(Katayama et al., 1991[16])より抜粋)．

**(a)** ハニカムモデル

**(c)** HCT モデル

**(b)** トライマーモデル

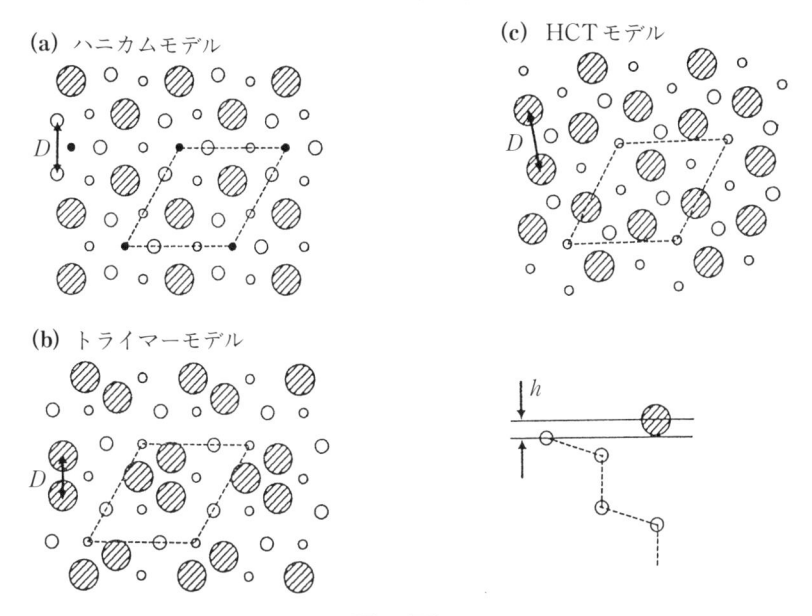

**図 1.5.8** 代表的な 3 つの Si(111)-$\sqrt{3}\times\sqrt{3}$-Ag 構造モデル．(a) ハニカムモデル，(b) トライマーモデル，(c) HCT モデル．

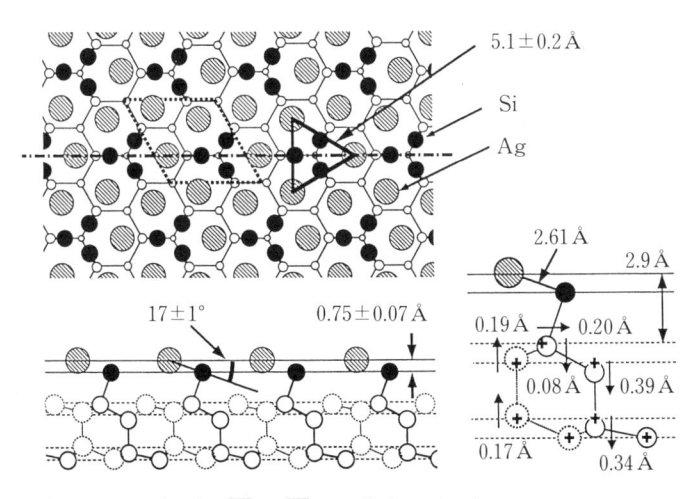

5.1±0.2 Å
Si
Ag
2.61 Å
2.9 Å
17±1°
0.75±0.07 Å
0.19 Å  0.20 Å
0.08 Å  0.39 Å
0.17 Å  0.34 Å

**図 1.5.9** 得られた Si(111)-$\sqrt{3}\times\sqrt{3}$-Ag 構造モデル(Katayama et al., 1991[16]) より抜粋)．

るパラメータとして原子間の水平距離 $D$ と垂直距離 $h$ が存在する．2つの値を変えたとき，ハニカムモデルは図1.5.7(b)で示すように，どのようにしても実験とシミュレーションが一致しない．図1.5.7(c)はトライマーモデルに対してであり，$D=2.9$Å のときに最も実験と近いが，それでもあまり一致したとはいえない．図1.5.7(d)，(e)は HCT モデルに対するものであり，それぞれ $D=5.1$Å と $D=5.76$Å に相当する．図から $D=5.1$Å のときに実験とシミュレーションが一致する．これらのことから最終的に Si(111)-$\sqrt{3}\times\sqrt{3}$-Ag 表面超構造として図1.5.9が得られる[16]．このモデルは X 線回折[21]や反射高速電子線回折[22]の結果と一致し，後に理論的解析[23]から STM の結果[18,20]とも矛盾しないことが確かめられた．

## 1.5.5　薄膜成長に及ぼす水素の影響（構造解析の応用例）[24,25]

　TOF-ICISS は中性粒子を検出するので表面下十数層の情報が得られ，薄膜の成長過程の研究にも用いられる．ここでは結晶成長過程の解析として前節でも扱った Si(111) 基板上の Ag 薄膜を取り上げ，これが水素を界面にはさむことによってどう変化するかを動的に調べる．このことを筆者らは水素媒介エピタキシ（hydrogen-mediated-epitaxy）と呼んでいるが，現在最もホットな分野のひとつである．

　Si(111)-7×7 基板上に室温で Ag を蒸着させると比較的平坦な Ag(111) の島ができる．これが3次元的に成長していく（Volmer-Weber 型島成長）[24]．それに対して Si 基板を300℃程度の高温に保って Ag を蒸着すると，最初に2次元的な Si(111)-$\sqrt{3}\times\sqrt{3}$-Ag 層（構造）が Si 表面上に一様に形成され，その後，領域が狭く高さの高い Ag(111) の島ができる(Stranski-Krastanov 型成長)[24]．このことは SEM や AES によって確かめられているが，TOF-ICISS で Ag を蒸着していくときの Ag の信号強度をプロットすると，図1.5.10のようになることからもわかる[26]．図1.5.10は横軸に Ag の蒸着時間(蒸着量に換算)，縦軸に Ag の信号強度をとったもので，図(a)が0～3 ML のときで，図(b)が0～40 ML のときを表している．図で RT とマークされている曲線は室温で Ag を蒸着したときを示し，300℃は Si 基板を300℃に保って Ag を蒸着したときを示す．300℃では室温に比べて速く小さな信号強度で折れ曲がる

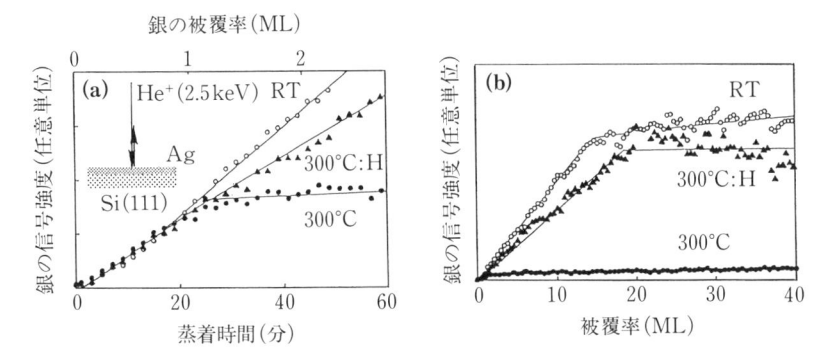

**図1.5.10** Ag薄膜成長過程におけるAg信号強度の変化(TOF-ICISS).(a)成長初期過程(0〜3 ML),(b)0〜40 ML.

ので,高さの高いAgの島ができていることがわかる(Agの高い島が成長していっても,TOF-ICISSではある深さまでしか検出できないので信号強度はあるところから変化しない.300℃で速く低く飽和するのは,縦方向に伸びたために必然的に横方向に小さくなったAgの島ができたことを意味している).図中で300℃:Hとマークされているのは,基板温度300℃でAgを蒸着させているが飽和吸着量の水素をSi表面にあらかじめ吸着させておいたときを示す.この場合の詳細については後述するが,水素が存在することによって,成長様式は300℃でSi基板上にAgを直接蒸着した場合よりも室温でAgを直接蒸着した場合に近くなることがわかる[26].次に室温で40 ML程度Agを蒸着した薄膜の構造解析を行う.LEEDパターンよりAg(111)結晶が成長していることがわかるので,下地のSi基板と同一方向に成長したA領域と180°回転して反対方向に成長したB領域の2つを考慮してシミュレーションと実験の比較を行う.Ag(111)のA領域とB領域の模式図を図1.5.11の上方に,得られた$\alpha$スキャンの照射角依存性を示したグラフを下方に示す[27].実験は表面緩和の情報を得ることができるように比較的エネルギーの低い1.4 keVの$^4$He$^+$イオンを用いたもので,図中の$a_1$, $a_2$, $b_1$, $b_2$などはそれぞれA領域,B領域のフォーカシング効果によるピークの出現位置を示している.実験結果ではA領域とB領域の2つのピークが出現しているので,この結晶には2つの領域が混在していることがわかる.シミュレーションとの比較によってA領域とB領域の存在量の割合が約6:4であることと,各Ag(111)領域は

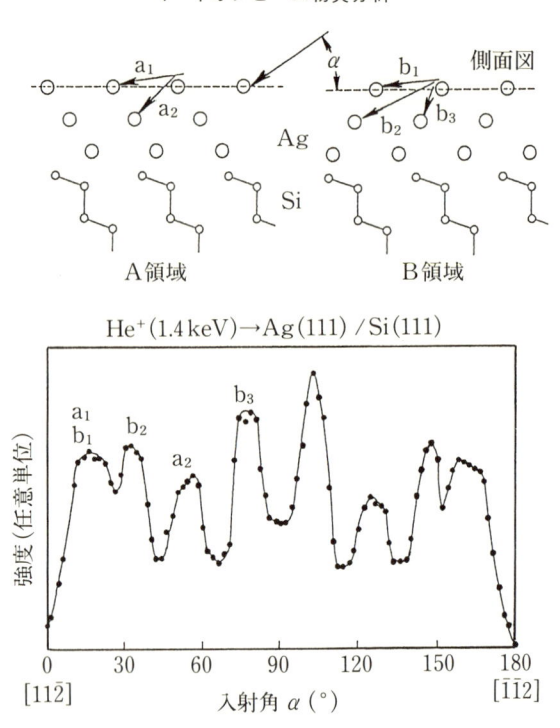

**図1.5.11** Ag(111)/Si(111)構造におけるTOF-ICISSの照射角依存性.

どちらも表面緩和を起こしていないことがわかった.次に,Si(111)-7×7表面に室温で水素原子を吸着させて表面のダングリングボンドを減少させた表面に,300°CでAgを蒸着させた薄膜について考える.Agを40ML蒸着させた薄膜に比較的エネルギーが高くて内部の情報まで与える2.5keVの$^4$He$^+$イオンを用いたときの照射角依存性のグラフを図1.5.12(b)に示す[24,26].比較のためにSi(111)-7×7に直接Agを40ML蒸着した表面の照射角依存性も図1.5.12(a)に示す[24,26].図(a)はA領域とB領域が6:4の割合で含まれるために,それぞれに相当するピークが現れるが,図(b)のスペクトルではA領域に相当するピークのみが図(a)に比べて明瞭にでている.このことから水素が間に挟まった表面は,下地のSi表面と同方向のAg(111)薄膜が形成されることがわかる.このとき成長初期における2次元層のSi(111)-$\sqrt{3}\times\sqrt{3}$-Ag構造は現れず,直接かなり平坦なAg(111)薄膜が島上に成長する.このよう

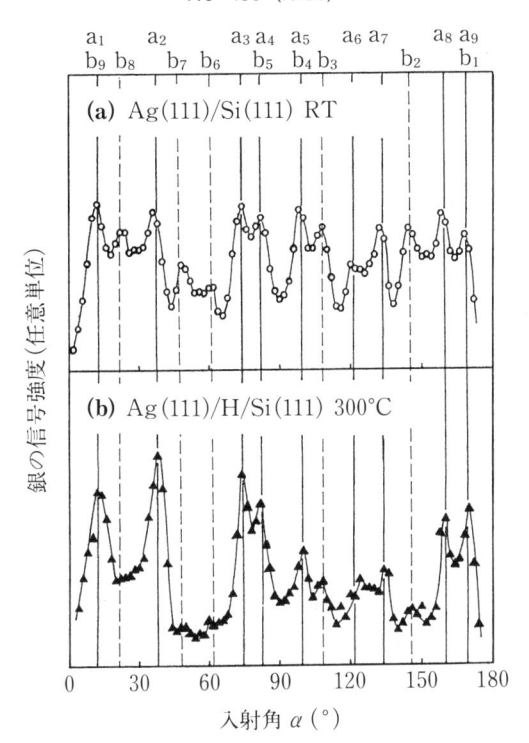

図 1.5.12 Ag(111)/Si(111) 構造と Ag(111)/H/Si(111) 構造に対する TOF-ICISS の照射角依存性. (a) 室温で作成した Ag(111)/Si(111) 構造, (b) 300°Cで作成した Ag(111)/H/Si(111) 構造.

に水素を吸着させることによって, 結晶性がよく構造の異なった薄膜を得る可能性が生じ, これを我々は水素媒介エピタキシと名づけた[25~30].

## 1.5.6 リコイル散乱[24,31]

イオンビームを試料に入射させるとき, 散乱されて返ってくるイオンビームを検出するのではなく, 試料を構成する元素が衝突によってはじき飛ばされたのを検出する方法を弾性反跳原子検出法 (Elastic Recoil Detection Analysis; ERDA) という. ERDA は厳密には ISS とは異なるが, 装置が共用される場合が多く, しかも ISS では苦手とする軽元素の検出に適している. これは入射

$E_i = 600\,\text{eV}$

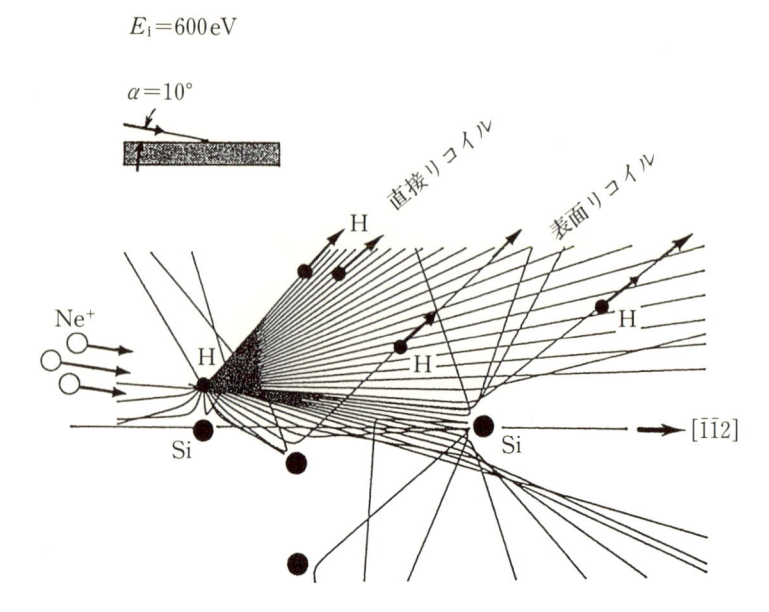

$\alpha = 10°$

**図 1.5.13**　Si 表面上に吸着した水素原子の直接リコイルと表面リコイルを表す模式図.

　イオンビームによって反跳される元素の質量が軽いほど出射時の速度が速くなって，他元素と分離しやすくなるためである．このことを用いて表面に存在する水素の分析を行った例を示す．図 1.5.13 は水素の吸着位置を調べるのに大きな役割を果たす直接リコイル(direct recoil)と表面リコイル(surface recoil)の関係を模式的に描いたものである[24]．直接リコイルは入射イオンビーム（ここでは $Ne^+$）によって直接検出器の方向に反跳された水素を表し，表面リコイルは入射イオンビームによって前方に反跳された水素原子がさらに表面の Si 原子と衝突して検出器に捕えられる場合を表す．どちらも実際に起こり得るが，反跳される水素の運動エネルギーが両者で異なっているので簡単に識別できる．水素が比較的単一な状態で吸着する Si(111)-2×1 表面上のモノハイドライド相について，直接リコイルと表面リコイルの反跳エネルギーについて考えてみる．図 1.5.14 にこれらの関係を示すが[31]，図 1.5.14(a)は直接リコイルの場合の幾何条件，図 1.5.14(b)は表面リコイルの場合の幾何条件を表し，この時の反跳角(recoil angle)と反跳エネルギーの関係の計算結果を

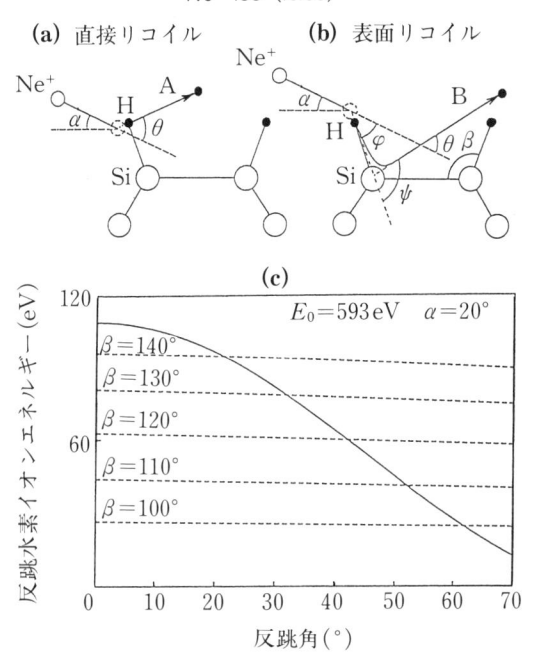

**図 1.5.14** Si(100)-2×1 表面に吸着した水素原子の直接リコイル(a)と表面リコイル(b),およびリコイル角とリコイルした水素原子のエネルギーの関係(c).(c)において実線は直接リコイルの結果を表し,破線は表面リコイルの結果を表す.

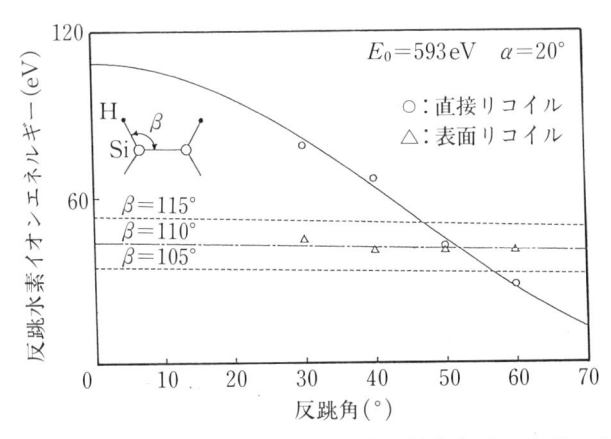

**図 1.5.15** 表面リコイルの結果から,Si と水素の結合角 $\beta$ は $110°$ であることがわかる.

図1.5.14(c)に示す．図(c)において実線は直接リコイルを，破線は表面リコイルを示し，表面リコイルの場合はSi原子と水素原子の結合角$\beta$の関数となっている．直接リコイルはNe$^+$イオンと水素原子との散乱現象であるから，水素原子がSi原子に対してどの位置にあっても反跳エネルギーは変化しない．それに対して表面リコイルの場合は，最初$\phi$方向に反跳されてエネルギーをもった水素イオンがSi原子によって$\theta$方向に散乱されることによってエネルギーを失うが，結合角$\beta$によって$\phi$が異なり反跳エネルギーは変化するが，Ne$^+$イオンに対する反跳角によってはそれほど反跳エネルギーが変化しない．実際に反跳角を変えながら，直接リコイルと表面リコイルを測定したのが図1.5.15である．表面リコイルの結果から，Siと水素の結合角は110°であることがわかる．この角度は理論的には導かれていたが[31]実験で示されたのはこの方法が初めてである．

## 1.5.7 結　　言

以上かなり詳しくISSを見てきたが，ISSの魅力はこれに尽きない．今後表面や界面の占める位置が重要になるにつれてますますISSも大きな役割を果たすであろう．ISSの本質は表面に鋭い感度をもつことと，構造解析が可能なところにある．水素媒介エピタキシの解析や超伝導薄膜の最外層の同定などその特徴を生かした実験がいろいろなところで行われている．

## 参 考 文 献

1) D. P. Smith : J. Appl. Phys. **38**（1967）340.
2) D. P. Smith : Surf. Sci. **25**（1971）171.
3) M. Saitoh, F. Shoji, K. Oura and T. Hanawa : Surf. Sci. **112**（1981）386.
4) M. Aono, C. Oshima, S. Zaima, S. Otani and Y. Ishizawa : Jpn. J. Appl. Phys. **20**（1981）L829.
5) 青野正和，大島忠平，財満鎮明，大谷茂樹，石沢芳夫 : 表面科学　**2**（1981）204.
6) H. Niehus and G. Comsa : Surf. Sci. **140**（1984）18.
7) M. Aono, R. Souda, C. Oshima and Y. Ishizawa : Surf. Sci. **168**（1986）713.
8) K. Sumitomo, K. Oura, I. Katayama, F. Shoji and T. Hanawa : Nucl. Instr.

Meth. **B33** (1988) 871.
9) M. Katayama, E. Nomura, N. Kanekawa, H. Soejima and M. Aono : Nucl. Instr. Meth. **B33** (1988) 876.
10) I. Katayama, F. Shoji, K. Oura and T. Hanawa : Jpn. J. Appl. Phys. **27** (1988) 2164.
11) I. Katayama, K. Oura, F. Shoji and T. Hanawa : Phys. Rev. **B38** (1988) 2188.
12) I. Katayama, F. Shoji, K. Oura and T. Hanawa : Appl. Surf. Sci. **33/34** (1988) 129.
13) T. Hanawa, I. Katayama, F. Shoji and K. Oura : Thin Solid Films **164** (1988) 37.
14) G. Binnig and H. Rohrer : Surf. Sci. **126** (1983) 236.
15) G. Binnig, H. Rohrer, Ch. Gerber and E. Weibel : Phys. Rev. Lett. **50** (1983) 120.
16) M. Katayama, R. S. Williams, M. Kato, E. Nomura and M. Aono : Phys. Rev. Lett. **66** (1991) 2762.
17) G. Le. Lay, M. Manneville and R. Kern : Surf. Sci. **72** (1978) 405.
18) R. J. Wilson and S. Change : Phys. Rev. Lett. **59** (1987) 2329.
19) Y. Horio and A. Ichimiya : Surf. Sci. **164** (1983) 589.
20) E. J. van Loenen, J. E. Demuth, R. M. Tromp and R. J. Hames : Phys. Rev. Lett. **58** (1987) 313.
21) T. Takahashi, S. Nakatani, N. Okamoto, T. Ishikawa and S. Kikuta : Jpn. J. Appl. Phys. **27** (1988) L753.
22) A. Ichimiya, S. Kohmoto, T. Fujii and Y. Horio : Appl. Surf. Sci. **41/42** (1989) 82.
23) S. Watanabe, M. Aono and M. Tsukada : Phys. Rev. **B44** (1991) 8330.
24) K. Oura, M. Naitoh and F. Shoji : Microbeam Analysis **2** (1993) 139.
25) 尾浦憲治郎 : 応用物理 **59** (1990) 937.
26) K. Sumitomo, T. Kobayashi, F. Shoji, K. Oura and I. Katayama : Phys. Rev. Lett. **66** (1991) 1193.
27) K. Sumitomo, K. Tanaka, Y. Izawa, I. Katayama, F. Shoji, K. Oura and T. Hanawa : Appl. Surf. Sci. **41/42** (1989) 112.
28) K. Oura, M. Naitoh, J. Yamane and F. Shoji : Surf. Sci. **230** (1990) L151.
29) M. Naitoh, F. Shoji and K. Oura : Surf. Sci. **242** (1991) 152.
30) H. Ohnishi, I. Katayama, Y. Oba, F. Shoji and K. Oura : Jpn. J. Appl. Phys. **32** (1993) 2920.
31) F. Shoji, K. Kusumura and K. Oura : Surf. Sci. **280** (1993) L247.

# 1.6 SIMS

## 1.6.1 はじめに

　二次イオン質量分析法(Secondary Ion Mass Spectrometry；SIMS)は，数百 eV～20 数 keV のイオンビームを試料表面に照射したときに起こるスパッタリング現象を利用した分析法である．すなわち，SIMS はスパッタリング現象により試料表面から放出される試料構成成分のうち正，負にイオン化した原子および分子(二次イオン)を電界をかけて引き出し，質量分析計(MS)にかけて質量電荷比($M/Z：M$；質量，$Z$；電荷)に分けて検出し，元素分析を行う分析法である．

　この分析法の発想は，1949 年に Herzog-Viehböck[1]によって示され，その後多くの研究者によって基礎研究が進められた．この技法は，二次イオン放出過程が表面状態にきわめて敏感であり，放出二次イオン量が試料の種類，試料室の真空度および励起源としての一次イオン電流密度などにより強く影響を受け，当時の技術レベルでは定量評価が困難であった．そのため実用化研究は遅々として進まなかった．その後 Castaing ら[2]は，特定元素による二次イオンのエミッションパターンをレンズにより拡大，結像させるいわゆるイオン顕微鏡を 1962 年に開発した．さらに 1967 年には，Liebl[3]は，細束一次イオンビームで試料表面を走査し，放出される二次イオンを MS により特定イオン種に分離，検出し，その信号を映像信号として用いる走査型 SIMS を開発した．わが国では，ほぼ同時期に，荒木ら[4]並びに西村ら[5]は，自作の装置を使って有機分析や隕石の同位体分析を試みた．さらに田村らは製品としての SIMS 装置の開発に着手した．

　一方，産業界では，この頃から半導体を中心とした各種デバイスの開発が急速に進められ，各種材料における微小部の微量分析および表面分析の重要性が認識され，SIMS に関するニーズが高まった．その結果として，1970 年の中葉から後半にかけて ARL(アメリカ)，CAMECA(フランス)並びに日立(日

本)から最初の製品が発表された.製品としてのSIMS装置は,またたく間に大学および民間企業の研究所等に普及し,ハード,ソフト両面より多くの研究・開発が進められた.その結果,SIMSの特徴および分析法としての位置づけも明確になり,SIMSは金属材料,半導体材料,絶縁物材料をはじめとする各種材料の極微量不純物分析やこれらの材料を利用して製作した各種デバイスの不良解析などの評価に不可欠な分析法として認められるようになった.特に表面から数十μm領域における微量元素の深さ方向濃度分布の測定は,他の分析法の追従を許さないユニークな特徴といえる.

一方,本技法は,一次励起源としてイオンビームを利用することから物質との相互作用が強く,試料表面の仕事関数などの電子状態により,二次イオン放出効率が大幅に変化し,理論に基づく定量分析は困難であり,定量化にはもっぱら標準試料を利用した実験的手法が採用されている[6]).

## 1.6.2 SIMSで利用する基礎事項

SIMSは,高エネルギーのイオンビームを試料に照射し,試料より二次的に放出される試料構成元素による正または負の二次イオンをMSにかけて元素および化合物分析を行う技法である.したがってSIMSデータの解析には,少なくともイオン照射によるスパッタリング現象を理解しておく必要がある.一般的なスパッタリング現象については,すでに「イオン・固体相互作用編」(7.スパッタリング)において詳細に記述されているので,ここではSIMSのデータ解析に必要でかつ固有なスパッタリング現象のみを取り上げる.

### a. 一次イオン注入現象

SIMSで利用する数keV程度のエネルギー領域では,比較的スパッタリング収率が高く,特に$Ar^+$,$He^+$などの不活性元素イオン照射の場合には,試料表面への吸着エネルギーが小さく,常温では試料表面にほとんど付着しないと考えられている.しかし一次イオン種として,SIMSで利用されている$Cs^+$や$O_2^+$照射においては,これらの元素が試料表面に注入または付着し,スパッタリング現象の取り扱いは,もはや一次イオン種と試料構成元素との関係ではなくなり,スパッタリングの標的としては,試料構成元素と一次イオン種と

の化合物または混合物に変わり，従来のスパッタリング理論の適用には注意が必要である．その一つとしてスパッタ率（スパッタリング率）があげられ，スパッタ率は $Ar^+$ や $Ne^+$ の不活性イオン照射の場合のように，計算では求められず，実験的に求める以外に方法はない．

いま，一様密度を有する一次イオンビームが試料表面に照射されている状態を想定する．この場合，スパッタリングの進行とともにスパッタ表面の一次イオン種の試料表面濃度 $C(0, t)$ は，時間 $t$（または深さ $V_s t$）とともに変化し，次式で与えられる[7]．

$$C(0, t) = \frac{I_p}{2q \cdot V_s} \left[ \mathrm{erf}\left( \frac{t \cdot V_s - R_p}{\sqrt{2}\Delta R_p} \right) + \mathrm{erf}\left( \frac{R_p}{\sqrt{2}\Delta R_p} \right) \right] \qquad (1.6.1)$$

ここに，$I_p$；一次イオン電流密度，$q$；電荷，$V_s$；スパッタ速度，$R_p$；一次イオン種の試料内への注入飛程，$\Delta R_p$；一次イオン注入分布における標準偏差，$t$；スパッタ時間である．式(1.6.1)より，注入一次イオン種濃度は，スパッタリングの進行に伴って逐次上昇し，$2R_p$ の深さで飽和する傾向を示す．また飽和値を示スパッタ時間はスパッタ速度（またはスパッタ率）に反比例して変化する．

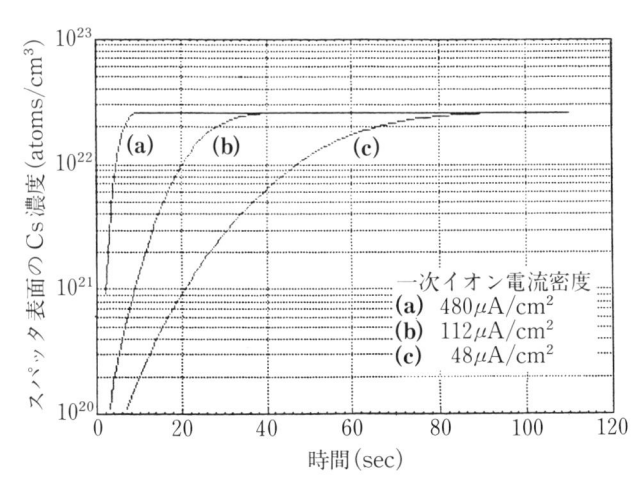

**図1.6.1** Si ウェハーに Cs ビーム照射を行った場合の試料表面の Cs 濃度の時間依存性．
$Cs^+$ イオン照射条件：エネルギー；10 keV．パラメータ；電流密度$(A/cm^2)$．スパッタ率；2．

図1.6.1にSiウェハーに10 keVのCs$^+$ビームを3条件の電流密度で照射した場合のSiウェハー表面におけるCs濃度の時間依存性を示す[8]. スパッタ率としては実測値の2を採用した. 図より, エネルギーを一定値に保った場合, 電流密度如何によらず, 飽和値は一定値を示し, 電流密度の低下に伴って飽和値に達する時間が長くなることがわかる. また飽和値を示す深さは電流密度に無関係で一定値を示す. この条件における飽和値は, $2.7 \times 10^{22}$ atoms/cm$^3$ となっており, 試料表面はほぼCs原子の単原子層で被覆されていることがわかる. この飽和値に至るまでの深さ($<2R_p$)においては, Cs濃度の変化に伴い放出イオンのイオン化率が大きく変化し, この領域におけるSIMSの信号強度は濃度だけでは決まらず, 定量化に問題を残す. SIMSの表面近傍における定量評価に関しては, このことを常に頭に入れて解析を進める必要がある.

### b. 二次イオン化率

特定元素jの二次イオン化率$K_j$は, 一次イオン照射により発生した元素jの全スパッタ原子数に対する元素jイオンの数との比で定義され, SIMSの定量分析に不可欠な物理量である. SIMS出力である元素jのイオン強度$I_j$は次式で与えられる.

$$I_j = I_p \cdot S \cdot \eta \cdot K_j \cdot C_j \qquad (1.6.2)$$

ここに, $I_p$; 一次イオン電流, $S$; スパッタ率, $\eta$; 二次イオン光学系における二次イオンの利用効率(二次イオンの引き出し効率およびMSの透過率を含む), $C_j$; 分析対象元素$j$の濃度である. 式(1.6.2)において$I_p$, $S$, $\eta$および$I_j$は, 試料, 装置および測定条件が決まれば, 一定値を示し, $C_j$は二次イオン化率$K_j$が求まれば決定される. しかし$K_j$は一次イオン種やマトリックスにより大きく変化する. SIMSにおいて実用されているCs$^+$およびO$_2^+$照射の場合の相対イオン強度の測定例[9]を図1.6.2に示す. 測定では, 一次イオン電流を1 nAに固定し, 一次イオン種としてCs$^+$およびO$^-$を用い, それぞれ負および正イオン強度を検出している. 単原子イオンのほかに化合物からの正および負の二次イオン強度も含んでいる. 図には, 参考のため, 正および負イオン検出に対応させてそれぞれイオン化エネルギーおよび電子親和力の原子番号依存性を示した. 図より, Cs$^+$およびO$^-$照射における二次イオン強度は互

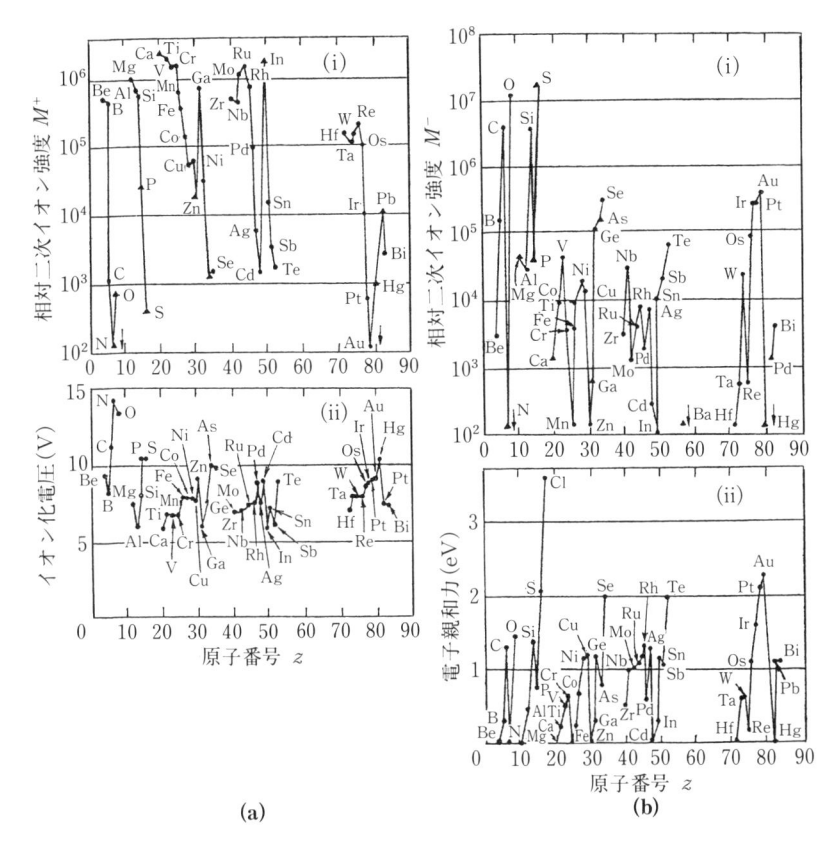

**図1.6.2** 相対二次イオン化率の原子番号依存性.
(a) 元素のイオン化電圧と相対二次イオン化率. (ⅰ) 相対二次イオン化率. 一次イオン：$O^-$. ▲ 化合物からの正の二次イオン化率. (ⅱ) 元素のイオン化電圧.
(b) 元素の電子親和力と相対二次イオン化率. (ⅰ) 相対二次イオン化率. 一次イオン：$Cs^+$. ▲ 化合物からの負の二次イオン化率. (ⅱ) 元素の電子親和力.

いに相補関係にあることがわかる．このことは，一次イオン種として，$O^-$ および $Cs^+$ の適否を図より選択して利用することにより，ほぼ全元素の高感度分析が可能であることを意味する．また各元素のイオン強度は，$Cs^+$ および $O^-$ 照射により負および正イオン検出において，それぞれ電子親和力およびイオン化エネルギーによく対応していることがわかる．この結果は，分析に当たって既知物理量の電子親和力およびイオン化エネルギーを考慮に入れ，一次イ

オン種として，$Cs^+$ または $O^-$ または $O_2^+$（$O^-$ と同様）の選択が可能であることを示唆している．

以上は，単原子の二次イオン検出のみについて述べたが，ほかにマトリックスまたは一次イオン種と不純物元素との間の化合物イオンのイオン化率についても測定されている[10]．この種のイオン種検出は，感度および質量スペクトル干渉（後述）の回避などの理由から，SIMS では有効に利用されている．

### 1.6.3 装置の全体構成および各部の機能

#### a. 装置の全体構成および動作原理の概要

SIMS 装置は，機能上から大別して，主に一次イオンビーム照射系，試料

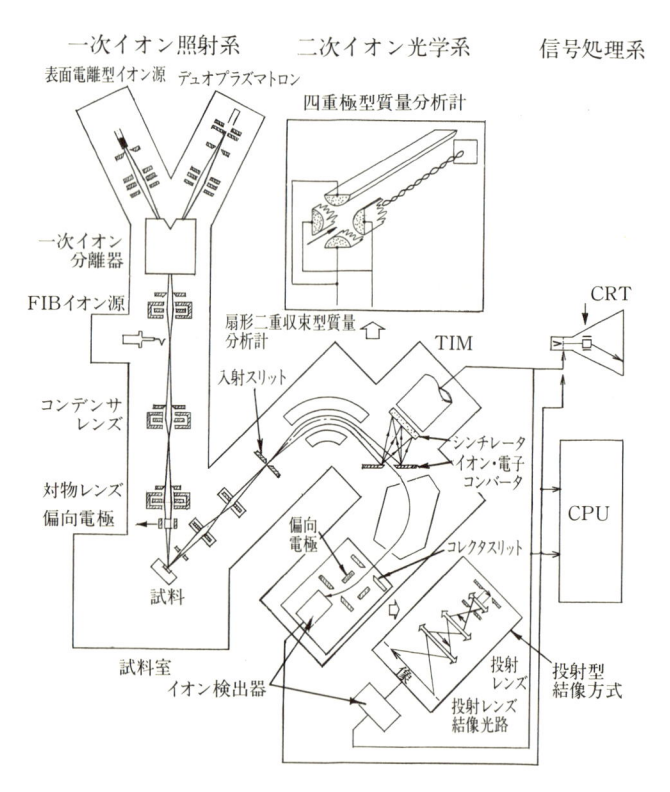

図 1.6.3 SIMS 装置の全体構成．

室，二次イオン引き出し系を含めた二次イオン光学系および信号検出系の4つに分類できる．図1.6.3にSIMS装置の全体構成の一例を示す．図により，SIMS装置の動作原理を簡単に述べる．表面電離型イオン源およびデュオプラズマトロンにより形成された一次イオンビームは，一次イオン分離器により特定イオン種に分離され，さらに集束レンズにより細束化され試料上に照射される．試料が一次イオン照射を受けるとスパッタリング現象により，試料構成元素に基づく二次イオンが放出される．こうして生成された二次イオンは，結像レンズを含めた二次イオン引き出し電極部を通してMSに導かれ，質量電荷比にしたがって分離され，特定イオンとして検出される．検出された信号はCPUに導かれデータ処理が行われ，整理された情報として取り出される．得られる情報の詳細については後項で述べる．以下に装置の各部の構成および機能について詳細を述べる．

### b. 一次イオン照射系
#### (1) イオン源

一次イオン照射系は，主にイオン源，一次イオン種純化のための一次イオン分離器，集束レンズ，ビーム偏向・走査部より構成されている．SIMSでは，分析対象元素によりイオン種を選択する必要があり，イオン源としては，主に表1.6.1に示す3種類のイオン源が採用されている．表には，各イオン源の特徴および用途を示した．

デュオプラズマトロン[11]は，放電現象を利用して生成させたプラズマからのイオン引き出しを行う形式のイオン源であり，このイオン源を用いた場合の

**表1.6.1** SIMS装置に利用されている主なイオン源とその特徴および用途．

| イオン源の種類 | イオン種 | 最小分析領域 | 用途 |
|---|---|---|---|
| デュオプラズマトロン | 気相成分元素による $O_2^+$, $O^-$, $Ar^+$, $N_2^+$ | $0.5 \sim 1\ \mu m$ | 主に陽性元素分析 |
| 表面電離型イオン源 | $Cs^+$ | $1 \sim 2\ \mu m$ | 主に陰性元素分析 |
| LMIS[*] | $Ga^+$, $Cs^+$ | $20 \sim 100\ nm$ | 微小領域分析 |

[*] LMIS；Liquid Metal Ion Source，液体金属イオン源

最小ビーム径は，イオン取り出し孔径（ソースサイズ；>100 μm），集束レンズの縮小率および収差により実用上 0.5～1 μm が限界である．さらに測定に際しては，ビーム径は直接イオン電流に関係し，検出限界に影響を与えるので，測定対象試料および測定目的によって選択せざるを得ない．このイオン源は，主として陽性元素の分析用として $O_2^+$ が，また絶縁物分析用として $O^-$ が利用されている．表面電離型イオン源[12]では，高温状態にある仕事関数の大きい，例えば W 表面に Cs を蒸気として供給し，その表面反応（表面電離機構：エミッタの仕事関数と Cs のイオン化エネルギーとの差によるイオン化現象）を利用して $Cs^+$ イオンを生成する．$Cs^+$ イオン源は主に C，O，S などの陰性元素の分析に利用される．LMIS[13] は，針状エミッタの表面に Ga や Cs を溶融状態で供給し，その先端に強電界をかけ電界蒸発により，正イオンとして引き出すものであり，イオン光学的ソースとしては，きわめて微小であり，走査型二次イオン像（SIM 像）の観察や微小領域分析に実用されている．

（2） 一次イオン分離器

一次イオン分離器は，一次イオン種の純化を目的に設けたもので，主に扇形磁場中に一次イオンビームを導入し，磁場により質量分離を行い，特定イオン種のみを後のイオン光学系に導く役割をもつ．デュオプラズマトロンでは，特にプラズマを利用することから H，O，C，N およびこれらの化合物イオンが着目イオンに混入するので，SIMS においては一次イオン分離器は必要不可欠といえる．一方，表面電離型イオン源や LMIS では，本質的に純度の高いイオン種が放出されるので，必ずしも一次イオン分離器を必要としない．

（3） 集束レンズ

集束レンズは，コンデンサレンズと対物レンズから構成されており，イオン源から放出されるイオンビームの細束化に利用される．表 1.6.1 に示したようにデュオプラズマトロンや表面電離型イオン源では，エミッタとしてのイオン光学的ソース径が 100～500 μm と大きく，μm 程度の領域の分析には，数十～数百分の 1 の縮小化が必要である．一般に SIMS 装置では，最小ビーム径として μm 程度が利用されている．一方，LMIS を利用する場合は，イオンソースが微小点源（<50 nm）であり，縮小の必要は少なく，多くの場合，トランスファレンズ（集束点を試料上に置換）を利用して 1 対 1 程度の縮小で十分である．

SIMSでは，集束レンズの利用法として，単に微小ビームを得る手段として利用するばかりでなく，測定目的に応じたビーム径，電流および電流密度を得るために利用する．特に一様密度ビームの形成は，深さ方向濃度分布を得るために必要不可欠といえる．一様密度ビームの形成は最小錯乱円[*)]の位置が試料面上にくるように対物レンズを調整することにより行う．これにより一様エッチングが進行し，深さ方向濃度分析の測定精度が向上する．

**（4） ビーム偏向・走査部**

一次イオンビームの偏向・走査は，走査二次イオン像（SIM像）の形成および深さ方向分析における精度向上のための一様エッチングを行うという2つの目的で利用する．以下これらの技術について詳細を述べる．

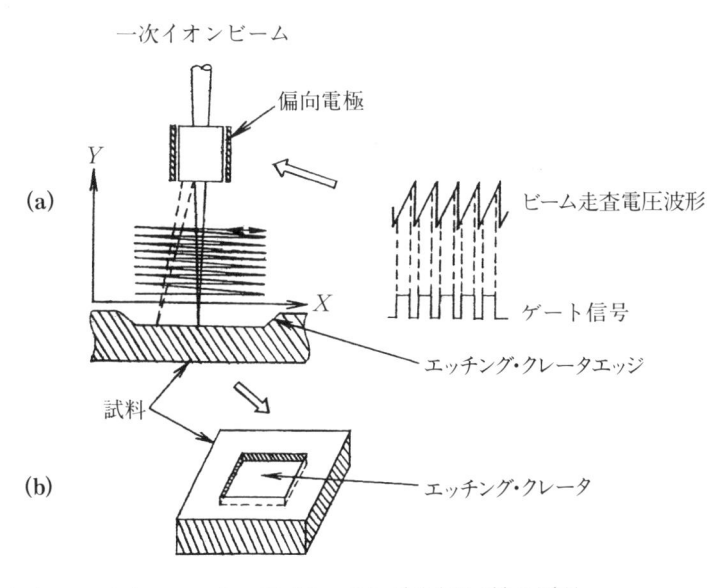

図1.6.4 エレクトロニック・アパチャリング法（EA法）の原理．
（a）イオンビーム走査方式とゲート信号．（b）エッチング・クレータと二次イオン取り込み領域．

---

[*)] レンズの球面収差の存在により，物面（この場合は二次イオン源）から種々の角度で放出されたビームが交叉し，スポット径が最小になる面が近軸軌道の結像面（ガウス面）より手前に形成される．この面におけるビーム断面を最小錯乱円面と呼ぶ．

SIM像は，一次イオンビームをCRTの電子ビームと同期させて走査し，MS出力の特定二次イオン強度またはセクタ電場とセクタ磁場との間に設けた全イオンモニタ（TIM）[14]の出力を映像信号として形成する．前者は特定イオン像として特定元素像の観察に，後者は質量分離なしの全イオン像（TIM像）の観察に利用されている．

　すでに述べたように深さ方向濃度分布の測定において，試料を深さ方向に一様にエッチングすることは，分析精度の向上に不可欠である．ここでは，深さ方向分析において重要な技術のひとつであるエレクトロニック・アパチャリング法（EA法）[15]について述べる．図1.6.4にEA法の原理を示す．図に示したように，一次イオンビームを試料面上で矩形状に走査することにより，試料は，周辺部のクレータエッジを除く中央部では一様にエッチングが行われる（周辺部はビームの電流密度分布によりだれる）．信号検出は，MSのコレクタ前方に設けた偏向電極に一次イオンビームと同期させてゲート信号を与え，クレータエッジ部からの信号を除去し，一様エッチングが進行している中央部からのみ行う．これによりクレータエッジからの妨害信号を除去する（図1.6.3参照）．ここではビーム走査法として，鋸歯状波を用いた矩形状の走査法のみを示したが，他の走査方式も採用されている．これらの技法は，深さ方向分析には不可欠であり，現在，市販のすべての製品に採用されている．しかしこれらの技法では，一次イオンビームの照射位置のみを限定して二次イオン取り込みを行っており，厳密には，一次イオンビーム密度分布の裾部によるクレータ周辺部からの妨害二次イオンの混入は回避できない．ビーム裾部からの二次イオンの除去法として，二次イオンのエミッションパターンをMSの入射スリットの位置に拡大して結像させ，妨害イオンをMSに混入させない方法（制限視野法*)）が採用されている．これらの技法の開発により，深さ方向分析におけるダイナミックレンジおよび深さ分解能が著しく向上した．最近，EA法の代わりに，CPUソフト技術により深さ方向分析精度の向上を計っている例もある．

---

*) 投射レンズを用いてMSの入射スリットの位置に二次イオンのエミッションパターンの拡大像を形成させ，入射スリットによりビーム裾部をカットしてMSに導入する技法．

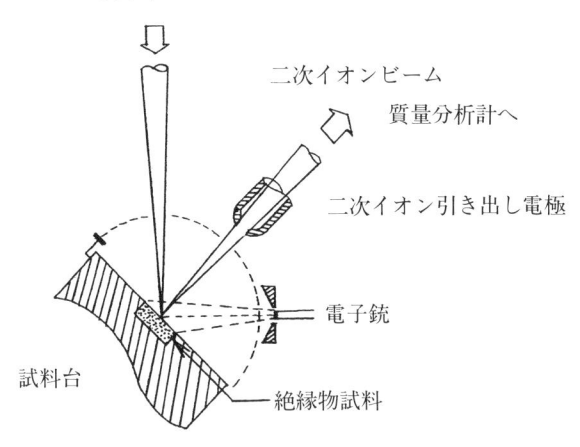

図1.6.5 電荷中和用電子銃を備えた二次イオン引き出し部の例.

## c. 試料室

　表面分析の観点より，SIMS装置では，試料室の真空度は特に重要であり，一般に$<10^{-7\sim 8}$ Paに保たれている．そのため試料の交換法として，試料室の真空を破らずに試料交換できるエアロック方式が採用されている．試料は，測定の能率向上およびデータの試料間変動を軽減させる目的で試料台上に複数個取りつけられるようになっている．試料台は$X$，$Y$，$Z$方向に3次元的に駆動できるように設計されている．試料には，二次イオンを効率よく引き出すために，二次イオン引き出し電圧が印加されている．二次イオン引き出し電圧はセクタ型および四重極型で異なっており，それぞれ数kVおよび数十〜数百Vである．

　さらに試料室には，絶縁物試料分析における帯電防止を目的に電荷中和用の低速電子銃が試料近傍に設けられている．図1.6.5に試料上の帯電電荷を中和するための電子銃とその周辺部構造の一例を示す[16,17]．この方式では，試料の周辺を試料と同電位の電界シールドメッシュで囲い，周辺部電極類からの電界が二次イオン引き出し電界に影響を及ぼさないように工夫してある．電子銃は，上述のシールドメッシュを引き出し電極(アノードに相当)とするピアス形電極構成[18]になっており，試料表面に効率よく電子ビームが照射できるよう

になっている．照射電子のエネルギーは，電子銃エミッタに印加する電圧と試料台に印加する電圧との間の電位差として，0〜±数 kV の範囲で変化させて最適値を選択する．ここではシールドメッシュを利用する方式を示したが，ほかにもいくつかの異なった方式が採用されている．

### d. 二次イオン光学系

二次イオン光学系は，SIMS 装置の感度およびデータの信頼性を決める重要な役割をもち，種々の方式が採用されている．二次イオン光学系の重要部分である二次イオン引き出し部の基本的な考え方は，次に述べる MS が技術的にほぼ確立しており，MS の性能(分解能，透過率)を最大限まで引き出すために二次イオンを効率よく MS に導くことにある．すなわち，MS の性能は，その入射スリット(MS のイオン光学的ソースに相当)の位置における入射ビームの性質(ビームの入射位置，入射角，スポット径)を規制することにより，一義的に決定される．SIMS 装置では，MS は普及率の高い順に扇形二次二重集束型 MS(電磁場組み合わせ構成)，四重極型 MS および飛行時間(TOF)型 MS の 3 種類[19]が使われている．ここでは普及率の高い扇形 MS を利用した二次イオン光学系について述べる．扇形二次二重集束型 MS では，扇形電場と扇形磁場を組み合わせることにより，イオンビームの速度集束点と方向集束点をコレクタスリットの位置で一致させるように設計されており，イオンの質量電荷比が同じであれば，多少のエネルギーのばらつきがあってもコレクタスリットの位置に結像できる特徴がある[20]．さらに扇形電場方向に垂直な方向(図 1.6.3 において紙面に垂直)に対しても，方向集束性をもたせた立体二次二重集束型 MS が実用されている．この場合には MS におけるイオンの透過率(二次イオンの利用効率)が増加し，感度が向上する．以下に扇形 MS を採用した二次イオン光学系について詳細を述べる(図 1.6.3 参照)．

扇形 MS を利用した二次イオン光学系には，投射型と走査型の 2 つの技法が採用されている(図 1.6.3 参照)．投射型[21]は，二次イオン引き出し電極，トランスファレンズ，扇形 MS および投射レンズ部より構成されており，二次イオンのエミッションパターンをレンズにより，MS の入射スリット位置に結像させ MS に導入する．さらに MS により質量分離を行い，特定イオン(元素)像としてコレクタスリット(MS の質量分離スリット)の位置に結像させる．

このようにして得られた特定イオン像は，さらに投射レンズに導かれ拡大され，元素像として観察されるとともに特定領域のイオン強度が測定できるように設計されている．一次イオンビームとしては固定または走査ビームの両方が利用できる．この技法における像分解能は，一次イオンビーム径には依存せず，各レンズにおける収差，特にMSにおける偏向収差により決まる．この方式における実用上の分解能または最小分析領域は上述の偏向収差により，μm程度といえる．

一方，走査型[22]では投射型に比較してコレクタスリット背後の投射レンズによる結像機能がなく，特定二次イオン像を走査像として観察する（図1.6.3参照）．したがって像分解能は二次イオン光学系の結像状態には無関係に一次イオンビーム径のみに依存して決まる．この方式による像分解能は，イオン源の種類（表1.6.1参照）により異なり，イオン源としてデュオプラズマトロンおよび表面電離型を利用した場合，それぞれ0.5～1μmおよび1～2μmである．LMISを利用する場合には，サブミクロンの像分解能が容易に得られる．さらに走査型には，扇形電場と扇形磁場との間に設けた全イオンモニタ出力を映像信号として走査像を形成させる全イオン像（TIM像）観察モード[14]がある．この技法では，試料からの放出イオンを質量分離せずに像形成に利用しており，走査電子顕微鏡像と同様なリアル像が得られる．利用法として，微小領域分析における分析位置の決定，特定イオン像におけるミクロ偏析や微小欠陥などの位置の評価および二次イオン軌道の軸調整などが挙げられる．

### e. 信号検出系

SIMSにおけるCPU制御システムは，多くのメーカーや研究機関により開発され実用化されている．SIMSでは，情報量が多くかつ破壊分析であり，情報の迅速処理および蓄積を必要とし，CPU処理は不可欠である．ここでは標準的なCPUシステムについて概略を述べる．

図1.6.6にオンラインデータ処理システム構成の一例を示す[23]．図においてデータ処理機構は，中央処理装置としてミニCPUを使用し，MSの磁場電源，パルスカウンタ，磁場検出装置，一次イオンビーム偏向および開閉装置および試料微動装置の制御を行っている．取り込んだデータの記憶には補助メモリとして磁気ドラムを使用している．処理済データの表示にはCRTディスプ

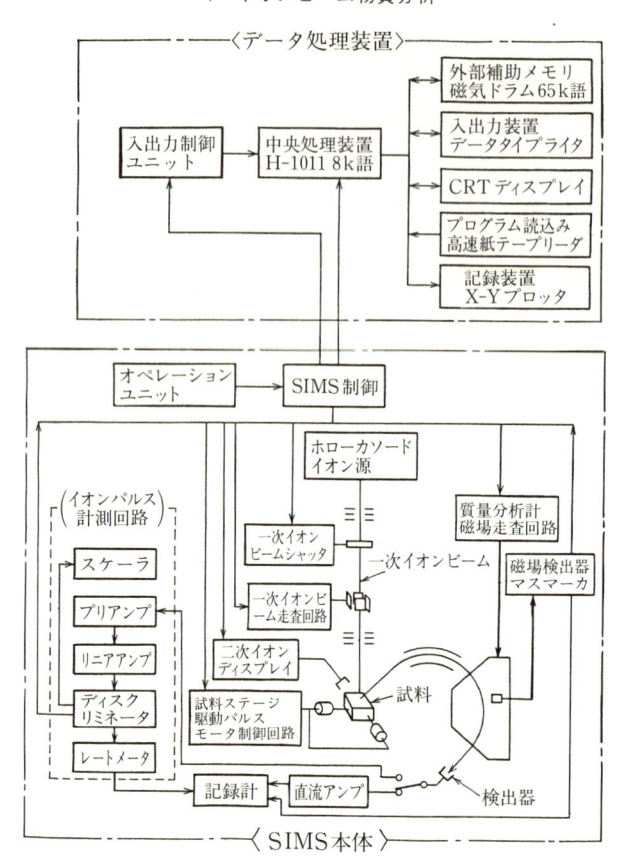

**図1.6.6** 二次イオン質量分析法におけるデータ処理システムのブロックダイヤグラムの一例.

レイとデジタルプロッタが利用される. 処理機能としては, (1)質量スペクトルの測定と質量数の決定, (2)1〜20元素までの深さ方向の同時分析, (3) 1〜20元素までの線分析, (4) μm単位での試料微動ステージの自動制御, (5)CRTへの分析結果の随時表示と表示内容のX-Yプロッタへの記録, (6)測定途中での逐次結果の表示と記録(多重処理機能)などがある. このほかに, 取り込んだ生データを市販のパーソナルCPUに入力し, 様々な処理が行えるようにした装置もある. 例えば, 3次元解析においては, スパッタリング現象を利用して3次元的にデータを取り込み, ディスクその他に蓄えておき,

必要に応じて任意点$(x, y, z)$および任意面，$x$-$y$, $y$-$z$, $z$-$x$面における特定元素の濃度分布が出力でき，かつその相対分布を数値リストまたはグラフとして表示が可能である．ここではデータ処理システムの一例を示したが，他にも多くの異なった技法が開発されている．

### 1.6.4　SIMSにより得られる情報および応用

#### a.　バルクの微量不純物分析

　SIMSの分析対象は，水素からウランまでの全元素であり，検出限界は最適測定条件においてppm～ppb(元素に依存する)である．微量分析における検出限界は，質量スペクトルの干渉の有無および微小信号に対する装置のバックグラウンドにより決まる．前者はスペクトル干渉の有無，すなわち測定対象試料または元素に依存し，微量分析には高質量分解能測定が不可欠である．後者については，検知器としてすでに1 cps以下の計測が行われており，今後飛躍的な改善は期待できない．

　この分析モードは，主に原材料の微量不純物評価および品質管理などに利用される．具体的な分析法としては質量スペクトル分析モードおよび深さ方向分析モードの2つが利用されている．これらの分析法では，絶対定量は困難であり，マトリックスと分析対象元素のイオン強度との両者を測定し，両者の相対値により濃度を評価する．定量値の算出には標準試料が必要である．

#### b.　深さ方向濃度分布の測定

　SIMSの利用分野の90％以上が深さ方向分析に利用されており，SIMSは表面から数十μmの領域における微量元素の深さ方向分析においては他の分析法の追随を許さないユニークな分析法といえる．

　扇形磁場を用いたSIMS装置における深さ方向分析は，MSの磁場強度を測定対象元素群に従ってステップ状に変化させて行う[24]．市販装置では，一度に測定できる元素数は最大20元素である．ただし，測定は時系列的に行うので，表面薄層分析においては測定元素数を減らし測定点を多くする必要がある．一方，最近になって実用化が進んだ四重極型および飛行時間型(TOF)SIMS装置では，それぞれ質量分離を高速操作可能な高周波電界および質量数

**表1.6.2** 深さ方向濃度分布測定において考慮すべき事項とその対応.

| 考慮すべき基本事項 | 対応内容 |
| --- | --- |
| 一次および二次イオン種の選択 | 陽性元素：$O_2^+$ 照射，正イオン検出<br>陰性元素：$Cs^+$ 照射，負イオン検出<br>二次イオン種：一次イオン種およびマトリックスとの化合物イオン種検出 |
| ノックオン現象<br>クレータエッジ効果 | 一次イオンビームの低エネルギー化および入射角の調整<br>エレクトロニック・アパチャリング法，制限視野法，試料前処理法(ミニ突起法など)の採用 |
| 一次イオン種注入現象<br>濃度変化領域≲$2R_p$<br>($R_p$：一次イオン注入飛程) | 一次イオンの低エネルギー化高入射角照射<br>試料と同一マトリックスを有するダミー膜(厚さ：>$2R_p$)の形成による一次イオン注入効果の回避 |
| 質量スペクトルの干渉 | 高質量分解能測定，二次イオンのエネルギー選択，多価・化合物イオンの採用 |

による飛行時間差で行っており，上述の深さ方向分析対象元素の制限は軽減または無視できる．

深さ方向濃度分布の測定に際して考慮すべき基本事項とその対応内容を表1.6.2に示す．最適イオン種の選択については，まだ不明な点もあるが，表に示したような内容を考慮して行う必要がある．一次イオン種と分析元素との化合物イオンおよびマトリックスとの化合物イオンは，質量スペクトルの干渉が回避できるだけではなく，高い検出感度が得られる組み合わせもあり，有効に利用されている．例えばGaAs中Siの検出においては，$Cs^+$照射によるAsSi$^-$を検出することにより約$10^{14}$ atoms/cm$^3$の低濃度検出が可能である．さらに，$Cs^+$照射におけるZnSe中のNの分析にCsN$^+$検出が有効という例も示されている．

ノックオン現象(「イオン・固体相互作用編」参照)はイオン衝撃の際に起こる本質的な現象であり，完全回避はできない．軽減法として，第1に一次イオンの低エネルギー化によるミキシング層の低減が挙げられ，第2に高入射角効果として，イオンの試料内への侵入深さを減少させるとともにスパッタ率を向上させ，イオン照射による損傷層またはミキシング層を可能な限り残さないようにする方法が採用され，効果を上げている[25]．さらに，最近になって，一次イオンの低エネルギー化，高入射角照射および試料室へのガス(主に$O_2$)導入

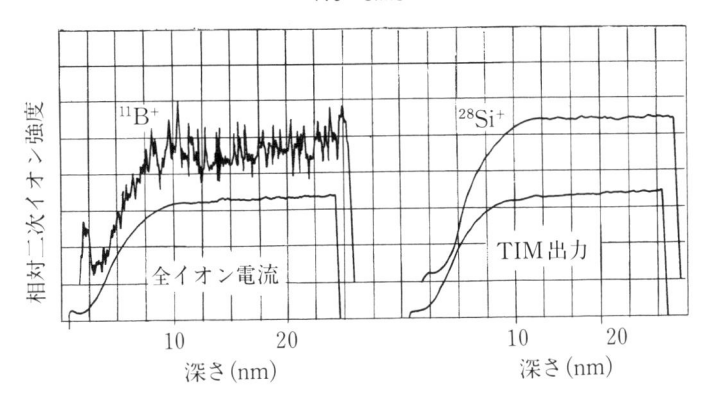

**図1.6.7** Bを均一拡散させたSiウェハーにおける $^{28}Si^+$, $^{11}B^+$ およびTIM出力の表面から深さ方向への挙動。
B濃度：$2.5\times10^{17}$ atoms/cm$^3$. 一次イオン：$O_2^+$, 10 keV

を併用した極浅層分析が検討され，良好な結果を得ている．クレータエッジ効果は，深さ方向分析精度を決める重要因子であり，種々の方法が試みられているが，いまだ完璧な方法はない．しかし最近になって試料の前処理法としてミニ突起法[26)]が開発され，分析精度が著しく向上した．この方法は前処理法として分析領域のみを残し，周辺部をイオンエッチングにより除去し，周辺部の妨害イオンを発生源で除去することにあり，ほぼ完璧な測定法といえる．

次に表面薄層分析における問題点について述べる．すでに述べたように，試料にイオンビームを照射すると試料表面では，入射イオンの注入と試料原子のスパッタ速度との兼ね合いにより，試料中への一次イオン種の注入濃度は，注入飛程($R_p$)の2倍($2R_p$)程度の深さまで変化し，その後飽和する傾向を示す(1.6.2のa項)．図1.6.7にBを均一濃度に拡散させたSiウェハーにおける$^{28}Si^+$，$^{11}B^+$および全イオンモニタ出力(TIM出力)の表面から深さ方向への挙動を示す．上述したように，SiおよびB濃度は，一様分布を有しているにもかかわらず，$Si^+$および$B^+$強度は，<100Å領域において異常変化を示している[27)]．これは酸化層の存在および上述の一次イオン種の注入濃度の変化によるSiおよびBのイオン化率の変化に起因する．この結果は，<100Å(<$2R_p$に相当)の深さまでの情報は真の情報とかけ離れたものとなることを示唆しており，データ解析には考慮が必要である．現在，この問題に関してはよい回避策

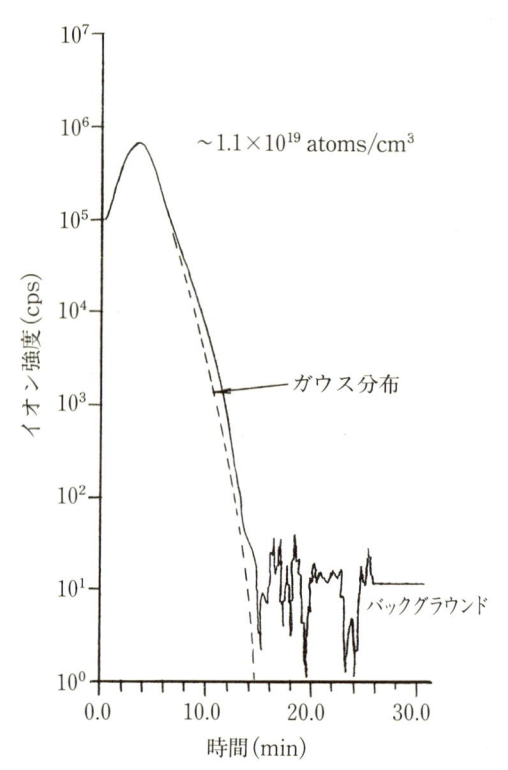

図1.6.8 B注入 Si ウェハーにおける B の深さ方向濃度分布．
注入条件：エネルギー；30 keV．ドーズ；$1\times10^{14}$ atoms/cm$^2$．

はないが表1.6.2に示したように，一次イオンの低エネルギー化，高入射角照射により軽減できる．また試料表面に試料と同一マトリックスを有する薄膜をダミーとして試料表面に形成し，一次イオン注入効果をこの膜（厚さ；> $2R_p$）により吸収除去する方法が提案され，検討されている．

B をイオン注入した Si ウェハーにおける B の深さ方向濃度分布の測定結果を図1.6.8に示す．B 注入は常温で図中に示した条件で行った．図より，深さ方向分布は点線で示したガウス分布に近い分布が得られており，高精度の深さ方向濃度分布が得られていることがわかる．B の注入飛程 $R_p$ は 99 nm であり，そのピーク濃度は $1.1\times10^{19}$ atoms/cm$^3$ である．図より約5桁のダイナミックレンジが得られていることがわかる．検出限界は $\sim10^{14}$ atoms/cm$^3$ であ

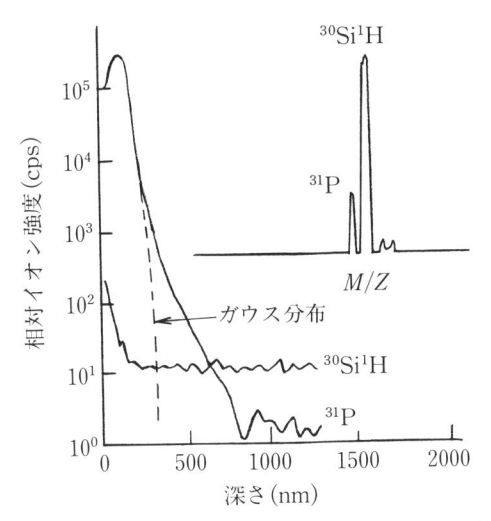

図1.6.9 P注入SiウェハーにおけるPの深さ方向濃度分布.
注入条件：エネルギー；100 keV．ドーズ；$1\times10^{15}$ atoms/cm$^2$．

る．次に質量干渉のあるPをイオン注入したSiウェハーにおけるPの深さ方向濃度分布の測定結果を図1.6.9に示す．Pの注入条件は図に示した通りである．図には，測定時の質量スペクトルの一部と$^{31}$P$^-$および$^{30}$Si$^1$H$^-$の深さ方向イオン強度分布を示した．この例における$^{31}$Pと$^{30}$P$^1$Hとの質量分離には，約4000の質量分解能が必要である．質量スペクトルより，$^{30}$Si$^1$Hと$^{31}$Pとはほぼ完全分離しており，両者のスペクトル干渉は回避されていることがわかる．測定対象が微量の場合，特に質量干渉の問題は深刻であり，測定に際して十分な配慮が必要である．高分解能分析モードにおける検出限界は，ほぼ全元素に対して$10^{14}\sim10^{15}$ atoms/cm$^3$（元素依存）であり，他の類似分析法に比較して3～4桁低い．ここでは半導体材料へのイオン注入試料についてのみの例を示したが，他に超格子膜を含めた多層膜，表面処理鋼板をはじめとする各種材料の酸化皮膜などの評価および一般材料の品質管理など広い応用分野が挙げられる．

### c. 二次イオン（元素）像観察および微小領域分析

図1.6.3に示したように，二次イオン像は，特定元素像分布の観察を目的と

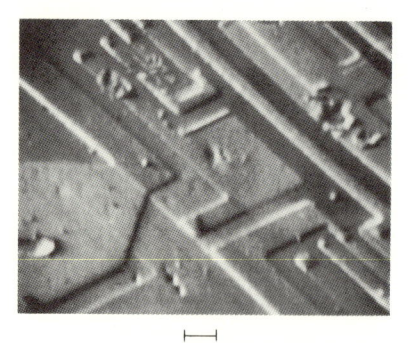

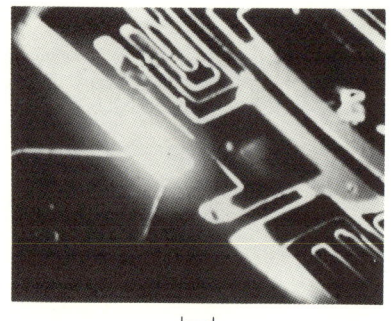

(a) 全イオン像(TIM像)   (b) Si 特定イオン像

**図 1.6.10** 集積回路における(a)全イオン像(TIM像)と(b)Si 特定イオン像．一次イオン：$O_2^+$，17.5 keV．

した走査型と投射型の2種類の観察モードおよび試料表面の観察や分析位置の決定を目的とした全イオン像(TIM像)観察モードの3つが実用されている．以下に応用例を示す．

はじめに全イオン像により分析場所を決定し，同一場所における走査法による特定イオン像を観察した例を示す．図1.6.10に集積回路の観察結果を示す．測定条件は図中に示した通りである．(a)および(b)はそれぞれ同一場所でかつ同時に観察した全二次イオン像および$Si^+$特定イオン像を示す．図より，TIM像(a)では，走査電子顕微鏡と同様なリアル像が観察でき，分析場所の位置決めに有効に利用できることがわかる．一方，$Si^+$特定イオン像と全イオン像は同一視野を観察しており，両者の像を比較することにより，全体像(a)のどの部分にSiパターン(b)が存在するかが明確に識別できる．次に3次元解析例を示す．すでに述べたように3次元解析では，スパッタリング現象の利用により3次元的に逐次データをCPUメモリ装置に取り込み，必要に応じて任意断面$(X\text{-}Y)$，$(Y\text{-}Z)$，$(Z\text{-}X)$面の元素分布像を得る3次元観察が可能である．図1.6.11に集積回路(IC)のAl配線の測定例を示す．測定条件は図中に示した通りである．3次元観察では，エッチング現象を利用しており，同一場所でのデータ取得は二度と行えず，また測定に長時間を要しかつ多量の記憶容量を必要とするので，分析場所の位置決めはきわめて重要である．この意味

〈表面像〉

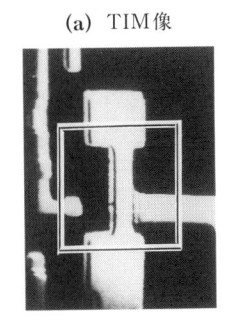

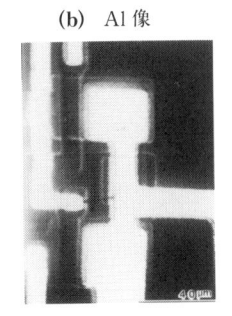

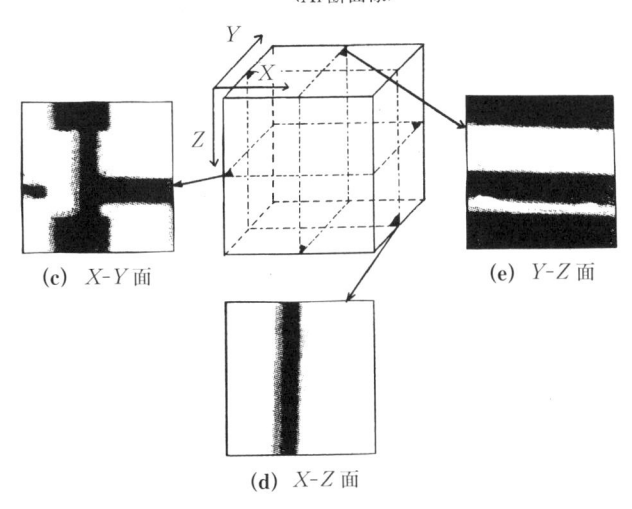

(a) TIM像　　　(b) Al像

〈Al断面像〉

(c) X-Y面　　(d) X-Z面　　(e) Y-Z面

図 1.6.11　集積回路パターン3次元観察例.
　　一次イオン：イオン種；Ga$^+$-LMIS. エネルギー；15.5 keV.
　　二次イオン：TIM像. Al$^+$イオン像.
　　□　　　　：3次元信号取り込み領域.

で図に示した TIM 像は重要な役割をもつ．さらに本質的な問題点として逐次進行する試料のエッチング・クレータ底部の一様性の良否が上げられる．この問題は直接解析結果に影響するので，解析には配慮が必要である．TIM 像観察はこの問題に関しても重要な役割を演ずる．最後に Ga-LMIS を利用した

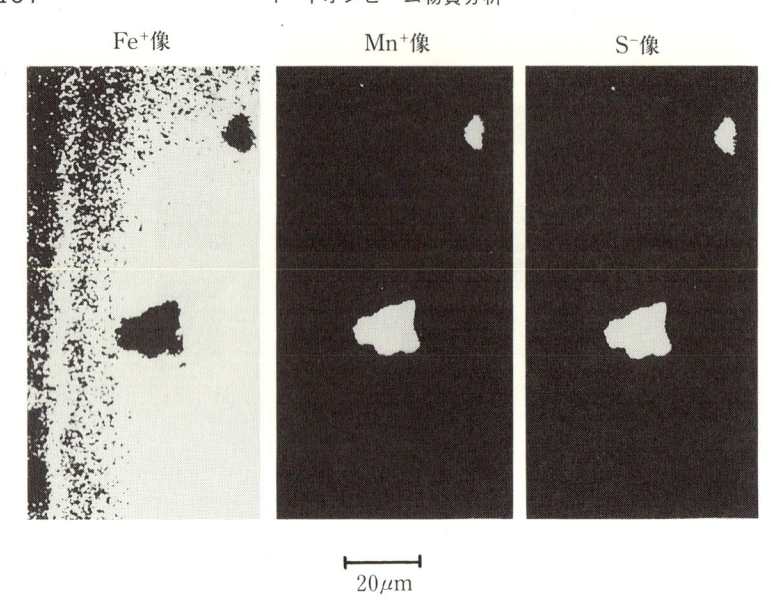

**図1.6.12** 鋼におけるMnS偏析の観察.
測定条件：一次イオン；Ga-LMIS エネルギー；24.5 keV.

鋼における MnS 析出のミクロ観察を試みた例を示す．試料は，前処理としてバフ研磨を施し鏡面に仕上げた．図1.6.12に低合金鋼の同一視野における $Fe^+$，$Mn^+$ および $S^-$ イオン像を示す．一次イオンとして $Ga^+$-LMIS を利用する場合，Ga の属性として Fe, Mn および S とも二次イオン化率が低く，測定に際して次のような前処理を施している．$Fe^+$，$Mn^+$ 像および $S^-$ 像観察においては，あらかじめ試料表面に in situ でそれぞれ $O_2^+$ および $Cs^+$ 注入を行い，$Fe^+$，$Mn^+$ および $S^-$ のイオン化率の向上を計った[28]．図より，$Mn^+$ と $S^-$ 像は同一のコントラスト分布を示しており，両者の起源はMnとSの化合物であることがわかる．さらにMnまたはSの偏析部とMnS標準試料の両者から得られる質量スペクトルを比較して両者が同一パターン係数を示すことから，MnとSの化合物の形態はMnSであることが確認された．さらにここでは省略したがFe像，Mn像およびS像のコントラストより，MnS偏析部にはマトリックスのFeが存在せず，MnS化合物が介在物として鋼中に偏析していることが明らかになった．ここに述べた前処理法とGa-LMISとの併用

による二次イオン像観察法は，像分解能および感度の点で画期的な方法であり，今後の発展が期待できる．

二次イオン像観察モードの応用分野として金属では，材料中の介在物のミクロ偏析，粒界偏析などが，半導体では，各種多層膜の断面構造の観察，集積回路の欠陥検査および絶縁膜の欠陥，異物評価などが主な測定対象として挙げられる．

### d. 表面分析

SIMSには，表面破壊をできる限り少なく抑えたStatic-SIMS（以後S-SIMSと省略）と微量分析および深さ方向分析を目的としたDynamic-SIMS（D-SIMS）の2種類がある．表面分析は前者のS-SIMSモードで分析を行う．この場合，測定時の一次イオン電流密度，すなわち測定時間内における試料への一次イオンのドーズ量が問題となり，S-SIMSでは測定終了時までの一次イオンの全ドーズ量として$10^{12}$ atoms/cm$^2$以下に抑えるのが普通である．単分子層における原子密度は，$\sim 10^{15}$ atoms/cm$^2$であり，スパッタ率を1と仮定すると，上記条件では単分子層のスパッタを終了するまでに10数分の時間を要する．したがってこの条件では，分析終了時までの表面破壊は小さく抑えられることになる．さらに一次イオンのエネルギーも数百〜数 keV 以下に抑え，試料への損傷を小さく抑えて測定するのが一般である．しかしエネルギーを下げると一次イオン電流が減少し，それに伴って二次イオン強度が低下し，その結果として検出限界が上がり，エネルギーの低下には自ずと限界が存在する．このことを考慮して，一次イオンの試料面への入射角を大きく（50〜60°）設定し，一次イオンの試料中への侵入深さを実効的に浅く抑え，かつスパッタ率を上げ，高感度化を行う方法が採用されている．

S-SIMSの試料作製法として，主に次の2つの方法が使われている．
（1）下地に銀板を使い，溶媒に溶かした試料を塗付，乾燥．
（2）水，エタノールなどに溶融混合させた試料溶液をグリセリンマトリックスに添加し，銀板下地に塗付．

上述の（1）および（2）は，いずれも銀板を用いるが，これは多くの分子に対して分子イオン種の強度が大きいこと，および同位体（$M/Z$：107，109）による$M+^{107}$Ag，$M+^{109}$Ag（$M$：分子の質量数）のダブレットから分子量の

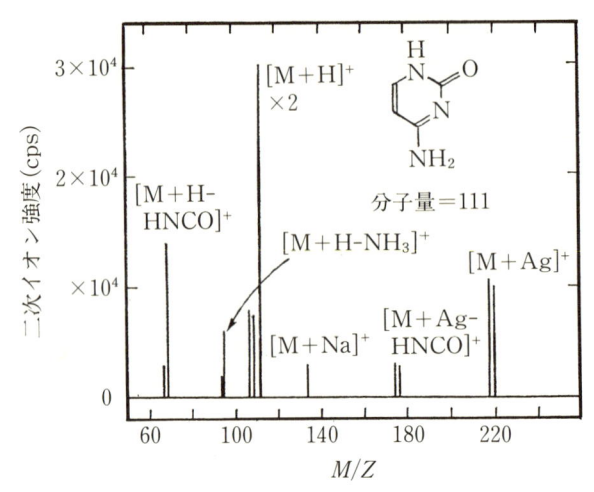

**図 1.6.13** シトシン(dry surface)の正の二次イオンスペクトル.

同定が容易であることなどの理由による．(1)は dry surface 方式であり，マイクロシリンジを用い銀板表面に数分子層以下の試料分子膜を塗るので，短時間のイオン照射で試料が消失し，短時間で測定を終了する必要がある．この方法では試料量が少ないので，測定時の真空度低下への影響は小さい．一方，(2)では，数 $\mu l$ のグリセリンを銀板に塗付し，約 1 mg/m$l$ の濃度で水，エタノールなどに溶かした試料溶液 1 $\mu l$ をこれに加えて混合する．この場合，試料量は十分あり，一次イオン照射量としては dry surface の場合ほど低くしなくてもよく，高分解能モードで大きな分子を同定することも可能である．さらに試料は幾分湿った状態で測定するので，測定時，真空に関する配慮が必要である．

S-SIMS で得られる質量スペクトルには，多くの分子イオンやフラグメントイオンが含まれているので，有機化合物の分析に利用できる．図1.6.13に dry surface により測定したシトシンの正の二次イオンスペクトルの一例を示す[29]．試料はシトシン($C_4H_5N_3O$)を希硝酸で溶かし，銀板表面に薄く塗って乾燥させて作製する．測定は一次イオン種 $Ar^+$，エネルギー 3 keV，イオン電流密度 $4.4 \times 10^{-9}$ A/cm$^2$ に設定して行っている．図より，試料分子(M)にH，Na，Ag が付加した分子イオン種（擬分子イオン：quasi-molecular ion）

やこれらのイオン種からその一部が失われたフラグメントイオンが多く観測される．ここでは省略するが，負イオン質量スペクトルからは$(M-H)^-$の強いピークが認められる．ほかに吸着・表面反応の追跡や大きな分子の構造解析にも本技法が用いられており，今後S-SIMSのこの分野への応用も拓けてくると考えられる．

ここでは一例のみ示したが，S-SIMSでは分子イオン種やそのフラグメントイオンを検出することにより未知有機化合物の分子量の決定や構造を推定することができる[30]．さらにここでは省略したが，有機物材料のほかに，固体表面，特に半導体表面の汚染物評価などにもS-SIMSは多用されている．

### e. 同位体測定

SIMSでは，質量分離にMSを採用しており，他の分析法にはない同位体測定ができるという大きな特徴がある．この特徴を生かした応用分野として，同位体存在比の測定が挙げられる．この分析モードの利用分野として主に地質年代決定，同位体存在比異常の測定などが挙げられる．前者の例として，ApolloおよびLunarが採取した月の岩石試料に対して鉛の同位体比による生成年代決定[31,32]やカリ長石試料について$^{87}Rb/^{86}Sr$と$^{87}Sr/^{86}Sr$イオン強度比を測定し，年代決定した結果などが報告されている．後者の例として，隕石中のいくつかの元素の同位体存在比異常[32]や，$^{26}Al$の放射性崩壊によってつくられた娘核$^{26}Mg$を検出した実験結果[33]も報告されている．この種の応用では，同位体比のわずかな差違を定量的に評価する必要があり，測定に際しては装置の安定性はもとより分子イオンや多価イオンなどのスペクトル干渉の回避を考慮する必要がある．

さらに，同位体を利用する測定法は，一般材料への応用として特定質量を有するイオン注入種の深さ方向濃度分布の測定や，存在量の少ない同位体を利用して気相元素との干渉を回避した拡散分布の測定などに利用されている．後者の例として，例えば酸素の固体中への拡散評価に，気相からの妨害を回避する目的で存在量の少ない$^{18}O$を利用する技法が利用されている．実用化が最も進んでいる分野として，半導体材料への特定同位体のイオン注入試料における深さ方向濃度分布の測定が挙げられる．

## f. 定量分析法

SIMSでは，定量化に不可欠な二次イオン化率が試料のマトリックスや規制が困難な仕事関数の差などにより大幅に変化するので，理論に裏づけられた定量分析法は確立されていない．そのためSIMSの定量分析はもっぱら標準試料を用いた技法が実用化されている．過去には，イオン照射部に熱平衡状態の局所プラズマが生成されることを仮定した熱力学的分析手法[34]が提案され検討されたが，モデルの信頼性の評価が困難であり，実用化は進んでいない．ここでは，現在実用化されているバルクの標準試料を用いる方法とイオン注入標準試料を用いる方法について述べ，次に試料自体に内部標準元素をイオン注入する定量分析法ついて評細を述べる．

### （1） バルク標準試料を用いる定量分析法

試料中に含まれている分析対象元素jの特定二次イオン強度$I_j$は，一次イオン電流を$I_p$とすると，前述のように，次式で与えられる．

$$I_j = I_p \cdot \eta \cdot K_j \cdot S \cdot C_j \tag{1.6.3}$$

ここに，$\eta$；二次イオン利用効率（二次イオン引き出し効率，MSの透過率を含む），$K_j$；元素jのイオン化率，$C_j$；分析対象元素jの濃度，$S$；スパッタ率である．標準試料に対しても同様な式を導き，両者の比をとり，$C_j/C_j'$を計算すると次式が得られる．ただしプライム（'）は標準試料を意味する．

$$C_j/C_j' = \frac{I_j/I_j'}{(I_p/I_p')(\eta/\eta')(K_j/K_j')(S/S')} \tag{1.6.4}$$

上式(1.6.4)において，分析対象試料を標準試料と同一条件で測定すれば，$I_p/I_p'$および$\eta/\eta'=1$となる．さらに，標準試料として組成が分析対象試料に近いものを選べば，共有元素の影響が少なくでき，$K_j/K_j'=1$，$S/S'=1$が成立する．この場合，式(1.6.4)は，

$$C_j/C_j' = I_j/I_j' \tag{1.6.5}$$

となり，$C_j$は式(1.6.5)より定量的に求められる．$C_j$と$C_j'$値が大きく異なる場合は，複数個の標準試料を用いて検量線を作成し，定量値を求める検量線法が用いられている．

### （2） イオン注入標準試料を用いる定量分析法

イオン注入法を利用した標準試料作製法は，注入濃度が精度よく抑えられ，最も精度の高い方法といえる．半導体材料におけるキャリアとしての不純物濃

度は，もっぱらこの方法を利用して行っている．SIMS でも，特に半導体材料の定量分析においては，イオン注入法により作製した標準試料が利用されている．以下にイオン注入法を利用した標準試料を用いる定量分析法について述べる．

本方法では，二次イオン強度から原子濃度に変換するための相対感度係数(Relative Sensitivity Factor；RSF)を用いる．RSF を次式のように定義する．

$$\text{RSF} = (I_m/I_j) \cdot C_j \tag{1.6.6}$$

ここに，$C_j$；分析対象元素jの濃度，$I_j$；分析対象元素jの二次イオン強度，$I_m$；マトリックスの二次イオン強度である．式(1.6.6)より，RSF は atoms/cm$^3$ の単位をもち，マトリックスの RSF はその原子濃度に等しい．イオン注入標準試料から RSF 値は，次式により決定される[35]．

$$\text{RSF} = \frac{DCI_m t}{d\sum I_j - dI_b C} \tag{1.6.7}$$

ここに，$D$；ドーズ量(atoms/cm$^2$)，$C$；測定点またはデータの数，$d$；エッチング・クレータの深さ(cm)，$\sum I_j$；分析対象元素の深さ方向分布におけるイオンの総数(counts)，$I_b$；$I_j$ 測定におけるバックグラウンドイオン強度(count/data cycle)，$t$；分析に要した時間である．RSF を利用した定量値の算出は，マトリックスと分析対象元素のイオン強度を測定し，式(1.6.6)より定量値 $C_j$ を求める．

RSF 値は，Si, GaAs, GaP, Al$_2$O$_3$, Ge, HgCdTe, SiO$_2$, TaSi$_2$ および LiNbO$_3$ など利用頻度の多い物質中の不純物元素については実測され，表にまとめられている[35]．RSF 値は，機種および測定条件(一次イオン電流密度，エネルギー)によって少し変化するので，高い精度で定量値を得るには測定機種および測定条件についての配慮が必要である．

**（3） 試料自体への内部標準イオン注入による定量分析法**[36,37]

本技法は，原理的には上の(2)に述べた方法と同じであるが，標準試料を必要とせず，また，定量値の算出手続きが幾分異なる．本定量分析法は，まず分析対象試料の一部分に in situ で内部標準元素(分析対象と同種)をイオン注入し，その領域における深さ方向分布の測定を行い，注入元素分布の標準偏差 $\Delta R_p$ を実測する．次にこの値を利用して内部標準元素の深さ方向濃度分布の

ピークにおける定量値を算出し，この値を基準にして分析対象試料の定量値を算出する．

次に定量値算出の具体的な手続きについて述べる．一般にイオン注入法による注入元素 j の深さ方向濃度分布 $N_j(x)$ は，ガウス分布を仮定して次式で与えられる．

$$N_j(x) = \frac{D_j}{\sqrt{2\pi}\Delta R_p} \exp\left(\frac{-(x-R_p)^2}{2\Delta R_p^2}\right) \tag{1.6.8}$$

ここに $R_p$；注入飛程，$\Delta R_p$；標準偏差，$x$；深さ，$D_j$；注入量(ドーズ)である．式(1.4.8)において，$N_j(x)$ の最大値 $N_{j\,max}$ は $x=R_p$ のところで起こり，

$$N_{j\,max} = D_j/\sqrt{2\pi}\Delta R_p \tag{1.6.9}$$

で与えられる．式(1.6.9)において，$D_j$ は既知であり，$\Delta R_p$ を求めることにより，$N_{j\,max}$ が求められ，内部標準値として利用できる．半導体材料における不

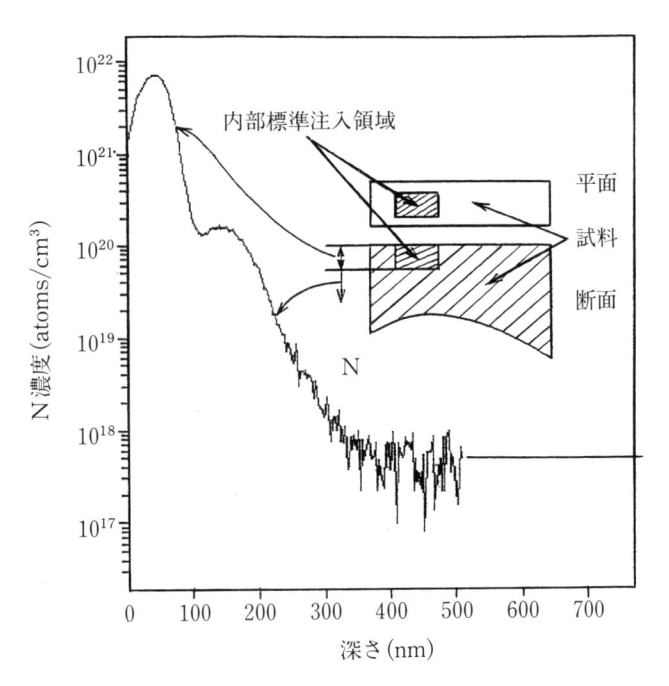

**図 1.6.14** Si 中窒素の定量分析．
一次イオン；Cs$^+$，10 keV．二次イオン；SiN$^-$ 検出．

純物注入に関しては，$\Delta R_p$ 値が注入エネルギーの関数として表にまとめられており利用できる．また被注入材料の組成が明確になっていれば，$\Delta R_p$ は計算により求めることが可能で，計算値を利用することができる[37]．しかし一般の試料では，測定対象試料の組成が不明の場合が多く，このような試料に対しては，$\Delta R_p$ を実測し利用する[38]．

上述のいずれかひとつの方法により，$\Delta R_p$ が決まれば，式(1.6.9)より，内部標準元素の濃度として $N_{j\max}$ が求められ，この値を内部標準として次式(1.6.10)を用いて試料中の元素 j の定量値 $N_j(x)$ が求められる．

$$N_j(x) = (I_j - I_B)/(I_{j\max} - I_B) \cdot N_{j\max} \qquad (1.6.10)$$

ここに，$I_j$；試料中に含有する着目元素 j のイオン強度，$I_{j\max}$；in situ イオン注入内部標準元素 j のピークイオン強度，$I_B$；バックグラウンドである．

最後に本技法を用いて Si 中 N の定量分析を試みた例を示す．試料としては N を 60 keV で $2\times10^{15}$ atoms/cm$^2$（ピーク濃度；$1.8\times10^{20}$ atoms/cm$^3$）だけ注入した Si ウェハーを利用し，真値を伏せて未知として本技法を適用して定量値を求めた．N の定量値を評価した結果を図 1.6.14 に示す．内部標準元素の注入はエネルギーおよび注入量をそれぞれ 24.5 keV および $3.8\times10^{16}$ atoms/cm$^2$（ピーク濃度；$7\times10^{21}$ atoms/cm$^3$）で行った．測定条件は図中に示した通りである．図 1.6.14 は，イオン注入内部標準元素(N)の深さ方向分布の測定値より $\Delta R_p$ を求め，式(1.6.9)よりピーク濃度を算出し，その値を基準に縦軸を決め描いたものである．同図より，測定対象試料の N 濃度のピーク値は $1.7\times10^{20}$ atoms/cm$^3$ であり，真値に近い値が得られていることがわかる．この例では，内部標準元素と測定試料との分布が裾部で重なっており，厳密には裾部の補正が必要であるがここでは省略した．

本技法の特徴として主に次の2点が挙げられる．

(1) 従来困難とされていた純度および組成が全く不明な試料に対しても定量分析が可能

(2) 試料に直接内部標準元素をイオン注入しており，従来定量評価の障害となっていたマトリックス効果の回避が可能

## 参考文献

1) R. F. K. Herzog and F. P. Viehböck: Phys. Rev. **76** (1949) 855.
2) R. Castaing and G. Slodzian: J. Microscopie **1** (1962) 395.
3) H. J. Liebl: J. Appl. Phys. **38** (1976) 5277.
4) 荒木 峻, 小林英吾: 第16回質量分析学会年会講演 (1968).
5) H. Nishimura and J. Okano: Jpn. J. Appl. Phys. **8** (1969) 1335.
6) C. A. Andersen: Int. J. Mass Spectrom. Ion Phys. **3** (1970) 413.
7) J. T. C. Tsai and J. M. Morabito: Surf. Sci. **44** (1974) 247.
8) 篠宮知宏: Cs蒸着を併用したSIMSにおける二次$As^-$イオン放出効率の向上, 豊橋技術科学大学修士論文 (1985).
9) H. A. Storms, K. F. Brown and J. D. Stein: Anal. Chem. **49** (1977) 2023.
10) A. Beninghoven, A. M. Huber and H. W. Werner: Secondary Ion Mass Spectrometry, SIMS VI (Jahn Wiley & Sons, New York・Brisbane・Toronto・Singapore, 1987) p. 270.
11) R. G. Wilson and G. R. Brewer: Ion Beams With Applications to Ion Implantation (John Wiley & Sons, New York・London・Sydney・Toronto, 1973) p. 61.
12) 同11, p. 72.
13) 野田 保, 田村一二三: 電子顕微鏡 **20** (1986) 188.
14) H. Tamura, T. Kondo, I. Kanomata, K. Nakamura and Y. Nakajima: Jpn. J. Appl. Phys. Suppl. **2** (1974) pt. 1, 379.
15) 近藤敏郎, 田村一二三: イオンマイクロアナライザ 特許第925,396号.
16) N. Nakamura, S. Aoki, Y. Nakajima, H. Doi and H. Tamura: Mass Spectroscopy **22** (1972) 1.
17) 田村一二三: イオンマイクロアナライザ 特許第996,233号.
18) 日本学術振興会第132委員会編: 電子・イオンビームハンドブック (日刊工業新聞社, 1973) p. 353.
19) 日本学術振興会マイクロビームアナリシス第141委員会: マイクロビームアナリシス (朝倉書店, 1985) p. 137.
20) 早川晃雄, 甲斐潤二郎: 実験化学講座続14 (第1章) (丸善, 1966).
21) J. M. Rouberol et al.: Proc. 16th Annual ASTM Conf. Mass Spec., Pittsburgh, Pa. (1968).
22) H. Liebl: J. Appl. Phys. **38** (1967) 5277.

23) 同 20, p. 300.
24) 田村一二三:二次イオン分析方法及び装置 特許第 1,015,664 号.
25) T. Ishitani, R. Shimizu and T. Tamura: Appl. Phys. **6** (1975) 277.
26) H. Tamura, H. Sumiya, Y. Ikebe and S. Seki: Ninth Intern. Conf. on SIMS, Abstract Book (1993) 9, p. 67.
27) 田村一二三, 石谷　亨, 鹿又一郎, 鈴木堅市, 紫田　淳:真空 **19** (1976) 280.
28) 住谷弘幸, 池辺義紀, 山田満彦, 田村一二三, 関　節子:日本表面科学会第 13 回表面科学講演大会講演要旨集 (1993) p. 94.
29) A. Eicke, W. Sichtermann and A. Benninghoven: Org. Mass Spectrom. **15** (1980) 289.
30) K. Harada. M. Suzuki and H. Kambara: Tetrahedron Letters **23** (1982) 2481.
31) C. A. Andersen and J. R. Hinthorne: Science **175** (1970) 853.
31) C. A. Andersen and J. R. Hinthorne: Geochim. Cosmochim. Acta **37** (1973) 745.
32) W. P. Poschenrieder, R. F. Herzog and A. E. Barrington: Geochim. Cosmochim. Acta **29** (1963) 1193.
33) J. D. Macdougall and D. Phinney: Geophys. Res. Lett. **6** (1979) 215.
34) C. A. Andersen and J. R. Hinthorne: Anal. Chem. **45** (1973) 1421.
35) D. P. Leta and G. H. Morrison: Anal. Chem. **52** (1980).
36) 同 11, App. D. 1.
37) P. D. Townsend, J. C. Kelly and N. E. W. Hartley: Ion Implantation, Sputtering and their Applications (Academic Press, 1976) p. 7.
38) S. Seki, H. Tamura, H. Sumiya: Appl. Surf Sci. **147** (1999) 14.

## 1.7 AMS

### 1.7.1 はじめに

　放射性同位元素の存在量を知るためには，通常，その同位元素が崩壊時に放出する粒子を計数し算出する．すなわち，崩壊前の存在量を測定する目的で，崩壊する数を測っている．これは，単位時間当たりに崩壊する原子核の数は，崩壊前の原子核の数と崩壊定数の積に比例するという原理によるものである．それゆえ，半減期の長い同位元素の存在量を測定するためには，その崩壊を待って測定する従来の方法では，その半減期に比例した長い測定時間をかけるか，または多くの当該元素が必要となる．これに対して，崩壊前のまだ生き残っている同位元素の数を直接的に測定する方法が開発された．これは，加速器を使って質量分析を行うことから，加速器質量分析法(Accelerator Mass Spectrometry; AMS)と呼ばれている．この AMS 法は，従来の放射能測定法に比べて桁違いに少量の試料で測定が可能で，測定時間も非常に短縮されるなど利点が多いので，世界的に急速に発展し，多くの加速器施設で重要な微量分析法として定着しつつある．

　本書で解説されている他のイオンビーム分析法の多くは，高エネルギーイオンビームを試料に衝突させて，発生する様々な現象を測定し解析することにより，測定対象の元素や状態を分析する技術である．それゆえ，イオン源は単に適当量のイオンを発生するだけの装置であり，被分析試料は加速器の後に置かれて，加速イオンの照射を受けることになる．この場合，試料を加速するわけではないので，分析に関しては加速器技術に依存する部分がほとんどなく，極端にいえばイオンビームさえあれば分析できる．

　これに対して，AMS では，イオンそのものを分析する目的で加速器を使用する．すなわち測定対象の元素をイオン化し，それを高エネルギーに加速することにより可能となる粒子識別技術を駆使し，そのイオンの核種そのものを同定し計数する，というような使い方をする．この場合には試料そのものを加速

するので，イオン源は試料をできる限り効率よくイオン化する使命を帯びた装置であり，加速器およびその後に控える分析装置は，試料イオンの到来を待ち受けて，イオンそのものを分析する使命を帯びている．そのため，イオン源と加速器および粒子識別技術等の性能の良し悪しが AMS 分析の性能を決定づける．

## 1.7.2　AMS の歴史

1939 年，アルバレ(W. L. Alvarez)は，$^3$He/$^4$He≃$10^{-6}$ である He の同位体比をサイクロトロンを使って測定するという実験を行っているが[1]，これは加速器を単に高分解能の質量分析計として利用したに過ぎず，これから述べる加速器質量分析法とは少し異なっている．加速器を分析装置として使うという発想は，その後，アルバレの弟子であるミューラー(R. A. Müller)に受け継がれ開花している．彼は 1977 年のサイエンス誌(Science)に，$^{14}$C，$^{10}$Be などの長半減期放射性同位元素を検出し定量するには，それら放射性同位元素が崩壊するのを待って$\beta$線や$\gamma$線を測定するよりもむしろ，崩壊する前の同位元素そのものの数を計数する方が，何桁も感度がよくなるし，それは加速器を用いてそれらを高エネルギーにすることにより可能であろうという論文を発表した[2]．この新しい原理に基づく測定法への関心は高く，直ちにタンデム型静電加速器(以下タンデム加速器と略する)を使って mg 量の炭素試料による年代測定が試みられて成功し[3]，1978 年 4 月には，早くも第 1 回加速器質量分析の研究会が開催されている[4]．初期の AMS 研究はこの研究会の英文名が示すように，$^{14}$C の測定法およびその応用に関する研究が主であったが，$^{10}$Be，$^{36}$Cl の測定技術に関する研究も精力的に行われていた．

その後，AMS 国際会議は各国の回り持ちで 3 年ごとに開催されることになり[5~10]，8 回目は 1999 年 9 月にオーストリアのウィーンで開催されている[11]．

現在までに，AMS を行うと表明した加速器施設は世界で 40 箇所以上にのぼり，その大部分はタンデム加速器施設である．わが国では，東京大学原子力研究総合センター[12~15]と筑波大学加速器センター[16]において汎用タンデム加速器を用いた開発研究が成功し実用的応用研究が行われ，名古屋大学年代測定資料研究センター[17,18]には $^{14}$C 測定専用の小型加速器が導入されている．さら

に，京都大学理学部，九州大学理学部においても開発研究が進められており[19]，大阪大学核物理研究センターにおいてはサイクロトロンを使って開発研究が行われた[20]．また，国立環境研究所，核燃料サイクル開発機構東濃地科学研究所および日本原子力研究所むつ事業所では，AMS専用の加速器施設が導入された[21]．その他，世界的にAMS導入計画が進行しており，AMSは加速器応用の微量分析技術としての地位を確立しつつある．これらの世界の動向は，前述のAMS国際会議の報告書集に詳述されている[4~11]．

現在までに実用化あるいはそれに近い状態にまで開発された測定対象核種は，$^{10}$Be(半減期；$1.6×10^6$年)，$^{14}$C(5730年)，$^{26}$Al($7.4×10^5$年)，$^{36}$Cl($3.0×10^5$年)，$^{129}$I($1.6×10^7$年)であり，さらに$^{41}$Ca($1.0×10^5$年)，$^{53}$Mn($3.7×10^6$年)，$^{59}$Ni($7.6×10^4$年)，$^{60}$Fe($1.5×10^6$年)などの測定の実用化に向けての研究が行われている．

AMSの応用研究は，宇宙・地球科学，考古・人類学，医学・薬学，農学・生物学，環境科学，核物理学のように非常に多岐にわたる分野で展開されている．中でも最も重要な分野は，考古・人類学における$^{14}$C年代測定であり，AMS開発以来の測定件数は1990年の時点で早くも10,000件を越えて従来のβ線測定法による測定数を凌駕し，現在では大部分がAMSにより測定されている[22]．また，$^{14}$C，$^{26}$Al，$^{41}$Caを標識とする医学・薬学，生物学，地球科学，環境科学におけるトレーサ実験への応用も開始されるなど，従来の低レベル放射能測定法では不可能であった多くの学際的応用研究が可能になっている．

### 1.7.3　AMSの原理

放射性同位元素は次の簡単な式に従って崩壊する．
$$-\frac{dN}{dt}=\lambda N=\frac{\ln 2}{T_{1/2}}×N$$
すなわち，単位時間内に崩壊する放射性同位元素の数($-dN/dt$)は崩壊前の数$N$に比例し，半減期$T_{1/2}$に反比例する．

例えば，$^{14}$C(β崩壊；$T_{1/2}=5730$ yr)の場合，その崩壊定数は$\lambda=2.3×10^{-10}$(min$^{-1}$)であるので，毎分の崩壊数は崩壊前の数のわずかに$2.3×10^{-10}$であるに過ぎない．逆に，$4.3×10^9$個の$^{14}$C原子はわずかに1 dpmしか崩壊しない．

通常，1 dpm の $^{14}$C の $\beta$ 線測定は，バックグラウンドの関係上，測定限界に近いが，10,000 カウント（統計誤差 1%）の計数を得るには，たとえ計数効率を 100% にできたとしても 10,000 分（約 1 週間）を要する．これに対して，AMS では崩壊前の $^{14}$C を数を直接に測定するのであり，実際にはこの場合には $4.3\times10^9$ 個のもの $^{14}$C を測定対象とする．仮にその検出効率が約 1% しかないとしても $10^7$ カウント以上もの計数が得られるので，10,000 の計数を得るためには元々の $^{14}$C の数は約 1000 分の 1 でよいことになる．しかも，この程度の測定は 1 時間以下で可能である．

AMS が高感度である所以はここにあり，貴重な試料を測定対象とする考古・人類学などの分野で，AMS による $^{14}$C 年代測定が瞬くうちに $\beta$ 線測定法にとって代わり主流になったのは当然といえる．$\beta$ 線測定法に比べて，試料の量は 1000 分の 1 以下，測定時間も 100 分の 1 以下で済むからである．

$^{14}$C 年代測定法は AMS の応用の中で最も重要な分野であり，AMS の発展につれて著しく応用研究が進展した．地球上に天然に存在する $^{14}$C は，宇宙線と大気の衝突でできた中性子と窒素との反応 $^{14}$N (n, p) $^{14}$C により絶えずつくられており，直ちに酸化して炭酸ガスとなって大気中の炭酸ガスと混じりあう．一方，$^{14}$C は 5730 年の半減期で崩壊するので平衡状態になり，宇宙線の強度が変動しない限り $^{14}$C/$^{12}$C の値は約 $1.2\times10^{-12}$ という一定値になる．1 g の現代炭素中には $6\times10^{10}$ 個もの $^{14}$C を含んでいるが，わずか 14 dpm の $\beta$ 崩壊をするのみである．生物が生存中はこの比率の炭素を体に取り込んでいるが，死後は $^{14}$C が崩壊するのみであるので，5730 年経過するごとにこの割合が半減する．それゆえ，生物遺体の $^{14}$C/$^{12}$C の測定により，死後の経過時間を計算できる．例えば，約 6 万年後には $^{14}$C/$^{12}$C $\simeq 9\times10^{-16}$ になり，この炭素 1 g はわずか $10^{-2}$ dpm の $\beta$ 線を放出するだけである．したがって，いかに低バックグラウンドの $\beta$ 線検出器であっても実際上は測定不可能である．これに対し，AMS では，通常の半導体による重イオン測定器により $^{14}$C はほとんどバックグラウンドなしで測定できるので，わずか 1 mg の炭素試料で $^{14}$C/$^{12}$C $\simeq 10^{-16}$ の測定が可能である．

それにしても，現代炭素の同位体比 $^{14}$C/$^{12}$C は約 $1.2\times10^{-12}$ であるので，この同位体比の測定は $10^{12}$ 個の $^{12}$C の海の中から 1 個の $^{14}$C を探し出すという割合で測定することを意味しており，探し出した $^{14}$C が $^{12}$C や $^{13}$C あるいは $^{14}$N

ではなく $^{13}CH$ でもなく,本当に $^{14}C$ であるということを確認することが必要となる.AMS では,$^{14}C$ と思われるイオンを高エネルギーに加速し,物質通過中のエネルギー損失を測定するなどの方法によりそれを可能としている.

### 1.7.4 AMS の適応範囲

放射線測定法の場合,放射線(崩壊定数 $\lambda$,未崩壊核種の数 $N$)の検出効率を $\varepsilon_R$ とすると,ある測定時間 $T$ の間の計数 $N_R$ は

$$N_R = \varepsilon_R \cdot \lambda \cdot T \cdot N$$

一方,AMS 法による検出効率を $\varepsilon_A$,計数を $N_A$ とすると

$$N_A = \varepsilon_A \cdot N$$

であるので,

$$N_A/N_R = (\varepsilon_A/\varepsilon_R) \cdot (T_{1/2}/T) \cdot 1/\ln 2$$

である.

ここで,$N_A/N_R > 1$ となる条件,すなわち AMS による計数が放射線測定法による計数よりも多くなる場合は,仮に測定時間として $T=100$ 時間(約 4 日間)をかけることができるとすると,

$$T_{1/2} \geq 100 \cdot \ln 2 \cdot (\varepsilon_R/\varepsilon_A)$$

であり,$(\varepsilon_R/\varepsilon_A) \simeq 10^3$ であるとしても,半減期 $T_{1/2}$ が $10^5$ 時間程度以上(10 年程度以上)の放射性同位元素の検出測定は AMS が有利である.また,AMS による放射性核種の検出は半減期が長いほど有利であり,実際には極微量の安定同位体比測定も行われている.

ところで,AMS による検出効率 $\varepsilon_A$ は測定対象核種によって異なり,$10^{-2}$〜$10^{-5}$ 程度と小さい値をとるが,その原因は主にイオン源のイオン化効率の低さによっているので,その改善が重要である.

### 1.7.5 AMS の実際

#### a. 質量分析時の妨害イオンの除去

崩壊前の放射性同位元素の数を測定するだけであれば,例えば通常の質量分析計(イオンエネルギー:〜10 keV)でも可能だが,実際には以下の理由で放

**表 1.7.1** AMS でよく測定される長半減期放射性核種と妨害イオン.

| 核種 | 半減期（年） | 同重の正イオン | 同重の負イオン |
|---|---|---|---|
| $^{10}$Be | $1.6\times 10^6$ | $^{10}$B$^+$, $^9$BeH$^+$ | $^{10}$B$^-$<br>$^9$BeOH$^-$（$^{10}$BeO$^-$ 加速の場合） |
| $^{14}$C | 5730 | $^{14}$N$^+$, $^{13}$CH$^+$ | $^{13}$CH$^-$, $^{12}$CH$_2^-$,<br>N$^-$ は不安定 |
| $^{26}$Al | $7.4\times 10^5$ | $^{26}$Mg$^+$ | Mg$^-$ は不安定<br>$^{25}$MgH$^-$ |
| $^{36}$Cl | $3.0\times 10^5$ | $^{36}$Ar$^+$ | $^{36}$S$^-$ |
| $^{41}$Ca | $1.0\times 10^5$ | $^{41}$K$^+$, $^{40}$CaH$^+$ | $^{40}$CaH$^-$<br>K$^-$ は不安定<br>KH$_3^-$ は不安定<br>　（CaH$_3^-$ 加速の場合） |
| $^{129}$I | $1.6\times 10^7$ | $^{129}$Xe$^+$ | $^{129}$Xe$^-$ は不安定 |

注）負の電子親和力をもつ原子や分子は不安定であり，通常，負イオンにならないか，あるいは負イオンの寿命が非常に短い．

射線測定法より有利になるわけではない．

① 検出する核種と同じ質量数をもつ分子イオンが妨害し，測定感度を低下させる．

② 検出するイオンと同じ質量数をもつ同重体(isobar)イオンが妨害し，測定感度を低下させる．

③ 隣接する質量数のイオンのもつエネルギーに幅（ふらつき）があるので，電場，磁場の分析場を通り抜け得る隣接同位元素イオンが存在し，妨害する．

この3種の妨害イオンを排除して着目する核を確害に検出することがAMSの目的である．現在までにAMSでよく測定されている $^{10}$Be, $^{14}$C, $^{26}$Al, $^{36}$Cl, $^{41}$Ca, $^{129}$I について，上記①，②に相当する妨害イオンをまとめると表1.7.1になる．

## b. 低エネルギー質量分析法と高エネルギー質量分析法

通常の質量分析法は，イオンを 10 keV 程度のエネルギーにして電場，磁場の分析場により質量(同位体比)を分析する方法であり，加速器により〜10

MeV 以上の高エネルギーに加速して分析する加速器質量分析法に対して，ここでは低エネルギー質量分析法と呼ぶ．通常はイオン化の容易さから正イオンを用いるが，低エネルギーであるので，質量分析された後に，同重体イオンおよび分子イオンによる妨害を区別して除く方法がない．ただし，質量分解能が $10^5 \sim 10^6$ 程度以上と高分解能でありかつ高輝度の質量分析計を開発できれば，上記①，②の妨害を除去できる可能性もあるが，イオンのエネルギーを測定するなどの方法をとらない限り，③による妨害を除去することは不可能である．さらに，高分解能の低エネルギー質量分析計に適応できるイオン源から得られるイオン電流は微弱であり，測定時間との兼ね合いから，測定感度は非常に低い．

これに対して，イオンを 0.5 MeV/u 程度以上の高エネルギーにすると，薄膜や薄いガス層を通すことが可能となり，そのときに分子イオンが分解し①による妨害を除くことができる．さらに，高エネルギーになるとイオンのエネルギーが測定でき，物質通過中のエネルギー損失を利用して，イオンの原子番号 $Z$ を知ることが可能になるので，②，③による妨害を除去でき，ほとんどバックグラウンドのない測定が可能になる．

また幸いなことに，タンデム加速器は負イオンを入射し加速するという特徴をもっており，それが AMS にとって以下のように重要な役割を果たす．電子親和力が大きい原子，分子は負イオンになりやすいが，電子親和力が負の場合は不安定で寿命が短い．表 1.7.1 に示すように，都合のよいことに，検出目的の元素の電子親和力が正であって安定するのに対し，その同重体元素 (isobar) のそれが負であり不安定であるという組み合わせが多いので，②による妨害イオンの除去が容易な場合が多い．

## c. AMS 装置

AMS システムを構成する主装置である加速器としては，イオンを 0.5 MeV/u 程度以上のエネルギーに加速する性能があればよく，サイクロトロンまたはタンデム加速器を使った AMS 測定システムが開発されている．しかし，サイクロトロンの場合には，通常は試料を多価正イオンにする必要があり，極微小の試料をイオン化する多価イオン源開発の遅れなどの理由により，AMS の世界から退却しつつある．ただし，$^{14}C$ 専用の AMS 装置として，負

イオンを加速する小型サイクロトロンの開発が進んでおり，注目されている[23〜25]．タンデム加速器は負イオンを入射，加速し，中央の高電圧電極内に配置された電荷変換装置により正の多価イオンに変換して再加速するという独特の加速を行う．そのため，その過程で分子イオンの大部分を分解できるので，前述の負イオン生成過程における同重体イオン発生の抑制という有利さに加えて，タンデム加速器は AMS にとっては非常に好都合な加速器であるといえる．さらにイオンエネルギーを高精度に制御できるという特徴からも，通常の AMS 測定はほとんどタンデム加速器により行われている．したがって，ここではタンデム加速器による AMS 測定のみについて述べる．

AMS で使われる粒子識別装置については，文献[26〜29]に詳しく議論されている．

タンデム加速器による AMS 測定は，試料のイオン化，目的とするイオンの選別，加速，薄膜あるいはガス層の通過による電子剝離（荷電変換），再加速，イオンの運動量，エネルギー，あるいは速度の選別，物質中でのエネルギー損失 $dE/dx$ およびその後の最終エネルギー $E$ の測定による粒子識別などの順で分析される．

図 1.7.1 に，典型的な例として東京大学 5 MV タンデム加速器による AMS

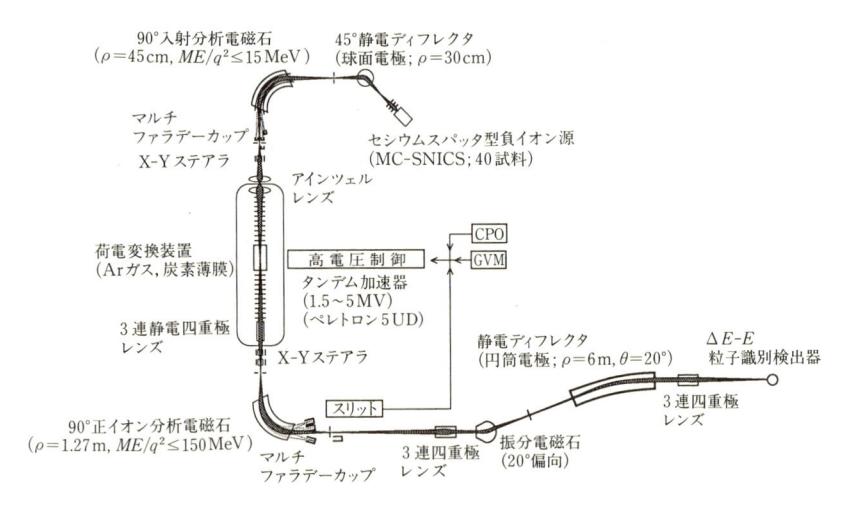

**図 1.7.1** 東京大学 5 MV タンデム加速器による AMS システム．交互入射法と内部イオンモニタ法の 2 つの方法により測定可能．

システムの概念図を示す．

　試料より化学的に抽出された元素は，イオン化しやすい化学型に処理され，イオン源（セシウムスパッタ型負イオン源）に充填される．通常のAMS用イオン源は，数十個の試料（試料量；各1mg以下）を同時に充填でき，効率よく順次イオン化し測定できるように工夫されている．試料よりイオン化された負イオンは，アインツェルレンズにより収束され，静電ディフレクタと入射分析電磁石の系により目的の質量をもつイオンが選別される．加速器に入射されたイオンは，加速器中央にある荷電変換装置（通常はArガス層）を通るときに電子を剥離され，分子イオンの大部分は解離される．多価正イオンに変換されたイオンはさらに加速され，目的の高エネルギーイオンになって，加速器より出射する．

　この加速イオンの中には，様々な電荷，エネルギー，質量のイオンが混在しているが，まず90°分析電磁石により，質量$M$，エネルギー$E$，電荷$q$のイオンが$ME/q^2=$一定の条件により選別される．この選別されたイオンビームの中には，まだ多くの種類の不純物イオンが含まれている．例えば，加速前に入射分析電磁石等のフィルタを通過するイオンは，目的のイオンおよび隣接同位元素イオンの質量差分だけエネルギーの異なるイオンや水素化物などの分子イオンである．後者の量は非常に多いが，荷電変換の過程で分解し，残留ガスとの衝突により相手をイオン化したり電荷を変えたりする．これらのイオンは，荷電変換やイオン化が起こった場所の違いにより異なるエネルギーをもつので，エネルギーは連続スペクトルとなる．これらのイオンのうち，90°分析電磁石を通過するための上述の条件を満足するイオンが不純物イオンとなり，測定のバックグラウンドになる．このイオンは通常，目的のイオンに比べて桁違いに多いので，重イオン検出器による粒子識別能力を損なうばかりでなく，時には検出器自身を破壊する．

　電磁石により分析されたイオンは，運動量が一定（$E/q \cdot m/q=$const.）であるので，妨害イオンを除くためには，エネルギーフィルタまたは速度フィルタを通すことが有効である．前者のためには，静電ディフレクタ，後者のためには，電場と磁場を直交させたウィーンフィルタあるいはTOF（飛行時間；time of flight）測定系が使われる．図の東京大学の例では，静電ディフレクタが使用されている．

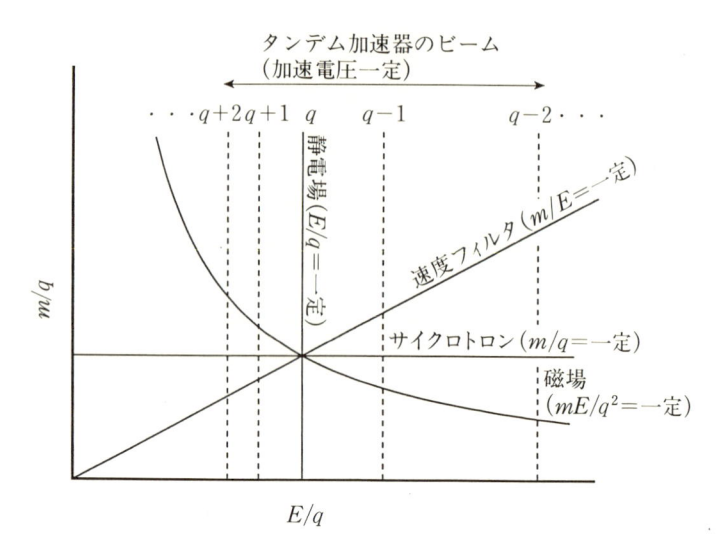

図 1.7.2 加速器およびイオンフィルタ通過後のイオンがもつ $E/q$ と $m/q$ の関係.

図 1.7.2 は,加速されたイオンが様々なフィルタを通過するときに制限される $E/q$ と $m/q$ の関係を示す[27].磁場により分析されたイオンがもつ $E/q$ と $m/q$ の値は双曲線上に制限され,エネルギーフィルタを通過するイオンは縦軸に平行な直線,ウィーンフィルタや TOF などの速度フィルタを通過するイオンは原点を通る直線上に制限される.また,タンデム加速器により加速されるイオンは縦軸に平行な線上に乗り,サイクロトロンによって加速されるイオンは横軸に平行な線上に乗る.この図の線の太さはそれぞれのフィルタの分解能を示すが,分解能がよいほど,また,加速されたイオンのエネルギー幅が小さいほど,バックグラウンドが少ないことを示す.

これらのフィルタを通過するイオンは,分析目的のイオンと同重体イオンおよび少量の散乱イオンなどである.これらのイオンの全エネルギー $E$ を測定し,あるいは物質中でのエネルギー損失 $\Delta E$ が原子番号 $Z$ の 2 乗に比例する性質を利用して,核種の弁別が可能になる.

原子番号 $Z$,速度 $v$(エネルギー $E$,質量 $m$)の高エネルギーイオンが物質中を通過するときのエネルギー損失は,次のベーテ-ブロッホ(Bethe-Bloch)の式で表される.

## 1.7 AMS

$$-\frac{dE}{dx} = \frac{aZ^2c^2}{v^2}\ln\left(\frac{bv^2}{c^2-v^2}\right)$$

$$\simeq \frac{a'Z^2m}{E}\ln\left(\frac{b'E}{m}\right)$$

ここで，$a$, $b$, $a'$, $b'$ は物質による定数，$c$ は光速である．

この式から，粒子の速度 $v$ を規制するフィルタ（例えばウィーンフィルタなど）を通過したイオンは，$dE/dx$ すなわち厚さ $\Delta x$ の物質でのエネルギー損失 $\Delta E$ を測定するだけで $Z$ がユニークに決定される．また同様に，$E \cdot \Delta E = k'\Delta x(mZ^2)\ln(b'E/m)$ であるので $\ln(b'E/m)$ の因子を無視すれば，$E$ と $\Delta E$ の測定により $mZ^2$ が決定される．

最も単純な例は，金属フォイルのエネルギーアブソーバと半導体検出器 (Solid State Detector; SSD) によるエネルギー測定器である．例えば，同重体イオンは目的のイオンとほぼ同じエネルギーをもって検出器に到達するが，ある適当な厚さの(例えば，10 mg/cm$^2$ 程度の厚さの)金属フォイルを通った後のイオンのエネルギーは $Z^2$ に比例したエネルギーを失っているので，残留エネルギーを測定すれば，同重体イオンと区別できる．アブソーバとしては，ガス圧可変のガスアブソーバが汎用性の高い装置としてよく使われる．このガスアブソーバ内でのエネルギー損失 $\Delta E$ を測定し，残留エネルギーと同時測定を行えば，様々なバックグラウンドイオンからの $Z$ 分離が容易になる場合が多い．この $\Delta E$-$E$ の測定装置は，SSD によるものと，気体電離箱(gas ion-

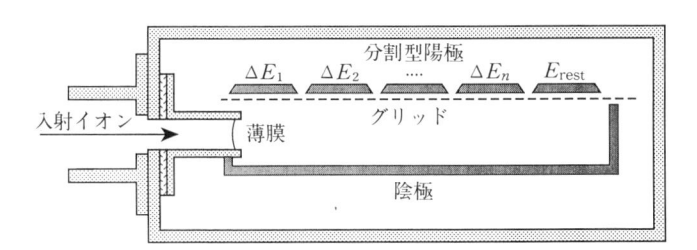

**図 1.7.3** $\Delta E$-$E$ 測定用気体電離箱型重イオン検出器の概念図．

検出器内には適当な圧力のガスが充填されている．

イオンが入射するとイオンの軌道に沿ってガスをイオン化し，電子は陽極に集められ，イオンは陰極に集められる．数枚に分割された陽極からのシグナルはそれぞれ各位置におけるエネルギー損失 $\Delta E$ に対応する．すべての $\Delta E$ シグナルの和，あるいは陰極シグナルが全エネルギー $E$ に相当する．

ization chamber)によるものがあり,これらの組み合わせ等も含めて AMS に適した装置が開発されている.代表的なものは図1.7.3に示す電極分割型の気体電離箱[30]である.分割された電極からのひとつの $\Delta E$ シグナルと全部の電極からのシグナルを加えた $E$ シグナルを2次元表示することにより,同重体イオンや他の妨害イオンが明確に分離される.典型的な例を図1.7.4に示す[31].

その他,次の2例はあまり一般的ではないが,$Z$ 弁別の特殊な方法として紹介する.

タンデム加速器の後に小型線形加速器を結合させたり,あるいは大型線形加速器やサイクロトロン等を使用し,十分に高エネルギー(数 MeV/u 程度以上)に加速すると,ストリッパを通すことにより,電子を完全にはぎ取った完全電離イオン(fully stripped ion)にすることが可能になる.それゆえ,測定目的の

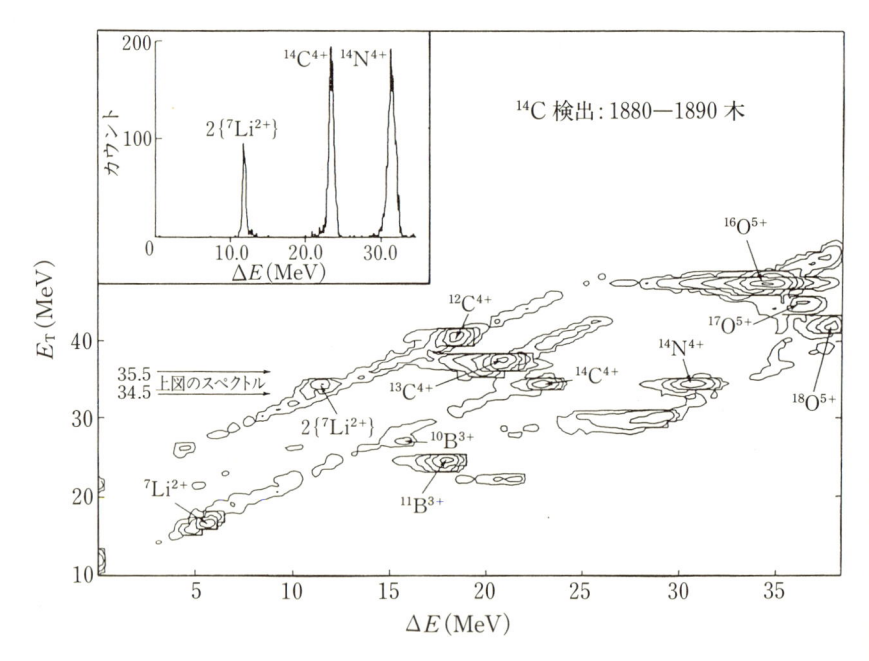

図1.7.4 サイモンフレーザーとマクマスター大学で開発された AMS システムにより得られた $\Delta E\text{-}E$ スペクトル.AMS 開発の初期の頃のデータであり,多くのバックグラウンドイオンが見られる.100 年ほど前の木の $^{14}\text{C}$ 測定例[31].

イオンの核電荷 $Z$ が妨害同重体イオンの核電荷よりも大きいときには，完全電離イオンにし，適当な磁場を通すことにより妨害同重体イオンを完全に弁別することができる．例えば，$^{26}$Al に対する $^{26}$Mg，$^{41}$Ca に対する $^{41}$K の弁別などがその例である[32]．

適当な厚さの物質層を通った後の高エネルギーイオンの平均荷電状態は $Z$ により異なる，ということを利用すれば，分析場に適当な圧力のガスを充塡した電磁石(gas-filled magnet)は，同重体イオンを空間的に分離する手段となる[33,34]．イオンはガス中を走りながらエネルギーと荷電状態を徐々に変え，平衡電荷状態になったイオンは $Z$ の違いにより分離した特有の軌跡を描いて収束する．比較的大型の電磁石を要するのであまり一般的ではないが，AMSにおいて重要な位置を占めつつある．

表1.7.2 に，各種のイオンビームフィルタにより規制されるパラメータおよび粒子識別法により決定されるパラメータをまとめておく．

### d. 質量分析

以上のように，各種フィルタを通り，粒子弁別されたイオンは様々な妨害イオンの影響が除かれて計数される．ところが，イオン源におけるイオン化の効率やイオン電流強度および加速器などの透過効率，中央電極内の電荷変換効率

表1.7.2 各種イオンビームフィルタおよび粒子識別法により制限され，決定されるパラメータ．

| イオンビームフィルタ | パラメータ |
| --- | --- |
| 磁場(磁器分析器) | $(E/q)\cdot(m/q)=k\cdot(B\cdot\rho)^2$ |
| 電場(静電分析器) | $(E/q)=k\cdot(E\cdot\rho)$ |
| ウィーンフィルタ | $(E/q)/(m/q)=k\cdot v^2$ |
| ガス充塡電磁石 | $(E/Z^r)\cdot(m/Z^r)\sim k(B\cdot\rho')^2$ |
| イオン検出器 | |
| アブソーバ+$E$ 検出器 | $E, Z$ |
| ($\Delta E$-$E$) 検出器 | $E, Z$ |
| TOF+$E$ 検出器 | $E, m, (E/Z)/(m/Z)$ |
| TOF+($\Delta E$-$E$) 検出器 | $E, m, Z, (E/m, Z)$ |

$E, m, q, Z$ はそれぞれイオンのエネルギー，質量，電荷，原子番号，$Z^r$ は物質通過後の平衡電荷である．

などは様々な理由により絶えず変化するものであるので，計数されるイオンの数は試料中の検出目的の同位元素量には必ずしも比例しないし，ましてや試料中の絶対量を測定できるわけでもない．試料中の絶対量を知るためには，通常は，既知量の安定同位元素を試料に混合し，それに対する同位体存在比を測定し算出する．また，例えば，$^{14}$C 年代測定の場合には，試料炭素の同位体比 $^{14}$C/$^{12}$C を測定する．このように，AMS は，最終的には，検出目的の核種を含む元素の同位体比を測定する(質量分析する)ことにより，目的核種の定量を行う．

同位体比は 10 数桁にもなるので，それぞれの同位元素量の測定法は全く異なる．すなわち，一方は前述のように粒子識別後のイオン計数により，他方はイオン電流が多いので，通常は二次電子を抑制したファラデーカップにより電流として測定される．加速器の透過率の変動による影響を小さくするには，両者のイオン電流を加速器の通過後に，しかもできる限り同時に測定することが重要である．

同位体比の測定は，AMS 開発の初期に多くの方法が試みられたが，現在までに次の 3 方式すなわち，交互入射法，内部イオンモニタ法および同時入射法が精度の高い方法として定着しつつある．どの測定法を採るにしても，最終的には同位体比のよくわかっている試料を標準試料として測定し，試料の測定値と比較することにより，加速器の透過率の変動などの影響を少なくする必要がある．通常は，世界の多くの加速器施設により何度も測定されて，同位体比が保証された試料を標準試料として配布し，それと比較するという方法により，間接的に世界共通の測定値として較正する．また，$^{14}$C と $^{10}$Be などについては米国の国立標準技術研究所(NIST)から標準試料を入手できる．

### （1） 交互入射法

測定する同位元素イオンを交互に繰り返し加速器に入射し，それぞれのイオン量を加速後に測定する方法である．イオン源出射イオン電流の変動のタイムスケールは 1 秒程度から数分であるので，繰り返しの速さをその 10 分の 1 以下にすることにより，変動の影響を少なくできる．磁場を高速に切り替えることは渦電流とヒステリシスの問題があり困難であるので，通常は磁場を固定し，入射分析電磁石の中に設置される分析用真空チャンバを電気的に浮かせておき，それに印加する電圧を適当に切り替えることにより，入射イオンの質量

を高速に切り替える[35,36]．

　加速後のイオン電流測定は，図1.7.1の例では90°分析電磁石の直後の収束面付近に設置された位置可変のファラデーカップにより行われる．例えば，$^{14}$Cの分析用には，質量数12，13，14に対応する電圧をそれぞれ200マイクロ秒，1ミリ秒，100ミリ秒の間，繰り返し印加して入射し，加速後のそれぞれのイオン電流を蓄積測定することにより，高い精度で，$^{12}$C，$^{13}$C，$^{14}$Cの同位体比を測定できる．

　この方法は，イオン源の変動や加速器の透過率の変動による影響を小さくできるが，高電圧の高速切り替えという動きのある部分が不安定要素となる．

### （2）内部イオンモニタ法

　目的のイオンに付随して発生する同重の分子イオンを積極的に利用し，加速器の高電圧安定化を兼ねて，同位体比測定を行う方法が内部イオンモニタ法であり，その原理は東京大学のグループ等により開発された[12,13]．例えば$^{10}$Be測定には，質量数26の$^{10}$Be$^{16}$O$^{-}$を入射し加速するが，このとき同じ質量の$^{9}$Be$^{17}$O$^{-}$が同時に入射される．この分子イオンは荷電変換時に解離してそれぞれの原子イオンになるが，$^{9}$Be正イオン電流の蓄積値と$^{10}$Be計数値の比から$^{10}$Be/$^{9}$Beを算出できる（このとき同じ質量の$^{9}$Be$^{16}$OH$^{-}$も同時に入射するので，入射前の質量比である$I(26)/I(25)=\{I(^{10}\text{Be}^{16}\text{O}^{-})+I(^{9}\text{Be}^{16}\text{OH}^{-})\}/I(^{9}\text{Be}^{16}\text{O}^{-})$を測定する必要がある）．あるいは，解離されてつくられる$^{17}$O正イオンの数は$^{9}$Be正イオンの数に比例する（ほぼ同じである）ので，$^{17}$O正イオン電流の蓄積値と$^{10}$Be計数値の比から$^{10}$Be/$^{9}$Beを算出することもできる．これらの場合，$^{9}$Beあるいは$^{17}$Oの正イオン電流値を測定するときに，イオンビーム位置の変動をスリット電流の差として読みとり，加速器の高電圧発生にフィードバックすることにより，発生電圧を非常に精度よく安定化できるので，AMS測定の高精度化を容易にしている．この$^{17}$Oあるいは$^{9}$Be正イオン電流を内部イオンモニタと呼んでいる．$^{14}$C測定の場合は，$^{13}$CH$^{-}$から解離した$^{13}$C正イオン[37]，$^{26}$Alの場合は，意図的に試料に混合させたBOより得られる$^{10}$B$^{16}$O$^{-}$から解離した$^{16}$O正イオン[38,39]が同様にモニタイオンとして用いられ，加速後の90°分析電磁石の結像曲線位置近傍にセットされたファラデーカップ（マルチファラデーカップ；位置可変，スリット付き）により電流値が蓄積測定される．

　この方法は，測定中に磁場，電場，加速電圧などのイオン光学に関するパラ

メータを完全に固定しているので，高精度な測定が可能となっている[13]．

### （3） 同時入射法

　負イオン入射系の磁場や電場を工夫することにより，望みの質量のイオンのみを同時に入射することが可能である．図1.7.5はリコンビネータ(recombinator)と呼ばれる入射系であり，$^{14}C$測定専用のAMS装置として市販された小型加速装置に採用されている．この測定法も，すべての磁場，電場を固定して測定できるので，比較的に精度の高い測定法になっている[40]．しかしながら，この方法では，大量のイオン電流を加速器に入射することになるので，加速器への負担を減少させる工夫が必要である．例えば，機械的あるいは電気的なチョッパーを通す必要があり，その透過率の変動が精度を悪化させる原因になりうる．また，同時に入射される$^{13}C$イオンによる妨害バックグラウンドが大きく，それの低減化対策も重要な問題となる．

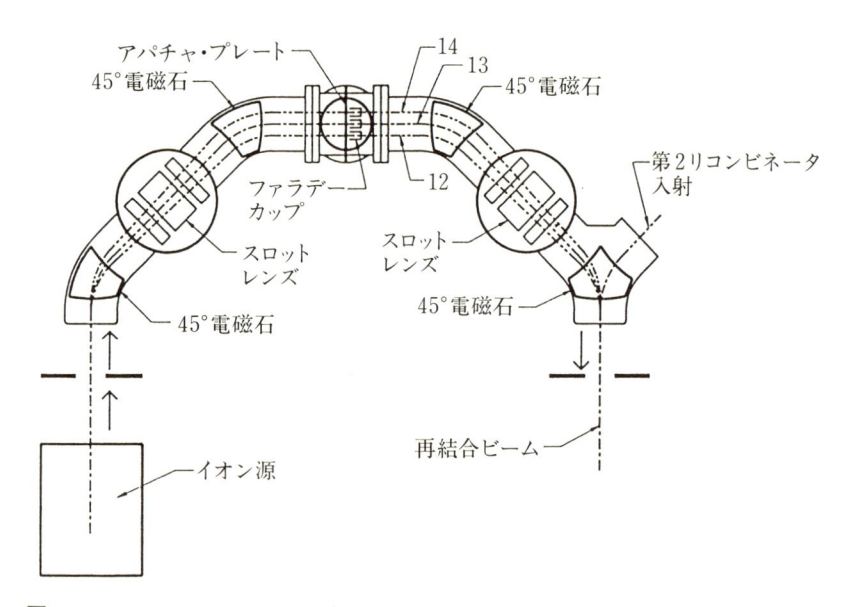

**図1.7.5**　リコンビネータの一例[40]．
　イオン源からのイオンを，1番目の電磁石により質量ごとに分散させ，必要なイオンを選び，次のレンズと電磁石により再び結合させて，加速器に同時に入射させる．

## 1.7.6 AMSの性能

AMSの性能のうち,検出効率,感度,精度について表1.7.3にまとめる.

検出効率とは,イオン源で消費した試料の元素量に対して,最終的にイオン検出器で計数されるイオン量の比である.それゆえ,検出効率は,イオン源における試料のイオン化効率と加速器全系の透過効率(荷電分布効率を含む)および検出器の計数効率の積である.この中で,加速器の透過効率は,荷電状態を選べば通常10%以上にすることが可能である.これに対して,イオン化効率は,試料の化学型,負イオンの電子親和力などにより大きく異なり,その値は$10^{-1} \sim 10^{-5}$にもなるので,検出効率を向上させるためにはイオン化効率をよくすることが効果的である.

検出感度とは最小検出同位体比であり,バックグラウンドレベルの計数から算出される値である.通常は安定同位体に対する比として表す.バックグラウンドの原因には2種類ある.ひとつは,例えば,安定同位元素イオンなどの真空壁あるいは残留ガスなどからの散乱イオン等が原因となる.これは,装置の注意深い設計やイオン検出器のエネルギー分解能の向上により,ある程度小さくできる.他のひとつは測定試料の純度に由来するもので,例えば$^{14}C$の場合には測定試料作成過程などに混入する現代炭素による汚染が感度を決定する.

着目核種の測定に必要な試料量は,その半減期とその検出効率に反比例する.$^{14}C$の場合,従来の放射線測定法に比べて約千分の一以下で測定可能であ

表1.7.3 AMS測定における典型的なイオン電流量,検出感度,検出効率,測定精度.

| 核種 | 化学型 | 負イオン | イオン電流 ($\mu$A) | 検出感度 | 検出効率 | 精度 (%) |
|---|---|---|---|---|---|---|
| $^{10}Be$ | BeO | BeO$^-$ | 0.5–20 | $3 \times 10^{-15}$ | $10^{-4}$ | 1–2 |
| $^{14}C$ | C | C$^-$ | 10–100 | $3 \times 10^{-16}$ | $10^{-2}$ | 0.5 |
| $^{26}Al$ | Al$_2$O$_3$ | Al$^-$ | 1–5 | $1 \times 10^{-15}$ | $10^{-5}$ | 1–2 |
| $^{36}Cl$ | AgCl | Cl$^-$ | 10–100 | $1 \times 10^{-15}$ | $10^{-3}$ | 5 |
| $^{41}Ca$ | CaH$_3$ | CaH$_3^-$ | 5–10 | $1 \times 10^{-15}$ | $10^{-5}$ | 5 |
| $^{129}I$ | AgI | I$^-$ | 5–10 | $10^{-14}$ | $10^{-4}$ | 5 |

り，$^{26}$Al，$^{36}$Cl 測定の場合には約一万分の一，$^{10}$Be と $^{41}$Ca の場合には約千分の一の試料量でよい．

測定精度は，加速器が安定しているときには，イオン計数の統計精度によってほぼ決まる．同位体比既知の標準試料の測定値との比較により，加速器の透過率の変動，イオン源出力電流の変動などによる影響はある程度除くことができる．その他，系統的誤差としては，イオン化の過程で起こる質量分別効果および装置の機械的透過率に関する質量弁別効果があるが，これらも標準試料の測定値から補正することができる．この表中の測定精度は，現在までに得られた典型的な値を示している．ただし $^{14}$C については考古学などからの高精度化の要請も強く，0.3％もの高い精度が報告されることもある．

### 1.7.7　AMSの応用

AMS による応用研究は非常に広い分野に拡がっており，それらのすべてをここに紹介することは不可能であるが，文献[28,29,41〜43]によくまとめられているのでそちらを参照されたい．

AMS は，従来の低レベル放射線測定法では全く測定不可能であったような微量の長半減期放射性核種を含む試料を取り扱う分野に，急速に浸透し発展してきた．試料がきわめて貴重である場合や少量の試料しか採取できない場合，あるいは，放射線取り扱いに厳重な注意を必要とするような大量の放射線を扱わなければ測定できないようなトレーサ実験の場合，などというような研究の大部分が AMS によって可能になっている．それらは，基礎科学をはじめあらゆる学際的研究分野において展開されている．

例えば，古人骨の年代測定は，従来ならば骨のほぼ全部を潰さなければ測定できなかったので，骨そのものを使う年代測定はほとんど実行されなかった．しかし AMS によれば，そのごく一部の骨片を用いて可能になったので，多くの化石人骨そのものの年代測定が試みられるようになった．

あるいは，海水中の $^{14}$C 濃度測定による海洋循環の研究，極地の氷の $^{14}$C 年代測定や $^{10}$Be 濃度測定による宇宙線変動の研究などは AMS によって初めて可能になった．

AMS の感度のよさを非常によく示すことのできる一例を以下に紹介す

る[44~46]．

　アルミニウムの同位元素のうち，$^{26}$Al の次に半減期の長い放射性核種は $^{29}$Al であるが，半減期は 6.6 分と短いので，この核種を使う生体トレーサ実験はほとんど実行不可能であった．これに対し AMS によれば，極微量の $^{26}$Al をトレーサとして生体内のアルミニウムの代謝を測定することが可能となった．

　アルミニウムはアルツハイマー病や ALS（筋萎縮性側索硬化症）の病因物質であるという説とそうでないという説とがあり，世界的に研究が盛んである．ラットの腹腔内に 10 dpm の $^{26}$Al を含む水溶液を注射し，5 日目から 10 日ごとにラットの脳，血液，肝臓内に含まれる $^{26}$Al 量を AMS により測定した結果が，図 1.7.6 である．これで明らかになったことは，健康な若いラットの脳内に，脳血液関門を通り抜けてアルミニウムが簡単に入り込み，しかも蓄積するらしいという事実であった．この結果のみから直接にアルミニウムがアルツハイマー病の原因であるとすることはできないが，他の実験からも，アルミニ

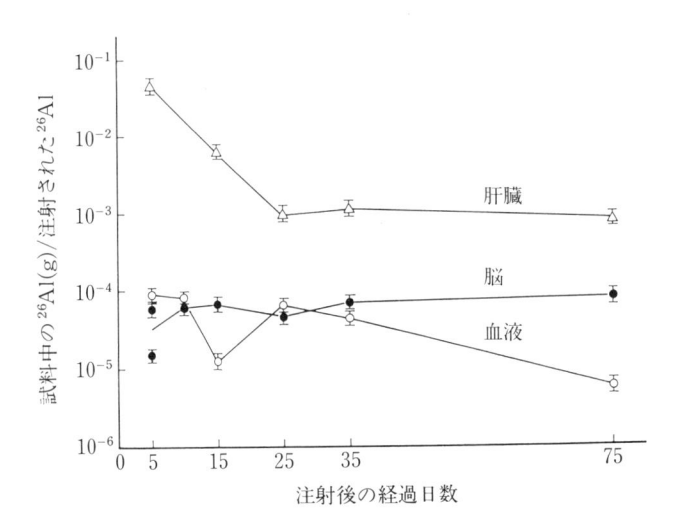

**図 1.7.6**　ラットの腹腔内に注射された $^{26}$Al の量 (10 dpm) に対する試料（肝臓，血液，脳の各 1 g 当たり）の中の $^{26}$Al の量の割合．横軸は注射後の経過時間．肝臓と血液中の $^{26}$Al は時間とともに減少するのに対し，脳内の $^{26}$Al 量はわずかに増加している[44]．

ウムが原因になるうるということが判明した.この測定に使用された $^{26}$Al はラット 1 匹当たり約 10 dpm であり,脳中にはそのうち約 $10^{-5}$〜$10^{-4}$ に相当する量が入り込んでいたことを示しているので,少ない場合には $10^{-4}$ dpm 程度の $^{26}$Al を測定したことになる.測定限界が 1 dpm に近いガンマ線測定法によりこれと同じ実験を行おうとすると,脳内の $^{26}$Al 量を 1 dpm 以上にする必要があり,約 $10^4$ 倍の $^{26}$Al 量を要する.この実験には 10 匹ほどのラットにそれぞれ 10 dpm の $^{26}$Al を注射しており,この費用は約 $10^5$ 円であったので,ガンマ線測定法で同じ実験を行う場合には約 $10^9$ 円の費用が必要であるということを意味している.すなわち,この研究は AMS により初めて可能になったことを示している.さらに素晴らしいことは,この実験に使用された全放射線量は 100 dpm 以下であり,厳しい手続きを要する放射線取り扱い施設における処理を要しないことである.実際,血液中のアルミニウムの動きを調べる目的で,ボランティアに $^{26}$Al を経口投与し,尿中に排泄される $^{26}$Al 量を長期間にわたって AMS で測定する,という実験まで行われているほどである[47].

### 1.7.8 おわりに

AMS は加速器という大がかりな装置を使うというイメージが強く,初心者には取っ付きにくい測定法であった.しかしながら,最近の科学技術の進歩は目覚ましく,大部分の加速器はコンピュータにより制御されるようになっており,初心者であっても少しの慣熟期間の後には測定も容易に行われるようになった.$^{14}$C 専用の AMS 装置のように,小型加速器による非常に扱いやすいシステムも開発されており,加速器科学の専門家のみが AMS の世界で活躍するという時代は過去になりつつある.

ここでは触れなかったが,AMS 実験の重要な部分を占めるのは,試料を AMS に適するように処理する化学の知識であり,物理と化学の分野の適度な融合によって AMS が開花したといえる.AMS(加速器質量分析法)の今後を予測することはあまり容易ではないが,質量分析というよりはむしろ原子番号 $Z$ の識別が AMS の本質であり,その新たな技術開発が鍵を握っていることは確実である.レーザによる核種の選択的イオン化は,AMS 開発の初期から提案されており,これらの開発次第では AMS がさらに発展する可能性があ

り，逆に，AMS を不要とする可能性も含んでいる．あるいは，新たな化学的手法の開発も大いに期待されるところであり，今後の展開が楽しみである．

## 参 考 文 献

1) L. Alvarez and R. Cronog: Phys. Rev. **56** (1939) 379.
2) R. A. Müller: "Radioisotope Dating with a Cyclotron", Science **196** (1977) 489-497.
3) G. L. Bennett, R. P. Beukens, M. R. Clover, D. Elrnore, H. E. Gove, L. Kilius, A. E. Litherland and K. H. Purser: "Radiocarbon Dating with Electroststic Accelerators: Dating of Milligram Samples", Science **201** (1978) 345.
4) H. E. Gove (ed.): Proc. 1 st Conf. on Radiocarbon Dating with Accelerators (Univ. Rochester, U. S. A., 1978).
5) W. Kutchera (ed.): Proc. 2nd Symposium on Accelerator Mass Spectrometry (Argonne National Laboratory, U. S. A., 1981).
6) W. Wölfli, H. A. Pollach and H. H. Anderson (ed.): Proc. 3rd Int. Symposium on Accelerator Mass Spectrometry (Zürich, Switzerland); Nucl. Instr. Meth. **233** (1984).
7) H. E. Gove, A. E. Litherland and D. Elmore (ed.): Proc. 4th Int. Symposium on Accelerator Mass Spectrometry (Naiagara-on-the-Lake, Canada); Nucl. Instr. Meth. **B29** (1987).
8) F. Yiou and G. M. Raisbeck (ed.): Proc. 5th Int. Conf. Acceleraor Mass Spectrometry (Paris, France); Nucl. Instr. Meth. **B52** (1990).
9) L. K. Fifield, D. Fink, S. H. Sie and C. Tuniz (ed.): Proc. 6th Int. Conf. on Accelerator Mass Spectrometry (Canberra-Sydney, Australia); Nucl. Instr. Meth. **B92** (1994).
10) A. J. T. Jull, J. W. Beck and G. S. Burr (ed.): Proc. 7th Int. Conf. on Accelerator Mass Spectrometry (Tucson, USA); Nucl. Instr. Meth. **B123** (1997).
11) Proc. 8th Int. Conf. on Accelerator Mass Spectrometry (Vienna, Austria); Nucl. Instr. Meth. (2000).
12) M. Imamura, Y. Hashimoto, K. Yoshida, I. Yamane, H. Yamashita, T. Inoue, S. Tanaka, H. Nagai, M. Honda, K. Kobayashi, M. Takaoka and Y. Ohba: "Tandem Accelerator Mass Spectrometry of $^{10}Be/^9Be$ with Internal Beam Monitor Method", Nucl. Instr. Meth. **B5** (1984) 211.
13) K. Kobayashi, M. Imamura, H. Nagai, K. Yoshida, H. Ohashi, H. Yoshikawa

and H. Yamashita: "Static operation of an AMS system using the beam monitor method", Nucl. Instr. Meth. **B52** (1990) 254.
14) K. Kobayashi, S. Hatori and C. Nakano: "New tandem accelerator facility of Tokyo University", Nucl. Instr. Meth. **B79** (1993) 742.
15) K. Kobayashi, S. Hatori and C. Nakano: "AMS system at the University of Tokyo", Nucl. Instr. Meth. **B92** (1994) 31.
16) Y. Nagashima, H. Shioya, Y. Tajima, T. Takahashi, T. Kaikura, N. Yoshizawa, T. Aoki and K. Furuno: "Accelerator Mass Spectrometry with 12 UD Pelletron at the University of Tsukuba", Nucl. Instr. Meth. **B92** (1994) 55.
17) 中井信之, 中村俊夫:「加速器質量分析による天然レベルの $^{14}C$ 測定」, 質量分析 **32**, No. 2 (1984) 211.
18) N. Nakai, T. Nakamura and M. Kimura: "Accelerator Mass Spectrometry of $^{14}C$ at Nagoya University", Nucl. Instr. Meth. **B5** (1984) 171.
19) M. Nakamura, Y. Tazawa, H. Matsumoto, M. Hirose, K. Ogino, M. Kohno and J. Funaba: "Accelerator mass spectrometry at the Kyoto University tandem accelerator", Nucl. Instr. Meth. **B123** (1997) 43.
20) T. Itahashi, T. Fukuda, T. Shimoda, Y. Fujita, T. Yamagata and Y. Nagame: "Mass Spectrometry of $^{41}Ca$ with the RCNP AVF Cyclotron", Nucl. Instr. Meth. **B29** (1987) 151.
21) H. Kume, Y. Shibata, A. Tanaka, M. Yoneda, Y. Kumamoto, T. Uehiro and M. Morita: "The AMS facility at the National Institute for Environmental Studies (NIES), Japan", Nucl. Instr. Meth. **B123** (1997) 31.
22) R. E. M. Hedges: Nucl. Instr. Meth. **B52** (1990) 428.
23) A. J. Bertsche, P. G. Friedman, D. E. Morris, R. A. Müller and J. J. Welch: "Status of the Berkeley Small Cyclotron AMS Project", Nucl. Instr. Meth. **B29** (1987) 105.
24) K. J. Bertsche, C. A. Karadi, R. A. Müller and G. C. Paulson: Nucl. Instr. Meth. **B52** (1990) 398.
25) M. B. Chen, D. M. Li, S. L. Xu, G. S. Chen, L. G. Shen, Y. J. Zhang, X. S. Lu, W. Y. Zhang, Y. X. Zhang and Z. K. Zhong: "The successful SINR mini cyclotron AMS for $^{14}C$ dating", Nucl. Instr. Meth. **B92** (1994) 213.
26) K. H. Purser, A. E. Litherland and H. E. Gove: "Ultra-Sensitive Patricle Identification Systems Based Upon Electroststic Accelerators", Nucl. Instr. Meth. **162** (1979) 637.
27) W. Wölfil: "Advances in Accelerator Mass Spectrometry", Nucl. Instr. Meth.

B29 (1987) 1.
28) C. Tuniz, J. R. Bird, D. Fink and G. F. Herzog: in "Accelerator Mass Spectrometry—Ultrasensitive Analysis for Global Science" (CRC Press, USA, 1998).
29) L. K. Fifield: "Accelerator mass spectrometry and its applications", Rep. Prog. Phys. **62**(1999) 1223.
30) D. Shapira, R. M. Devries, H. W. Fulbright, J. Toke and M. R. Clover: "The Rochester heavy ion detector", Nucl. Instr. Meth. **129** (1975) 123.
31) D. E. Nelson, R. G. Korteling, D. G. Burke, J. W. Mckay and W. R. Stott: "Results from Simon Fraser-McMaster Universities Carbon Dating Project", Proc. 1st Conf. on Radiocarbon Dating with Accelerators, (ed.) H. E. Gove (Univ. Rochester, U. S. A., 1978) p. 47.
32) G. M. Raisbeck and F. Yiou: "Accelerator Mass Spectrometry with the Grenoble and Orsay Cyclotrons", Proc. 2nd Symposium on Accelerator Mass Spectrometry, (ed.) W. Kutchera (Argonne National Laboratory, U. S. A., 1981) p. 23.
33) W. Henning, B. Glagola, J. G. Keller, W. Kutschera, Z. Liu, M. Paul, K. E. Rehm and R. H. Siemssen: Proc. Workshop on Techniques in Accelerator Mass Spectrometry (Oxford, UK, 1986) 196.
34) M. Paul: "Seperation of isobars with a gas-filled magnet", Nucl. Instr. Meth. **B52** (1990) 315.
35) M. Suter, R. Balzer, G. Bonani, Ch. Stoller, W. Wölfli, J. Beer, H. Oeschger and B. Stauffer: "Improvements in the Application of a Tandem Van-de-Graaf Accelerator for Ultra-Sensitive Mass Spectrometry", Proc. 2nd Symposium on Accelerator Mass Spectrometry, (ed.) W. Kutchera (Argonne National Laboratory, U. S. A., 1981).
36) M. Suter, R. Balzer, G. Bonani, W. Wölfli, J. Beer, H. Oeschger and B. Stauffer: "Radioisotope Dating Using an EN-Tandem Accelerator", IEEE Transactions on Nuclear Science **NS-28**, No. 2 (1981) 1475.
37) K. Kobayashi, K. Yoshida, M. Imamura, H. Nagai, H. Yoshikawa, H. Yamashita, S. Okizaki and M. Honda: "$^{14}$C Dating of Archaeological Samples by AMS of Tokyo University," Nucl. Instr. Meth. **B29** (1987) 173.
38) H. Nagai, T. Kobayashi, M. Honda, M. Imamura, K. Kobayashi, K. Yoshida and H. Yamashita: "Measurements of $^{10}$Be and $^{26}$Al in Some Meteorites with Internal Beam Monitor Method", Nucl. Instr. Meth. **B29** (1987) 266.

39) 永井尚生, 今村峯雄, 小林紘一, 吉田邦夫, 大橋英雄, 山下　博:「加速器質量分析法による $^{10}$Be と $^{26}$Al の測定」, 質量分析 **39**, No. 6 (1991) 315.
40) K. H. Purser, T. H. Smick and R. K. Purser: "A precision $^{14}$C accelerator mass spectrometry", Nucl. Instr. Meth. **B52** (1990) 263-268.
41) D. Elmore and F. M. Phillips: "Accelerator Mass Spectrometry for Measurement of Long-Lived Radioisotopes", Science **236** (1987) 543.
42) D. Elmore: "Ultrasensitive Radioisotope, Stableisotope and Trac-element Analysis in the Biological Sciences Using Tandem Accelerator Mass Spectrometry", Biological Trace Element Research **12** (1987) 231-245.
43) 今村峯雄, 永井尚生, 小林紘一:「加速器質量分析」, 質量分析 **39**, No. 6 (1991) 283.
44) K. Kobayashi, S. Yumoto, H. Nagai, Y. Hosoyama, M. Imamura, S. Masuzawa, Y. Koizumi and H. Yamashita: Proc. of the Japan Academy **66(B)**, No. 10 (1990) 189.
45) O. Meirav, R. A. L. Sutton, D. Fink, R. Middleton, J. Klein, V. R. Walker, A. Halabe, D. Vetterli and R. R. Jonson: "Application of accelerator mass spectrometry in aluminium metabolism studies", Nucl. Instr. Meth. **B52** (1990) 536.
46) S. Yumoto, H. Nagai, M. Imamura, H. Matsuzaki, K. Hayashi, A. Masuda, H. Kumazawa, H. Ohashi and K. Kobayashi: "$^{26}$Al uptake and accumulation in the rat brain", Nucl. Instr. Meth. **B123**(1997) 279.
47) J. P. Day, J. Barker, L. J. A. Evans, J. Perks, P. J. Seabright, P. Ackrill, J. S. Lilley, P. V. Drumm and G. W. A. Newton: Lancet **337**(1991) 1345.

# 2　イオンビーム物質改質

## 2.1　イオン注入技術

### 2.1.1　はじめに

　イオン注入技術は，keV～MeV に加速されたイオンを，固体や薄膜の表層(深さ数 nm～数μm 程度)に打ち込み，その物性を制御する技術である．イオン注入技術は，(1)室温で試料に元素導入できる，(2)イオンの数をカウントして低濃度から高濃度まで高精度に濃度を制御して元素導入できる，(3)パターニングされたレジストマスクにより任意の領域に選択的に元素導入ができる，(4)試料内部にピーク濃度をもたせた注入分布を形成できる，(5)$SiO_2$ などを透過させて試料内部に元素導入ができる，(6)非熱平衡プロセスであり周期表にあるほとんどの元素のイオン注入が可能で，固溶限界以上に導入できる，といった長所を有する．
　また短所としては，(1)欠陥が発生する(これを長所として利用する場合もある)，(2)装置が大がかりでかつ複雑で高価である，が挙げられる．このうち長所の(1)～(5)は，広範な分野を支えるマイクロエレクトロニクスの中核である超 LSI の開発・製造に，きわめて重要である．超 LSI の発展は，露光技術，薄膜技術，ドライエッチング技術などとともに，このイオン注入技術の開発がなければありえなかったと思われる．

一方，イオン注入技術は半導体にとどまらず，各種材料への応用が研究されてきた．その応用研究の重要なひとつに，材料の表面改質がある．例えば，金属へのイオン注入では，耐食性や耐摩耗性の改善を目的とする場合が多い．一般的に半導体へのイオン注入以外の目的では，注入量を多くする必要がある．半導体用のイオン注入装置では電流が小さく，この種の実験や研究に支障をきたす場合が多いため，大電流イオン注入装置の開発が行われている．このような中で，人工股関節など生体材料の耐摩耗性改善や，宇宙関連部品の表面改質など高付加価値でコストの要因が相対的に低くできる分野への応用に，イオン注入技術は実用化されている．

## 2.1.2 イオン注入技術の基礎事項

ここではイオン注入技術を半導体デバイス(SiやGaAsなど)や表面改質などに応用するとき考慮すべき基礎事項について述べる．SiやGaAsなどの半導体への一般的なイオン注入においては，スパッタ効果によるエッチングはほとんどの場合に考慮する必要がなく，イオンはすべて半導体中にドーピングされると考えてよい．しかし金属の表面改質などのように，半導体へのイオン注入における最大注入量に比べて2〜3桁程度注入量が多い場合には，特に，スパッタ効果によるエッチングを考慮することが必要となる．

### a. 注入量とその計測

$B^+$のような1価のイオンが1個，基板に打ち込まれたとき，この電荷を中和するために基板中の1個の電子が移動する(電流が流れる)．同時に打ち込まれたイオンの加速エネルギーに依存して基板表面から二次電子が放出される．この二次電子が，接地電位にある注入室の内部管壁に捕えられると，管壁から基板へと電流が流れたことにより，見かけ上，打ち込まれたイオン電流が多くなったように見える．したがってイオンの数(イオン電流)を正確に測定するには，基板表面から放出された二次電子を測定系に戻すような機構が必要となる．イオン注入装置の種類により様々な方法が用いられるが，一例としてファラデーカップがある．ファラデーカップは，図2.1.1に示すようにマスク電極，バイアス電極と筒状の電流測定部から構成される．マスク電極を通過した

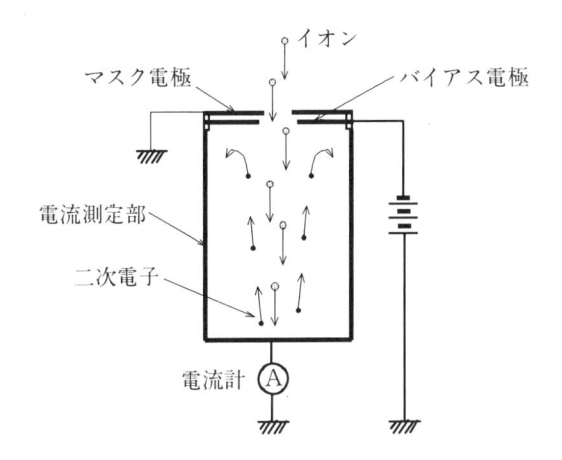

図2.1.1 ファラデーカップ．

イオンビームが筒状の電流測定部に入射して発生した二次電子を，筒の前方にあるバイアス電極に$-500\,\mathrm{V}$程度印加することで電流測定部に押し戻し，正味のイオン電流を測定する．

　試料を1枚ずつイオン注入する場合は，イオンビームを三角波電圧で$X\text{-}Y$走査する．イオンが照射される領域は，ファラデーカップ構造の円筒の前に置いた金属板の穴の大きさで決まるが，平行ビーム注入装置でない従来のイオン注入装置の場合には，走査イオンビームの広がりのため穴サイズより若干大きくなる．注入量は，試料表面の単位面積あたりに，試料表面を通過したイオン数($N_\mathrm{D}$：ドーズ量)で表す．このドーズ量は，ウェハー位置での積算電気量(電流×時間)$Q(\mu\mathrm{C})$と，イオンビーム照射面積$S(\mathrm{cm}^2)$から求められる．例えば，1価のイオンビームを，$20\,\mathrm{cm}^2$の照射領域に$Q=320\,\mu\mathrm{C}$（例えば$3.2\,\mu\mathrm{A}$のイオンビームを100秒）照射した場合，$N_\mathrm{D}=[3.2\times10^{-4}\,\mathrm{C}/1.6\times10^{-19}\,\mathrm{C}$(1価のイオンの電気量)$]/20\,\mathrm{cm}^2=10^{14}\,\mathrm{ions/cm}^2$となる．

## b. 注入されたイオンの分布
### （1） 飛程と注入分布

　Siなどの固体中にイオンを注入すると，イオンは固体原子との相互作用によって次第に注入時の運動エネルギーを失い，ついに静止する．エネルギー損

失の機構として，固体原子との電子衝突および核衝突の2種類がある．電子衝突ではエネルギー損失と散乱角が小さく，イオンはその進行方向をあまり変えない．一方，核衝突ではイオンの散乱角も大きく，衝突相手の固体原子もその格子位置からはじき飛ばされるため，格子欠陥発生の原因ともなる．イオンが固体内で静止するまでに進む距離として，図2.1.2に示すように全飛程（イオンの道筋に沿った長さ）$R$，$R$の注入方向への投影を投影飛程 $R_P$，静止位置から注入方向への垂直距離（注入方向からの横方向のずれ）を $R_L$ と定義する．これらは衝突がランダムに起こるため，ある平均値のまわりに分布をもつ．

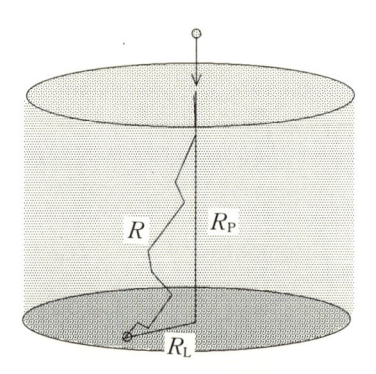

図2.1.2 注入飛程の定義．

Lindhard, Scharf, Schiott[3] は，固体は非晶質という仮定のもとで，衝突によるエネルギー損失（核的阻止能と電子核阻止能）を導出し，注入されたイオンの分布について，任意の次数のモーメントを求める理論的考察を行った．これは一般にLSS理論と呼ばれている．LSS理論では注入分布を次のようなガウス分布としているが，数多くの実験データと比較され，その有効性が確かめられている．すなわち深さ $x$ における，打ち込まれた元素の濃度：$N(x)$ （cm$^{-3}$）は，

$$N(x) = N_P \exp\left[\frac{-(x-R_P)^2}{2\Delta R_P^2}\right]$$

で表され，図2.1.3の実線で示すような分布となる．ここで，$N_P$ はピーク密度（cm$^{-3}$），$R_P$ は投影飛程，$\Delta R_P$ は標準偏差で $R_P$, $\Delta R_P$ の計算結果が与えられており有用である[4]．なお，注入量（ドーズ量：$N_D$）は，注入されたイオンの総

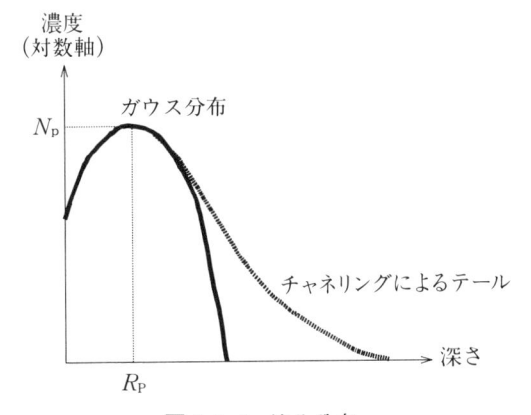

図2.1.3 注入分布.

量，すなわち $N(x)$ を深さ方向に積分したものに相当するから，注入量：$N_D$ とピーク密度：$N_P$ との関係は，

$$N_D = \int N(x) dx = N_P \sqrt{2\pi} \Delta R_P \rightarrow N_P = N_D/(\sqrt{2\pi} \Delta R_P)$$

のようになる．

### （2） チャネリング効果

超 LSI をはじめ多くの半導体デバイスは，原子配列に規則性をもつ単結晶基板を用いて作製される．例えば Si 単結晶の結晶構造は立方晶であり，⟨100⟩，⟨110⟩軸方向などに，原子の存在しない隙間（チャネル）が存在する．イオンビームが隙間の方向に一致して打ち込まれると，エネルギー損失をあまり受けず，結晶の奥深くまで侵入する．この現象をチャネリング効果という．チャネリング効果によって生じる注入分布（チャネリングテール）の例を図2.1.3の点線に示す．しかしこの現象は基板の面方位，イオンの入射角度，加速エネルギー，イオン種などに影響を受け，同一分布を再現性よく得ることはきわめて困難である．そのためデバイスへの応用では，チャネリング効果は好ましくない．

このようなチャネリング効果は，イオンビームの入射角度をある限界以上に傾斜させると，無視できるようになる．一般的にはイオンビームの方向を，基板表面に対し7°程度傾けて注入することが多い．しかし基板原子による散乱

の結果，チャネリングする成分(チャネリングテール)が必ず生じ，ガウス分布からのずれの原因となる．このテールはBを用いて浅いp型領域を形成する場合，特に問題となる．そのためSiイオンやGeイオン注入などでSi表面をあらかじめ非晶質化し，その後Bイオン注入して，チャネリングテールを防止する技術が研究されている．この場合，熱処理により形成されるp-n接合の空乏層中に，SiイオンやGeイオン注入による残留欠陥が存在しないような注入条件が要求される．

**(3) 非対称分布**

半導体デバイスで重要なBイオン注入について，注入分布の加速エネルギー依存性を図2.1.4[6]に示す．これから加速エネルギーが大きくなるにつれ，ガウス分布からのずれが大きくなることがわかる．またこの傾向は質量の小さいイオンほど顕著になる．非対称分布の計算法として

ジョインド・ハーフガウシアン(joined half-Gaussian)
ピアソンIV分布(Pearson IV)
ボルツマン輸送方式(Boltzmann transport equation)
モンテカルロシミュレーション(Monte Carlo simulation)

などがある．ピアソンIV分布では，ガウス分布で用いる一次のモーメント：平

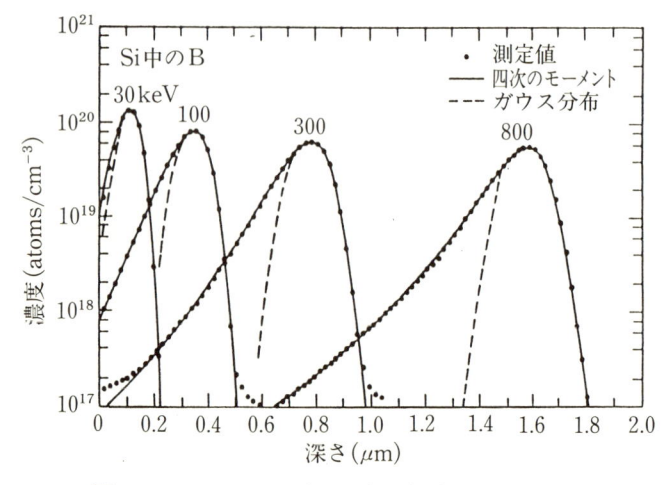

図2.1.4 SiへのB注入分布の加速電圧依存性．

均値(projected range：$R_P$),二次のモーメント:標準偏差(standard deviation, straggling：$\sigma$)だけでなく,さらに三次のモーメント(skewness：$\gamma_1$ → 分布の非対称性の度合),四次のモーメント(kurtosis：$\beta_2$ → ピークの平坦さ)を用いて分布の形を決める.なおピアソンIV分布のピーク値は,ガウス分布と異なり必ずしも $R_P$ と一致しない.また,三次,四次のモーメントに物理的な意味がないことから,測定結果やシミュレーション結果とのフィッティングにより値を決めている.

### (4) 2層系における注入分布

Si デバイスでは,チャネリング防止と注入層の表面保護のために,薄い $SiO_2$ を通して Si 基板にイオン注入することが多い.このような2層系における注入分布を決める簡単な計算方法が古川らによって提唱された[7].この方法による $SiO_2$-Si 中の注入分布の求め方は以下の通りである.

$SiO_2$ 中における注入イオンのガウス分布を描く(図2.1.5(a))

Si 中の注入イオンのガウス分布を描く(図2.1.5(b))

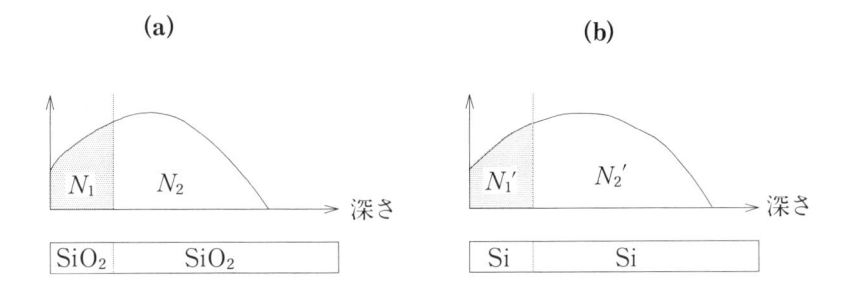

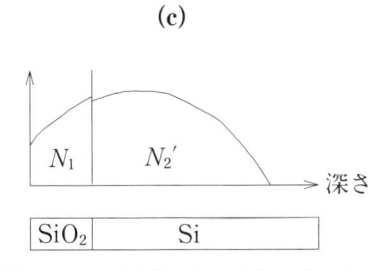

図2.1.5 2層系の注入分布の求め方.

$N_1=N_1'$, $N_2=N_2'$ で，かつ $N_1+N_2'=N$ となるように，図を描く（図 2.1.5(c)）．

この方法は物質1と物質2の間で注入イオンの $\Delta R_P/R_P$ 比が，あまり差がないような2層構造中の注入分布を求める場合に有効である．

$SiO_2$ を通して高ドーズ量のイオン注入をするとき，ノックオンによって $SiO_2$ の構成元素（SiとO）がSi内に導入される．例えば，180 keV，$10^{16}$/$cm^2$ の条件で，550Å の $SiO_2$ を通してAsイオン注入したとき，ノックオン酸素では，Si(111)基板では熱処理によるキャリア回復を妨げるが，Si(100)ではあまり問題にはならないことが示された[8]．

### （5） 横方向広がり

イオンが基板中に注入されると，イオンは必ずしも直進せず，注入方向からずれて静止する．これは，基板上にマスクを形成してイオン注入したとき，マスクエッジからマスクの下にもイオンが侵入することを意味する．注入イオンの横方向濃度分布は，イオンの入射方向を $z$ 軸，横方向を $x$ 軸としたとき，マスクエッジ近傍での分布は次の式で近似される[9]．

$$N(x,z) = \frac{N}{\sqrt{2\pi}\,\Delta R_P} \exp\left[\frac{-(z-R_P)^2}{2\Delta R_P}\right] - \frac{1}{\sqrt{\pi}} \mathrm{erfc}\left[\frac{x-W}{\sqrt{2}\,\Delta R_L}\right]$$

ここで，$2W$ はマスクの開口部の幅，$\Delta R_L$ は横方向広がりの標準偏差である．

### （6） 欠陥分布

加速されたイオンが固体原子との核衝突をすると，固体原子をはじき飛ばして（knock onまたはrecoil），原子の抜けた孔（空孔あるいは空格子点：vacancy）を形成し，自らは大きく散乱される．はじき飛ばされた原子は他の格子原子をはじき飛ばし，もとのイオンはさらに他の原子との衝突で格子原子をはじき飛ばすといったように，イオンの軌跡に沿って欠陥が形成される．基板に発生する欠陥の密度は，入射イオンの質量，加速エネルギー，注入量，基板温度，イオンの入射角（チャネリングの程度）などに依存する．他のパラメータを一定にして注入量を変えてゆくと，ある値で表面が完全に非晶質化する．この注入量を非晶質化の臨界ドーズ量と呼び，イオンの質量に大きく依存する．Siにおける臨界ドーズ量のイオン種と基板温度依存性は実験的に調べられており，質量が大きくなると，低ドーズ側で非晶質化することが示された[10]．

イオン注入で生ずる欠陥密度には深さ依存性がある．エネルギーが大きく，電子衝突が主なエネルギー損失機構のときは欠陥の発生は少なく，固体の中でエネルギーを次第に失って，核衝突が支配的になると欠陥発生が多くなる．さらにエネルギーが小さくなると，欠陥の発生は少なくなり，結局，イオン注入の分布のピーク位置に近い深さにピークをもつような欠陥分布が形成される．欠陥密度(空孔密度あるいは格子間原子(格子点を離れた原子)密度)は，前述の衝突機構からもわかるように，イオン注入の原子密度より2～3桁も多い．

### (7) 注入層のアニール

半導体へのイオン注入では，熱平衡状態のドーピング層を得るため，注入後熱処理(アニール)する．これによって，基板中のランダムな場所に注入された原子を，格子点に置き換えるとともに，欠陥を低減して結晶性を回復させる．半導体におけるイオン注入技術とは，広義では半導体へのイオン打ち込みとアニール技術を総称したものといえる．一方，金属などへの高ドーズイオン注入による表面改質は，表面層の物質変換ともいえ，半導体における熱処理とは位置付けが異なる．

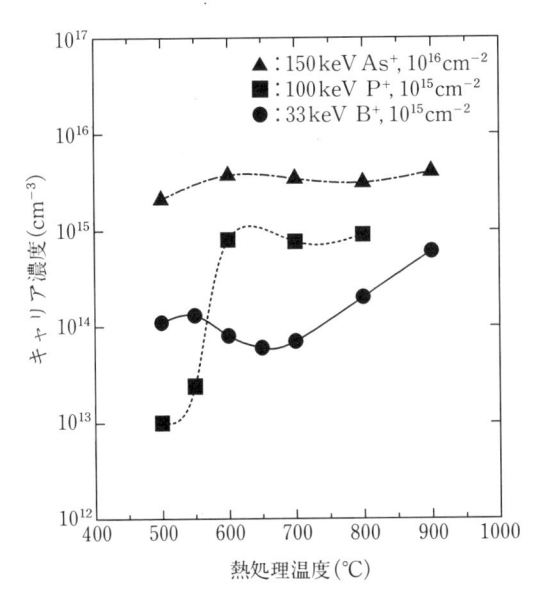

図 2.1.6 Siへ注入した元素の活性化と熱処理温度．

Si デバイスで重要な B, P, および As について, 高ドーズイオン注入でのキャリア濃度の熱処理温度依存性を図 2.1.6[11,12]に示す. ここで B イオン注入の場合だけ, 他の場合のものと異なり, 活性化が高温にまで及んでいる. 一般に非晶質化していると, キャリアの回復および結晶性の回復が, 500〜600℃の低温で起こる. しかし, 実際のデバイス製作では, より高温の遷移領域の結晶性回復まで行う必要があり, したがって注入原子の電気的活性化は, かなり高温アニールを必要とする. B, P の場合は 800℃, As の場合は 850℃程度まで, 注入分布をほぼ維持し, 電気的活性化が起こる. それより熱処理温度が高くなると熱拡散が生じる. 通常 p-n 接合の形成では, 熱拡散が起こる条件で熱処理される. これは, p-n 接合を注入誘起欠陥の残留していない結晶内に形成することで, 良好な特性が得られるためである.

　なお, $10^{14}/cm^2$ 程度以下の注入量では, 拡散係数 $D$ の濃度依存性が小さいため, 熱処理後の不純物の再分布は次のような式で近似される.

$$N(x, t) = \frac{N_{max}}{\sqrt{1+4Dt/2\Delta R_P^2}} \exp\left[\frac{-(x-R_P)^2}{2\Delta R_P^2 + 4Dt}\right]$$

しかし, $10^{15}/cm^2$ を超える高ドーズイオン注入では, 注入欠陥やその他注入元素に固有の原因によって, 拡散係数が大きくなる. 一般に高濃度では拡散係数が大きくなるため, 高濃度領域が平坦な分布, すなわちステップ状になる.

## 2.1.3 イオン注入装置

　イオン注入装置は, 発生するイオン電流や加速エネルギーの大きさでそれぞれ装置の構成が異なる. そのため, 装置の性能(イオン電流や加速エネルギー)で大まかに分類されている[13].

### a. 中電流装置

　基本構成は図 2.1.7 に示すように, イオン源, 前段加速部, 質量分析部, 後段加速部, $X$-$Y$ 走査部, および打ち込み試料室から成り立っている. 200 kV のイオン注入装置の場合, 例えば, 前段加速電圧として 35 kV, 後段加速電圧として 165 kV を用い, 合計 200 kV となる. イオン源から後段加速部まで高電圧がかかるため, 二重の部屋の形状(ハウジング)をしている. この部屋の内

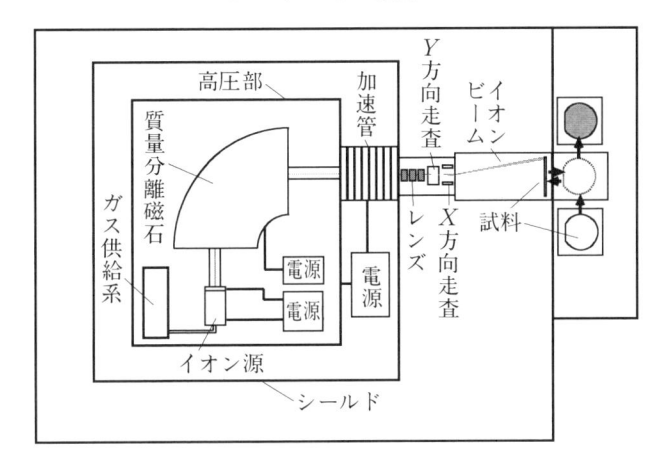

図 2.1.7 イオン注入装置.

部の壁には鉛板が張られている．これは加速管あるいはその後方で，加速イオンと，残留ガス分子あるいは装置構成部品との衝突で発生する二次電子が，ソース側へ逆加速され，加速管を構成する金属部に衝突するときに放出されるX線を遮蔽するためである．後段加速の加速管の高圧電源の印加部，および質量分析部からイオン源部までの部分は高電圧がかかっており，高圧ターミナルと呼ばれる．イオン源部はこれよりさらに 35 kV 高くなっている．高圧ターミナルの各機器への電力供給のため，高耐圧のオイル絶縁トランスなどが利用される．イオン源部は，高圧ターミナル内でさらに絶縁碍子（がいし）で絶縁されており，電力はやはり高耐圧絶縁トランスを介し供給される．高電圧側の各電源の制御は，かつては接地側から絶縁ロッドで機械的に行われていたが，操作性，信頼性が悪いことから，現在ではほとんど光ファイバーを用いた光通信によって行われている．ハウジングのドアには高圧インターロック機構があり，保守などのためハウジングのドアが開いた場合，高圧が印加できない状態になる．高圧部で作業をするときは，必ずアース棒で高圧部に触れ，残留チャージを取り除くことが重要である．

注入の試料面内での均一性を得るため，三角波電圧でイオンビームを $X$-$Y$ 走査する．このとき試料に近い電極板（スキャンプレート）を 5～7° 程度曲げ，DC 成分を有する三角波電圧を加える．これはビームライン中で残留ガス分子

との衝突の結果電荷を失った，走査できない中性ビームを除去し，試料上の注入均一性を向上させるためである．注入量の計測には前述のファラデーカップ型が用いられる．

　超LSIのプロセスでは，チャネリングを抑制するため，7°の傾斜注入が行われる．しかし素子の微細化にともなって，7°の傾斜注入による注入のマスクの影(注入されない領域)の素子特性に与える影響が深刻になってきた．このような問題に対して，ウェハーを回転してイオン注入を行い[14]，非対称性を改善している．なおこの回転注入は，トレンチ側壁への注入や，LATID (Large-Angle-Tilt Implanted Drain)法[15]などでも，重要な技術となっている．ウェハーを連続的に回転する代わりに，90°ステップで4回注入することもある．

　通常の中電流装置では静電スキャンプレートによる角度走査を行っているため，ウェハーの大口径化にともなって，ウェハー面内でビームの注入角度のばらつきが問題となる．例えば，6インチの標準装置では±3°以上の注入角度誤差が生じていた．また，後述のトレンチ側壁への注入でも注入角度誤差が問題となる．このため平行なビームによるイオン注入が要求されるようになってきた．中電流装置でこの平行ビームを得る方法としては，水平方向の静電走査後に磁界で補正して水平方向で平行なビームにする．八重極電界レンズを2段用いて水平・垂直方向に平行なビームにする，水平方向の静電走査後に再度静電走査を行って水平方向で平行なビームにする，などの方法が行われている．

### b.　大電流装置

　基本構成は中電流装置と異なり，イオンビームの$X$-$Y$走査部がなく，イオンビームを固定して基板を機械的に動かし，複数枚を処理するバッチ処理で注入が行われる．そのため，例えば25枚のウェハーを取り付けた円板(プラテン)を，500〜1800 rpmで回転させるとともに平行に往復動作させることなどによって，均一にイオン注入する方法がとられる．このバッチ処理法で等価的な打ち込み面積を大きくすることにより，基板上のイオン電流密度を下げて基板の温度上昇を抑えている．また最大80 keVまでの大電流装置では，後段加速部がない．MOSデバイスのソース・ドレイン，あるいはバイポーラデバイスのエミッタ形成などの高濃度注入には，この大電流装置が利用される．大電

流装置は多くの課題を解決して現在に至っているが，デバイスの微細化とともに新たな課題も出てきている．最近の課題としてはチャージアップによるMOSトランジスタのゲート酸化膜破壊，パーティクル・クロスコンタミネーション，レジストからの脱ガスなどがある．

### c. 超大電流装置

酸素イオンをSi基板に打ち込んで，Si基板内に，埋め込み酸化膜を形成し，SOI(Silicon On Insulator)基板を採算ベースで作製するには，100 mA程度のイオン電流が必要とされる．このような超大電流のイオン源として，デュオピガトロンなどが用いられる．良質のSOI基板を得るため，500°C程度の高温注入が，バッチ処理法で行われる．また，イオンビームによるビームラインや打ち込み室の金属材料のスパッタリング汚染を防止することが，キーテクノロジーのひとつである．

### d. 高エネルギー装置

RBSやチャネリング法によるMeV領域の高エネルギーイオンビーム分析は，イオン注入分布や欠陥解析などに重要な貢献をしてきた．これに加えて，レトログレードウェルの形成，ROMのプログラミング，サイリスタのターンオフ時間の改善などの半導体デバイスへの新しい展開のみならず，新材料開発への新しい応用のための高エネルギーイオン注入のニーズが近年高まってきた．

イオンを高エネルギーに加速する方法としては，静電型：バン・デ・グラーフ(van de Graff)型，コッククロフト-ワルトン(Cockcroft-Walton)型，シェンケル(Schenkel)型，および，高周波型：RF型，RFQ(Radio Frequency Quadrupole)型がある．また，このうちで静電型加速器の構造としては，シングルエンド(single end)型とタンデム(Tandem)型がある[16,17]．

MeV程度の高エネルギーに加速されたイオンは，電磁石で質量分析されるが，1台の装置を有効に活用するため，目的の異なるビームラインに接続されるように，偏向角度の異なる分析ポートを複数設けることが一般的である．

### (1) シングルエンド型静電加速

静電加速のうちバン・デ・グラーフ加速は，大地側と高圧側にプーリーと呼

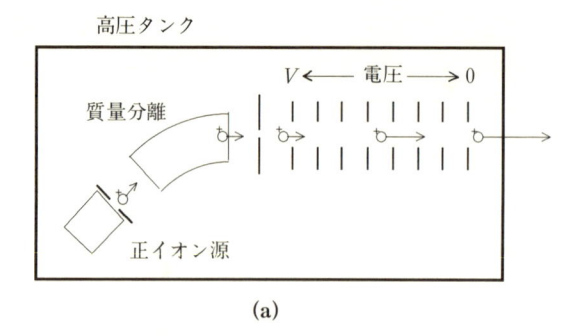

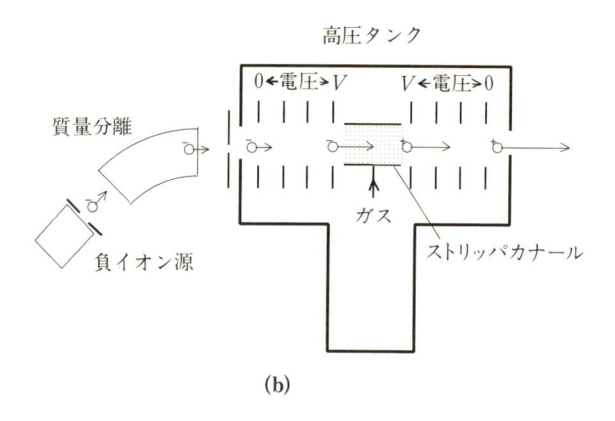

**図 2.1.8** シングルエンド型静電加速(a)とタンデム型静電加速(b).

ばれる金属円柱が高速で回転し，それと接触してゴム絶縁ベルトが回っている．それぞれのプーリーに対して絶縁ベルトに接触してメッシュが取り付けられ，大地側のメッシュとプーリー間に高圧の直流電圧が印加されると，ベルト上に＋の電荷が乗り，高圧部に運ばれる．そして高圧部では，ベルト上の＋電荷を中和するようにメッシュを通じて電子が奪われ，高電圧が発生する．高圧ターミナルには RF イオン源，ガスボンベ，制御電源などが収納されている．イオンは引き出し後，前述のイオン注入と同様な加速管で加速される．これらは，絶縁性のよい $SF_6$ ガスで満たした高圧容器の中に収容されている．イオンビームが質量分析された直後に一対のスリットを設けており，ここに流れる

電流の差を検出して高電圧(加速電圧)の安定化を行う．すなわち，加速電圧が下がるとイオンは電磁石によって大きく偏向し，逆に加速電圧が上がると偏向が小さくなり，スリット電流に反映される．これを大地側メッシュに印加する電源にフィードバックすることによって，加速電圧の制御が行われる．この後Qレンズ，スリットなどによりイオンビームの集束，ビーム径の調整を経て，注入やRBS分析などが行われる．

その他のシングルエンド型静電加速の装置(図2.1.8(a))では，絶縁性の高い$SF_6$ガスで満たした高圧容器の中に収容されたイオン源で発生したイオンを，コッククロフト-ワルトン型などの高圧電源と接続した加速器で加速する．

**（2） タンデム型静電加速**（図2.1.8(b)）

タンデム型ではイオン源は大地側にあり，負イオンが，例えば60 kV で引き出されて質量分析される．その後，コッククロフト-ワルトン型やシェンケル型などの高圧直流電源に接続された＋の高圧部(例えば2 MV)に向かって，負イオンとして加速される．高圧部には，Arや$N_2$ガスが導入されて一定の真空レベルに保たれた，チャージ交換カナールと呼ばれる小さな筒がある．負イオンがこの領域を通過するとき，これらのガス分子と衝突し，電荷交換によって1価，2価などの正イオンが発生する．これらの正イオンは，2 MV の高圧部から，それぞれ接地電位側に加速される．1価正イオンでは，さらに2 MeV(計60 keV+4 MeV)，2価正イオンではさらに4 MeV(計60 keV+6 MeV)加速される．その後電磁石で質量分離され，試料室へ導入される．

**（3） 高周波(RF)・高周波四重極(RFQ)の線形加速(ライナック)**

RFライナック(図2.1.9(a))では直線状に長さの異なる金属円筒を配列し，円筒からイオンが出てきたとき，隣の円筒との間の電界によって，イオンがうまく加速されるように高周波電圧を印加することを繰り返して，高エネルギービームを得る．電子ビームの高エネルギー加速に用いられることが多い．

RFQ(Radio Frequency Quadrupole) ライナック(図2.1.9(b)) では，円筒状のシリンダーの中に，先端がsin状の波形になっている4枚の加速電極(ベーン)を90°対称に設けた高周波共振器の構造をしている．この高周波共振器で，共振周波数の高周波電界を，隣合うベーンが常に逆極性となるように印加し，中心軸付近を通るイオンビームの加速と集束を同時に行う．RFQ型では静電型加速と比較して，高エネルギーで大電流のイオンビームの加速が可能

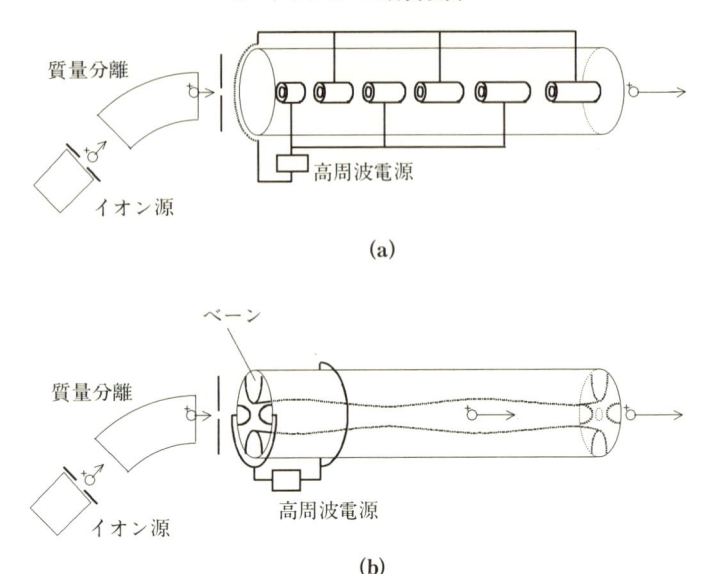

図 2.1.9 RF ライナック(a)と RFQ ライナック(b).

で，高圧タンクが必要ないなどの長所があるが，加速器へのビームの入射条件(ビーム径，集束性)が厳しい，イオンのエネルギーがイオン種によって固定されるという欠点がある．

## 2.1.4 イオン注入技術の半導体デバイスへの応用

イオン注入技術の応用分野は，半導体デバイス(MOS, バイポーラ，ディスクリート，化合物半導体)，液晶ディスプレイ用 TFT, 表面改質，およびその他各種材料物性の制御などである．この中で半導体デバイスへの応用について述べる．

### a. MOS デバイス：ダイナミック RAM (DRAM), CMOS

MOS デバイスを用いたメモリの中で，読み出しと書き込みを短時間で繰り返して(リフレッシュ動作)情報を維持する DRAM (Dynamic Random Access Memory) は，1 セルが 1 トランジスタ・1 キャパシタという簡単な構

造のため,微細化技術の進展を促しつつ,高集積・高密度デバイスの最先端を歩んでいる.DRAM では,キャパシタが電荷を蓄えている場合を 2 進法の"1",蓄えていない場合を"0"として 1 bit のデータを記憶する.書き込みはトランジスタを導通させ,データに応じた電位をビット線からキャパシタに印加し,キャパシタに電荷を蓄えることによって行う.また読み出しはビット線の電位を所定の値に設定し,トランジスタを導通させ,蓄えられていた電荷が,ビット線の容量とキャパシタの容量とに配分されて生じるビット線の電位の変化を,検知増幅器で検知して行う.そしてリフレッシュは検知した結果を増幅し,ビット線にデータに応じた電位を与えることによって行う.

DRAM において,1 セルあたりの面積は高密度化とともに小さくなり,キャパシタ面積も小さくなってくる.しかし,メモリ動作を確実にするためにはキャパシタの容量値として一定の大きさが必要である.このため 1 Mbit(1024 kbit の記憶容量)DRAM 世代までは,図 2.1.10(a)に示すようなプレ

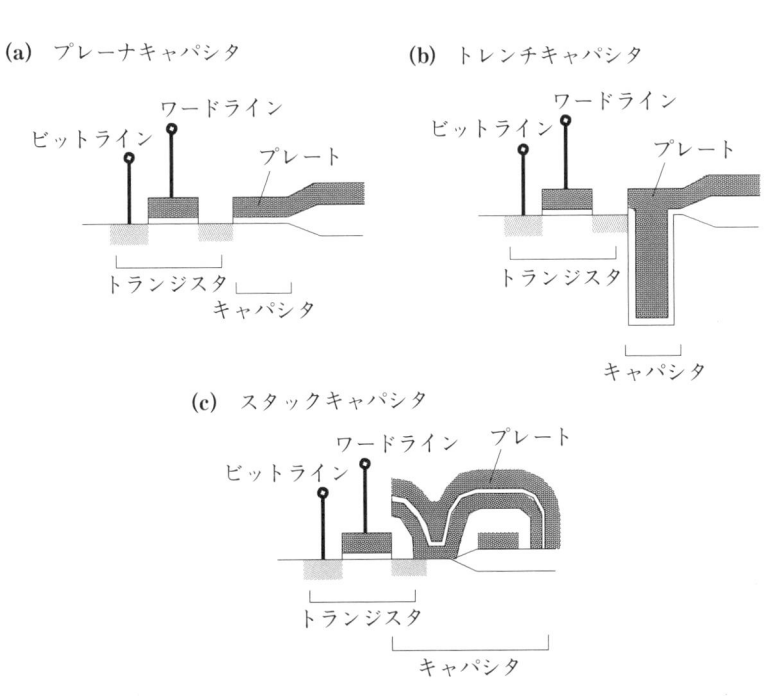

図 2.1.10 DRAM 1 セルの構造.

ーナキャパシタが用いられ，キャパシタ面積が小さくなった分を絶縁膜の薄膜化でカバーしてきた．しかし 4 Mbit DRAM あたりから，記憶に十分な蓄積電荷を確保するのに十分な面積を平面的に確保することが困難になってきた．このような微小面積内で，できる限りキャパシタ面積を大きくとるために，図 2.1.10(b)，(c) に示すような，溝を掘って溝の側面を利用するトレンチ(trench：溝)キャパシタ方式，および立体構造のスタック(stack：積み重ね)キャパシタ方式が考え出された．

DRAM の周辺回路など，超 LSI で使用される重要なデバイスとして，図 2.1.11 に示す CMOS(Complementary MOS：相補型 MOS)がある．以下に CMOS 製造における各イオン注入工程の概要を順を追って説明する．

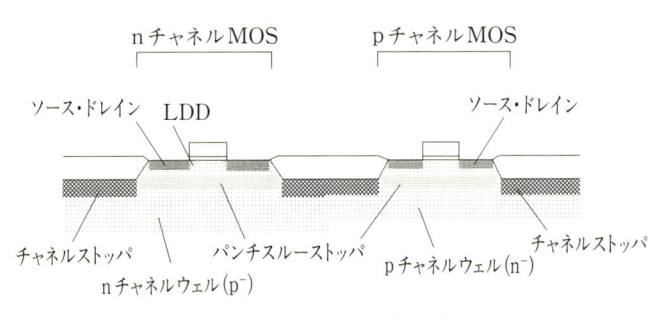

**図 2.1.11** CMOS トランジスタ．

1) ウェル注入：同一基板上に極性の異なる MOS を形成するために，B あるいは P を $10^{12}$ cm$^{-2}$ 程度注入し，高温(1100〜1200℃)長時間の熱処理を行って，深さ 2〜5 μm 程度の不純物導入層(ウェル)を形成する．

2) $V_t$ 制御(チャネルドープ)：ゲート酸化膜を通して，チャネル(チャンネル)部にドーパントを低濃度 ($10^{15}$〜$10^{16}$ cm$^{-3}$ → ドーズ量 $10^{11}$〜$10^{12}$ cm$^{-2}$) 注入する．なお $V_t$ の変化量 ($\Delta V_t$) は近似的に，ゲート酸化膜の容量($C_{ox}$)に反比例し，注入量($N_{DS}$)に比例する($\Delta V_t = -eN_{DS}/C_{ox}$)．

3) チャネルストッパ：Si 表面が反転することにより流れるリーク電流を抑えるために，選択酸化膜の下にドーパントを低濃度注入する．

4) LDD(Lightly Doped Drain)注入：n チャネル MOS 特有のホットキャリアによる特性劣化を防ぐため，ドレイン電界を緩和させるように，ソ

ース・ドレイン部と隣接した n⁻ 層を形成する．
5) ソース・ドレイン：MOS のスケーリング則に従った厚みの接合を形成する．n チャネルは As, p チャネルは B, $BF_2$ など

しかし，素子が微細化するにともなって，イオン注入の際にゲート(高さ 0.4 µm 程度)によって生じる未注入領域の影響が無視できなくなる．特に 0.8 µm 以下の素子で必須の LDD 注入におけるこの非対称性によって，MOSFET の電気特性がソース・ドレインの入れ換えに対して非対称になる[14]．この電気特性の非対称性は，MOSFET の信頼性や寿命に悪影響をもたらすだけでなく，DRAM のビット線に電位を与えるセンスアンプでは大きな問題となる．これに対し，回転注入やステップ注入を行うことによって，イオン注入の非対称性をなくしている．

トレンチキャパシタ方式や，トレンチ埋め込み素子分離では，トレンチ側壁に中濃度層($10^{16}$〜$10^{19}$ cm$^{-3}$)を形成する必要がある．高アスペクト比のトレンチキャパシタでは，4° 程度で側壁すれすれに注入する．

## b. バイポーラデバイス

半導体デバイスで MOS と並んで重要なものにバイポーラ(bipolar)デバイスがある．図 2.1.12 にプレーナ型バイポーラトランジスタ(npn 構造)の断面図の例を示す．バイポーラトランジスタの特性を左右するベース領域の厚さは，ベース不純物とエミッタ不純物の拡散分布の違いによって左右される．そのため不純物の導入にイオン注入を用いることで，トランジスタ特性を精密に制御できるようになった．バイポーラの製造における各イオン注入工程例の概

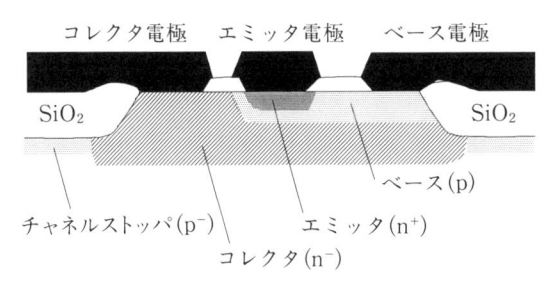

図 2.1.12 バイポーラトランジスタ．

要を工程順に説明する．

1) $n^+$ 埋め込み層：$10^{16}$ cm$^{-2}$ 程度の Sb や As 注入を行い，エミッタとベースの下まで $n^+$ 層を形成し，コレクタの抵抗を下げる．
2) ベース形成：バイポーラデバイスで最も重要な部分で，欠陥に対して最も敏感である．注入欠陥が後で形成されるエミッタとの接合を横切らないように，ポリ Si の上から B 注入を行い，ベースを形成する．これにより，ベース形成のイオン注入による残留欠陥が，エミッタ-ベース接合に生じないようにすることができる．
3) コレクタウォール形成：コレクタ $n^+$ 埋め込み層とコンタクト部の間の抵抗を下げるため，高濃度の P 注入（$\sim 10^{16}$ cm$^{-2}$）を行う．
4) エミッタ形成：ポリ Si の上から高濃度の As 注入（$\sim 10^{16}$ cm$^{-2}$）を行い，エミッタを形成する．
5) ベースコンタクト形成：ベースのコンタクト抵抗を下げるために行う．

**c. 化合物半導体デバイス**

良好な高速・高周波数動作が期待される半導体デバイスの材料として GaAs がある．GaAs はその上に安定した良質の絶縁膜を形成することが困難であるため，デバイスは MOS でなく，MESFET(MEtal-Semiconductor Field Effect Transistor) や接合型 FET(Junction FET)，HBT(Hetero-junction Bipolar Transistor) などがつくられている．このような GaAs デバイスの応

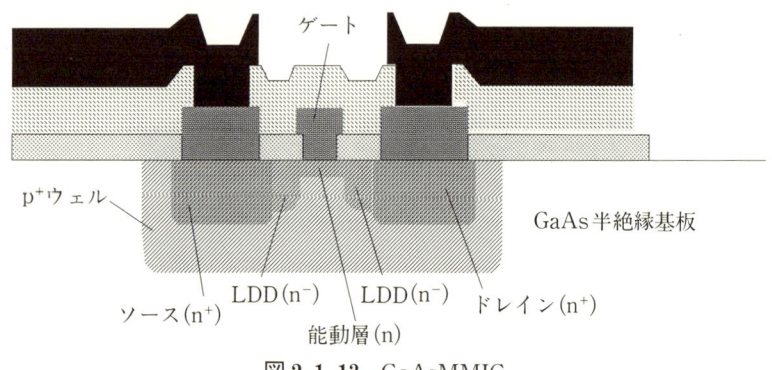

図 2.1.13 GaAsMMIC．

用例としては，衛星放送(12 GHz 帯)やビジネス通信(14/12 GHz)における広帯域低雑音増幅用マイクロ波モノリシック IC (MMIC：Monollisic Microwave Integrated Circuit)などがある．この中でイオン注入を応用した GaAs-MMIC(図 2.1.13)[18] の工程例について述べる．この例では GaAs 集積回路を形成するために，半絶縁 GaAs 基板に Si の極浅注入(低エネルギーの $SiF_x^+$ 注入)を行って極浅の MESFET の能動層(n 層)を選択的に形成することや，Mg 注入による $p^+$ 層(ウェル)形成，Si の注入（高エネルギーの $SiF_x^+$ 注入など）によるソース・ドレイン領域($n^+$ 層)形成にイオン注入が用いられている．このイオン注入に加えて，自己整合プロセスや LDD 構造の採用(多重にイオン注入して $n^+$ 層の能動層側に $n^-$ 層を形成する)による MSI (Middle Scale Integration)レベルの高集積化も進められている．

## 2.1.5 高エネルギーイオン注入の応用

　MeV 領域の高エネルギーイオン注入では，従来の一般的な 200 keV 以下のイオ注入と比べて，①固体の深い領域まで不純物を導入できる，②内部にピーク濃度をもつとともに表層領域にはほとんど欠陥を生成しない，③厚い $SiO_2$ や多結晶 $Si/SiO_2$ などの多層膜を通して基板内に不純物を導入できる，などの特徴を活かした新しい半導体プロセスが提案され，一部は生産段階にある．ここでは CMOS や CCD のウェル形成，ROM プログラミング，レトログレードウェル，およびサイリスタへの応用例について述べる．

#### a. ROM への応用

　ROM は読み出し専用の半導体メモリで，マスク(mask)ROM と PROM (Programmable ROM) がある．マスク ROM は，半導体メーカ側がその製造の時点でプログラムの内容を作り込むので，ユーザ側で変更はできない．マスク ROM の原理は，$V_t$ の大きい MOS トランジスタと，$V_t$ の小さい MOS トランジスタをつくり，このゲートにアドレス信号電圧を印加すると，$V_t$ の小さい MOS トランジスタはオン，$V_t$ の大きい MOS トランジスタはオフとなり，記憶データを読み出すことができるというものである．電化製品や電卓などの制御に応用され，大量生産されている．PROM は，ユーザ側が自在に

データを書き込めるもので,生産システムの制御などに応用されている.マスクROMに比較して数量的に少ない.

近年各種製品へのマスクROMの需要が増えるにつれ,ユーザの注文に対していかに早くデバイスを納入できるかが非常に重要なポイントになってくる.このために考えられた方法が,品種ごとに必要な全部のマスクをつくるのではなく,ROMとして共通のマスクでプロセス工程を行い,最終工程近くで品種ごとに作製されたマスクを用いてプログラミング情報を作り込む方法である[19].このために高エネルギーイオン注入による$V_t$制御が行われる.高エネルギーイオン注入を行うタイミングには,Al配線を形成する前と後の2種類がある.Al配線の形成後に高エネルギーイオン注入すると,高温アニールができないため欠陥の回復が十分でなく,特性の良好な素子を形成するためのプロセス条件に工夫が必要である.

### b. ウェル形成への応用

pチャンネルMOSFETとnチャンネルMOSFETによるCMOS構造は,半導体集積回路の低消費電力化・高速化に不可欠であるが,この素子構造では,pMOSとnMOSを分離するウェル領域形成が必要となる.従来のウェル形成では,薄い酸化膜を通して200 keV以下で$B^+$(pウェル),$P^+$(nウェル)を注入し,高温(1100〜1200℃)で長時間のドライブイン工程が必要であった.このようなドライブイン工程では,①ソフトエラーが発生する,②大口径ウェハーでは反りが発生する,③横方向の拡散も大きくなるため素子密度が低下する,④欠陥が誘起される,⑤石英炉心管の寿命が短い,などの問題があった.高エネルギー注入ではこれらの問題が一気に解決されることになる.図2.1.14[16]に従来方式(図2.1.14(a))と,高エネルギー注入方式(図2.1.14(b))のウェル濃度分布の例を示す.近年では,ビデオカメラの目として重要なCCD(Charge Coupled Device)の製造においても,同様に素子の高密度化あるいは低欠陥化のために,高エネルギー注入によるウェル形成プロセスがキーテクノロジーとなりつつある.

### c. レトログレードウェルへの応用

超LSIが微細化するとともに,ラッチアップ(latchup)の対策が重要な課題

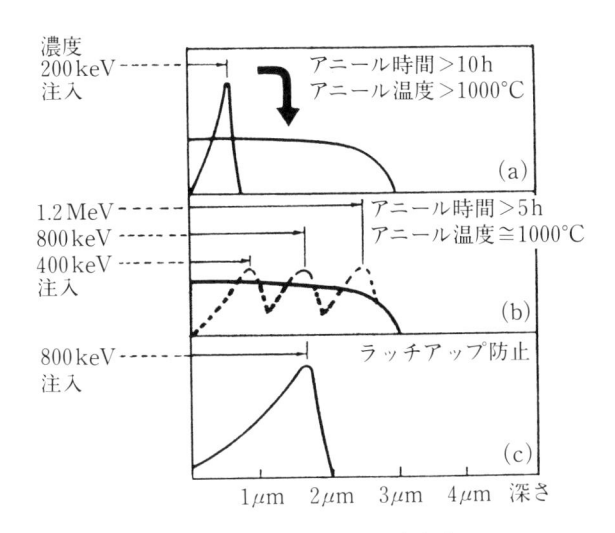

図2.1.14 各種ウェル形成方法.

になっている。ラッチアップとは，寄生のnpn構造によるバイポーラ動作や，寄生のpnpn構造によるサイリスタ動作が原因の，回路の異常動作(雑音などの微小電流をトリガとして大きな電流が流れ続ける)である[20]．これを防止するために，高エネルギーイオン注入を利用して，図2.1.14(c)で示すように浅い所の不純物濃度は低いままで，深い所の不純物濃度を高くなるような不純物分布(retrograded well)を形成する．イオン注入では，nチャンネルとpチャンネルの両方に対して適用可能である．ただし欠陥の問題があるため，実用には工夫がいる．

#### d. サイリスタへの応用

Siサイリスタ(thyristor)は，高周波用電力スイッチング素子としてきわめて重要なデバイスである．このサイリスタの高周波における動作限界は，スイッチング時間(ターンオン時間とターンオフ時間)に依存するが，このうち特にターンオフ特性が重要である．ゲート電圧によってカソード-アノード間がオフになってもターンオフ電流は，すぐにはゼロにならずテールを示す．これは素子のベース領域の結晶性がよく，ベースに注入された電子と正孔がなかなか

再結合によって消滅しないためである.このため金拡散を行ったり,電子ビーム照射を行って再結合中心をつくり,ターンオフ時間の短縮化を図る方法が古くから行われていた.しかしこれらの方法では本当に必要な領域(ベースの一部)に限定して再結合中心を形成できず,全体的に発生した欠陥のために,順方向の抵抗が増大して電圧降下を引き起こすといった問題があった.この問題を解決する有力な方法が,高エネルギー$H^+$(プロトン)注入である.高エネルギーのイオンは固体原子との電子衝突を主として行うため,注入した固体の表面付近では欠陥が発生しない.一方,エネルギーを失って核衝突が支配的になる領域($H^+$ ではピーク濃度付近)では,多くの欠陥が発生する.したがって高エネルギーの $H^+$ 注入によって,ベース領域に局所的に再結合中心を形成すること[21]が可能となる.

## 2.1.6 超高濃度イオン注入の応用(SOI 技術と SIMOX)

絶縁基板上に極薄(例えば 0.1~0.5 μm 程度)の高品質単結晶シリコンを作り,プロセス工程を行ってデバイスを作製する場合,従来のバルク単結晶シリコンの場合と比べて,①デバイス性能の向上が可能である(高速性,耐放射線性,高温動作など),②プロセス工程が簡単化される,③高集積化が可能である,などの多くの利点が得られる.そのため,極薄高品質 SOI(Silicon On Insulator)基板を実現するための研究開発が古くから進められてきた.このような SOI 基板をつくる方法としては,単結晶 Si に形成した $SiO_2$ 上にアモルファス Si なや多結晶 Si を堆積し,集束したレーザビームを照射するレーザアニール法や,$10^{18}/cm^2$ 程度の超高濃度酸素注入により Si 基板内に埋め込み酸化層を形成し,表面に極薄の Si 層を残す SIMOX(Separation by IMplanted OXygen)技術[22]がある.

このうち SIMOX 技術は SOI 基板を作製する技術として,近年,注目されるようになった.SIMOX 基板(図 2.1.15)は,基板温度:500~600°Cで,200 kV,$10^{17}$~$10^{18}/cm^2$ 程度の酸素イオン注入を行った後,1300°C以上の温度でアニールを行って作製される.結晶性の改善のため注入,アニールを 3 回に分割する方法も提案されている.当初 SIMOX 技術は,超高濃度の酸素イオンを注入する時間が長いことが問題であった.しかし装置として 100 mA 程度

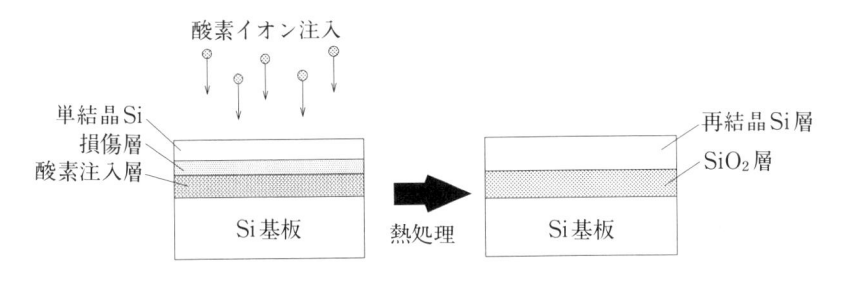

図 2.1.15 SIMOX 基板.

の超大電流酸素イオン注入装置が開発され[22]，SIMOX 基板作製のための酸素注入が比較的短時間で行えるようになり，実用化に向けた研究が活発になった．SIMOX 基板を用いて開発されたデバイスの例として，1.2 μm ルール 64 k CMOS SRAM[23]，チャネル長：0.4 μm Si：95 nm の高速 CMOS リング発振器[24] などがある．

## 2.1.7 非質量分離大口径イオン注入(イオンドーピング)の応用

### a. 液晶ディスプレイとイオン注入

アクティブマトリックス方式の液晶ディスプレイ(AM-LCD)[25] は，薄型，軽量，低消費電力のカラー表示デバイスとして，市場を拡大している．この AM-LCD の製造において，近年イオン注入が注目されるようになっている．イオン注入が関連するプロセスとしては，画素のスイッチング素子として用いられている薄膜トランジスタ(TFT：Thin Film Transistor)作製における，①ソース・ドレインコンタクト形成と，②周辺駆動回路作製がある．まず①のプロセスは，特に a-Si：H TFT では P-CVD 法による $n^+$ 膜堆積を行っている．この方法はパターンニングする工程が必要であったり，$n^+$ 膜と i 層との界面の制御に注意が必要である．この点，イオン注入でドーピング層を形成すると，これらの問題が解決すると考えられている．また②の駆動回路は，ほとんど LSI チップを外付けしているが，これをスイッチング TFT と同時に基板上に形成して一体化することにより，省スペース化・低コスト化・高密度化が期待される．この駆動回路を構成する CMOS(poly-Si TFT で構成)を作製

する場合,選択的にn型,p型のドーピング層を形成する必要があり,これにはイオン注入が不可欠である.

さらにPC用,WS用やハイビジョン用などの高密度AM-LCDにおいては,TFTのゲートに対するソース・ドレインのオーバーラップに起因した寄生容量が新たに問題となりつつある.すなわち,AM-LCDでは印加されたがゲート電圧($V_G$)の変動($\Delta V_G$)によって,画素の容量($C_{PX}$)およびTFTの寄生容量($C_{GS}$)に誘起された電荷が各容量に再配分され,画素電極の電圧が変動し[18],画質(コントラスト)が悪化する.このようなことから,ソース・ドレインのオーバーラップがきわめて小さい自己整合型TFT[26]が注目されている.この自己整合型TFTを作製する場合,自己整合的に形成されたマスクによる,選択的なドーピング層・低抵抗層の形成が必要となる.したがって,この場合にも選択ドーピングが可能なイオン注入が必要となる.

イオン注入としては,LSIの製造等では質量分離したイオンビームを用いるイオン注入技術が確立されている.この質量分離イオン注入では,均一な大面

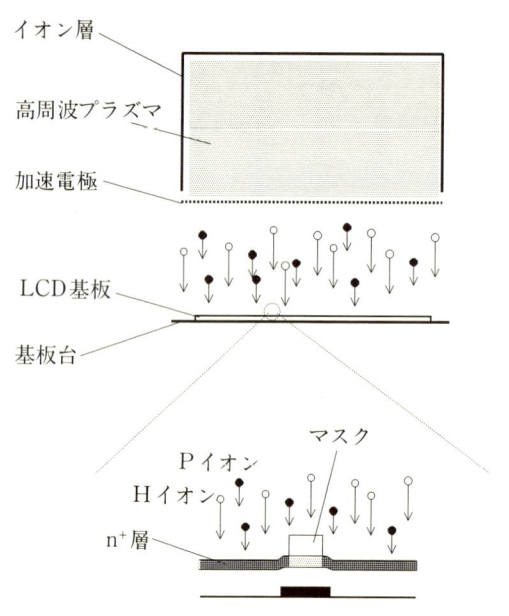

図 2.1.16 大面積イオンドーピングの概念図.

積処理のために，イオンビームの電気的な走査や試料の機械的走査などを行う．しかしこのような走査による処理面積の増加により，相対的に電流密度が減少してスループットの低下を招く．このため，AM-LCD などの大面積素子製造用の装置は複雑かつ高コストとなってしまう．これに対し，大面積素子のプロセスのために開発された低コスト・高スループットのイオン注入技術として，非質量分離大口径イオン注入（イオンドーピング：ion doping，図 2.1.16）がある．

　イオンドーピングで用いる装置は基本的にイオン源・イオン加速器・試料室から構成され，イオン源で発生したイオンを，そのまま試料室内の大面積基板に対して一様に照射・注入する．イオンドーピング用のイオン源には，大口径イオンビームを発生できる高周波型[27]やバケット型[28]が用いられている．非質量分離イオン注入では，容易に大面積にわたる均一なイオン注入が行える反面，汚染やドーパント以外のイオン種の影響等を考慮する必要がある．

## b. 高周波型イオンドーピング装置

　高周波電界（13.56 MHz）の印加方法を最適化することにより，大口径の放電容器内に均一なプラズマを発生させ，そのプラズマをイオン源として用いるものである．高周波型では，バケット型のようなフィラメントを必要としないため，フィラメントからの不純物の発生がなく，イオン源の寿命が長いという利点がある．この方式では，電流密度：~$10\,\mu A/cm^2$，加速電圧：~10 kV[27]，~100 kV[29]，ビーム径：45 cm$\phi$，ドーピング均一性：±5%以内の基本特性が得られている．デバイスとしては，高温プロセスの poly-SiTFT や，加熱注入による a-Si：HTFT の作製[27]が行われている．a-Si：HTFT の作製で，ドーパント以外のイオン種のうち，注入飛程の長い水素イオンが，ゲート絶縁膜/チャンネル層界面に達する条件でドーピングを行うと，TFT の特性が悪くなることが示されている．またガラス基板上の薄膜へのドーピングで問題となるチャージアップに対しては，試料室圧力をある程度高めることによって試料室内に薄いプラズマが発生し，プラズマから電子が供給されてチャージアップが抑制されることが確認されている[29]．最近では試作・量産に対応した高周波型イオンドーピング装置が作製されている．さらに，プロセスや電極材料・構造を最適化することで，生産に適した加熱なしの室温イオンドーピン

グにより,閾値電圧:2V,電界効果移動度:1cm²/V·sのa-Si:HTFTが作製され[30],LCDの試作・評価も進められている.近年ではノートパソコン用の駆動回路も含むpoly-SiTFTが実用化レベルとなりつつある.

**c. バケット型イオンドーピング装置**

バケット型イオン源はイオン電流が多くとれるという利点がある.このイオン源によるイオンドーピングでは,イオン電流密度:〜mA/cm²,加速電圧:〜2kV[28],〜10kV[31],ビーム径:15cmφ,ドーピング均一性:±5%以内の基本特性が得られている.またイオンドーピングで希釈ガスに水素を用いる場合,表面のエッチングが起こり,長時間イオン照射を行うとシート抵抗が逆に減少することが確かめられている[28].デバイスとしては,注入後にレーザによる再結晶化と活性化をすることによって,低温poly-SiTFT[28]と3.4インチのAM-LCD[31]の作製が行われている.

## 参 考 文 献

1) R. M. Burger et al.: Fundamentals of Silicon Integrated Device Technology, Vol. 1 (Prentice-Hall, Englewood Cliffs, NJ, 1970).
2) F. A. Trumbore: Bell System Tech. J. **39** (1960) 205.
3) J. Lindhard, M. Scharff and H. Schiott: Mat. Fys. Medd. Dan. Vid. Sclsk **33** (1963) 1.
4) J. F. Gibbons: Proc. IEEE **56** (1968) 295.
5) G. Dearnaley et al.: Can. J. Phys. **46** (1968) 587.
6) W. K. Hofker et al.: Rad. Eff. **24** (1975) 223.
7) S. Furukawa and H. Ishihara: J. Appl. Phys. **43** (1972) 1268.
8) T. Hirao, G. Fuse and K. Inoue: J. Appl. Phys. **50** (1979) 5251.
9) S. Furukawa, S. Matsumura and H. Ishihara: Jpn. J. Appl. Phys. **11** (1972) 134.
10) F. F. Morehead Jr. and B. L. Crowder: Radiation Effects **6** (1970) 27.
11) 難波 進編著:イオン注入技術(工業調査会, 1975) p. 64.
12) T. Hirao, G. Fuse, K. Inoue and S. Takayanagi: J. Appl. Phys. **51** (1980) 262.
13) Y. Akasaka: Nucl. Instr. Meth. **B37/38** (1989) 9.
14) T. Eimori: Extended Abstracts of 19th Conf. on SSDM, 1987, p. 27.

15) T. Hori: Tech. Dig. IEEE 1989 IEDM, p. 777.
16) C. McKenna et al.: 日経マイクロデバイス **10**（1986）139.
17) R. H. Stokes and K. R. Crandall: IEEE Trans. on Nucl. Sci. **3**（1979）3469.
18) M. Nishitsuji et al.: Proc. of IEEE GaAs IC Symp.（1993）p. 329.
19) D. Pramanik et al.: Nucl. Inst. and Meth. Phys. Res. **B21**（1987）116.
20) 西澤潤一監修: 超LSI総合辞典（サイエンスフォーラム, 1988）.
21) I. Kohno: Nucl. Instr. Meth. **B37/38**（1989）739.
22) K. Izumi et al.: Electron Lett. **22**（1986）775.
23) M. Guerra: Solid State Technol. **33**（12）（1990）75.
24) C. E. D. Chen: Proc. MRS Symp. **107**（1988）309.
25) B. J. Lechner et al.: Proc. of the IEEE **59**（1971）1566.
26) 茨木伸樹: 日経マイクロデバイス **114**（1994）76.
27) A. Yoshida et al.: Jpn. J. Appl. Phys. **30**（1991）L67.
28) G. Kawachi et al.: Jpn. J. Appl. Phys. **29**（1990）L2370.
29) 安東: 第7回イオン工学特別シンポジウム（日刊工業新聞社, 1990）p. 93.
30) S. Ishihara et al.: Tech. Dig. of SID '93.
31) K. Masuo et al.: Jpn. J. Appl. Phys. **29**（1990）L2377.

## 2.2 イオン注入による表層改質

### 2.2.1 イオン注入表層改質の概要

#### a. イオン注入表層改質の流れ

　イオン注入法とは真空中で目的とする粒子をイオン化し，数 keV〜数 MeV のエネルギーに加速して固体基板に照射し，添加する方法である．この方法はシリコンへの不純物添加法として開発され，LSI 製造プロセスにおける不純物添加法として重要な役割を担っている(2.1 節参照)．

　1970 年代の初頭，この粒子添加法を半導体以外の材料，特に金属の表層特性の改善に利用することが，半導体へのイオン注入でもパイオニアであるイギリスのハーウェル(Harwell)原子力研究所で試みられた[1]．この研究は省資源，省エネルギーのために生まれたトライボロジーの領域における研究のひとつで，工具や機械部品の高性能化や耐久性向上が主な目的であった．

　多くの良好な結果が得られたものの，半導体へのイオン注入のような急速な発展は見られていない．それにはいくつかの理由がある．まず第 1 に，半導体へのイオン注入に比べ，金属材料の表層改質のためには添加量(注入量)が $10^2$〜$10^3$ 倍必要であり，そのため処理時間が長くなる．さらに処理材は平板ではないものが多いため，処理時間が一層長くなることが挙げられる．次に，注入層の深さが PVD(Physical Vapor Deposition)などの表面処理により作成される薄膜の膜厚に比べ 1 桁浅いため，改善効果が疑問視された．また，PVD 装置に比べ注入装置は高価で，設備投資が難しく，処理コストも高くなることが挙げられる．根元的には，どうしても利用しなければならない領域が見つけにくかったということである．

　80 年代に入り，固体表面や表層の高機能化や多機能化が航空電子技術の分野から強く要請された．表面層の高機能・多機能化とは基材の性質を変えないで，表層に基材の性質を凌駕した優れた複数の機能を付与することである．また，このような表面処理は資源問題からは省資源化技術として，環境問題から

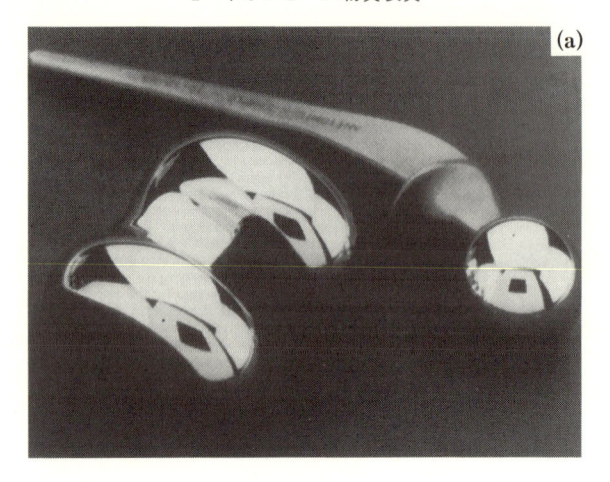

**図 2.2.1** イオン注入した人工関節(a)とダイナミックミキシングを刃先の処理に利用した電気剃刀(b).

は低(無)公害技術としてその開発に期待が寄せられた．これを機にイオン注入法の特徴が見直されると同時に表層改質のための装置の開発にも力が注がれ，応用研究も進められるようになった[2]．

実用化された典型的な例を図 2.2.1 に示す．図(a)は N イオン注入による Ti 合金製人工関節の長寿命化である．この材料の寿命は従来 10 年とも 15 年

ともいわれていたが，Nイオン注入により数十倍延び，手術は一生に一度でよくなった．現在，アメリカではこのイオン注入処理はルーチン化されている[9]．この事例では，処理対象が生体内に入れる材料であるために薄膜では剝離が問題となり，また，最終仕上げ材料であるために熱変性や変形を伴う高い温度での処理は適当ではない．したがって，この処理は室温で粒子が添加できるというイオン注入の特徴を最大限に生かしたケースであり，さらに，Nイオン注入で熱平衡的な窒化物をつくっているのではなく，金属と窒化物の混合層が形成されているところに特徴がある．

また，図(b)は高級男性用シェーバの刃先への薄膜形成にイオン注入効果を利用したダイナミックミキシングが利用されている[4]．ダイナミックミキシン

表2.2.1　理化学研究所で行ったイオン注入による表層改質．

| 材料 | 機能 | | 注入イオン → 基板 |
|---|---|---|---|
| 金属 | 電気的 | 絶縁化 | N, O → Al, |
| | | 超伝導 | N → Nb (Thin Film) |
| | 磁気的 | | Fe → Ni, N → Fe, Ar → Fe/Ni |
| | 光学的 | 着色 | Ti+O → Fe |
| | | 発光 | Eu → Al($Al_2O_3$) |
| | 化学的 | 腐食 | Cr, Ni, Ti, Si, Zr, Y… → Fe |
| | 機械的 | 硬さ，摩擦，摩耗 | Cr, Ni, Ti, Si… → Fe |
| | | | N, O → Fe-alloys, Cr, Al, Ti |
| | 物理的 | 密着 | TiC, TiN/N → Steel, AlN/N → Al |
| 半導体 | 電気的 | p-n接合 | As, P, B → Si |
| | | 導電化 | Cu, Fe, Ni → Si |
| | | 絶縁化 | O, N → Si |
| 無機材 | 光学的 | 発光 | Eu, Fe, Cr → $CaF_2$, $Al_2O_3$ |
| | | 着色 | Cu → ガラス |
| | | 透過 | N, Ne → $AlN_x$ |
| | 電気 | 導電化 | N, Ar, Ti → ダイヤモンド |
| | 機械的 | 硬さ，摩擦，摩耗 | N → WC, Ar, N, O, Ti → GC, N → SiC |
| | 物化 | 濡れ性 | O → GC |
| | 電化 | 反応性 | Ti, Zn, O…ダイヤモンド, GC |
| ポリマー | 電気 | p-n接合 | Na → ポリアセチレン |
| | | 導電化 | Ar, Cu, Zn, Ag, W → KAPTON-H |
| | 物化 | 濡れ性 | H, N, Na, Ar…→ Silicone, PS, SPU |
| | 生体適 | 蛋白質，細胞吸着 | Ar, N, O → Silicone, PS, SPU |

グとはイオンを利用した薄膜形成技術のひとつで,蒸着による薄膜形成と同時にイオンビームを照射する方法である(2.5節参照).この例では Ti 蒸着と N イオン注入により刃先に高耐摩耗性,高耐食性,望まれる色調をもった薄膜,いわゆる多機能・高機能薄膜を形成している.コストも前後のプロセスを考慮すると,イオン化プレーティングを利用した場合に比べて低下している.これはイオンビームという粒子添加とエネルギー付与を同時に行う技術を上手に利用したためである.

イオン注入の成功例はまだ数少ないが,イオン注入による表層改質の基礎研究は多岐に渡っている.例えば,理研(理化学研究所)で行ったイオン注入による表層改質の基礎研究の事例を表2.2.1に示す.イオン注入は間口は狭いように見えるが,研究内容は学際的であり,奥深く豊富であることが理解できよう.

## b. イオン注入の概念

固体基板に数 keV 以上のイオンを照射すると,基板表層はスパッタにより削り取られ,照射イオンは注入効果により固体表層に侵入する.図2.2.2に照射イオンの侵入する様子や衝突効果を示す.注入されたイオンは固体基板原子との衝突プロセスを通してエネルギーを失って最終的に静止する.その衝突には弾性衝突と非弾性衝突がある.弾性衝突は基板原子をはじき出し,入射粒子の散乱角は大きい.また,非弾性衝突は基板原子をイオン化し,入射粒子の散乱角は小さい.エネルギーが高いときには非弾性衝突が支配的であり,低いエネルギーでは弾性衝突が支配的である.したがって,注入イオンは入射時に直進しやすく,エネルギーを失って大きく散乱し,多量の原子をはじき出す.その結果,注入した粒子や発生した欠陥はガウス的に分布する.また,イオン化で失うエネルギーは最表面で大きく,内部に向かって低下する.これがリントハルト(Lindhard)らによる照射イオンと基板原子の衝突を基にしたイオンの飛程に関する理論(LSS理論)[5]のイメージである.詳細は「イオン・固体相互作用編」(3.2.2項)を参照していただきたい.

シリコンへのイオン注入を電子デバイス作成プロセスに利用するにあたり注入イオン分布や格子欠陥分布が詳しく調べられ,その結果はこの LSS 理論と大要においては一致することがわかった.したがって,この理論を用いて注入

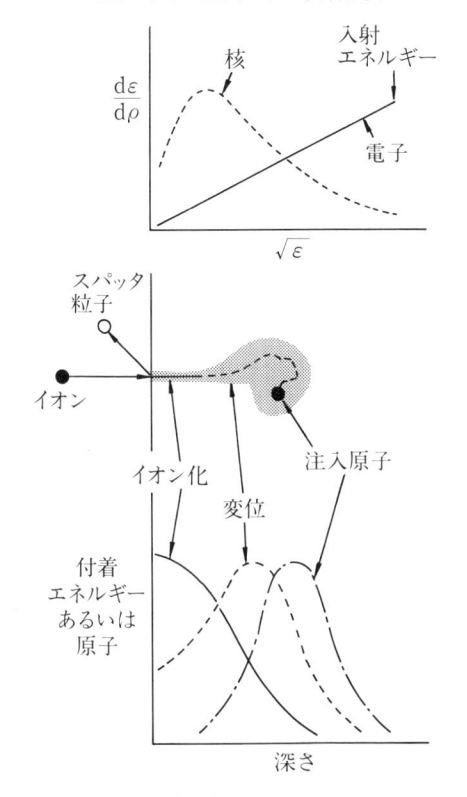

**図2.2.2** イオンビーム照射効果の概要.
粒子の運動エネルギー($\varepsilon$)と弾性・非弾性衝突($d\varepsilon/d\rho$)の関係（上）．基板原子と衝突した入射イオンの振る舞い（中）．非弾性衝突によるイオン化，弾性衝突による照射損傷，およびイオンの深さ方向の確率分布（下）．

した不純物の分布を予測することが可能になったが，所望の電気特性を得るためには注入時に発生した格子欠陥を熱処理によって取り去り，結晶性を回復させる必要があった．したがって，シリコンなどの半導体へのイオン注入は熱処理技術と一体化した技術である[8]．

金属へのイオン注入と半導体へのイオン注入の視点は多分に異なっている．シリコンへ注入されたイオンは半導体の不純物という概念で取り扱われてきたが，表層改質においては表層組成の構成元素として取り扱われる．したがって，注入量は2〜3桁多く，そのためイオン注入中に本質的に起こるスパッ

リングやノックオン注入などが表層組成に影響を与えることがある．また，シリコンへのイオン注入の場合，照射損傷の主因は弾性衝突であり，非弾性衝突は無視されてきたが，金属などへのイオン注入においては弾性衝突と非弾性衝突の両方が構造や化学結合状態を変えると考えられる．また，イオン注入を表層改質に利用する場合には，一般的には熱処理を伴わず，むしろ室温における粒子添加にその意義が見出だせる．

ともかく，これまでの多くの実験からイオン注入の原理を理解する上ではシリコンのイオン注入は最もよい例である．金属などへのイオン注入においてはシリコンに関する結果をそのまま適用せず，原理をよく理解することに利用し，柔軟に応用することが肝要である．

### c. イオン注入装置の概要と表層改質の特色

イオン注入装置は高エネルギー粒子加速器の低エネルギー化で生まれ，半導体への不純物添加装置として発達したものである．図2.2.3に示すように，この装置は添加したい粒子をイオン化するイオン源，イオンを取り出し所定のエ

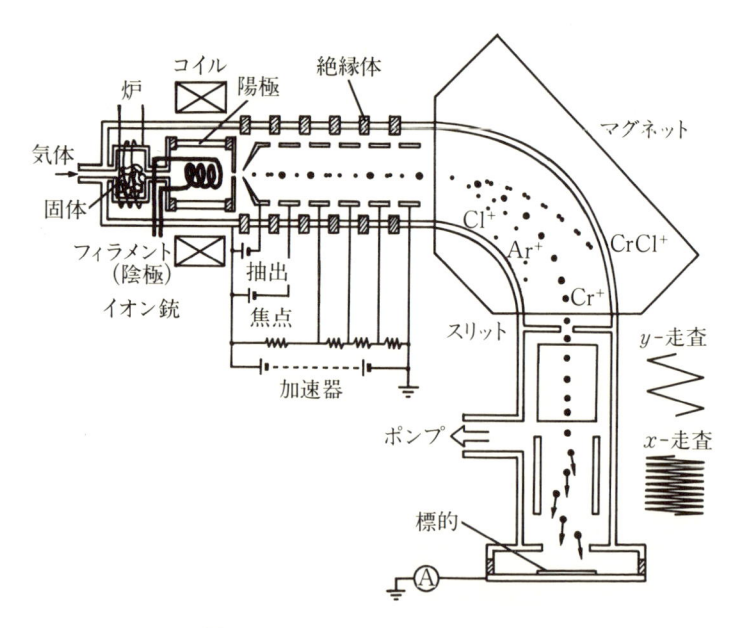

図2.2.3 イオン注入装置の概要．

ネルギーを与える加速器,イオンビームに含まれる粒子を質量分離するマグネット,イオンビーム断面を均一にするビーム走査器,処理する材料を取り付ける注入室,および全系を $10^{-4}$ Pa 程度の真空にする排気装置から構成されている.イオン注入による粒子添加の特色を装置の構成から,また多くの実験結果から具体的に挙げると次のようになる.

第1の特色は,添加する粒子と添加される基板を全く自由に選択することができることである.すなわち,熱平衡を利用する拡散法と異なり,非熱平衡プロセスであるから溶解度や拡散係数に依存しない添加法である.したがって,添加する粒子は周期律表から自由に選べる.ただし,これは原理であり,イオンとしてどの程度の電流が得られるかは別問題である.理研で表層改質に利用してきたイオンも約60種類に達している.改質対象材料,改質特性の多種多様性に応じて数多くの装置が開発されてきた[7].

第2の特色は,添加する粒子の深さは添加粒子と基板に依存するが,加速エネルギーにより決まることである.一般に添加粒子が軽いほど,また加速エネルギーが高いほど粒子の侵入深さは深い.加速電圧200 kV程度のイオン注入における粒子の侵入深さは0.1 μm前後である.この侵入深さはPVDやCVDにおける処理膜厚と比べ1～2桁浅い.したがって,イオン注入法での処理層は非常に浅いといえる.イオン注入効果を残しながら処理層を厚くする方法がダイナミックミキシングであり,2.5節を参照されたい.

第3の特色は,粒子添加量はイオンビーム電流密度を処理時間で積分した値である注入量で決まり,このため電流積分計で正確に制御できることである.また,イオンを質量分離するため添加粒子の純度がよく,イオンビームを走査するため処理面上の粒子の均一性もよい.ただし,表層改質用のイオン注入装置では質量分離器やイオンビーム走査器を取り払ったものがある[7].これは表層改質においては半導体への不純物添加ほど高純度を必要とせず,高い均一性も要求しない場合に,コスト低下のために利用される方式である.ともかく,純度や均一性などは必要に応じて選ぶべきである.

最後に照準線プロセスがあげられる.すなわち,イオン注入法ではイオン化プレーティング法でいわれるような粒子の回り込み効果はなく,イオンは見える所へしか行かない.この特徴を利用すると,簡単なマスクにより処理面と非処理面を分離することができ,表面特性をハイブリッド化することができる.

また，パイプの内壁などへはイオン注入しにくいが，半導体へのトレンチ注入のようにその試みはある．

ともかく，イオン注入法の最大の特徴は最初に述べた添加される基板と添加する粒子の自由な選択性である．イオン注入法を表面処理法のひとつとしてみると，室温での粒子の添加が可能であるから表面処理技術の中で最も低い温度での処理法といえるだろう．この室温処理がイオン注入のユニークなところである．

## 2.2.2 金属へのイオン注入

### a. 金属表層改質の概要

金属へのイオン注入において，物理的および化学的な微視的過程としての主な目的は次の通りである．

a．金属イオン注入による準安定合金表層の形成．

b．非金属イオン注入による準安定セラミックス表層および埋め込み層の形成．

c．金属および非金属二重イオン注入によるセラミックス埋め込み層の形成．

aでは金属原子の溶解度以上の添加により新しい合金を形成し，優れた耐食性や耐摩耗性を有する表層を形成することが目的である．例として，鉄鋼へのTiやZrイオン注入によるFe-Ti，Fe-Zr合金の形成やチタンへのAlイオン注入によるTi-Al合金の形成などがあげられる．

bのセラミックス表層およびその埋め込み層の形成とは，金属へB，C，NおよびOなどをイオン注入し，金属表層をホウ化物，炭化物，窒化物および酸化物そのものにしたり，金属と化合物の混合層にすることである．これは耐摩耗性や耐食性の向上，電気的絶縁層の形成などを目的としている．鉄鋼へのBやCイオン注入による埋め込みホウ化層や埋め込み炭化層の形成，アルミニウムへのNやOイオン注入による窒化層や酸化層の形成などが例として挙げられる．

cでは母材と異なった金属をイオン注入し，その後CやNなどをイオン注入し，イオン注入した金属との化合物や混合物を形成し，耐食性や耐摩耗性を

向上させることを目的としている．鉄への Ti と O や C の二重イオン注入がある．

以上のような合金化やセラミックス化においては注入量が半導体に比べ 2 桁から 3 桁ほど多い．したがって，表層の組成や構造の改変においては半導体へのイオン注入で無視されていたスパッタリングやノックオン注入などのイオンビーム照射効果に十分に注意する必要がある．

## b. 表層合金化

表層合金化には，$10^{17}$ ions/cm$^2$ 以上の注入量が必要である．そのため，注入イオン分布はスパッタリングにより影響されることが多い．純鉄へ加速エネルギーを 40，150 keV とし，注入量を $10^{17}$ ions/cm$^2$ としてイオン注入した Ti の深さ分布を二次イオン質量分析法 (SIMS) で測定した結果を図 2.2.4 に示す．すなわち，40 keV の Ti 注入における実測した分布はガウス分布を示さず，最大濃度が最表面にあり，実線で示すスパッタ効果を考慮した補正分布[8]とほぼ一致した．また，150 keV の Ti 注入のようにエネルギーの高いイオン

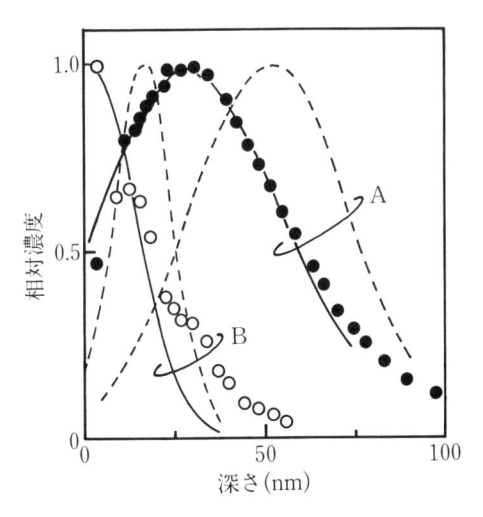

図 2.2.4　SIMS で測定した鉄へイオン注入した Ti の分布 (○, ●)．注入量は $10^{17}$ ions/cm$^2$ で，エネルギーは 40 keV(A)，150 keV(B) である．破線はスパッタリングがないとしたときの注入分布理論曲線，実線はスパッタ効果を補正した理論．

注入では最大濃度が理論値よりも表面側に移動していた．この移動量はスパッタされた深さの1/2である．これを利用すると，注入イオンの最大濃度の深さは飛程理論値からスパッタ深さの1/2を引いたものと予測できる．

スパッタ効果は注入イオンの最大濃度の限界を規定している．この最大濃度の増加にスパッタリングの影響させないひとつの方法が提案され，実験でも示された[9]．例えば，炭素をコートした銅へIをイオン注入すると，注入したIの分布はほぼLSS理論に従っている．これはスパッタ率が低く，注入イオンの深さに影響が少ないように薄くした炭素薄膜を利用したためである．これにより多量注入による新しい合金創製への道が開かれた．

スパッタリングには表面浄化効果がある．これは表面を活性化させ，残留ガスの吸着や化学反応を促進する．図2.2.5はオージェ電子分光法(AES)によって測定したTi注入鉄表層の組成分布である．鉄へのTi注入では表層に必ずCが侵入し，Fe-Ti-C合金が形成され[10,11]，ラザフォード後方散乱法による解析や透過電子顕微鏡観察によれば，表面近傍のFe-Ti-C層は非晶質であった．このTiイオン注入による非晶質形成のためにはCが重要な役割を果たし，この非晶質化とTiとCの濃度の関係も研究されている[12]．混入したCの化学結合については，オージェ電子分光法におけるC(KLL)スペクトルの形が図に示すようにカーバイド型を示すことからTiCの形成が予測された[13]．しかし，光電子分光法で得られた純鉄へ注入したTiの状態は純粋なTiCの形

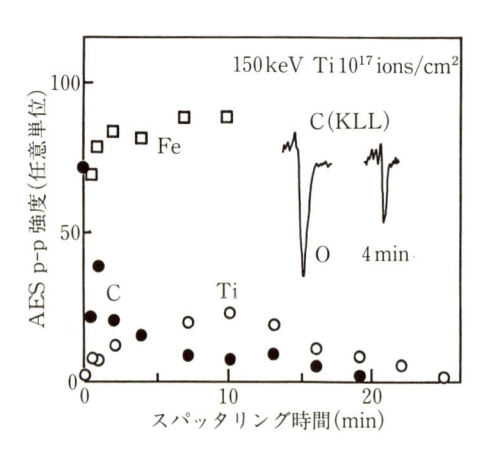

図2.2.5 AESで得られたTiイオン注入鉄の表層組成．

成を示さず，むしろ $Fe_3C$ の形成を示唆していた[10].

ともかく，この C の混入は一例である．これまでの多くの実験で C や O の混入が認められ，材料物性に影響を与えている．耐摩耗性や耐食性などの表層改質の立場からこの混入効果を考えると，改質効果には必ずしもマイナスではなく，積極的に取り入れることも肝要である．

### c. 表層セラミックス化

スパッタ率が小さいイオン注入の場合，注入イオンの濃度は注入量の増加にほぼ正比例して増加する．多結晶 Al 基板へイオン注入した N と Al の組成分布を図 2.2.6 に示す[14]．分布測定法はオージェ電子分光法である．注入量の少ないときには N の分布はガウス的であり，注入量の増加で N 濃度は Al 濃度に到達する．さらに注入すると，過剰に注入された N の濃度は Al 濃度を遥かに越えることはなく，N は移動し，再分布する．すなわち，余剰に注入したN は注入した瞬間にはガウス分布を形成したとしても移動し，台形状の分布を形成する．この台形分布は化合物形成，多量注入による応力の増加，応力緩和のための原子移動，照射損傷による移動促進などがダイナミックに作用した結果と考えられる．このような分布形成は，各種金属への N や O イオン注入で認められた[15].

さらに，Al への N イオン注入による AlN 形成で注入される点は，基板に多結晶 Al を用いると多結晶 AlN，また，単結晶 Al を利用すると単結晶 AlN がほぼ室温で形成できることである．このような現象は，自己イオンビーム誘起結晶成長(self-ion-beam induced crystalization)と呼ぶことができる．

鉄へイオン注入した C の分布は N や O 注入と異なり，明確な台形分布をしない．また，注入した C は Fe と結合しているものと C 同士が結合しているものとが存在することが光電子分光分析より認められた[16]．これは本来，NやOはそれ自身が結合すると気相であるが，C は固相であることに起因していると考えられる．ともかく，金属への C イオン注入では N, O イオン注入とは異なった現象が認められる．

図 2.2.6 に示したように Al への N イオン注入でも O の混入が認められる．この場合スパッタ率は小さいが，注入量が多いため，粒子の混入がおこったと考えられる．この混入機構はカスケードをもとにしたイオンビームミキシング

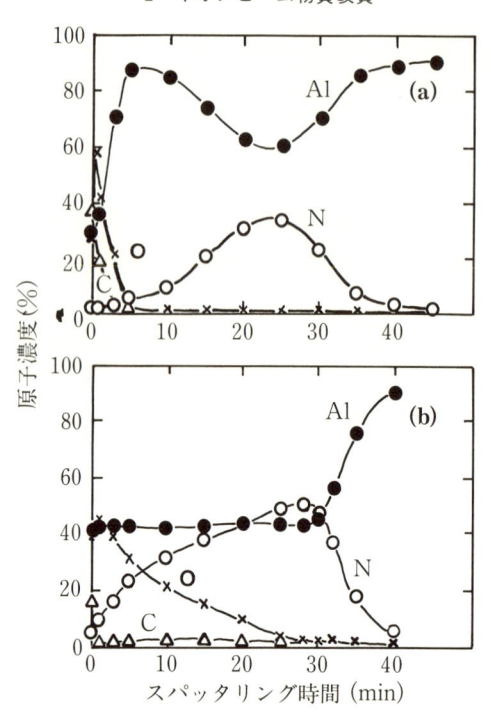

図2.2.6 AESで得られたNイオン注入Alの表層組成. 150 keV-$N_2$イオン注入.
（a）$5\times10^{16}$ ions/cm$^2$，（b）$1\times10^{18}$ ions/cm$^2$.

で説明できる．すなわち，Al表面は$Al_2O_3$で覆われているから，AlへのNイオン注入は$Al_2O_3$を通してのイオン注入である．したがって，表面からOがスパッタ除去，ノックオン注入される．ノックオン注入およびスパッタにより表面は$AlO_x$となるが残留ガスとの反応により$Al_2O_3$が復元される．このようにして，AlへのNイオン注入は$Al_2O_3$/Alのイオンビームミキシングと等価であり，常にOがノックオン注入されることになる．この現象は非酸化物系セラミックへのイオン注入でしばしば認められている．このOの混入を避けるには，注入室を高真空にするか，残留ガスをNリッチにすることである[17]．この残留ガス効果はダイナミックミキシングにおける残留ガス利用において重要な役割を演じている．

　前述したTiイオン注入鉄にOやNを注入することで$TiO_2$やTiNが形成

され，構造は非晶質ではなくなる[18]．すなわち，$TiO_2$ や TiN 埋め込み鉄の形成であり，いわゆる母材を構成する主元素以外の元素のセラミックスが埋め込まれたことを示している．一方，Ti 注入鉄への C イオン注入では非晶質化が促進される[12]．このように，O や N 注入と C 注入とでは Ti 注入鉄へ異なる効果を与えている．

## d. 機械的性質

イオン注入した金属の機械的性質に関する研究は硬さや摩擦のように直接表面に関わる研究から曲げや疲労に関するものまで広範囲に渡っている．なかでも比較的簡単に測定できる硬さや摩擦係数などの研究は早くから行われ，摩耗特性と関係づけられてきた．現在では工具鋼の耐久性試験まで行われ，N イオン注入 Ti 合金は人工骨として利用されている[3]．

鉄鋼の硬さへのイオン注入効果は注入層が浅いために測定荷重が低いときに認められる．低炭素鋼は Ti や N イオン注入において硬くなるが，Cu や Ni イオン注入においては硬さの変化は認められなかった[19]．Ti イオン注入における硬さの増加は Fe-Ti 合金の形成[11]，また，N イオン注入による硬さ増加は窒化物の形成[20]によるものである．これらの結果はイオン元素と基板原子の化合物によって硬さの傾向が決められることを示している．

摩擦係数へのイオン注入効果は，注入イオン種などの重要なイオン注入条件に依存する[19,20]．S45C を相手材とした注入鋼の摩擦係数は B，N，Cr などのイオン注入で低下し，Cu や Ni イオン注入では増加した．これらの変化は比較的低注入量で認められ，摩擦係数が表面状態に敏感であることを示している．このように摩擦係数の増減は注入イオン種により決まり，さらにその変化量は注入量や加速エネルギーに依存することもわかった．

耐摩耗性は注入鋼の実用化にとって最も重要な特性のひとつである．鉄鋼の耐摩耗性を改善させるための注入イオンは N が最も広く行われている．これは N イオンが簡単な装置で容易にしかも多量に得られること，また，窒化処理のイメージと重なり，取っ付きやすいことが挙げられる．イオン注入処理の特徴は従来のイオン窒化と異なり室温程度の低温処理であること，処理による寸法変化がほとんどないことである．したがって，プラスチックスの射出成形金型のようにすでに完成された製品の最終処理に適している．

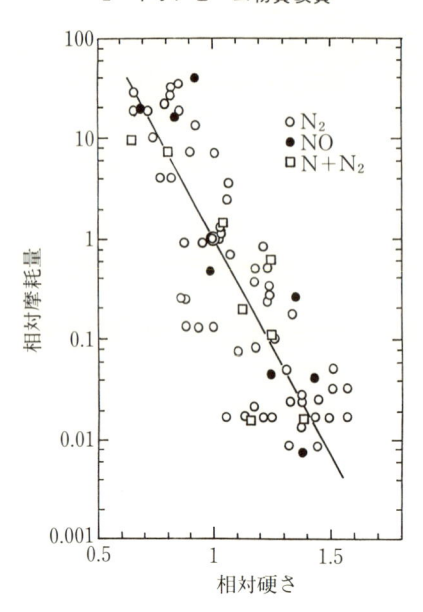

図 2.2.7 窒素イオン注入鉄鋼の硬さと摩耗量の関係.

　Nイオン注入したダイス鋼やステンレス鋼の pin-on-disc 無潤滑摩耗試験における鋼の相対摩耗量と相対硬さの関係を図 2.2.7 に示す[20]. 注入イオン種は $N_2$, NO, N+$N_2$ である. これらの試料にはイオン注入材のほかに未処理材や熱処理材が含まれている. 基準は未処理の SKD 61 である. 図のように N イオン注入による摩耗量の減少は硬さの増加と関係している.

　N イオン注入による改質層が 0.1 μm 程度と浅いにもかかわらず, 耐摩耗性の向上が認められる. この原因を調べるために, 摩耗試験前後で表面分析が行われた. その結果は注入層よりも深い摩耗トラックに多量の注入した N が存在し, この摩耗トラックには多量の O が侵入していることも認められた. さらに摩耗粉の解析結果は未注入材の摩耗粉は金属鉄と酸化鉄の混合を示し, 注入材の摩耗粉はすべて酸化物であることを示した. この N の深い侵入は鋼の動的ひずみ時効とよく似た現象として考えられ, N は摩耗試験中に発生する転位網を介して侵入すると考えられている. また, O の侵入は摩耗機構を変化させ, ここでは凝着摩耗から酸化摩耗へ移行させたと考えられる. この場合, 初期摩耗が重要な役割を果たし, N イオン注入による硬化表層の存在がまず

摩耗を遅らせ，酸化層を形成させていると考えられる．このような現象はN注入したTi合金(Ti-6Al-4V)における摩耗試験でも認められている[21]．

このようにNイオン注入により金属の耐摩耗性は改善された．この場合，注入層は完全な窒化物ではなく金属との混合物である．さらに，耐摩耗性改善には酸素が重要な役割を演じるため，使用条件を十分に考慮する必要がある．

### e. 電気化学的特性

すでに紹介した人工関節として利用されているNイオン注入Ti合金は，実用化にあたり，実験室系で高密度ポリエチレンを相手材に耐摩耗性が調べられ，あわせて耐食性も検討されてきた．また，金型などへの利用が検討されているNイオン注入工具鋼においても特定の窒化物を含有する表層が形成される．これにより，耐摩耗性が改善され，大気中での暴露試験では基材は錆びにくくなり，また酢酸溶液中での鉄の溶出も抑止させる．しかし，金属イオン注入に比べれば腐食抑止効果は大きくない．

金属への金属イオン注入により合金層を形成し，その耐食性や耐摩耗性などに関する研究も拡大の一途を辿っている．初期の研究においては従来の合金と比較するために，イオン注入でも似たようなものができるという報告が多かった．例えば，Crイオン注入した鉄表層にはFe-Cr合金が形成され，水溶液中での鉄の溶出抑止効果があることなどが報告された[22]．この材料の特徴は，表層のみが合金になっていることである．

次のステップは新しい合金の形成であった．その中で最も研究されたもののひとつが鉄鋼へのTiイオン注入である．鉄鋼へTiイオンを注入すると，表層にCが混入し，Fe-Ti-C非晶質合金が形成される[10~13]．この合金は耐食性や耐摩耗性に優れ，航空機用のベアリングとしての検討が進められてきた．TiおよびSi注入鉄の酢酸溶液中でのサイクリックボルタンメトリでは未注入鉄では数回の掃引で安定した鉄のアノード溶解のピークが認められるが，SiやTi注入鉄ではそのピーク値は低く，特にTi注入鉄ではアノード溶解はほとんど認められない[23]．この溶出抑止は耐食性が向上したと考えてよいだろう．なお，一般に使用される耐食性評価法では注入処理層が浅いために注入層の評価は困難である．

また，高温耐酸化性については徐々に研究が進められ，鉄鋼ではB，Al，Y

などのイオン注入が有効であることが報告されている．

## 2.2.3 炭素材・ポリマーの改質

### a. 組成と構造

炭素の主な構造はダイヤモンド，グラファイトおよびアモルファス（非晶質）

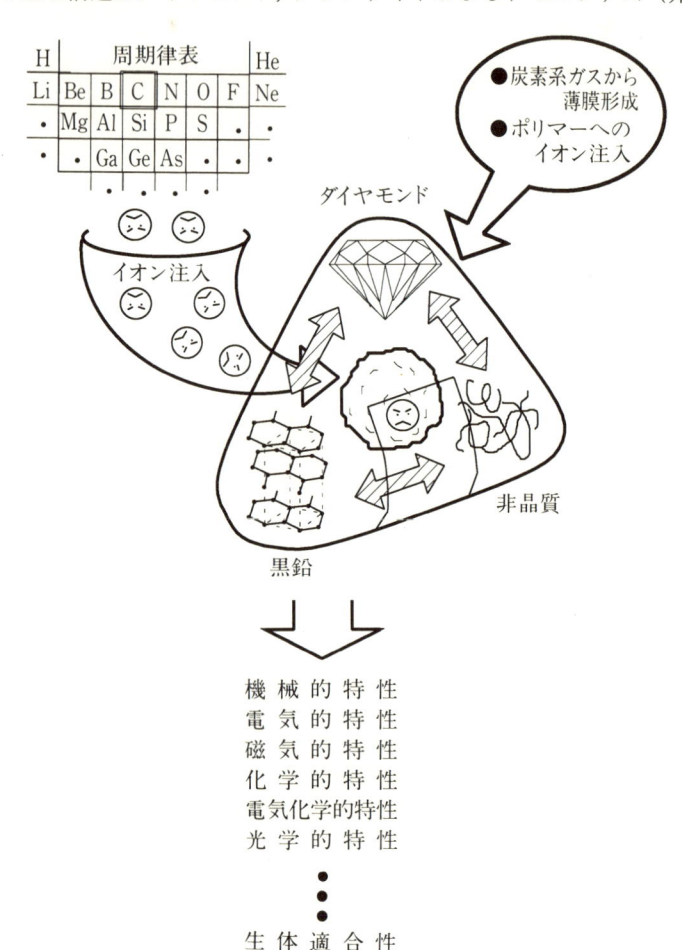

**図2.2.8** イオンビーム照射と炭素構造の関係．矢印はイオンビーム照射による変化を示す．

であり,炭素材料の電気伝導度や硬度などの特性はこれらの構造に敏感に依存して変化する.炭素材はまた,化学的安定性に優れ,粒子添加も熱拡散などでは困難な材料である.このような性質をもつ炭素材へイオンビームを照射すると粒子添加と同時に,エネルギー付与により炭素構造が変化する.そのためイオンビーム照射層の電気特性をはじめとする様々な特性が変化する.図2.2.8に示す模式図は「おむすび」をたとえとして,イオンビーム照射,特にイオン注入法が「自由な」粒子添加と「自由な」構造変換制御の可能性を秘めており,それによるあらゆる特性の顕現の可能性があることを紹介している[24].

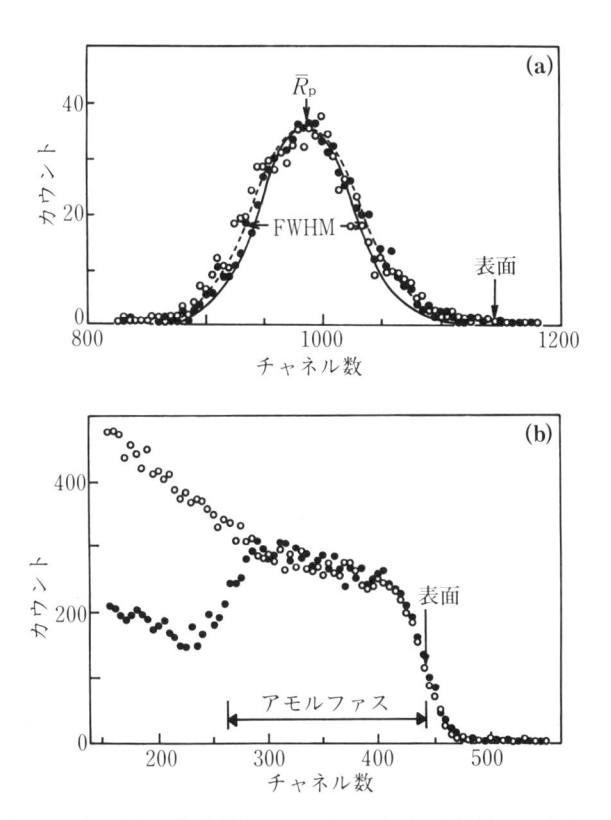

図2.2.9 150 keV-Arイオン注入ダイヤモンドのHe後方散乱スペクトル.注入量は$1\times10^{16}$ Ar/cm$^2$である.
○〈111〉軸チャネリング,● ランダム.(a)注入したAr,(b)注入されたダイヤモンド.

Arをイオン注入したダイヤモンドから得られるHe後方散乱スペクトルを図2.2.9に示す[25]．注入したArが理論とほぼ一致した分布を形成し，表層ではダイヤモンド結晶が破壊していることがわかる．シリコンへのイオン注入の場合には，この型のスペクトルはシリコン表層が非晶質になったと判定される．しかし，ラマン分光分析によれば，ダイヤモンドのイオン注入層には非晶質と同時にグラファイトの形成が観測された[26]．したがって，このような後方散乱スペクトルが非晶質を示すと断定することは早計である．

ガラス状炭素へのイオン注入においても注入イオン分布は理論で予測され，

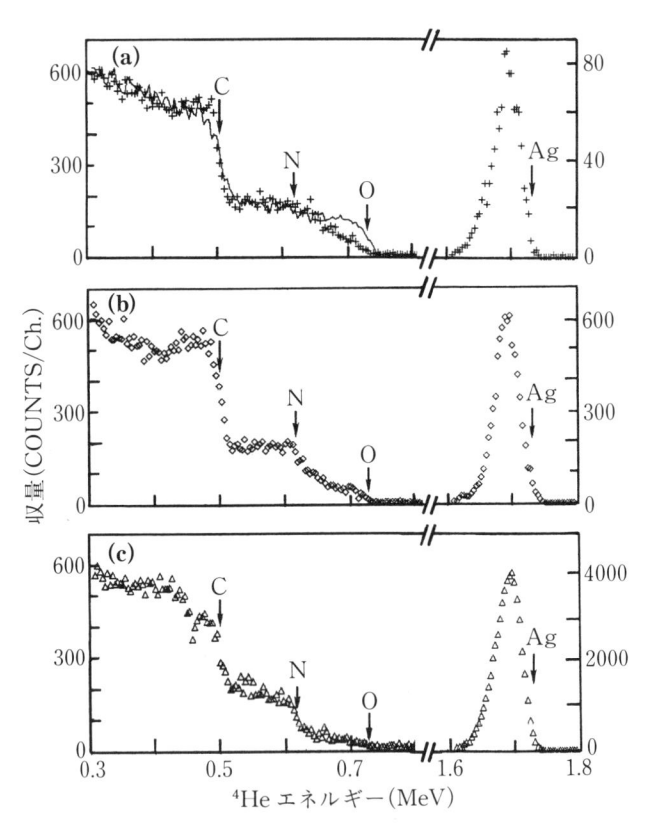

図2.2.10 Agイオン注入カプトンのHe後方散乱スペクトル．
　(a) $1\times10^{15}$ Ag/cm$^2$，(b) $1\times10^{16}$ Ag/cm$^2$，(c) $1\times10^{17}$ Ag/cm$^2$．(a)の実線は未注入材．

ラマン分光分析によれば注入層にはグラファイトと非晶質の混合層が形成されている[32]。

ポリマーへイオンビームを照射すると結合の切断が起こり,真空中へガスが放出される.その結果,注入後の表層には炭化層が形成される.Agをイオン注入した高絶縁性耐熱性高分子であるカプトンからのHe後方散乱スペクトルを図2.2.10に示す[28]。Agイオン注入において注入量の増加により表層におけるN,Oが脱離し,表層が炭化したことがわかる.炭化層の深さは注入イオンの最大濃度深さの約2倍である.また,注入したAgはLSS理論に従って分布していた.ただし,高注入量では注入中のスパッタが影響している.また,Arイオン注入では注入したArはほとんど表面から抜け出し,1/100しか残留していない[29]。したがって,ポリマーへのイオン注入では炭化現象は一般的であるが,表面からの添加粒子の抜け出しはガスイオン特有の現象であると考えられる.

高い注入量でイオン注入したダイヤモンド,ガラス状炭素,各種ポリマーのラマン分光スペクトルはほぼ類似の形を示し,いわゆるダイヤモンドライク炭素(DLC)と似ている.しかし,電気特性は大きく異なり,一口に非晶質とはいえない.むしろ注入量による変化を追うと,このスペクトルにはグラファイト,歪んだグラファイト,ハイドロカーボンおよび非晶質が混在していると考えた方がよい.これらの詳しい解析は渡辺らの報告[27]を参照してほしい.

## b. 電気的性質

シリコンと同じ結晶構造をもつダイヤモンドの中にも半導体的電気伝導を示すものがある.したがって,不純物添加によりp-n接合は可能である.イオン注入によるダイヤモンドのp-n接合形成についてはVavilovらによる報告がある[30]。その報告によればイオン注入によりダイヤモンド表層を非晶質にするとシリコンと異なり熱処理による結晶回復が困難であるため,注入条件としては比較的損傷の少ない低注入量が選ばれた.熱処理温度は1600℃以上である.

透明なダイヤモンドはイオン注入量の増加と共に褐色化し,電気伝導性を帯びる.図2.2.11にAr注入ダイヤモンドのシート抵抗と注入量および注入基板温度の関係を示す[26]。シート抵抗は注入量の増加とともに低下し,高注入量

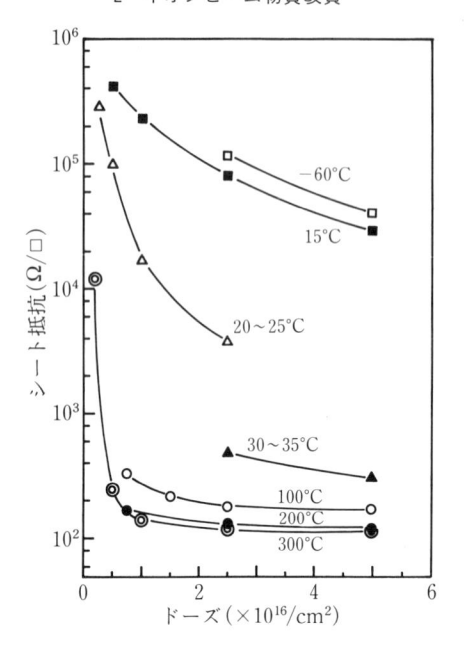

**図 2.2.11** 150 keV-Ar イオン注入ダイヤモンドのシート抵抗と注入量の関係. 図中の温度は注入中の基板温度を示す.

で飽和する.さらに,飽和シート抵抗値は高温注入ほど低下している.このシート抵抗の減少,すなわち電気伝導度の上昇はイオン注入による照射損傷の増加および残留欠陥の構造に関係していると考えられる.しかし,単にダイヤモンド構造の欠陥がこれほど高い電気伝導性を発現するとは考えにくく,炭素材の中でも伝導性の高いグラファイトが生成したと考える方が妥当であろう.

高注入層におけるシート抵抗は注入基板温度により2桁以上の差が認められた.ラマン分光法による構造解析結果では,低温でのイオン注入層は非晶質相が優位であり,高温注入材ではグラファイト構造が優位であることが示された.これはグラファイト構造が高い伝導率の原因であることを示唆している.また,高温注入材におけるシート抵抗の飽和値は注入イオンの加速エネルギーに依存し,処理深さが深い方がシート抵抗は低下する.

導電性高分子の代表であるIドープ・ポリアセチレンへNaイオンを注入することにより,表層にp-n接合が形成できる[31].ポリアセチレンのp-n接合

は接着法などで可能であるが,時間の経過とともに添加粒子の拡散により接合劣化が起こる.しかし,イオン注入法で作成したものは数ヵ月劣化しない.この原因は次のように考えられる.ラマン分光法によれば,イオン注入による損傷は主に表面近傍で発生し,内部では損傷をほとんど受けていない.この非晶質的炭素構造をもつ損傷層がポリアセチレン内部の大気による酸化を抑止する役割を果たし,内部のp-n接合の安定性に寄与すると考えられる.このようにポリアセチレンにおけるp-n接合形成はイオン注入法がポリマーの多機能化にとってひとつの手法となる可能性を示唆している.

イオン注入によりポリマー表層は容易に炭化することは,すでに述べた.この炭化表層は電気伝導性を有する.図2.2.12にArをイオン注入したカプトン表層のシート抵抗を注入層,注入電流密度の関数で示す[29].電流密度が低いとシート抵抗は$10^6\,\Omega/\square$で飽和しているが,高いと$10^2\,\Omega/\square$のオーダーまで低下する.この抵抗値の違いは炭素構造に関係し,前述したダイヤモンドへの

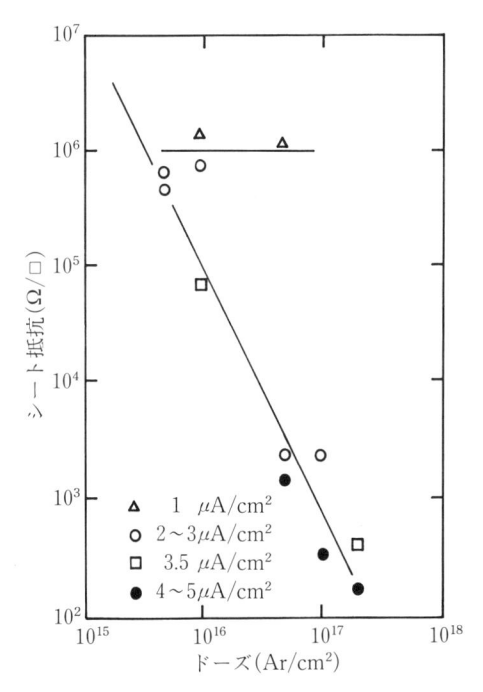

図2.2.12　150 keV-Arイオン注入カプトンのシート抵抗と注入量の関係.

イオン注入の場合と類似である．また，WやAgイオン注入の場合，高注入量でシート抵抗は飽和し，その値は注入イオン種が影響した注入層の炭素構造に依存するという結果も得られている[28]．ともかく，このカプトンの表層導電化は高エネルギー注入でも認められ[32]，表層の抵抗は加速エネルギーに依存し，イオン注入による破壊層の深さに関係している．

### c. 電気化学的・機械的性質

　イオン注入により表層導電化したダイヤモンドは，水溶液中での電気化学反応における固体電極としても注入イオン種効果を示した[25]．例えば，硫酸ナトリウム水溶液中で測定したZrイオン注入したダイヤモンドの電流-電圧特性は，Arイオン注入やガラス状炭素の特性に比べて負電位側での電流が著しく少なく，約$-1.5$Vに至るまで水素発生を伴う還元電流の発生が認められなかった．これは水の電気分解を伴わない電位領域の広い優れた指示電極であることを示している．

　また，イオン注入はダイヤモンドの機械特性にも影響を及ぼしている．機械特性の評価はスクラッチ試験，摩耗試験，プラスチックスの切削試験，さらには金属の切削試験などを通して行われた[33]．その結果の一例はイオン注入により摩擦係数が低下し，クラックも低下することを示している．このイオン注入ダイヤモンドは元のダイヤモンドより硬いとはいえず，むしろ軟らかくなって

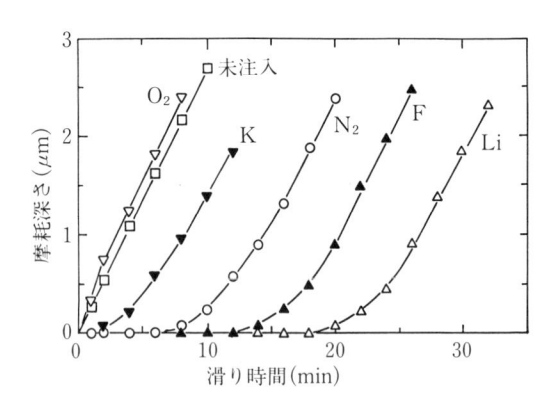

図2.2.13　Li，F，N，K，Oを注入したガラス状炭素の摩耗試験における滑り時間と摩耗深さの関係．

いる．この耐摩耗性の改善は必ずしも堅い工具がよいとは限らず加工性が環境により変化する典型的な例であろう．

　ガラス状炭素や炭素薄膜の耐摩耗性改善へのイオン注入効果も調べられた．図 2.2.13 に各種イオンを注入したガラス状炭素の摩耗試験における滑り時間と摩耗深さの関係を示す[34]．摩耗試験には通常の研磨機を利用した．未注入材は滑り時間と摩耗深さは比例しているが，イオン注入材は一定の滑り時間後，未注入材と同じ割合で摩耗が進行する．図から明らかなように O イオン注入では耐摩耗性の悪化を示し，その他のイオン種では改善を示している．ただし，この O イオン注入のケースは注入量により効果が逆転した．すなわち，図に示した注入量は $1\times10^{17}$ ions/cm$^2$ であるが，注入層が 1 桁少ないと O イオン注入でも改善された．このように改善の度合は注入イオン種，注入量，加速エネルギー，注入基板温度に依存する．

　なお，工具の表面処理における炭素薄膜の構造制御と密着性改善へのイオン注入の利用は有効であることが認められ，実用化されている．

### d. 濡れ性・細胞の接着

　イオン注入したポリマー表面に細胞が接着し，増殖性が向上することが見出された．もちろんイオン注入を利用しているからパターン化も可能である．図 2.2.14 に Na をイオン注入したポリスチレンとセグメント化ポリウレタン表面に選択的に血管内皮細胞が接着する様子を示す[35]．ポリスチレンの場合には未注入領域にも細胞が接着しているが，イオン注入により接着性が向上している．セグメント化ポリウレタンの場合は本来細胞が接着しないが，イオン注入表面には接着している．

　この研究は人工材料の細胞適合性に関するもので，生体適合性材料の開発が目的である．基本的な考え方は，表面を改質した人工材料と生体由来材料とを組み合わせ，共存させることにより，改質材を単なる支持体として位置づけ，細胞の有する機能をそのままこのハイブリッド材料の機能性として付与することである．写真の結果はイオン注入を利用した表面改質で細胞の接着性の悪い材料はよくなり，よい材料はさらによくなっていることを示している．イオン注入によるハイブリッド化への第一歩である．

　なぜ細胞がイオン注入層を認識して，接着するのか．そのようなイオン注

図2.2.14 150 keV-Naイオン注入($1\times10^{15}$ Na/cm$^2$)したセグメント化ポリウレタン(a), ポリスチレン(b)円形部への細胞接着.

層とはどのようなものなのか. 表面の組成や構造の解析結果が得られたとして, これらの結果が細胞の接着と単純につながるものなのか. 要素還元主義的な手法よりも東洋哲学の根底をなす縁起的な発想を持ち込む必要があるのか. 本格的研究はこれからである.

　イオン注入による生体適合性材料の開発のもうひとつの例はシリコーンの抗血栓性(血液の固まらない性質)向上である. この抗血栓性は, 現在使用されている人工臓器で特に比較的長期間使用する人工心臓等では不可欠の要素となっている. この血液凝固の問題は主に血小板の粘着, 凝集を阻止することで達成されると考えられる. イオン注入した医療用シリコーンと未注入試料を犬の下

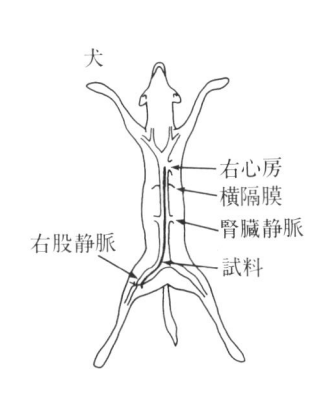

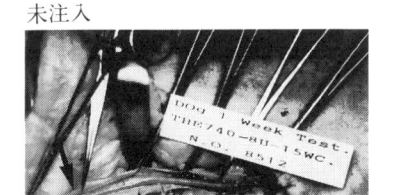

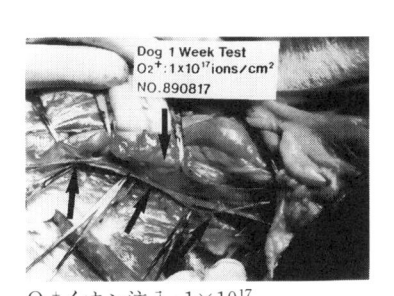

図 2.2.15 イオン注入したシリコーンゴムの抗血栓性評価例.

大静脈より心臓部まで一定期間留置した抗血栓性評価試験例を図 2.2.15 に示す[36]．試料の太さを比較すると，未注入試料には多量の血栓が形成されていることがわかりやすい．一方，イオン注入材の場合には試料表面や血管壁上も血栓の形成は認められず良好な抗血栓性を示している．

このようにイオン注入シリコーンは抗血栓性の向上を示す．この結果とイオン注入ポリウレタンなどの細胞接着の結果は相矛盾するように見える．しかし，矛盾するからといって，実験事実を認めないわけにはいかない．この関係に関する研究は今後の重要な課題である．

## 2.2.4 セラミックス，ガラス

### a. 組成と構造

セラミックス，ガラスなどの無機化合物へイオン注入を行うと，これらの材料は照射損傷により結晶性が破壊され，多量注入で非晶質を示すことが多い．

この非晶質化は共有結合性の強いものほど起こりやすいようである．また，添加した金属の化学結合状態は金属状態を保つものから化合物を形成するものまで多くの形態が認められる．この結晶性破壊や化合物形成により表層の機械的性質，光学的性質などが変化し，熱平衡処理では得られない特性も得られる．

セラミックスの改質ではサファイアを対象とした基礎研究が研究開始当初から盛んに行われ，応用を指向した焼結体へのイオン注入も模索され始めている．サファイアへのイオン注入でも表層非晶質化が認められるが，この非晶質化にはイオン注入中の基板温度が重要な役割を果たしている[37]．例えば，サファイアに非晶質表層を形成するために必要なNiの注入量は室温注入で約$2 \times 10^{17}$ ions/cm$^2$，100 K注入で約$3 \times 10^{15}$ ions/cm$^2$である．このようにサファイアへのイオン注入では，室温はイオン注入で発生する照射損傷を相当回復させる能力をもっている．なお，注入したNiイオンは予測通りガウス分布を形成し，100 K注入と500 K注入とで差は認められていない．

非酸化物系セラミックスのイオン注入では母材元素の再分布，酸素の混入など解析を複雑化させる要因が多い．例えば，炭化珪素へのNイオン注入では酸素の混入は僅かではあるが，窒化珪素へのCuイオン注入では表面から酸素が混入し，表面の珪素は酸化物になっている[38]．この機構はイオン注入中のスパッタ効果により軽元素が吹き飛ばされ，露出した金属が真空雰囲気の酸素と結合して酸化物となる．後述する蛍石へのイオン注入においても，高注入量で母材元素のみならず注入した金属まで酸化されている．

このようにセラミックスへのイオン注入では，セラミックス自体の組成が多元系であるためにイオンビーム照射により誘起される現象が複雑である．

### b. 機械的性質

セラミックスは高硬度で耐熱性や耐食性に優れ，金属では得がたい各種特性を有している．そのため金属への軽元素イオン注入による表層セラミックス化は重要なテーマであるが，これは金属の特性を活かして表層のみをセラミックス化するものである．しかし，セラミックスの機械的性質は表面の状態に敏感で，その破壊は表面の傷を起点として起こることが多い．したがって，表面改質はセラミックスの特性を活かす上で重要な役割を担う．表面改質によって改善できると考えられる特性は，耐亀裂性(靭性)や強度があげられ，直接的な効

果としては摩擦摩耗特性や耐食性の改善などがあげられる．

　サファイアへのイオン注入では硬さと結晶構造とは密接に関係している．サファイア表層はイオン注入量の増加により格子欠陥が増大し，多量注入で非晶質化する．この格子欠陥の増加の過程では内部応力が増加し，硬度が増加する．しかし，照射損傷の増加により非晶質が形成されると，応力緩和で硬度は母材のものより低下することが認められている[37]．この硬度の減少は非酸化物系セラミックスにおいて顕著である．

　炭化物系セラミックスの代表である炭化珪素へNイオン注入し，ビッカースの圧子をたてたときの圧痕を観察すると，イオン注入層は軟化しているが，未注入材で認められたひび割れは認められない．この圧痕深さは注入層の数倍である．このNイオン注入層に形成された化合物は，XPSの評価によるとSiCでも$Si_3N_4$でもなく，$Si_xC_yN_z$が形成されていると考えられた[39]．

　このイオン注入炭化珪素は鉄鋼との摩擦で，摩擦低下が認められている[37]．例えば，摩擦係数は未注入材の場合の0.6から0.15へ低下し，なめらかな摺動は10万回以上持続し，未注入ピンの摩耗も未注入炭化珪素材を相手にしたときより低下する．この未注入材への効果は鉄鋼の表層改質でも認められ，イオン注入特有の効果である．

## c. 光学的性質

　サファイアやガラスへイオン注入すると照射損傷は発生するものの，注入量の少ないときには見かけ上の変化は認められない．多量注入を行うと，照射損傷により試料は茶色みを帯びてくる．この照射損傷によって屈折率が変わり，注入領域を細線化することで光の閉じ込めが可能となる．さらに，もし，多量注入を行うイオン種がある種の金属であると，試料は着色することが認められている．これまでに透明な石英へのNbやFeイオン注入により青色や黄色に着色させることに成功している[40]．このように注入イオン種，注入量などを適当に選び，パターン化するなどイオン注入の方法を選択することで様々な改質ができる．

　$CaF_2$への希土類元素のイオン注入においては，注入中に注入イオン固有の発光が観測され，注入後，取り出した試料には見かけ上なんら変化が認められない．例えば，Euイオン注入$CaF_2$のラザフォード後方散乱分析による評価

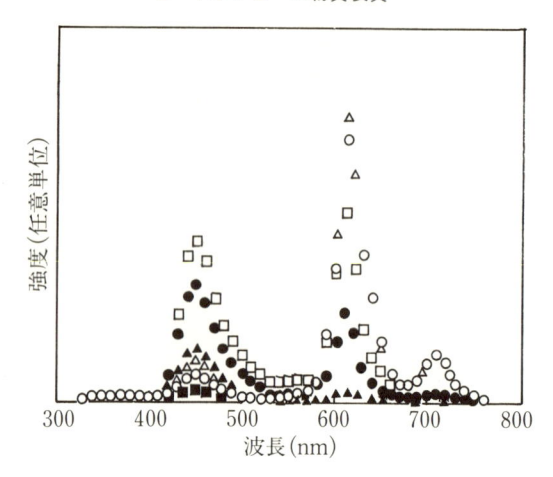

**図 2.2.16** Ar イオンビーム照射励起による Eu 注入 CaF$_2$ の発光スペクトル.
■ $1\times10^{13}$ Eu/cm$^2$, ▲ $1\times10^{14}$ Eu/cm$^2$, ● $8\times10^{14}$ Eu/cm$^2$, □ $2\times10^{15}$ Eu/cm$^2$, △ $5\times10^{15}$ Eu/cm$^2$, ○ $1\times10^{18}$ Eu/cm$^2$.

では，CaF$_2$ に発生した照射損傷は理論よりはるかに少なく，注入した Eu が格子位置に入っていることが認められた．このようにイオン結晶などでは室温注入でも照射損傷はある程度回復し，しかも注入イオンが格子位置に納まることがある．

図 2.2.16 は Eu 注入した CaF$_2$ へ Ar 照射したときの発光スペクトルを注入量の関係で示す[41]．注入量が比較的少ないときには～420 mm の Eu$^{2+}$ の青色発光が強いが，注入量の増加で～600 nm の Eu$^{3+}$ の赤色発光が強くなる．通常熱平衡で添加された Eu は 2 価のみの発光を示すことから，3 価の発光はイオン注入により固溶度以上に添加された Eu 特有の発光である．また，Tb イオン注入により Tb$^{3+}$ の緑色の発光も観測された．さらに，Eu イオン注入，Tb イオン注入の二重注入を行い，その注入量の調整から光の三原色を利用した白色発光も可能である[42]．

## 2.2.5 将来展望

イオン注入による表層改質に関する研究は改質材料，改質特性ともに年々増

加の一途を辿り，基礎研究に留まらず，一部においては実用試験も進行中である．イオン注入装置の開発も進み，理研では科学技術庁振興調整費により表層改質用の金属イオン注入装置を開発したし，今日では通産省の大型プロジェクトで各種装置が開発されてきた．また，Nイオン注入においては質量分析器を取り除くことが可能であり，すでにいくつかの実用器も開発されてきた．さらにNイオン注入では従来の表面処理との比較も試みられている．例えば，プラスチック射出成形金型へのCrメッキとNイオン注入処理の比較では，同程度の寿命増加（2.5倍）であるが，併用処理を行うと10倍に延びる．結論として，どの処理を利用するかはユーザの手にゆだねられているといえるだろう．

 イオン注入による表層改質には多種にわたるイオンを利用し，かつ多量のイオンを注入することが望まれる．これはある意味では特殊技能を必要としている．そのため多種にわたる元素を容易に母材に混入できるイオンビームミキシング法が開発されてきた．なかでもイオン注入と薄膜形成を同時に行うダイナミックミキシング（IBED，IVDともいう）はイオンビームの特色である性質輸送とエネルギー輸送を併用しているため，これまでにない全く新しい薄膜が形成できる可能性がある．Ti蒸着とNイオン注入によるTiN膜形成はシェーバの刃先処理に利用されている．ただし，イオン照射にはスパッタによる膜の削り取り効果が伴うため，その制御法には多くの工学的要素が関与する．

 ともかく，イオン注入法は非熱平衡プロセスであるから，注入基板と注入イオンの自由な選択が可能で，次のような試料の作成が可能である．

① 新しい準安定表層の形成
② 新しい準安定物質のモデル試料
③ 表面・表層評価用標準試料

①の試料はイオン注入による表層への新しい機能を付与し，そのまま利用できる処理材である．しかし，イオン注入装置の高価さから処理品は高くなり，利用される範囲は限定されるだろう．そこでイオン注入材をモデル品とし，イオン注入法が一種の極限技術であると考えると，他の極限法を利用して製品を製造すればよい．この考え方が②の試料である．しかし，今のところこのような事例はない．③の試料は表面分析などの標準品で，すでに二次イオン質量分析器における定量化のための標準試料として利用されている．

これまで行った多くの実験結果は従来の材料学の予測を外れた場合が多い．添加粒子の自由度が無限が広がることから今後も多くの予測外結果が得られると考えられ，イオン注入処理層の深さが結晶学と材料学の間にあることや非熱平衡処理であることから新しい学問の構築が急がれる．

## 参考文献

1) V. Ashworth, W. A. Grant and R. P. M. Pocter (ed.) : Ion Implantation into Metals, Pergamon Press (1982).
2) 日本学術振興会：荷電ビームの工業への応用第132委員会第126回研究会資料.
3) P. Sioshansi : Nucl. Instr. Meth. **B19/20** (1987) 204.
4) O. Miyano and H. Kitamura : Surf. Coatings Technology (to be published).
5) J. Lindhard, M. Scharff and H. F. Schiott : K. Dan. Vidensk. Selsk. Mat. -Fys. Medd. **33** No. 14 (1963).
6) 徳山 巍, 橋本哲一：MOSLSI製造技術 (日経マグロウヒル, 1984).
7) 岩木正哉, 磯部昭二, 下條哲男, 竹本正勝, 鷹野一朗：イオン応用機器概論 (開発社, 1994).
8) M. Iwaki, S. Namba, K. Yoshida, N. Soda, K. Yukawa and T. Sato : J. Vac. Sci. Tech. **15** (1973) 1089.
9) L. Clampham, J. L. Whitton, M. C. Ridgway, N. Hauser and M. Petravic : J. Appl. Phys. **72** (1992) 4012.
10) M. Iwaki, K. Yabe, M. Suzuki and O. Nishimura : Nucl. Instr. Meth. **B19/20** (1987) 150.
11) Y. Fukui, Y. Hirosa and M. Iwaki : Thin Solid Films **176** (1989) 165.
12) J. A. Knapp, D. M. Follstaedt and B. L. Doyle : Nucl. Instr. Meth. **B7/8** (1985) 38.
13) L. L. Singer : J. Vac. Sci. Technol. **A1** (1983) 419.
14) S. Ohira and M. Iwaki : Nucl. Instr. Meth. **B19/20** (1987) 162.
15) T. Fujihana, Y. Okabe and M. Iwaki : Mater. Sci. Eng. **A115** (1989) 291.
16) T. Fujihana, K. Takahashi, A. Sekiguchi and M. Iwaki : Jpn. J. Appl. Phys. **29** (1990) L1895.
17) S. Ohira and M. Iwaki : Nucl. Instr. and Meth. **B21** (1987) 588.
18) Y. Okabe, C. An, M. Iwaki and K. Takahashi : Nucl. Instr. Meth. **B19/20** (1987) 154.
19) M. Iwaki, H. Hayashi, A. Kohno and K. Yoshida : Jpn. J. Appl. Phys. **20**

(1981) 31.
20) M. Iwaki : Mater. Sci. Eng. **90** (1987) 263.
21) R. Hutchings and W. C. Oliver : Wear **92** (1983) 143.
22) K. Takahashi, Y. Okabe and M. Iwaki : Nucl. Instr. Meth. **182/183** (1981) 1009.
23) Y. Okabe, M. Iwaki, K. Takahashi and K. Yoshida : Jpn. J. Appl. Phys. **22** (1983) L165.
24) 岩木正哉 : ニューダイヤモンド **4**, No. 1 (1987) 67.
25) M. Iwaki, S. Sato, K. Takahashi and H. Sakairi : Nucl. Instr. Meth. **209/210** (1983) 1129.
26) S. Sato and M. Iwaki : Nucl. Instr. Meth. **B32** (1988) 145.
27) 渡辺 博, 高橋勝緒, 岩木正哉 : アイオニクス **20**, No. 3 (1994) 43.
28) M. Iwaki, K. Yabe, A. Fukuda, H. Watanabe, A. Itoh and M. Taeda : Nucl. Instr. Meth. **B80/81** (1993) 1080.
29) K. Yoshida and M. Iwaki : Nucl. Instr. Meth. **B19/20** (1987) 878.
30) V. S. Vavilov, M. A. Gukasyan, M. I. Gusera, T. A. Kataygina and E. A. Konolova : Sov. Phys. -Semicond. **8** (1974) 471.
31) T. Wada, A. Takeno, M. Iwaki and H. Sasabe : Synthetic Metals **18** (1987) 585.
32) T. Hioki, S. Noda, M. Sugiura, M. Kakeno, K. Yamada and J. Kawamoto : Appl. Phys. Lett. **43** (1983) 30.
33) N. E. W. Hartley : Materials Formation by Ion Implantation. (ed.) S. T. Picraux and W. J. Choyke (Elsevier Sci. Publ., New York, 1982) p. 295.
34) M. Iwaki, K. Takahashi, K. Yoshida and Y. Okabe : Nucl. Instr. Meth. **B39** (1989) 700.
35) 鈴木嘉昭, 日下部正宏, 岩木正哉 : 応用物理 **61** (1992) 731.
36) 鈴木嘉昭, 日下部正宏, 佐藤昌六, 岩木正哉, 秋庭弘道, 日下部きよ子 : 人工臓器 **21** (1992) 169.
37) 日置辰視 : 金属表面技術 **39** (1988) 586.
38) M. Yamada and M. Iwaki : J. Mater. Sci. Lett. **7** (1988) 1233.
39) A. Nakao, M. Iwaki, H. Sakairi and K. Terashima : Nucl. Instr. Meth. **B65** (1992) 352.
40) Y. Saito, H. Kumagai and S. Suganomata : Jpn. J. Appl. Phys. **24** (1985) 1115.
41) K. Aono, M. Iwaki and S. Namba : Nucl. Instr. Meth. **B32** (1988) 231.
42) K. Aono, M. Kumagai, K. Kashiwagi, Y. Murayama and M. Iwaki : Jpn. J.

Appl. Phys. **32** (1993) 3851.

## 2.3 イオンビームデポジション

### 2.3.1 低エネルギーイオンビームプロセス

　運動エネルギーが 1 keV 程度以下の低エネルギーイオンを固体表面に照射すると，図 2.3.1 に示すように，イオンは固体表面近傍に存在する原子と衝突しながらその運動エネルギーを失い，ついには表面あるいは表面より数原子層の位置で停止する．この時，表面および表面近傍層にある多くの原子が入射イオンより運動エネルギーを得て格子位置を離れて動き出したり，結晶欠陥が発生したりする．また，表面に存在する吸着原子が脱離したり，原子が表面を走り回る運動（マイグレーション）が促進される．これらの現象はきわめて短時間の間（～$10^{-12}$ s）に起こり，表面数原子層にある原子集団は非熱平衡状態にあると考えられる．したがって，このとき熱平衡的な表面温度を定義することは難しいが，あとで述べる多くの実験事実より，表面温度が非常に高いと考えられている[1〜5]．

　入射イオン種が Fe や Si のような金属あるいは半導体である場合，イオンは表面で再び固体の状態に戻り，金属あるいは半導体の薄膜として表面に堆積

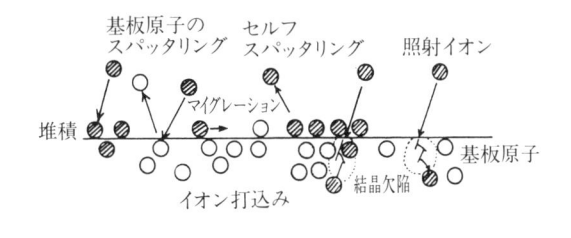

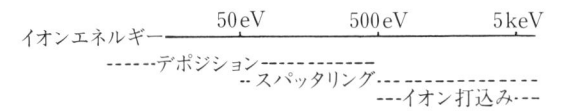

図 2.3.1　低エネルギーイオンビームプロセスで起こる諸現象．

する．入射イオン種が Ar などの反応性をもたない希ガスであっても，固体表面にハロゲンなどの反応性をもつ原子が存在すれば，固体原子と反応性原子との化学反応をイオン照射が促進することがある．

このような低エネルギーイオン照射が引き起こすさまざまな非熱平衡的な物理的・化学的現象を新物質の作製や極微細な回路パターン構造の加工に利用する方法が，現在開発されつつある．イオンビームデポジションは前者のひとつの例であり，イオンビーム加工は後者の一例である．本節ではこれらの分野において最近明らかにされた結果を中心に，まだ未知の現象が多い非熱平衡的プロセスで起こる物理的・化学的現象を理解するために必要な基本知見を解説する．

## 2.3.2 イオンビームデポジション法

イオンビームデポジション法(Ion Beam Deposition，通常 IBD 法と略される)とは，厳密な意味では，質量分離された金属や半導体などの固体元素のイオンビームを低エネルギー状態で基板に照射して，金属や半導体の薄膜を基板上に直接作製する方法である[1,2]．そのため，Direct Ion Beam Deposition とか Primary Ion Beam Deposition という術語が使われることもある．

### a. 歴史的経過

IBD 技術の歴史を振り返ると，その基本的なアイデアは早くも 1960 年代に見いだされる[1~11]．それは図 2.3.2 に示すように，細く集束した金属イオンビームの運動エネルギーを低下させた後に，電磁的に 2 次元走査を行い，基板上に微細な金属配線パターンをつくるというものであった．言い換えれば，運動エネルギーの小さな金属イオンを基板上に『軟着陸』させて，『一筆書き』的に微細な金属回路を形成するものであった．しかし，このアイデアを当時の技術で実現することは難しく，フリントによるイオン源の予備検討[6]や，リットンらによる電子ビームとイオンビームの同時照射により基板の帯電を防ぎながら，誘電体表面にイオンを蒸着する提案[7]があったにすぎない．その後，ウォルターによる導電性金属膜抵抗体形成の試みや[8]，プロビンによる二重球面状のイオン減速レンズを用いた Cr 薄膜の形成実験などが報告されたが，成膜速

## 2.3 イオンビームデポジション

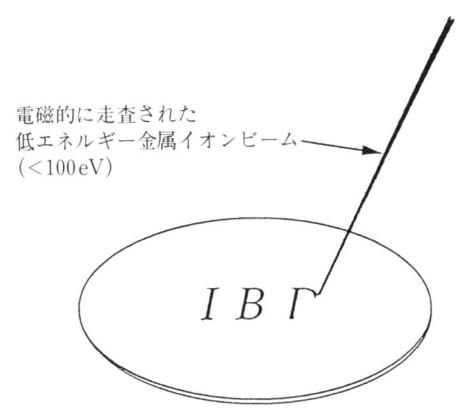

電磁的に走査された
低エネルギー金属イオンビーム
(<100 eV)

*IBD*

**図 2.3.2** イオンビームデポジション法のアイデア．
細く集束した金属イオンビームによる「一筆書き」的微細金属回路作製．

度は 10 nm/min と非常に遅かった(イオンエネルギー：230 eV，イオン電流：2 μA，イオンビーム径：0.5 mm)[9]．質量分離したイオンビームを用いて半導体薄膜をつくるアイデアはフェドトスキーの特許[10]の中に見いだされるが実際には行われなかったようである．シェファードは $H_2S$ 中で $CuS$ 化合物薄膜が形成できることを報告している[11]．これら 1960 年代の仕事のほとんどは，真空技術とイオンビーム技術が未発達のため，イオン電流値が小さく十分なものではなかった．

1970 年代に入り，真空技術とイオンビーム技術の発達とともに，質量分離を行った本格的な IBD 技術の研究が始まった．特に，1971 年アイゼンベルグとシャーボットが高温・高圧合成法によらなくても，IBD 法によりダイヤモンド状のカーボン膜を室温で合成できることを発表したことが研究の大きな引き金になった[12]．このカーボン膜は現在 i-carbon と呼ばれているものである[13~15]．その後，徳山らの Ge, Si 半導体の低温エピタキシャル成長の報告[1,2,16~17]をきっかけに，研究対象は半導体材料だけでなく純金属・ダイヤモンド膜・超伝導材料などさまざまなものに拡がった．

### b. IBD法の特徴

 同位体のレベルまで高分解能で質量分離したイオンを使用し，かつ，その運動エネルギーを利用して非熱平衡的に薄膜成長を行うIBD法は，真空蒸着法やスパッタ蒸着法，プラズマCVD法などの従来の物理的薄膜形成法にはない以下のような特徴をもつ．

（1） 超高純度の薄膜を基板の上に直接形成できる．
（2） 特定の同位体からなる薄膜を作製できる．
（3） ダイヤモンドのように熱平衡状態では高温・高圧にしないと合成が困難な物質を比較的低い基板温度で合成できる．
（4） 非熱平衡状態でしか存在しない結晶構造の物質を作製できる．
（5） 表面が超平滑な薄膜を作製できる．
（6） 極薄の積層薄膜を作製できる．
（7） 微細な薄膜回路を直接描画できる．

しかし，現状では以下のような技術的問題が残されている．

（1） 成膜できる面積が小さい(現状：～10 mm$\phi$)．
（2） 成膜速度がスパッタリング法などの従来の成膜法と比較して小さい(現状：数 $\mu$m/h)．
（3） 成膜装置が高価である．

### c. IBD装置の基本設計概念
#### （1） イオンのエネルギー範囲

 基板への低エネルギーイオン照射は図2.3.1に示したように様々な効果を引き起こす[2]．入射イオンの運動エネルギーが小さいときには基板上への膜堆積(deposition)が起こり，エネルギーの増加とともに，基板および堆積膜の両者が後続のイオンによりスパッタリング(sputtering)される現象が優勢となる．さらに入射イオンのエネルギーを増加させると，基板内へイオンが打ち込まれる(implantation)現象が主要となる．したがって，イオンのみを用いた膜成長が持続するためには，入射イオン自身により堆積膜がスパッタされて消失しないことが必要条件である．つまり，イオンの自己スパッタリング率(self-sputtering yield)が1以下となるエネルギー領域でイオン照射を行うことが必要となる．この自己スパッタリング率が1以下となるエネルギーをIBD成膜

## 2.3 イオンビームデポジション

**表 2.3.1** IBD 成膜のための臨界エネルギー($E_{crit}$).

| イオン種 | 臨界エネルギー(keV) |
|---|---|
| $Fe^+$ | 1.5–2.0 |
| $Co^+$ | 1.0–1.5 |
| $Ni^+$ | 0.8–1.0 |
| $Cu^+$ | 0.3–0.4 |
| $Zn^+$ | 0.3–0.4 |
| $Sn^+$ | 0.45–0.5 |
| $Si^+$ | ～0.7 |
| $Ge^+$ | ～0.5 |
| $C^+$ | ～1.2 |

のための臨界エネルギー($E_{crit}$)と呼ぶ．いくつかのイオン種に関して実験的に求められた値を表 2.3.1 に示す[2,18]．通常，成膜にはこの臨界エネルギーよりずっと低い値が用いられ，10 eV から 100 eV の値が選ばれることが多い．ただし，中性粒子による蒸着などとイオン照射が複合化する場合の臨界値はこれより高くなる．

### （2） イオン電流と成膜雰囲気・成膜速度の関係

IBD法において不純物を含まない高品質の薄膜を形成するためには，基板表面を常に清浄な状態に保つことが必要である．つまり，基板に到達するイオン量の割合が真空槽内の残留ガス分子の吸着量に比べて十分大きいことが必要である．薄膜が成長しつつある表面に到達するイオンの粒子束(ions/cm²・sec)と残留ガスの粒子束(molecules/cm²・sec)をそれぞれ $\Gamma_i$，$\Gamma_n$ とし，基板表面におけるそれぞれの付着係数を $\varepsilon_i$，$\varepsilon_n$ とすれば，この条件は次式で表される[2]．

$$\varepsilon_i \cdot \Gamma_i \gg \varepsilon_n \cdot \Gamma_n \tag{2.3.1}$$

イオンフラックス $\Gamma_i$ と残留ガスフラックス $\Gamma_n$ はイオン電流密度 $J_i$（μA/cm²）と真空度 $P$(Pa)を用いると次のように表される(図 2.3.3 参照)．

$$\Gamma_i (\text{ions/cm}^2\cdot\text{s}) = 6.3 \times 10^{12} J_i (\mu\text{A/cm}^2) \tag{2.3.2}$$

$$\Gamma_n (\text{molecules/cm}^2\cdot\text{s}) = 7.0 \times 10^{22} P (\text{Pa}) \tag{2.3.3}$$

例えば，真空度が $10^{-6}$ Pa の IBD 装置で薄膜形成を行う場合を考える．付着係数 $\varepsilon_i$，$\varepsilon_n$ がほぼ等しいと仮定し，$\Gamma_i$ を $\Gamma_n$ より 2 桁大きくする場合，上記の関係式より，イオン電流密度は少なくとも 100 μA/cm² 以上必要である．こ

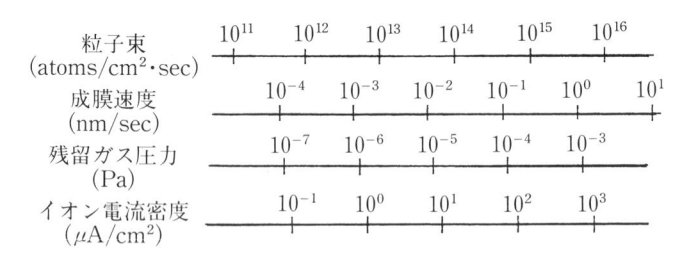

```
粒子束              10¹¹   10¹²   10¹³   10¹⁴   10¹⁵   10¹⁶
(atoms/cm²·sec)
成膜速度                    10⁻⁴   10⁻³   10⁻²   10⁻¹   10⁰    10¹
(nm/sec)
残留ガス圧力                 10⁻⁷   10⁻⁶   10⁻⁵   10⁻⁴   10⁻³
(Pa)
イオン電流密度               10⁻¹   10⁰    10¹    10²    10³
(μA/cm²)
```

**図 2.3.3** イオン束 $\mathit{\Gamma}_i$ と残留ガス粒子束 $\mathit{\Gamma}_n$ のイオン電流密度 $J_i$($\mu$A/cm²)と真空度 $P$(Pa)による換算.

の条件が満たされない場合には,カーボンや酸素など雰囲気ガス中の不純物を含んだ低品質の膜が形成されることが多い.実際,油拡散ポンプで真空排気された成膜室(真空度:$10^{-3}$ Pa)中で He$^+$ イオンを Si 基板に照射しただけでカーボンを含んだコンタミネーション膜が形成される例が報告されている[16].IBD 装置を設計する場合,当然ながら,ターボ分子ポンプやクライオポンプなどのオイルフリーの真空排気系を使用することが望ましい.

イオンの付着係数 $\varepsilon_i$ を1とし,イオン電流密度を $J_i$($\mu$A/cm²)としたときの,成膜速度 $\gamma$(nm/hr),および,膜厚が $d$(nm)の薄膜を形成するのに必要な成膜時間 $\tau$(sec)は次の式で与えられる.

$$\gamma \text{(nm/hr)} = 1.1 \times 10 J_i (\mu\text{A/cm}^2) \tag{2.3.4}$$

$$\tau \text{(sec)} = 3.2 \times 10^2 \, d \text{(nm)} / J_i (\mu\text{A/cm}^2) \tag{2.3.5}$$

ただし,ここでは,Si 膜の場合を考え,表面1原子層の原子密度を $10^{15}$ atoms/cm² とし,その厚みを 0.5 nm と仮定した.

### (3) IBD 装置の構成

**1. 全体構成と電位配分**

IBD 法では(1)(2)に示したように 10 eV〜100 eV 領域の低エネルギーのイオンビームを大量に得ることが重要となる.そのための IBD 装置は,図 2.3.4 に示すように,イオン源,イオン加速部,質量分離部,イオン減速部,成膜部の5つの部分から構成するのが一般的である[19,20].大電流(〜mA)のイオンビームをイオン源よりいったん高電圧(〜一数十 kV)で加速して引き出し,その後,質量分離を行い,選択した特定同位体のイオンのみを所定の入射エネルギー(10〜100 eV)まで減速して基板に照射するものである.

## 2.3 イオンビームデポジション

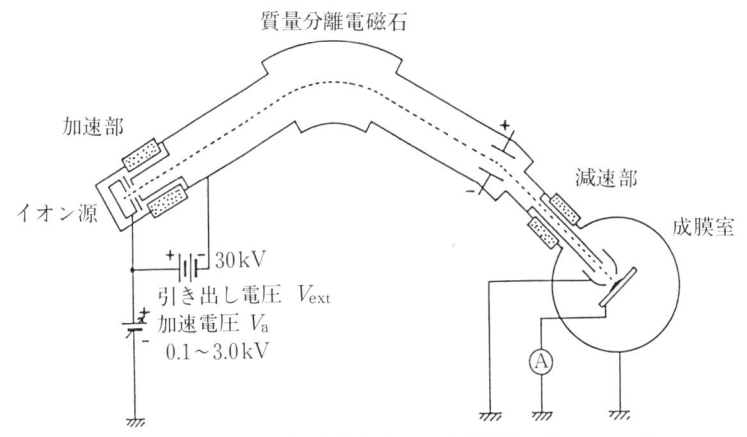

**図 2.3.4** IBD装置の基本構成（セクタ型磁場を用いる方式）．

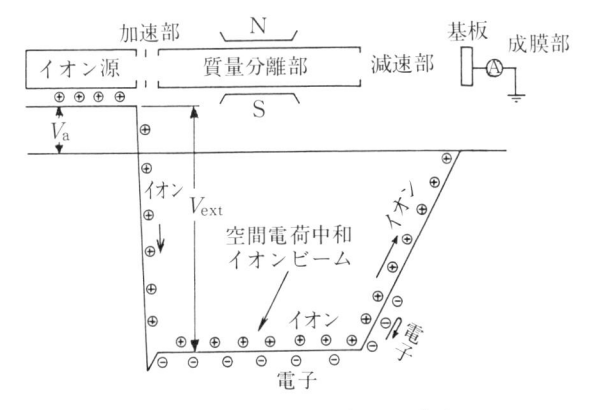

**図 2.3.5** IBD装置の電位配分方法．

図2.3.5に示すように，成膜部の基板を接地電位とし，イオン源に照射エネルギーに相当する正の電位 $V_a$（10〜100 V）を，イオン加速部・質量分離部・イオン減速部にイオン引き出し電位 $V_{ext}$（〜−数十 kV）に相当する負の電位を印加する．この方式では基板が常に接地電位なので，成膜室内に電子分光装置などの付属装置を安全に取り付けることができ，形成した薄膜を in situ で観測するのに便利である．さらに，入射イオンのエネルギーとフラックス（電流値）をそれぞれ独立に制御することができ，成膜過程の基礎的な研究を

行うのにも適している.図より明らかなように照射イオンの運動エネルギーはイオン源と基板との電位差に等しいので,質量分離部を接地電位とし,イオン源と基板の両方に正の高電圧を加加し,照射エネルギーに相当する電位差をバッテリーなどで供給する方法もあるが,その操作には安全の面では注意を要する[21,22].

### 2. 金属イオンの発生

IBD装置ではイオン打ち込み装置に数多く使用されているフリーマン型イオン源[19~21]やマイクロ波イオン源[23]などの mA 級出力の大電流金属イオン源が使われる場合が多い.小型の装置では磁場を用いない熱フィラメント型イオン源[24]が使用されることもある.微細パターン作製用には液体金属イオン源[25]が使用される.このように成膜の目的によりイオン源を選択したり,あるいは新たに開発されるのが現状である.

成膜過程に与えるイオンエネルギーの効果を詳細に調べるためには,イオンのエネルギー分散が小さいことが望ましい.小電流用イオン源ではエネルギー分散が 1 eV 以下のものがあるが,イオン電流量を増やすとプラズマ不安定性が生じ,エネルギー分散が増加することがある.

金属イオンの供給材料としてはハロゲン化金属ガスや金属酸化物を加熱しながら $CCl_4$ ガスを導入して金属塩化物を発生させる方法などが一般的である.フリーマンとチャービルらにより調べられたイオン源材料とその取り扱い方を示した文献[26,27]が便利である.

### 3. イオンビーム引き出しと空間電荷中和

イオン源よりイオンビームを引き出す場合,引き出し電流を大きくするために加速・減速の2枚電極方式を用いる.さらに,mA 級のイオンビームを空間的に発散させずに輸送するためには,正イオンの空間電荷を電子により中和する必要がある.しかし実際には,真空中($10^{-3}$~$10^{-7}$ Pa)をイオンが走行するとき,壁やスリットとの衝突で二次電子が発生したり,さらにイオンが作り出す径方向電界で二次電子が加速され雰囲気ガスをイオン化し,さらに電子増倍を行うなどの機構で自動的に十分な中和電子が供給される.

このようにして電子中和されたイオンビームがつくる径方向の正の空間電位 $\Delta\phi$ [ボルト] がガボビッチらにより理論的に次のように求められている[28].

## 2.3 イオンビームデポジション

$$\Delta\phi = \sqrt{\frac{1}{4\pi\varepsilon_0} \cdot \frac{2I_1}{v_1} \cdot \frac{kT_e}{e}} \tag{2.3.6}$$

ここで，$\varepsilon_0$：真空の誘電率，$I_1$：イオン電流値，$v_1$：軸方向のイオンビーム速度，$k$：ボルツマン定数，$T_e$：電子温度，$e$：単位電荷である．通常の実験条件では径方向に約 20～40 V の空間電位が形成される．

このような空間電荷が中和されたイオンビームの輸送にあたっては中和電子の運動を乱さないことが必要である．したがってイオンビームの集束のために高電圧を印加する静電レンズを使用することは適さない．

イオンが走行中に残留ガス分子と荷電交換を行って高速中性粒子を発生させることがある．この高速中性粒子が基板に衝突するのを防ぐためには，イオンが成膜室に入射する前にイオンの進行方向を変えることが有効である．静電型の偏向電極も使用されるが[1,19]，磁場偏向型の方が空間電荷中和の観点からは優れている[29]．

**4. 質量分離**

イオンを質量分離する場合，図 2.3.4 に示すようなセクタ型磁場を用いる方式[1]と図 2.3.6 に示すような E×B ウィーンフィルタを用いる方式[24]とがある．前者の方が中和電子の運動を乱す電界がないことで大電流の IBD 装置に適している．後者は小電流の IBD 装置に使用される．しかし前者ほど大きな質量分解能は得られない．四重極電極で質量分離をする方法もあるが，中和電子の振る舞いを考えると大電流のイオンは得られない．

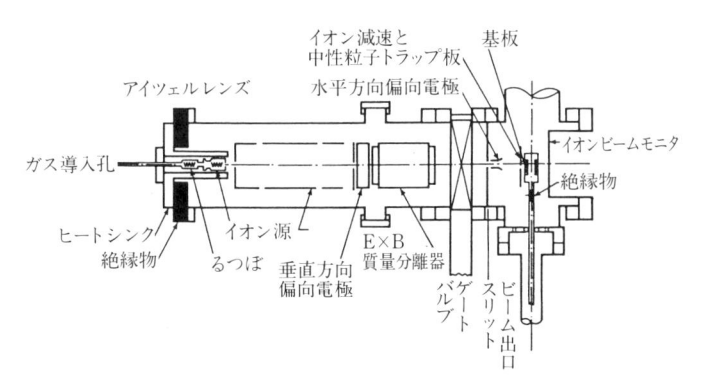

図 2.3.6 E×B ウィーンフィルタを用いる IBD 装置の基本構成．

## 5. イオンビーム減速

3.に述べた中和電子は，イオンを最終段で減速するとき，ひとつの問題を発生させる．イオンが減速される方向に中和電子が加速される現象である．加速された高速電子ビームが基板を衝撃加熱し，成膜した薄膜を溶解させることがある．そのために図2.3.7に示すような，イオンだけを効率的に減速する直交電磁界による減速法が考案された[2]．これはイオンに対して集束効果をもつ静電的バイポテンシャルレンズの位置に，軸方向電界と直交する磁界（～300 G）を印加し，中和電子のみをマグネトロン運動によりイオン軌道より分離除去するものである．

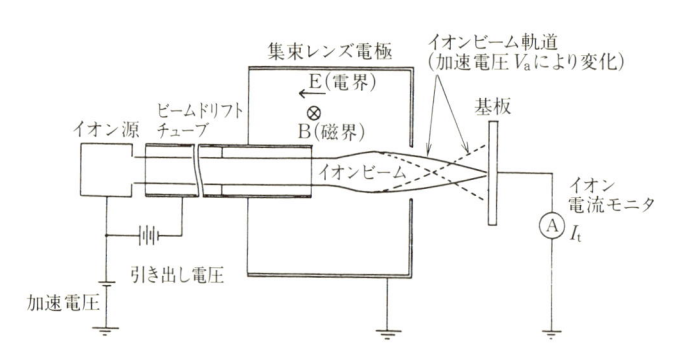

図 2.3.7 直交電磁界によるイオン減速法．

最近では精密に数値計算された軌道解析により設計された静電レンズだけで減速しても効率的にイオンビームが減速されるようになった[29,30]．図2.3.8は，後述の図2.3.9の装置で集束作用をうけた $N_2^+$ イオンビームの軌道を示すものである．イオンのエネルギーは25 keV より各々0，50，100，500，1000 eV まで減速されたものである．このように $N_2^+$ イオンビームが発光するのは，この分子イオンの一部が励起状態にあり，可視の領域で発光をもつためで，プラズマが生成されて発光しているのではない．最近ではレンズの調節により平行ビームとすることも可能になってきている．

## 6. 成 膜 室

IBD装置は，MBE装置などの閉じた真空装置と異なり，イオン発生のために定常的にガス導入を行うものである．したがって成膜室を超高真空に保つた

## 2.3 イオンビームデポジション

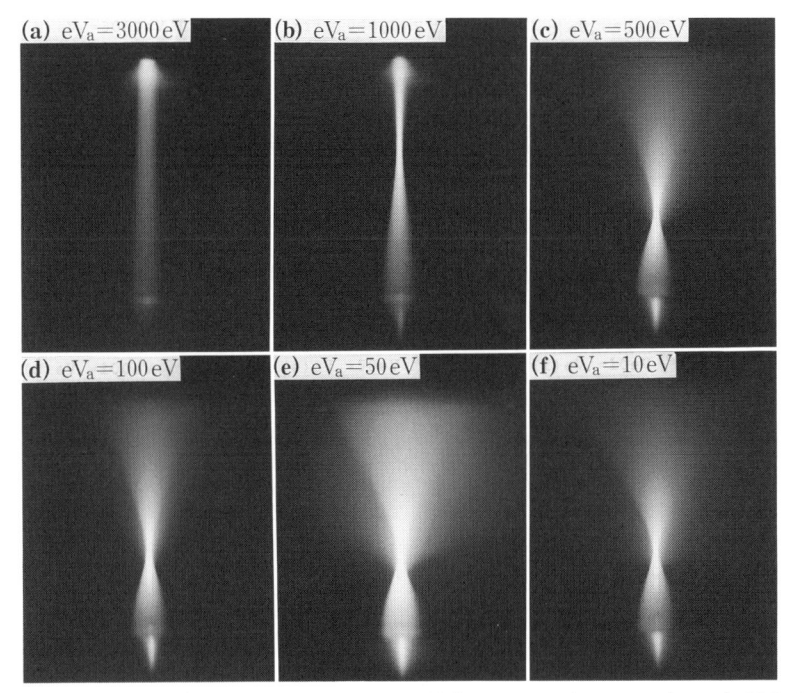

**(a)** $eV_a = 3000\,eV$  **(b)** $eV_a = 1000\,eV$  **(c)** $eV_a = 500\,eV$
**(d)** $eV_a = 100\,eV$  **(e)** $eV_a = 50\,eV$  **(f)** $eV_a = 10\,eV$

図 2.3.8 減速後のイオンビーム軌道．励起状態にある $N_2^+$ イオンビームを 25 keV より 0, 50, 100, 500, 1000 eV まで減速したときのイオンの発光を観測．

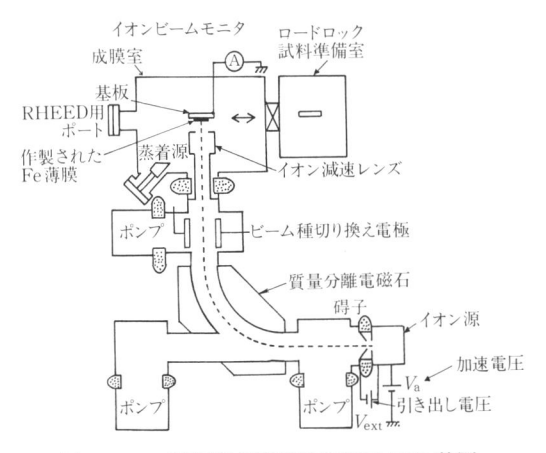

図 2.3.9 超高純度鉄薄膜作製用 IBD 装置．

めには，イオンビームが走行する空間ではスリットなどを利用した効率的な差動排気が要求される．真空排気系もターボ分子ポンプなどのガス排出型のポンプがよく用いられる．成膜された膜厚は，図2.3.4に示すように基板に流れる照射イオン電流を時間的に積分することにより算出することができる．基板の加熱方法や膜質の特性評価法などはMBE装置の場合と同様である．

### d. 薄膜作製への応用
#### （1）金属薄膜

天野らは図2.3.6に示す直線型のIBD装置を用い，4 keVで質量分離したPb$^+$，Mg$^+$イオンビームを24〜500 eVに減速し，これらの金属薄膜の形成を行った[24,32〜34]．Pb膜をカーボンと岩塩基板上に成長させた場合，膜の接着力が24〜200 eVの範囲ではイオンエネルギーに依存しないこと．イオンエネルギーが低い場合(24 eV)には，膜厚が250 nm以上ではじめて連続膜となるのに対し，イオンエネルギーが高い場合(48 eV，72 eV)には，薄くても連続膜が得られること．エネルギーの増加とともに結晶粒が大きくなり，50 eV以上のエネルギー領域においては，優先配向性をもった結晶ができることなどを明らかにした．これらの結果は，Pb$^+$イオンのエネルギー付与により表面でのPb原子のマイグレーション運動が増速されたことの間接的証明と考えられる．

大前らはイオンプレーティングのメカニズムを研究するために，図2.3.4と同様のIBD装置を開発し，30〜300 eVの範囲でZn$^+$，Ag$^+$イオンをAl単結晶，Cu単結晶，SUS基板にそれぞれ照射し，これらの金属薄膜を形成した[35]．彼らはエネルギーの増加や，稠密結晶面をもつ基板を用いると，ディスロケーション欠陥密度が増えることをTEM観察などにより確認した．また，エネルギー増加により薄膜界面に拡散層が形成されやすくなり，このことがIBD法やイオンプレーティング法でつくった金属膜の接着力が大きい理由であると推論した．

トーマスらも図2.3.6と同様のIBD装置を開発し，多結晶Pd基板と単結晶Si(111)基板上にAgの低温結晶成長を試み，25〜100 eVのエネルギー領域でSi(111)基板上にAg$^+$イオンを照射すると，Ag薄膜が室温でもエピタキシャル成長することを示した[36]．

最近，IBD技術を超高純度金属学の研究に利用することに大きな関心が集

まりつつある．例えば，三宅と大橋がIBD法により作製した超高純度鉄薄膜がステンレスよりも錆びにくい性質をもつことを示したことはその一例である[23,37~42]．

この超高純度鉄薄膜作製に用いたIBD装置を図2.3.9に示す．マイクロ波イオン源，質量分離用90°偏向電磁石，超高真空成膜室，試料準備室とからなる．Si基板を接地電位とし，イオン源に照射エネルギーに対応する電位$V_a$（$=50$ Vまたは$100$ V）が，偏向電磁石とイオンビーム輸送ダクトにイオン源に対し$V_{ext}=-20$ kVの引き出し電位が印加されている．イオン源内に約500 mgのヘマタイト$Fe_2O_3$粉末(赤錆)と$CCl_4$ガスを混合導入し，周波数2.45 GHz，電力300 Wのマイクロ波を供給して$CCl_4$ガス放電を起こし，その中で起きる$Fe_2O_3$と$CCl_4$とのプラズマ化学反応を利用して鉄イオンを発生させた[43]．質量分離された$Fe^+$イオンを基板直前に配置した静電型減速レンズを通過させて減速させた．図2.3.10は$eV_a=50$ eVに減速後のイオンの質量スペクトルである．鉄の同位体イオン$^{54}Fe^+$，$^{56}Fe^+$，$^{57}Fe^+$が高分解能で分離されている．

$^{56}Fe^+$イオンビーム(電流値：62 μA)の照射エネルギーを$50$ eVまたは$100$

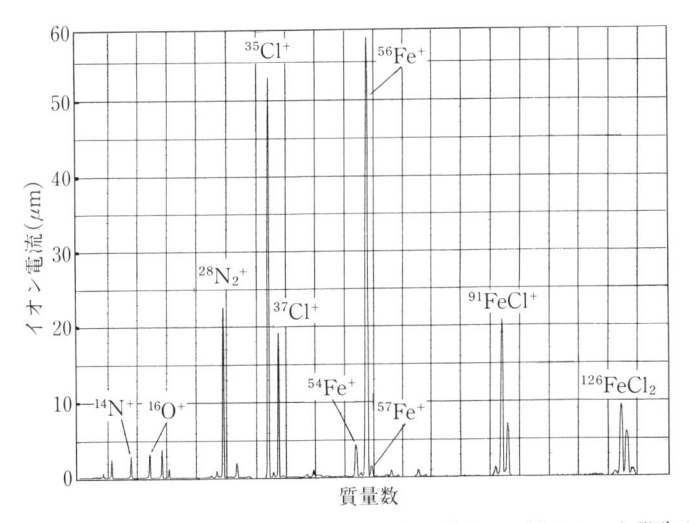

図2.3.10 $Fe_2O_3$と$CCl_4$とのプラズマ化学反応を利用して鉄イオンを発生させたときのイオンの質量スペクトル(50 eVに減速後)．

eVとし，直径2インチのSi基板（p型，Si(100)面およびSi(111)面）に室温で照射した．イオンビームの照射領域は直径約10 mmで，$^{56}$Fe$^+$イオン電流密度は50 μA/cm$^2$である．成膜室の到達真空度は10$^{-8}$ Paであり，成膜時の真空度は$8\times10^{-6}$ Paである．形成した鉄の膜厚は照射時間とイオンビーム密度に依存し，30 nmから1 μmの範囲内であった．

IBD法で作製した鉄薄膜はいずれも，大気中で6ヵ月以上経過した後も，金属光沢をもち，錆による変色は見られなかった．純度99.995%の市販高純度鉄とイオンエネルギーが50 eVのIBD法で作製した高純度鉄の2つの試料の下半分を濃度が0.001 mol/$l$の食塩水溶液中に2時間浸した後放置すると，市販の高純度鉄は錆を発生して茶褐色に変色したが，IBD法で作製した高純度鉄にはそのような現象が見られなかった．

IBD法で作製した鉄薄膜と純度を変えた高純度鉄に対し，濃度0.001 mol/$l$，

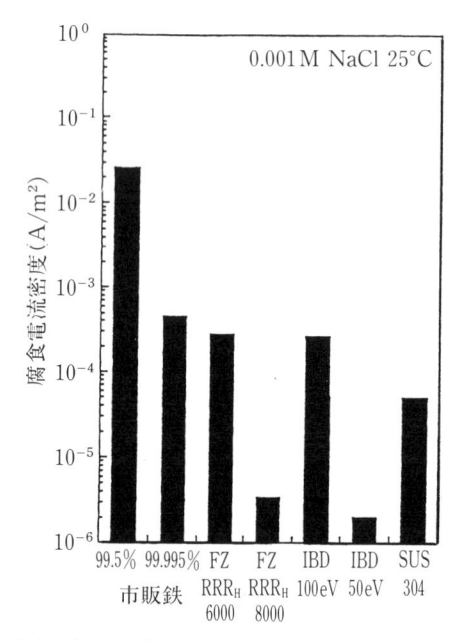

図2.3.11　種々の純度の鉄の腐食電流密度の比較．左より純度99.5%，99.995%，FZ-Fe(RRR$_H$=6000)，FZ-Fe(RRR$_H$=8000)(ステンレス鋼(SUS 304)の値と50 eVの鉄薄膜の値はほぼ同程度で，FZ-Fe(RRR$_H$=8000)よりも小さい)，IBD鉄薄膜(100 eV)，IBD鉄薄膜(50 eV)ステンレス鋼(SUS 304)．

25℃の食塩水溶液中での分極特性を測定し，ターフェル領域でのアノード曲線とカソード曲線の近似直線の交点から求めた腐食電流密度を比較した結果を図 2.3.11 に示す．純度を 99.5％，99.995％，FZ-Fe($RRR_H$=6000)[*]，FZ-Fe($RRR_H$=8000) と上げるに従い，腐食電流密度が小さくなり耐食性が向上していることがわかる．IBD 法で作製した 100 eV 鉄薄膜の腐食電流密度は FZ-Fe($RRR_H$=6000) やステンレス鋼(SUS 304)の値とほぼ同程度で，50 eV の鉄薄膜の値は FZ-Fe($RRR_H$=8000) よりも小さく，ステンレス鋼(SUS 304)の 50 分の 1 であった．$H_2SO_4$ 水溶液中でも同様に鉄の高純度化による耐食性付与の効果が確認された．

高感度 SIMS による不純物測定により両者の IBD 鉄薄膜とも $^{54}Fe$ や $^{57}Fe$，あるいは Ti，Zn，Ni，Cr などの金属不純物を含まない $^{56}Fe$ 同位体のみで構成された高純度鉄であること，高分解能 SEM 観察より表面が非常に平坦であること，薄膜 X 線回折測定より鉄の最稠密面である (110) 面の方向，つまり ⟨110⟩ 方向に優先配向しており，50 eV-IBD 鉄薄膜の Fe(110) ピークのロッキング曲線の半値幅が 100 eV-IBD 鉄薄膜の値より小さいことなどが確認された．

50 eV と 100 eV で作製した IBD 鉄薄膜の断面形状を TEM(透過電子顕微鏡)で観察すると，図 2.3.12 のように，100 eV の膜がスパッタ法で形成した薄膜によく見られる柱状構造で，最表部の酸化物層は厚さが 3 nm ほどの結晶形態が不明瞭な非晶質状の層であるのに対し，50 eV の膜は微細粒子の 3 積層構造よりなり，厚さが 3 nm ほどの最表部の酸化物層は結晶欠陥がほとんどない鉄酸化物多結晶層($Fe_2O_3$)となっている．中間の層は体心立方構造の結晶で ⟨110⟩ 方向に優先配向し，基板に近い部分(Fe(I))は鉄のアモルファス層である．さらに紫外線照射による表面の光電子エネルギー測定より，50 eV の場合の酸化膜の仕事関数が最も大きく，表面での電子授受が起こりにくいこと，つまり，最も錆びにくい結果と対応することがわかった．

結論として，50 eV のイオンエネルギーが結晶欠陥の少ない膜の成長に適しており，表面マイグレーション運動により鉄原子が配列の規則性が高い⟨110⟩

---

[*] FZ-Fe：フローティングゾーン法で高純度化した鉄．
　$RRR_H$：残留抵抗比．大きいほど高純度であることを意味する．

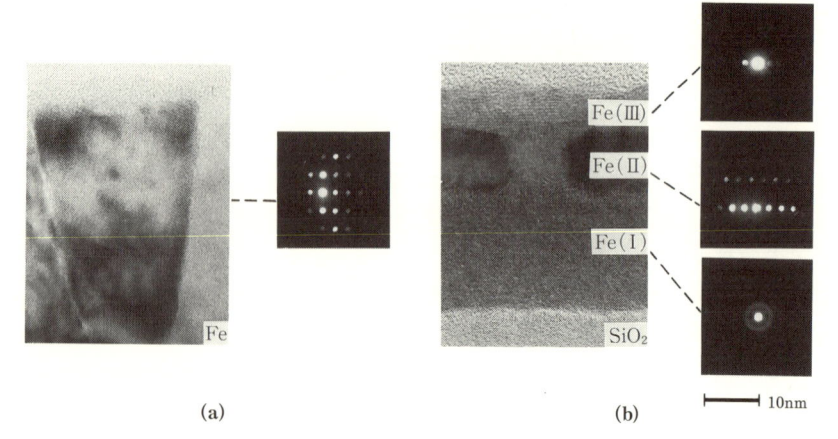

**図 2.3.12** 50 eV (a) と 100 eV (b) で作製した IBD 鉄薄膜の断面 TEM 像.

方向に優先配向した稠密構造の鉄結晶をつくり，これが前駆体となって微結晶酸化物層が形成され，この存在が高耐食性の原因となったと考えられている．

**(2) 半導体薄膜**

徳山らはイオンの運動エネルギーを利用して，Si のエピタキシャル結晶成長温度を低温化することができれば，不純物分布を急峻に制御することにより超高速の Si バイポーラ半導体デバイスが可能になると考え，Si と Ge の IBD 成膜を試みた[1,2]．

まず矢木らが Ge(111) 基板に $Ge^+$ イオンをエネルギー 100 eV で照射し，基板温度 573 K (300°C) でエピタキシャル結晶成長ができることを確認した[16]．しかし，イオン電流密度が 4～5 μA/cm² と小さく，真空度は $10^{-3}$ Pa 台であったので，Si のエピタキシャル結晶成長は難しかった．

次に，三宅らがイオン電流密度を増加させ，かつ高真空化を図った図 2.3.4 の IBD の装置 (100 μA/cm², $10^{-6}$ Pa) を開発し，基板温度 1013 K (740°C) で Si(100) 基板に $^{28}Si^+$ イオンをエネルギー 100 eV で照射し，Si のエピタキシャル成長を確認した．しかし，膜中には金属不純物が極微量存在し，また，イオンエネルギーが大きいため結晶欠陥が多いものであった[1,17,19]．

超高真空中での Si のエピタキシャル成長が次にパルムらにより行われた[44]．図 2.3.6 と同様の小型の直線型 IBD 装置を用い，$^{28}Si^+$ イオンビームを

Si(100),(111)基板に50〜100 eVで照射して,直径約5 mmの領域にイオン電流値8 µAで膜厚5〜100 nmのSi薄膜を作製した.基板温度は300〜900 Kで,成膜中の真空度は$2.3$〜$4.7\times10^{-5}$ Paであった.したがって$\mathit{\Gamma}_{\mathrm{I}}$は$\mathit{\Gamma}_{\mathrm{n}}$の200倍である.質量分解能が小さいため$^{28}N_2^+$,$^{28}CO^+$などのイオンが混入した可能性はあるが,基板温度が700 KでSiのエピタキシャル成長が確認された.そして$3.5\times10^{-7}$ Paの高真空がSiのエピタキシャル成長には不可欠であると結論づけた.

アップルトンらは$10^{-7}$ Paの高真空中で10〜1000 eVのエネルギー範囲でイオンビームを発生できるIBD装置を用い,$Ge^+$,$Si^+$イオンビームを65 eVでSi(100)単結晶基板に室温で交互に照射して,アモルファスで等方的なヘテロ構造のGe/Si多層膜を形成した.この実験では膜と下地表面との界面は非常に平滑で,その界面層の厚さは0.35 nmであった.室温で低エネルギー(65 eV)イオンを照射した場合,Si基板中に欠陥は検出されないが,イオンエネルギーが150〜200 eVと高くなると,界面下30 nmの深さに拡がった連続欠陥層が観測されるという結果を示したが,この原因はまだ不明である[22,30].

さらに,アーマーらも超高真空のIBD装置を開発し,n型Si(100)単結晶基板に$Si^+$イオンを照射してエピタキシャル成長させる場合の基板の前処理に関し検討した.加熱した状態で$Cl^+$イオン(30 eV)によりSi基板を反応性エッチングによりクリーニングするよりも,エネルギーが50 eVの$^{28}Si^+$イオンを直接照射して表面の自然酸化膜を除去するものが最も有効であることを示した[45〜49].

現在までのところ,半導体の低温エピタキシャルに関しては,膜中に含まれる不純物をいかに減らすか,イオン輸送中に生じる高速の中性粒子をいかに除去するか,また,それらが結晶欠陥の発生にどのような影響を与えるか,あるいは,成膜前に基板表面に存在する自然酸化膜をどのようにしてクリーニング除去するかなど,さまざまな問題が残されている.形成された薄膜の電気的特性評価に関しては,いまだほとんど着手されておらず,成膜面積を大きくし,膜厚の均一性を改善することが望まれている.

## (3) ダイヤモンド状カーボン薄膜

人造ダイヤモンドが高温高圧状態でしかできなかったのに対し,ダイヤモンドに近い薄膜が,イオンビームにより1000℃以下の低温で比較的簡単にでき

ることをアイゼンベルグとシャーボットが 1971 年に示してから[12]，その作製方法と形成機構に大きな興味が寄せられている．高い硬度，光学的に透明，化学的に安定，高い熱伝導度，高い電気抵抗，大きなバンドギャップなどダイヤモンド本来の性質を利用するべく，ダイヤモンド状カーボン薄膜の研究が精力的に行われている．特に切削工具やヒートシンク，短波長の光材料，最近では平面ディスプレイ用電子エミッタとして関心が高い．

アイゼンベルグとシャーボットはスパッタ型イオン源を備えた非質量分離型 IBD 装置を用いて，$Si$，ステンレス，岩塩基板上に低エネルギー(40 eV) カーボンイオンを照射して，ダイヤモンド状のカーボン膜が形成できることを示した．形成したカーボン膜は高い光学的透明度，高抵抗 ($10^{11}$ $\Omega\cdot$cm)，化学的不活性，高硬度などの天然のダイヤモンドに近い性質を有していた[12,13]．

スペンサーらは，同じ方法でより高い電気抵抗 ($10^{12}$ $\Omega\cdot$cm) のダイヤモンド状カーボン膜を得た．彼らは 3 つの可能な炭素結合 ($sp^1$, $sp^2$, $sp^3$) のうち，結合エネルギーの小さな $sp^1$, $sp^2$ 結合が，イオン照射に伴う選択的スパッタ作用により安定に存在しえず，結合のより強い $sp^3$ 結合だけが生き残り，ダイヤモンド状構造をもつカーボン膜ができるという考えを提案した．このカーボン膜は現在 i-carbon と呼ばれているものである[14]．

質量分離した $C^+$ イオンのみでダイヤモンド状膜を作製することはフリーマンらによって行われた．天然ダイヤモンド基板を注意深くクリーニングし平坦とした後，973 K (700℃) に加熱し，900 eV に加速した $C^+$ イオンを照射した場合には，グラファイト状カーボンの不純物成分が最も少ない膜ができると報告している．しかし，その機構についてはまだ明らかにされていない[50,51]．

次に，宮沢らが質量分離した $C^+$ イオンを 300 eV (60 μA/$cm^2$) と 600 eV (200 μA/$cm^2$) の異なった照射エネルギーで，$Si$，ガラス，Al 基板に照射し，形成したカーボン膜の性質を調べた．形成膜はアモルファス構造を示し，電気抵抗率はアイゼンベルグらの値よりも低い値 ($1.7 \times 10^6$ $\Omega\cdot$cm) であった．さらに 300 eV と 600 eV とで膜の性質に顕著な差は見られなかった[52]．

一方，石川らは負イオンビーム用の IBD 装置を開発し，$C^-$ と $C_2^-$ イオンで形成されたダイヤモンド状のカーボン膜の性質がどのように違うかを検討した．両イオンの場合とも形成膜の性質は，図 2.3.13 に示すように，照射エネルギーに大きく依存し，光学的に透明度が高く電気抵抗率の大きな膜が，$C^-$

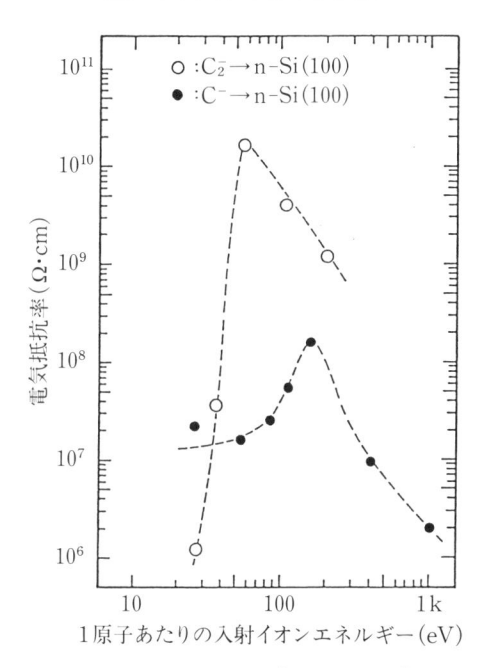

figure 2.3.13 $C^-$ と $C_2^-$ イオンとで形成されたダイヤモンド状のカーボン膜の電気抵抗値のイオンエネルギー依存性.

イオンの場合に 115〜215 eV のエネルギー領域で得られており，最大 $1.8\times 10^{10}$ Ω·cm の電気抵抗値が $C_2^-$ イオンの場合に得られた[53].

ラバレーらは，in situ 分析装置付超高真空 IBD 装置（真空圧力 $10^{-8}$ Pa）を用いて，Ni 基板とダイヤモンド状薄膜との初期の界面状態を調べている. $C^+$ イオン（エネルギー 1〜300 eV, 電流値 25 nA）を室温で Ni(111) 基板に照射（ドーズ量 $2\times 10^{16}$ ions/cm$^2$）すると，まず最初に Ni カーバイド層が生成し，その後，C-C 結合のクラスタリングが起こり，連続的なダイヤモンド状のカーボン膜ができるというものである[54].

ラウらも同様の in situ 分析装置付超高真空 IBD 装置（真空圧力 $10^{-8}$ Pa）を用いて，Si 基板に $C^+$, $CH_3^+$ イオンを照射して（ドーズ量 $1\times 10^{16}$ ions/cm$^2$）カーボン膜を作製した. 基板温度が室温のとき，界面に SiC 層を含むアモルファス状のカーボン薄膜ができること. 照射後の熱処理（1073 K）を行うか，基板温度を 1073 K に上昇してイオン照射しても，(0001) 方向に優先配向

した微結晶グラファイト構造ができるという結果を得ており，これは宮沢らの結果[52]と類似する[55~59]．

このように，現在までに得られている実験事実は必ずしもある統一的な考えで説明される状態には至っていない．イオン照射によりいかにしてダイヤモンド構造の準安定相ができるのかを明らかにするのには，さらに系統的・包括的な研究が必要と思われる．

### （4） 複合イオンビームデポジション

ひとつのイオンビームと他のイオンビーム，あるいは，蒸着用の中性粒子ビームなどと組み合わせることで広範囲な材料作製が期待される．この方法を複合イオンビームデポジション法と呼び，代表的な例を以下に示す．

#### 1. 高誘電体 $Ta_2O_5$ 薄膜

高密度半導体集積回路用のキャパシタ材料として注目を集めている高誘電率 $Ta_2O_5$ 薄膜作製を吉田らが2種類の正イオンビーム($Ta^+$, $O^+$)を合流させる複合IBD法を用いて行った[60~62]．Taの酸化物には種々の構造があり，その中には異種金属原子を含んで安定化する相もあり，構造は複雑である．そこで彼らは純粋な材料をエネルギー制御しながら基板に供給できるIBD法が，複雑組成の酸化物の合成に有利であると考え，図2.3.14に示す複合IBD装置を開発した．

直線型の質量分離IBD装置により $Ta^+$ イオンを発生させ，酸素イオン

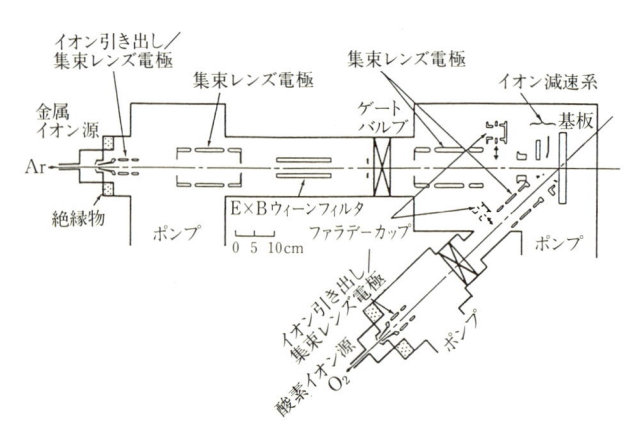

図2.3.14 高誘電率 $Ta_2O_5$ 薄膜作製用複合IBD装置．

($O_2^+$, $O^+$)は質量分離を行わないで基板に照射するものである.電流値はそれぞれ $Ta^+$:50 μA,酸素イオン:180 μA である.CZ-Si(100)基板に2つのイオンビームを同じエネルギー(60〜200 eV)で照射し,成膜を行い,得られた $Ta_2O_5$ 薄膜の性質を調べた.

図 2.3.15 は入射エネルギーの変化に対する Ta 4f の XPS スペクトルである.入射エネルギーが 100 eV の場合,測定用前処理のスパッタリングによるダメージでピークが拡がっているが,大部分の Ta が $Ta_2O_5$ にきわめて近い結合状態になっていることがわかる.ところが低エネルギー(60 eV)で成膜し

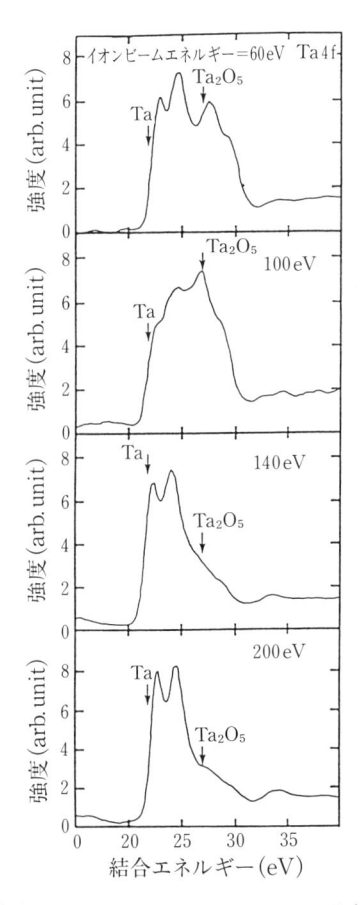

**図 2.3.15** $Ta_2O_5$ 薄膜の Ta 4f の XPS スペクトルの入射エネルギー依存性.

た場合には，$Ta_2O_5$ も観測されるが低価数の Ta も多い．これは入射エネルギーを低くしたことでイオンビームが発散し，$Ta^+$ イオンよりも斜め入射の酸素イオンの方がより多く発散し，酸素イオン不足状態になるためという．このように複合 IBD 法においては，2 つのイオンビームを基板の同じ位置に合わせて照射することが重要となる．

入射エネルギーが 100 eV より大きい(140 eV, 200 eV)場合, $Ta_2O_5$ は減少し低価数状態の Ta が急激に増加していることがわかる．入射エネルギーが 200 eV の場合のスペクトルより，膜中に多量の $SiO_2$ が含まれることが観測された．これは入射エネルギーの増加により Si 基板がスパッタリングされて，Si が膜中に取り込まれて酸化され，膜中の $SiO_2$ 濃度が上昇したことによる．

吉田らは上記の 100 eV で作製した膜厚 30 nm の $Ta_2O_5$ 膜を使用し，LOCOS 構造の MIS 型キャパシタ素子を作製し $I-V$ 特性などの電気的特性を測定した[62]．しかし，良質膜を得るには基板と界面の間に存在するトラップを減らす努力が必要のようである．

同装置で酸素雰囲気中で $Ta^+$ イオンを照射する反応性 IBD 法では堆積条件をいくら変化させても完全な化学量論的な $Ta_2O_5$ 膜を得ることができなかったこと，複合 IBD 法により酸素をイオン化し活性にすることで初めて $Ta_2O_5$ に近い膜を形成することができた．これは複合 IBD 法が従来困難とされていた種々の機能性薄膜を低温で形成する手段として有望である証拠と思われる．

**2. GaAs への $^{12}C^+$ イオンドーピング**

GaAs や GaAlAs などの化合物の半導体はオプトエレクトロニクスデバイスや高速電子デバイス用材料としてその重要性が高まっており，その光学的性質を自由に制御するために種々のアクセプタやドナーの不純物元素を導入する技術が必要とされている．

牧田らは $^{12}C^+$ IBD 装置と分子線(MBE)蒸着装置を組み合わせた複合 IBD 装置を開発した．Ga 分子線と $As_4$ 分子線とを蒸着しながら質量分離された $^{12}C^+$ イオンビームを GaAs(100) 基板に同時照射することで，カーボンをアクセプタとして導入した GaAs 化合物半導体をエピタキシャル成長できることを示した[63〜67]．高温材料のひとつであるカーボンは蒸気圧がきわめて低いので通常の熱的なドーピング方法は非常に難しい．したがって元素の種類に依存しないこのイオンドーピング法は興味深い．

彼らは超高真空中でAs₄分子線とGa分子線(As₄/Ga強度比〜約3)をGaAs(100)基板(Cr-doped)に蒸着しながら，$^{12}C^+$イオンを30〜500 eVのエネルギーで基板に照射した．イオン電流は3 nA，成長速度は1.1 μm/h，基板温度は500℃(773 K)〜590℃(863 K)である．$^{12}C^+$イオンエネルギー100 eV，基板温度550℃(823 K)で成膜されたGaAsのフォトルミネッセンスのスペクトルを図2.3.16に示す．ホール濃度はアンドープ(UD)試料から$8.12×10^{15}$〜$2.62×10^{18}$ cm$^{-3}$の範囲である．

図2.3.16よりイオンドーピングした試料には通常"g"と[g-g]と表記される2つの特徴的な発光ピークが見られる．これらはBeやMgの浅いアクセプタレベルの不純物をGaAsやInPに導入したときに見られるものである．"g"は複合欠陥に束縛されたエキシトンによるもので，[g-g]は"g"よりも少し低いエネルギー側にありアクセプタ-アクセプタ対によるものである．不純物

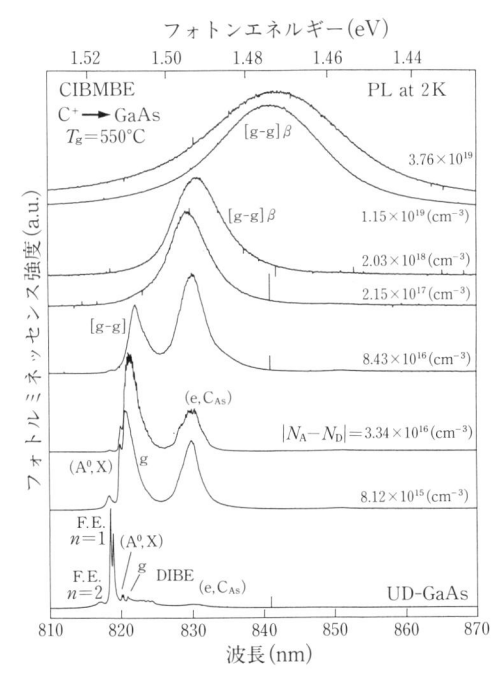

**図2.3.16** $^{12}C^+$イオンドーピングされたGaAsのフォトルミネッセンススペクトル．

濃度($|N_A-N_D|$)の増加とともに，これらの発光ピークは低エネルギー側にシフトする．このことより C 原子が As のサイトに置換してドーピングされたことがわかる．この場合，後工程で熱処理をしなくても，$C^+$ イオン照射のみでドーピングがなされたことは注目に値する．イオンエネルギーに対しては図 2.3.17 に示すように 170 eV 付近が最もドーピング効率が高い．イオンエネルギーが 500 eV まで大きくなるとスパッタリング効果が大きくなるとともに結晶欠陥が増加することなどが見いだされた．

InP などの化合物半導体の結晶成長の研究として丸野[68]や清水ら[69~71]の報告がある．

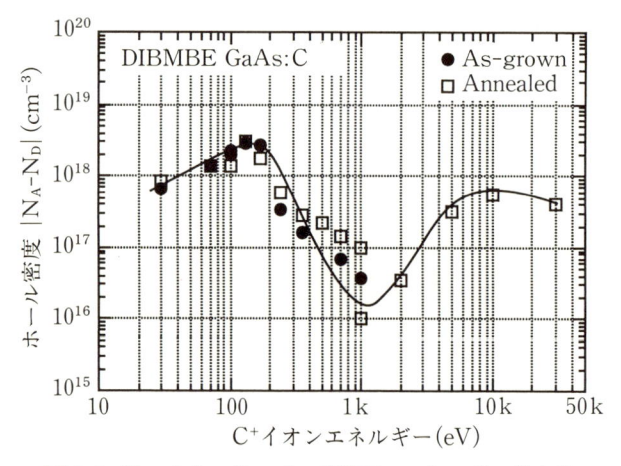

図 2.3.17 イオンドーピング効率のエネルギー依存性．

### 3. 高温超伝導薄膜

$YBa_2Cu_3O_y$ などのペロブスカイト結晶構造をもつ Cu 酸化物が高温超伝導的特性を示すことで大きな関心がもたれている．喜多と川口らは超高真空 MBE 蒸着と IBD との複合装置を開発し，Cu や Sr 金属の蒸着と同時に質量分離した酸素原子イオン($O^+$)を照射して，それらの金属の酸化を促進し，CuO，$Cu_2O$，$Sr_{1-x}CuO_y$ などの酸化物がエピタキシャル成長できることを示した[72~78]．

例えば，MgO(001)基板上に Cu を蒸着(フラックス $2.5\times10^{13}$ atoms/$cm^2$·s)

しながら$O^+$イオン（45 μA，10～200 eV，フラックス$1.5\times10^{14}$ ions/cm²·s）を照射した場合，エピタキシャル成長したCuOが得られることがRHEED，XTEMなどで確認された．基板温度が低い場合(100°C)に表面が最も平坦である．酸素イオンのフラックスを$1.6\times10^{14}$ atoms/cm²·sに減らし，かつ基板温度を400°Cとすると，単相の$Cu_2O$膜が得られることが図2.3.18(d)のX線回折の結果よりわかる．$O^+$イオンがきわめて強い酸化力をもつことがこれらの理由であり，超高真空雰囲気中での酸化物薄膜の成長にはこのような複合IBD法が有効であると彼らは考えている．

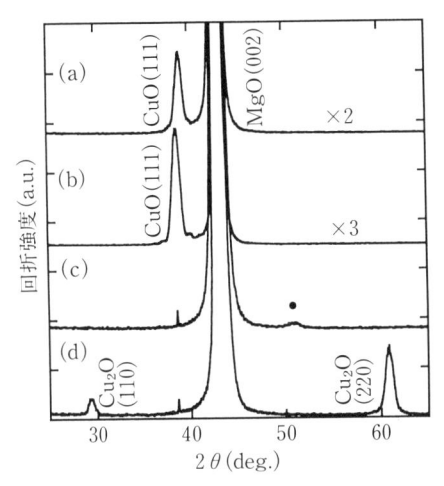

図2.3.18 エピタキシャル成長$Cu_2O$膜のX線回折スペクトル．

## 4. 軟X線ミラー用積層多層膜

タングステンとカーボンのように原子番号が大きく異なる2種の元素を極薄で積層化するとX線を反射する性質が生じることはよく知られている．特に生体を生きたまま観測できる軟X線を用いた光学装置への適用が期待されている．

潟岡と伊藤らはIBD法で表面平坦度が非常に高い薄膜ができることを利用し，軟X線用の反射ミラーを作製する目的で，図2.3.19に示すような2つのイオンビームを交互に照射して多層膜を形成する複合IBD装置を開発した[79~83]．これは2つのプラズマフィラメント型イオン源を備え，$C^+$と$W^+$の

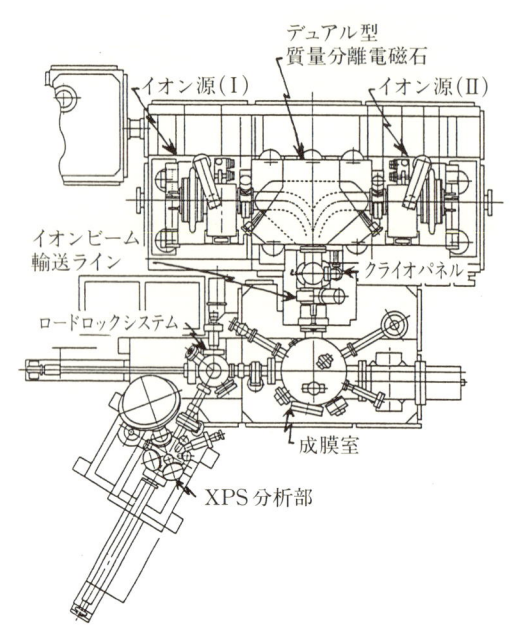

**図 2.3.19**　積層多層膜用複合 IBD 装置．

2種の元素のイオンを各々発生させ，途中の質量分離電磁石の磁場強度を変化させて2つのイオンビームを切り替え，エネルギーを5〜500 eV まで減速して基板に照射するものである．得られたイオン電流値は 100 eV のとき，$C^+$ が $50\,\mu A/cm^2$，$W^+$ が $20\,\mu A/cm^2$ である．到達真空度 $6\times10^{-8}$ Pa で，成膜中の真空度は $8\times10^{-6}$ Pa である．この装置には薄膜の化学結合状態を観測するための in situ XPS 装置が付属している．

　$C^+$ と $W^+$ の2種のイオンを照射エネルギー 20 eV，60 eV，100 eV で Si(100) 基板に室温で照射して作製された C/W 積層膜の断面 TEM 像を図 2.3.20 に示す．いずれの場合も，Si 基板上の自然酸化膜は除去されておらず，アモルファス構造の C 層と多結晶構造の W 層が積層していることがわかる．20 eV の場合には界面が平坦だが，60 eV，100 eV とエネルギーの増加とともに層のうねりが大きくなり，上層部ほどうねりが増幅されていることがわかる．この理由としてイオン照射に伴うスパッタリング作用や高速中性粒子によるイオン打ち込み効果，膜中の残留応力などが現在検討されている．界面に

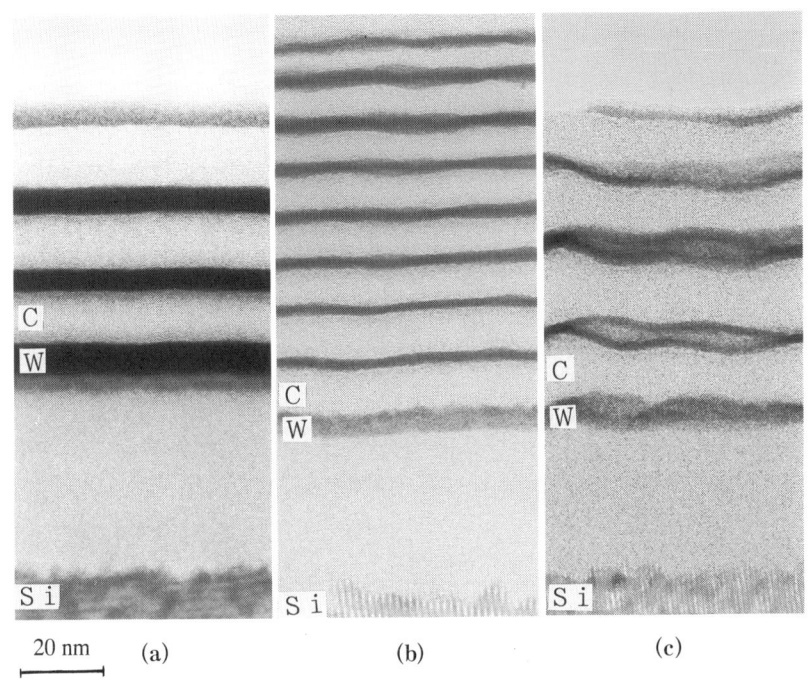

図 2.3.20 C/W 積層膜の断面 TEM 像.
(a) 20 eV, (b) 60 eV, (c) 100 eV.

は WC が生成していることが XPS 分析により確かめられている．まだ各層の膜厚が厚いが，さらに膜厚を薄くし，かつ連続膜が形成できれば多くの分野にとってインパクトが大きい．

5. 人工格子

異種の金属薄膜を積層化して作製した金属人工格子は特別な磁気的性質をもつ場合があるので大きな関心がもたれている．これらの金属人工格子を作製するために図 2.3.21 に示すような 2 つのプラズマフィラメント型イオン源をもった複合型 IBD 装置を清水らが開発した．各々のイオン源から 2 種類以上のイオン種を供給することができる．イオン源から 25〜30 kV で引き出されたイオンは質量分離された後，四重極レンズ部で成形され，その後，高速の中性粒子と分離するために，25 度偏向をうける．その後，減速レンズを通過させてエネルギーを 10〜100 eV に減速する．100 eV に減速したとき，$Ar^+$，$Ca^+$

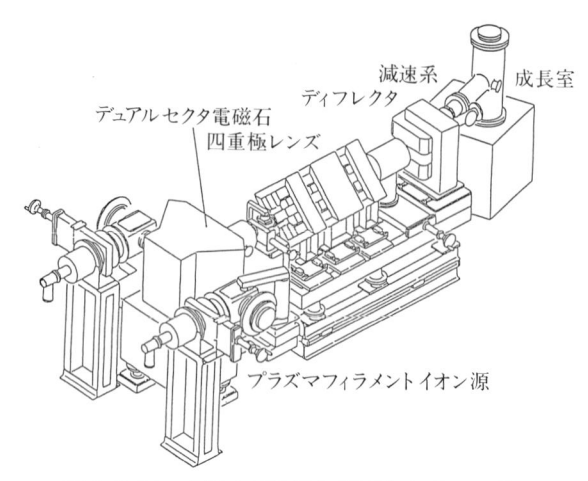

図 2.3.21　金属人工格子作製用複合型 IBD 装置.

イオンでそれぞれ 5.1 mA, 5.3 mA のイオン電流値を得ている[84].

最近では，正イオンと負イオンの2種類のイオン種を同時に照射して，絶縁物基板上でも帯電することなく成膜する試みが報告されている[85].

### (5) 集束イオンビームデポジション

集束イオンビーム技術が1980年代に進んだことにより，細く絞った金属イオンビームを2次元的に走査して微細なパターンを形成するというイオンビームデポジションの最初のアイデアが，1990年代に入りやっと実現されるようになった．図2.3.22に，長町らにより開発された集束イオンビームデポジション(Focused IBD)装置の構成を示す[86].

上部よりイオン源部，イオン引き出し部，質量分離部，イオン減速部，成膜室が鉛直にならんだ直線型の装置である．イオン源として輝度が高い液体金属型イオン源を使用したことがひとつの特徴である．これはタングステンなどの針(チップ)上に，Gaなどの融点の低い金属，あるいは，Au-Siなどの低融点合金の液体を保持し，電界イオン化により金属イオンを取り出すものである．質量分離部に直交電磁界中で質量分離作用をもつE×Bフィルタが使用されている．これはセクタ型電磁石と比べ質量分解能は少し劣るが，直線型なので集束イオンビーム用に好都合である．対物レンズの直後に減速電位を印加したタ

## 2.3 イオンビームデポジション

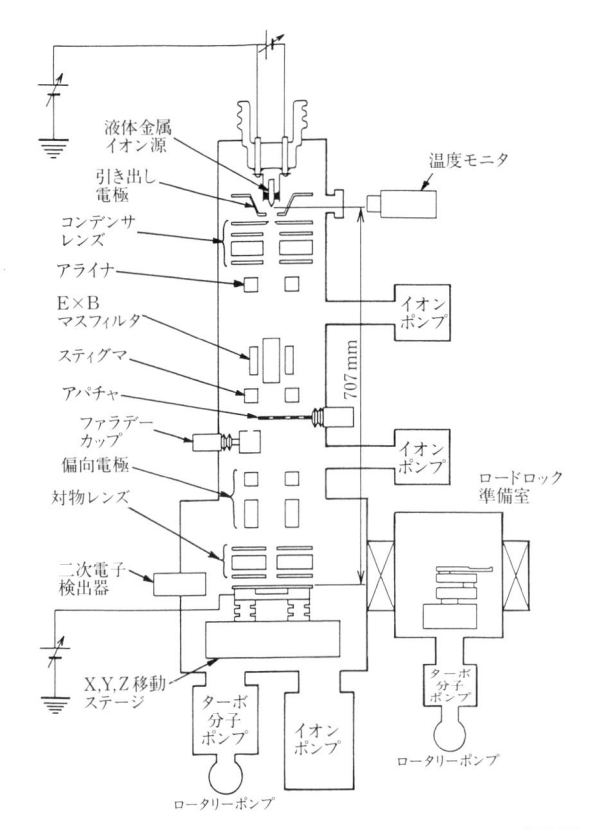

**図中ラベル:**
- 液体金属イオン源
- 引き出し電極
- コンデンサレンズ
- アライナ
- E×B マスフィルタ
- スティグマ
- アパチャ
- ファラデーカップ
- 偏向電極
- 対物レンズ
- 二次電子検出器
- X,Y,Z移動ステージ
- 温度モニタ
- イオンポンプ
- ロードロック準備室
- ターボ分子ポンプ
- ロータリーポンプ
- 707 mm

**図 2.3.22** 集束イオンビームデポジション (Focused IBD) 装置の構成.

ーゲット基板が配置されている．対物レンズを通過するまでのイオンビームの運動エネルギーは 20 keV である．基板電位として 0〜20 kV を印加することにより，1 価イオンの場合，基板表面に到達するときのイオンのエネルギーを 20 keV〜0 eV のあいだで任意に設定できる．

この方法によれば合金を原料とする液体金属イオン源を利用して複数個のイオン種を発生させ，質量分離器の設定を変えるだけで異種金属の成膜ができる．例えば，金と銅を 3 次元的にモザイク状の構造に積層させることが原理的に可能である．図 2.3.23 は $Au^+$ イオン "FIBDD" と直接描画したパターンの走査電子顕微鏡写真である．電流値 40 pA，イオンエネルギー 54 eV，約 100 μm/s の速度で 600 回走査したものである．ビーム電流を最適な状態に調

**図 2.3.23** 集束 Au$^+$ イオンで直接描画された "FIBDD" パターンの走査電子顕微鏡写真.

整すると,ビーム径 0.5〜8 μm において,20 mA/cm$^2$ のビーム電流密度が得られ,この電流密度は,基板入射イオンがすべて蒸着に寄与すると仮定すると,ビームスポット内での蒸着速度は約 20 nm/s という大きな値になる.

長町らと同様の装置の開発が相原らにより報告されている[87〜89].彼らはイオンエネルギー 100 eV の Ga$^+$ イオンを GaAs 基板に照射してダメージの評価を行い,高エネルギー照射の場合よりダメージが低減できることを示した.

集束イオンビームデポジション法の最大の長所はマスクを使用することなく微細なパターンを直接描画できることにある.また,高速の蒸着速度で成膜できるので高純度の薄膜を作製できる.しかし,大きな面積に描画するためには長時間が必要であることが短所である.そこで現在,超伝導薄膜の直接作製やイオンアシストエッチングによる微細加工,マイクロマシン,医療応用などへの応用研究が続けられている.

### (6) シミュレーション

イオンビームデポジションおよびイオンビームエッチングの理論的取り扱いは,著者の知る限りまだほとんどなされていない.一部,計算機シミュレーションによる考察がなされているのみである.その理由は,100 eV 程度以下の低エネルギーのイオンを固体表面に照射したとき,イオンに働くポテンシャル

がまだ十分確立されていないためである．さらに，照射イオンがどの位置で中性化し表面原子となるか，また，表面原子のマイグレーション運動，表面での複雑な化学反応およびその反応速度など未解決な問題が多いためである．

ここでは，大橋らによる Al イオンビームデポジション成膜過程の分子動力学シミュレーション[90]を紹介する．Al 基板に運動エネルギーをもった Al 原子が衝突する場合を想定し，864 個の Al 原子からなるクラスターに 1 個の Al 原子が入射する系を計算対象とした．Al クラスターの初期座標を面心立方格子になるように設定し，入射原子をクラスターのひとつの面の上方に置く．クラスターは 1 辺約 24 Å の立方体状で，立方体の各面は {100} 面になっている．原子間のポテンシャルは以下のモースポテンシャルを仮定する．

$$\phi(r) = D\{\exp[-2\alpha(r-r_0)] - 2\exp[-\alpha(r-r_0)]\} \tag{2.3.7}$$

ここで，$r_0 = 0.286499$ nm, $\alpha = 23.53643$ nm$^{-1}$, $D = 0.1193$ eV である．

クラスターの温度が 300 K になるように粒子の速度分布を与え，格子緩和を行った後に入射粒子をクラスターの (010) 表面に垂直方向に加速する．図 2.3.24 はクラスターに 50 eV の粒子を入射した場合の，400 フェムト秒間

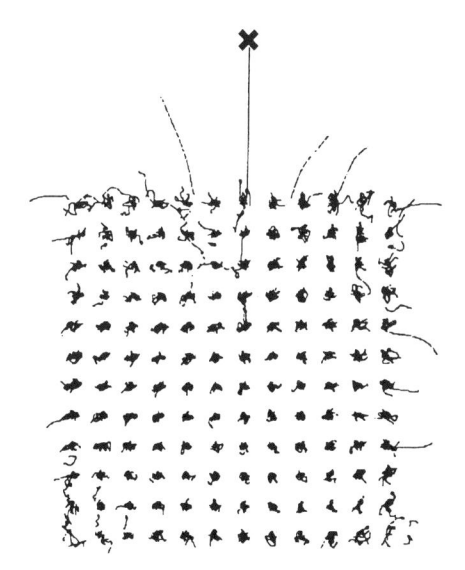

**図 2.3.24** 864 個の Al 原子クラスターに 50 eV になるまで加速した 1 個の Al 原子を×印の位置から入射させたときの原子の軌跡．

の原子の軌跡を(001)面に投影したものである．原子が格子点位置からはじき出され，それが隣接する原子に作用して，隣接する原子がさらにはじき出される，いわゆる変位カスケードの様子が観察できる．このカスケードは主に粒子が入射した点の下方に広がっているが，これとは別にクラスターの表面からの原子の飛び出しも見られる．これは実験で見られているスパッタリング現象に類似している．

図 2.3.25 は 50 eV の粒子が入射した場合の系の平均温度「局所温度」を示す．全原子の運動エネルギーから求めた系の平均温度(□)は粒子の入射後約 170 K 上昇しているが，これは系に含まれる原子数によって変化する．＋印は粒子の入射点を中心とする半径 4.5 Å の半球内に含まれる原子(12〜17 個)の運動エネルギーを用いて求めた局所温度である．

この局所温度は粒子の入射によって 2000 K 程度にまで上昇し，約 2 ps で系の平均温度まで下がる．同様の計算を入射エネルギーが 10, 20, および 100 eV の場合についても行うと，局所温度が系全体の平均温度にまで緩和するのに要する時間は入射エネルギーの大きさに応じて変化するものの，局所温度のピーク値は入射エネルギーにほとんど依存しないことが明らかになった．数十

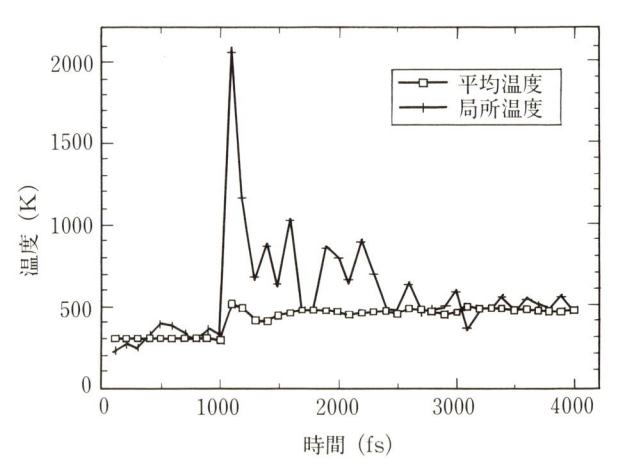

図 2.3.25　864 原子のクラスターに 50 eV の粒子が入射したときの原子の運動エネルギーから計算した，系全体の平均温度(□)および粒子入射点近傍の局所温度(＋)．

eVのエネルギーをもった粒子の入射は基板中の原子が数ピコ秒のあいだ激しく振動させていることもわかった．イオンビーム成膜で得られる稠密な結晶構造は，粒子の入射ごとに繰り返されるこのような局所的な加熱と冷却によってもたらされているものと想像される．つまり，エネルギー粒子の入射には結晶欠陥の形成という効果がある一方，基板中の原子に運動エネルギーを供給して既存の欠陥の安定化や消滅を助けるという効果もあると思われる．これらの効果については今後定量的な面も含めて検討を進める必要がある[91,92]．

## 2.3.3 まとめ

イオンビームデポジションの最近の研究結果をまとめた．『低エネルギーイオンと固体表面との非熱平衡的相互作用』を利用したこれらの新しい薄膜形成法と微細加工技術は，今後より多くの材料に適用され，本稿で述べた超高純度金属薄膜作製・準安定結晶構造材料作製・超平滑界面作製などの特徴がより明らかになってくるものと考えられる．それらは将来的に高密度磁気記録素子・X線用光学素子・電子デバイス・オプトエレクトロニクスデバイス・触媒/電池デバイス・医用生体材料など様々な分野での新素材開発に役立つものと思われる．しかし，現在，まだ我々が十分理解できていない『低エネルギーイオンと固体表面との非熱平衡的相互作用』において，イオンの役割（運動エネルギー・電子励起エネルギー・イオン化エネルギー・振動/回転エネルギーなど）を学問的に明らかにしていく努力が引き続き必要であろう[91,92]．

## 参 考 文 献

1) T. Tokuyama, K. Yagi, K. Miyake, M. Tamura, N. Natsuaki and S. Tachi: Nucl. Instr. Meth. **182/183**, Part Ⅰ (1981) 241.
2) K. Miyake and T. Tokuyama: "Direct Ion Beam Deposition", Ion Beam Assised Film Growth, (ed.) T. Itoh (Elsevier, Amsterdam, 1989) Chap. 8, p. 289.
3) J. M. E. Harper: "Ion Beam Deposition", Thin Film Processes, (ed.) J. L. Vossen and W. Kern (Academic Press, New York, 1978) p. 175.
4) J. J. Cuomo, S. M. Rossennagal and H. R. Kaufman (ed.): Handbook of Ion

Beam Processing Technology (Noyes Publications, Park Ridge, 1989).
5) J. W. Rabalais (ed.) : Low Energy Surface Interactions (John Wiley & Sons, Cambridge, 1993).
6) W. E. Flynt : Proc. of 3rd Symp. on Electron Beam Technology (1961) 368.
7) J. Litton Jr. and L. R. Bittman : Proc. of the National Electronics Conference **18** (1962) 783.
8) A. W. Wolter : Proc. of 4th Microelectronics Symposium, St. Lous (IEEE, New York, 1965) p. 2 A-1.
9) B. A. Probyn : Brit. J. Appl. Phys. (J. Phys. D), Ser. 2, 1 (1968) 457.
10) L. Fedows-Fedotowsky : US Patent 3, 294, 583 ; December 27, 1966.
11) W. B. Shepherd : Record of 11th Symp. on Electron, Ion and Laser Beam Technology, (ed.) R. F. M. Thornley (San Francisco Press Inc. 1971) p. 323.
12) S. Aisenberg and R. Chabot : J. Appl. Phys. **42** (1971) 2953.
13) S. Aisenberg and R. Chabot : J. Vac. Sci. Technol. **10** (1973) 104.
14) E. G. Spencer, P. H. Schmidt, D. C. Joy and F. J. Sansaline : Appl. Phys. Letts. **29** (1976) 118.
15) M. H. Francombe and J. L. Vossen (ed.) : Physics of Thin Films, Vol. 13 (Academic Press, New York, 1987).
16) K. Yagi, S. Tamura and T. Tokuyama : Jpn. J. Appl. Phys. **16** (1977) 245.
17) K. Miyake and T. Tokuyama : Thin Solid Films **92** (1982) 123.
18) A. Fontell and E. Arminen : Can. J. Phys. **47** (1969) 2405.
19) K. Yagi, K. Miyake and T. Tokuyama : Proc. Int. Conf. Low Energy Ion Beams, Salford, 1977, Inst. Phys. Conf. Ser. No. 38 (1978) Chap. 3, p. 136.
20) J. H. Freeman, W. Temple, D. Beanland and G. A. Gard : Nucl. Instr. Meth. **135** (1976) 1.
21) J. H. Freeman, W. Temple, D. Beanland and G. A. Gard : AERE Report 8287 (1976).
22) B. R. Appleton, S. J. Pennycook, R. A. Zuhr, N. Herbots and T. S. Noggle : Nucl. Instr. Meth. **B19/20** (1986) 975.
23) K. Miyake and K. Ohashi : Jpn. J. Appl. Phys. **32** (1993) L120.
24) J. Amano, P. Brice and R. P. W. Lawson : J. Vac. Sci. Technol. **13** (1976) 591.
25) S. Nagamachi, Y. Yamakage, H. Maruno, M. Ueda, S. Sugimoto and M. Asari : Appl. Phys. Lett. **62** (1993) 2143.
26) J. H. Freeman, D. J. Chivers, G. A. Gard and W. Temple : Nucl. Instr. Meth. **145** (1977) 473.

27) D. J. Chivers : Rev. Sci. Insrum. **63** (1992) 2501.
28) M. D. Gabovich, I. A. Soloshenko and A. A. Ovcharenko : Ukr. Fiz. Zh. **16** (1971) 812.
29) O. Tsukakoshi, S. Shimizu, S. Ogata, N. Sasaki and H. Yamakawa : Nucl. Instr. Meth. **B55** (1991) 355.
30) T. E. Haynes, R. A. Zuhr, S. J. Pennycook and B. C. Larson : Proc. 12th Symp. on ISIAT '89 (Tokyo, 1989) p. 363.
31) K. Miyake, K. Yagi and T. Tokuyama : Nucl. Instr. Meth. **198** (1982) 535.
32) J. Amano and R. P. W. Lawson : J. Vac. Sci. Technol. **14** (1977) 690.
33) J. Amano and R. P. W. Lawson : J. Vac. Sci. Technol. **14** (1977) 695.
34) J. Amano and R. P. W. Lawson : J. Vac. Sci. Technol. **15** (1978) 118.
35) T. Tsukizoe, T. Nakai and N. Ohmae : J. Appl. Phys. **48** (1977) 4770.
36) G. E. Thomas, L. J. Beckers, J. J. Vrakking and B. R. de Koning : J. of Crystal Growth **56** (1982) 557.
37) K. Miyake, K. Ohashi and M. Komuro : Mater. Res. Soc. Symp. Proc. **279** (1993) 787.
38) K. Miyake, K. Ohashi, H. Takahashi and T. Minemura : Advanced Materials '93, IV/Laser and Ion Beam Modification of Materials, (ed.) I. Yamada et al., Trans. Mat. Res. Soc. Jpn. **17** (Elsevier, 1994) p. 161.
39) K. Ohashi, K. Miyake and T. Minemura : Advanced Materials '93, I/Ceramics, Powders, Corrosion and Advanced Processing, (ed.) N. Mizutani et al., Trans. Mat. Res. Soc. Jpn. **14A** (Elsevier, 1994) p. 207.
40) H. Takahashi, K. Ohashi, K. Miyake and T. Minemura : Advanced Materials '93, II/Information Storage Materials, (ed.) M. Abe et al., Trans. Mat. Res. Soc. Jpn. **15B** (Elsevier, 1994) p. 1165.
41) K. Miyake, K. Ohashi, H. Takahashi and T. Minemura : Surface Coating and Technology **65** (1994) 208.
42) 三宅　潔, 大橋健也, 大橋鉄也, 伊藤　修, 高橋宏昌, 峯村哲郎 : 応用物理 **64** (1995) 574.
43) T. Matuso and K. Miyake : J. Vac. Sci. and Technol. **A13** (1995) 2138.
44) P. C. Zalm and L. J. Beckers : Appl. Phys. Lett. **41** (1982) 167.
45) K. G. O-Rossiter, D. R. G. Mitchell, S. E. Donnelly, C. J. Rossouw, S. R. Glanvill, P. R. Miller, A. H. Al-Bayati, J. A. van den Berg and D. G. Armour : Phil. Mag. Letts. **61** (1990) 311.
46) K. G. O-Rossiter, A. H. Al-Bayati, D. G. Armour, S. E. Donnelly and J. A. van

den Berg: Nucl. Instr. Meth. **B59/60** (1991) 197.
47) A. Bousetta, J. A. van den Berg, R. Valizadeh, D. G. Armour and P. C. Zalm: Nucl. Instr. Meth. **B55** (1991) 565.
48) A. H. Al-Bayati, K. G. O-Rossiter, D. G. Armour, J. A. van den Berg and S. E. Donnelly: Nucl. Instr. Meth. **B63** (1992) 109.
49) D. G. Armour: Nucl. Instr. Meth. **B89** (1994) 325.
50) J. H. Freeman, W. Temple and G. A. Gard: Nature **275** (1978) 634.
51) J. H. Freeman, W. Temple and G. A. Gard: Vacuum **34** (1984) 305.
52) T. Miyazawa, S. Misawa, S. Yoshida and S. Gonda: J. Appl. Phys. **55** (1984) 188.
53) J. Ishikawa, Y. Takeiri and T. Takagi: Rev. Sci. Instrum. **57** (1986) 1512.
54) S. Kasi, H. Kang and J. W. Rabalais: Phys. Rev. Letts. **59** (1990) 75.
55) Q. Fuguang, Y. Zhenyu, R. Zhizhang, S.-T. Lee, I. Bello, X. Feng, L. J. Huang and W. M. Lau: Mat. Res. Soc. Symp. Proc. **223** (1991) 307.
56) W. M. Lau, X. Feng, I. Bello, S. Sant, K. K. Foo and R. P. W. Lawson: Nucl. Instr. Meth. **B59/60** (1991) 316.
57) W. M. Lau, S.-T. Lee, Qin Fuguang: "Surface Modification Technologies V", The Institute of Materials, (ed.) T. S. Sudarshan and J. F. Braza (1992) p. 293.
58) W. M. Lau, X, Feng, I. Bello, Y. M. Yiu and S.-T. Lee: J. Appl. Phys. **75** (1994) 3385.
59) H. Ohno, J. A. van den Berg, S. Nagai and D. G. Armour: Nucl. Instr. Meth. **B148** (1999) 673.
60) Y. Yoshida, N. Suzuki, T. Onishi and Y. Hirofuji: Jpn. J. Appl. Phys. **26** (1987) L100.
61) Y. Yoshida, T. Onishi, T. Sekihara and Y. Hirofuji: Jpn. J. Appl. Phys. **27** (1988) 140.
62) 吉田善一:筑波大学学位論文 (1989.3).
63) Y. Makita, T. Iida, S. Kimura, S. Winter, A. Yamada, H. Shibata, A. Obara, S. Niki, Y. Tsai and S. Uekusa: Mat. Res. Soc. Symp. Proc. **316** (1994) 965.
64) T. Iida, Y. Makita, S. Winter, S. Kimura, Y. Tsai, Y. Kawasumi, P. Fons, A. Yamada, H. Shibata, A. Obara, S. Niki, S. Uekusa and T. Tukamoto: Mat. Res. Soc. Symp. Proc. **316** (1994) 1029.
65) 飯田 努:明治大学学位論文 (1995.3).
66) T. Iida, Y. Makita, S. Kimura, S. Winter, A. Yamada, H. Shibata, A. Obara, S. Niki, P. Fons, Y. Tsai and S. Uekusa: Appl. Phys. Lett. **63** (1993) 1951.

67) T. Iida, Y. Makita, S. Kimura, S. Winter, A. Yamada, H. Shibata, A. Obara, S. Niki, P. Fons, Y. Tsai and S. Uekusa: Mat. Res. Soc. Symp. Proc. **300** (1993) 357.
68) S. Maruno, Y. Morishita, T. Isu, Y. Nomura and H. Ogata: J. of Crystal Growth **81** (1987) 338.
69) S. Shimizu, O. Tsukakoshi, S. Komiya and Y. Makita: Jpn. J. Appl. Phys. **24** (1985) 1130.
70) S. Shimizu, O. Tsukakoshi, S. Komiya and Y. Makita: Jpn. J. Appl. Phys. **24** (1985) L115.
71) S. Shimizu, O. Tsukakoshi, S. Komiya and Y. Makita: Inst. Phys. Conf. Ser. No. **79**: Chaper 2 (1985) 91.
72) K. Kawaguchi, R. Kita, T. Hase, T. Koga and T. Morishita: 1993 Int. Workshop on Superconductivity (Hakodate, June 28-July 1, 1993).
73) R. Kita, T. Hase, H. Takahashi, K. Kawaguchi and T. Morishita: J. of Mat. Res. **8** (1993) 321.
74) R. Kita, T. Hase, R. Itti, M. Sasakum, T. Morishita and S. Tanaka: Appl. Phys. Lett. **60** (1992) 2684.
75) K. Kawaguchi, G. Pindoria, M. Nishiyama and T. Morishita: Proc. of 7th Int. Symposium on Superconductivity (Fukuoka, Nov. 8-11, 1994).
76) 川口健一, G. Pindoria, 喜多隆介, 西山 円, 森下忠隆: 信学技報 SCE 93-57, CPM 93-11 (994-02).
77) K. Kawaguchi, R. Kita, T. Hase, T. Koga and T. Morishita: 1993 Int. Workshop on Superconductivity (Hakodate, June 28-July 1, 1993).
78) R. Kita, K. Kawaguchi, T. Hase, T. Koga, R. Itti and T. Morishita: J. Mat. Res. **9** (1994) 1280.
79) I. Kataoka, K. Ito, N. Hoshi, T. Yonemitsu, K. Etoh, I. Yamada and J-Jacques Delaunay: Mat. Res. Soc. Symp. Proc. **223** (1991) 359.
80) K. Ito, T. Yonemitsu, K. Etoh, H. Sekiguchi, I. Yamada, I. Kataoka and H-Andere Durand: Nucl. Instr. Meth. **B59/60** (1991) 321.
81) I. Kataoka: Surface and Coatings Technology **51** (1992) 273.
82) K. Ito, K. Nishimoto, K. Watanabe, K. Sekine, K. Etoh, N. Hoshi, I. Kataoka and F. Widmann: Advanced Materials '93, IV/Laser and Ion Beam Modification of Materials, (ed.) I. Yamada et al., Trans. Mat. Res. Soc. Jpn. **17** (Elsevier, 1994) 133.
83) K. Ito, K. Nishimoto, K. Watanabe, I. Kataoka and F. Widmann: Mat. Res.

Soc. Symp. Proc. **316** (1994) 947.
84) S. Shimizu, N. Sasaki, S. Ogata, O. Tsukakoshi and H. Yamakawa : Mat. Res. Symp. Proc. **223** (1991) 347.
85) 藤井兼栄, 堀野裕司, 石川　靖, 大川宏男, 三宅　潔, 田中政信, 中田俊武, 高木俊宜 : 第5回粒子線の先端的応用技術に関するシンポジウムプロシーディングス (1994) 141.
86) S. Nagamachi, Y. Yamakage, H. Maruno, M. Ueda, S. Sugimoto and M. Asari : Appl. Phys. Letts. **62** (1993) 2143.
87) H. Kasahara, H. Sawaragi, R. Aihara, K. Gamo and S. Namba : J. Vac. Sci. Technol. **B6** (1988) 974.
88) H. Kasahara, H. Sawaragi, R. Aihara and M. H. Shearer : Proc. of SPIE **923** (1988) 97.
89) R. Aihara, H. Kasahara, H. Sawaragi, M. H. Shearer and W. B. Thomson : J. Vac. Sci. Technol. **B7** (1989) 79.
90) T. Ohashi, K. Miyake and K. Ohashi : Nucl. Instr. Meth. **B91** (1994) 593.
91) K. Miyake : Handbook of Thin Film Process Technology, D. A. Glocker and S. I. Shak (ed.), Institute of Physics Publishing, (Bristol, 1997) A 3.4.1.
92) 三宅　潔 : 真空 **41** (1998) 940.

## 2.4 クラスターイオンビーム技術

### 2.4.1 はじめに

　数百から数千個のガス原子や分子の集合体を用いるガスクラスターイオンビーム技術を提案し，装置の開発，クラスターイオンと固体との相互作用の解明，材料プロセスへの応用を述べる[1~5]．クラスターイオンの固体表面への照射では，照射原子と基板原子の間に起きる多体衝突効果が優勢になり，従来の単原子や分子イオンビームによる2体衝突プロセスの場合には見られないユニークな照射効果が活用でき，イオンビームプロセスへの新しい展開が可能になる．

　最近の半導体プロセスに代表されるように，イオンビーム技術に要求される技術水準は，装置，プロセスともに，それらの原理的な限界に達してきた．たとえば，現在，超LSIなどのイオン注入プロセスでは，浅いイオン注入技術の開発が，切実な問題になっている．2000年には1 GBits，2003年には4 GBits以上のデバイスの製作が計画されており，これを構成するMOSFETの製作には，20～30 nm以下の浅いイオン注入が量産規模で達成できる技術が求められている[6]．これらのイオン注入には，200 eV以下の超低エネルギーイオン注入が必要である．このような低エネルギーで，量産装置として必要十分なイオン電流が得られる装置は，空間電荷制限のため，原理上困難とされている．また，ウェハー表面の電荷蓄積によるデバイスの破壊，低エネルギー注入でさらに顕著になるチャネリング注入などのイオン注入の本質的な特性が，浅いイオン注入の実現を困難にしている．さらに，注入後のアニールプロセスで発生する，Transient Enhanced Diffusion (TED)[7,8]や，End Of Range (EOR)欠陥[9]がトランジスタの短チャネル効果やソース・ドレイン間のリーク電流の増加など，注入後のプロセスにおいてもイオン注入に関わる諸問題が浮上している[10]．これは，イオンと固体原子との相互作用の主体が2体衝突プロセスであり，これに起因する欠陥形成が本質的な要因とされている．

スパッタエッチングプロセス，特にナノスケールの電子デバイスの製作プロセスでは，イオン照射時の電荷蓄積によるデバイスの破壊[11]，照射による基板表面の結晶破壊[12]などが重要な問題になっている．デリケートな光学薄膜形成の分野では，基板のクリーニングや蒸着などの基本的なプロセスにさえ，まだイオンビームが用いられていない．依然として薄膜の特性はもちろん，付着力，表面界面平坦度などに問題を残している．1個のイオン衝突によって放出される原子の数で定義するスパッタ率は，数個程度である[13]．ダイヤモンドや炭素系高硬度材料では，スパッタ率は極めて低い．また，単原子イオンビームの照射では，照射に伴い表面の凹凸が増加し，微細加工が困難になる．高効率のスパッタ率が得られ，ダメージの少ないプロセスが要求されている．

薄膜形成の分野では，イオンビームを直接蒸着に用いるダイレクトイオンビーム蒸着法，イオン照射を援用した薄膜形成法などは，固体に原子変位を与えるしきい値エネルギー付近の低エネルギーのイオンビームを大量に発生するイオン源が求められている．低エネルギービームの発生には，イオンを高エネルギーで引き出して，基板に照射する直前に減速する方法が用いられているが，この方法では，数十eV以下のエネルギー分散の少ないイオン源が必要である．また，高エネルギー中性ビームの発生を押さえる手段が必要である．すなわち良質の低エネルギー大電流イオン源や装置の開発が求められている．

我々が開発しているガスクラスターイオンビーム装置は，数個から数千の原子集団（クラスター）のうちの1個の原子をイオン化して，ビームとして輸送するので，等価的に低エネルギー大電流装置となる．また，クラスターのサイズ（1個のクラスターを構成する原子の数）を選別して用いるので，イオンと固体原子衝突時に生ずる多体衝突効果が有効に活用でき，イオンビームプロセスの，さらなる展開が可能になる．たとえば，半導体へのイオン注入では，数十nmの浅い注入が可能で，しかもユニークなEOR欠陥の形成によりTEDの問題が解決でき，現状では最小といわれているサブミクロンルールのp-MOSデバイスの試作に成功し，順調に動作している[5]．これは現在，動作している最小のデバイスといわれている．スパッタ現象では，クラスターイオン特有のラテラルスパッタリングにより，高効率のエッチングと超平坦面形成効果が活用でき，金属，半導体材料さらにダイヤモンドなどの難加工材料の高速，低損傷，微細加工を可能にしている．特に，ラテラルスパッタリングは，

## 2.4 クラスターイオンビーム技術

高速でしかも従来イオンではできない超平坦化を伴うスパッタが可能である．薄膜形成ではクラスターイオンの高い反応性を利用して，良質の金属酸化薄膜を低基板温度で形成できる．絶縁物や半導体の表面の極めて浅い領域の表面改質，表面の低損傷クリーニングなどは，ガスクラスターイオンがもつ，極めて小さい比電荷の特長を活かしたプロセスである[14]．

図2.4.1にガスクラスターイオンビームプロセスの特徴とデバイスプロセスへの代表的な応用を示す．

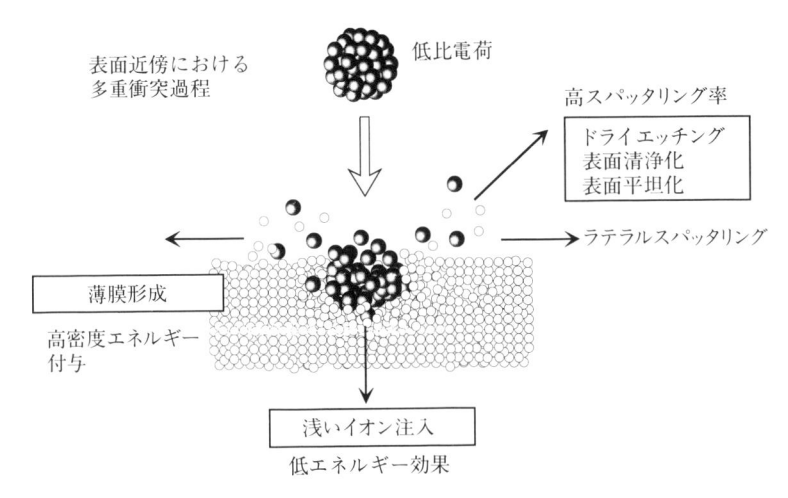

図 2.4.1　クラスターイオンビームによる表面プロセスの特徴．

### 2.4.2 装置の構造と動作特性

図2.4.2に30 kVガスクラスターイオンビーム装置の構成を示す．クラスタービームはノズルからガスを真空中に噴出させ，チャンバ内に設けたラーバルノズルとスキマーの間で形成される．スキマーから入射した中性クラスタービームのイオン化は，ビームの周辺から，加速電圧が数十から数百Vの範囲で，数十mA程度の電子を照射して行う．図2.4.3は，アルゴンクラスターイオンビームのサイズ分布を飛行時間（TOF）法で測定した結果を示す．ラーバルノズルを用いた場合，形成したクラスターイオンビームのサイズ分布は，30から3000 atoms/cluster程度の広い範囲におよんでいる．平均クラス

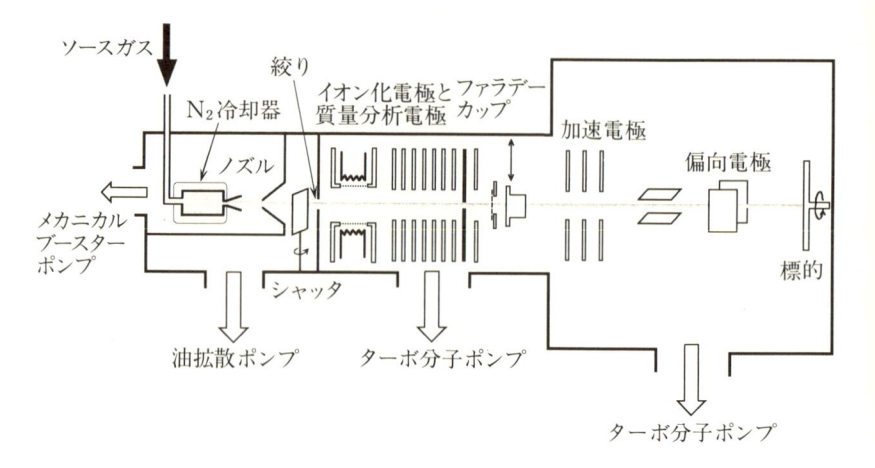

図 2.4.2　30 kV ガスクラスターイオンビーム装置の構成.

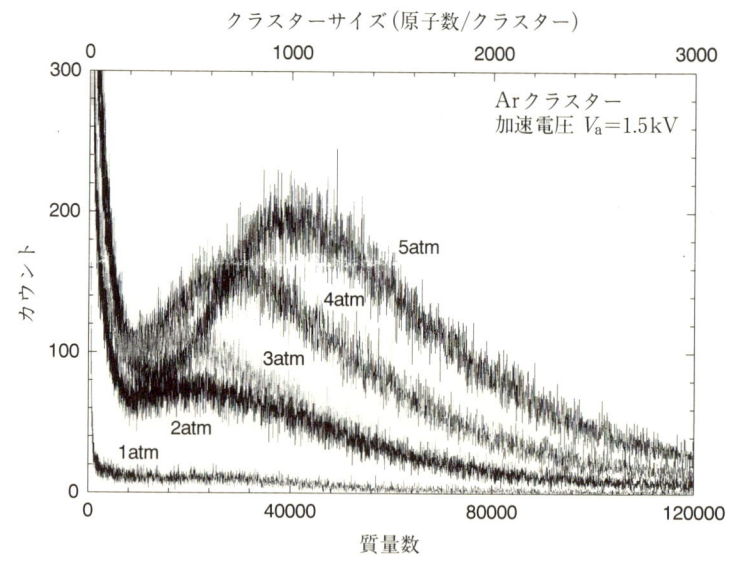

図 2.4.3　TOF 法で分析したクラスターイオンビームのサイズ分布.

ターサイズは1000である.サイズの分布の測定は,TOF法のほか,E×B法,逆電界法[15],電子ビームをクラスタービームに交叉させて行う電子線回折法[16]などを用いて行い,同様の結果を得ている.

ガスクラスターイオンビーム装置には,クラスターサイズ選別機能が必要である.30 keV 装置では,クラスターサイズが異なると初速が同じでもエネルギーが異なることを利用して,静電レンズの収差効果と逆電界作用を用いたサイズ選別方式を採用した.この方法では,選別後のクラスターサイズ分布は比較的広いが,装置は,軽量小型化できるので,クラスターのサイズ分布があまり重要でないスパッタや薄膜形成装置に利用できる.200 keV 装置は,電界分布や排気効率を考慮して設計したE×B分析装置を用いている.

質量分析したクラスターイオンビームは収束,偏向系を通過した後,基板に照射する.スパッタや注入,表面改質などには,基板照射部はターボモレキュラーポンプの排気系をもち,真空度は $10^{-7}$~$10^{-8}$ Torr 程度に保たれている.表面反応などの精密な測定装置には,イオンポンプで排気した超高真空チャンバーを用いている.ターゲット面で得られる電流を,1 μA とした場合,実効電流はクラスターサイズを3000として3 mA に相当する.現在,Ar のほか,$N_2$,$O_2$,$CO_2$,$N_2O$,$SF_6$ などからクラスタービームを発生させて,目的に応じて使用している.

ガスクラスターイオンビーム装置は京都大学で設計製作して開発を進めてきた.最近では,注入やスパッタのプロセス用の装置のほか,XPS や AES,TOF を装備したクラスターイオン表面相互作用実験装置や高温 STM,RHEED,電子ビーム蒸着装置を備えた薄膜形成初期過程解析装置なども製作し,イオン-固体表面の相互作用の詳細な研究に用いている.プロセス用の実用装置の開発は米国 Epion 社で行っている.これらには,PC コントロールによる自動制御系をもつガスクラスターイオン注入装置,照射装置,マイクロクラスターイオンビーム装置,ガスクラスター援用薄膜形成装置などが含まれている[17].

## 2.4.3 分子動力学法によるクラスターイオンと固体表面相互作用のシミュレーション

クラスターイオンの照射効果を分子動力学シミュレーションで示す．特に，実用上極めて重要な，浅い注入における低エネルギー照射効果と多体衝突効果には，明確にガスクラスター照射と単原子分子イオンによる照射の差異が現れる．

種々のサイズのBクラスターイオンを7 keVでSi(100)基板に照射したとき，385 fs後の照射領域付近の状態を図2.4.4に示す．クラスターサイズを単原子から1, 13, 169と増すにつれて，注入深さは浅くなり，クラスターイオン注入における低エネルギー効果を示している．クラスターサイズが小さい場合，クラスターが固体表面に衝突し，固体内に侵入し始めると，クラスターは崩壊し，基板原子とカスケード衝突を繰り返しながら侵入する．クラスターサイズが大きくなるにつれて，クラスターはその形状を保ちながら固体中に侵入し，クラスターの周辺からほぼ等方的に基板原子にエネルギーを与え，基板原子を格子位置からはじき出しながらエネルギーを失い，ついに静止する．クラ

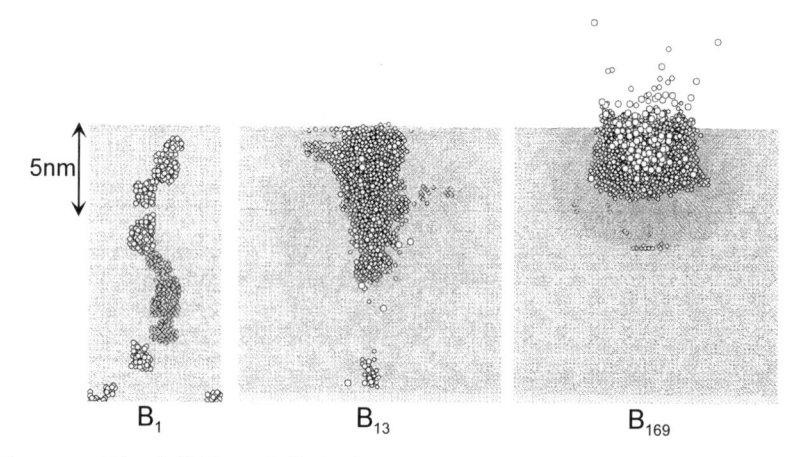

図2.4.4　Si(100)基板への各種原子数の$B^+$イオン注入の分子動力学法によるシミュレーションの注入後385 fs後のスナップショット．イオンのエネルギーはすべての場合7 keV．

スターサイズが10程度の小さい場合は，注入原子は基板格子原子の間に侵入し，チャネリング注入が起こる．しかし，クラスターサイズが段々と大きくなるにつれて，密度の高い非晶質領域がクラスターの侵入領域周辺に形成され，チャネリング注入を抑制する効果が生じる．チャネリング注入抑制効果や密度の高い非晶質形成効果は，浅い注入や，アニールによる活性化に寄与し，超LSIなどのデバイス製作に活用できる．また，単原子イオン注入では得られない高密度注入は，衝突による高い化学反応効果を生じ，表面改質への応用にも効果的である．

クラスターイオン照射に特有のラテラルスパッタリング効果の，分子動力学法シミュレーション結果を図2.4.5に示す．20 keVでサイズ201のAr$^+$クラスターイオンを，Au基板に垂直な方向と45度傾けて照射した場合のスパッタ粒子の角度分布を示す．クラスターイオンを基板に垂直に照射した場合は，基板の表面に沿う方向にスパッタされるが，基板と45度の角度で入射させたときは入射方向の前方に放出される．このほか，高いスパッタ率や表面平坦化特性，それらのイオン入射角度依存性も分子動力学法によるシミュレーションで解明された[18]．

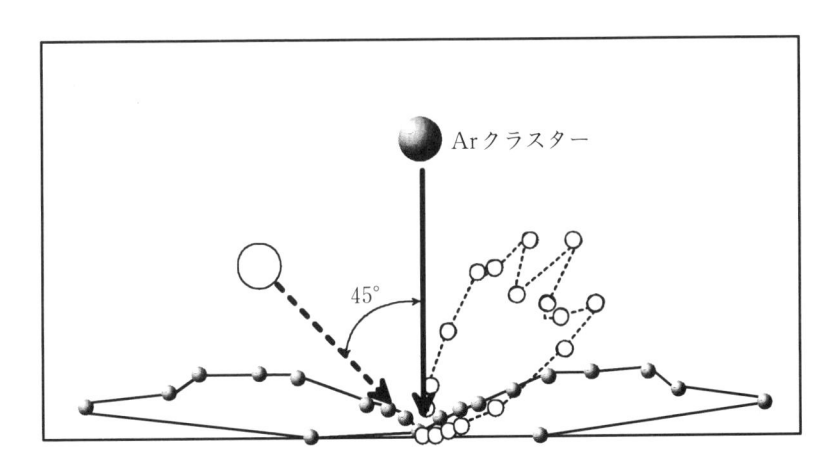

図2.4.5　分子動力学法シミュレーションで求めたスパッタ粒子の角度分布．クラスターサイズ201のAr$^+$クラスターイオンを，Au基板に垂直な方向から20 keVで照射した場合と，45度方向から8 keVで照射した場合を示す．

## 2.4.4 クラスターイオンによる極浅イオン注入

単原子や分子イオンの注入では,イオンの注入飛程や照射損傷は,イオンと固体材料の種類やイオンビームのエネルギーによって決まるが,クラスターイオンの場合にはさらに,クラスターサイズにも依存する.クラスターイオンが固体に衝突したとき生ずる低エネルギー照射効果を,デカボラン($B_{10}H_{14}^+$),$BF_2^+$および$B^+$イオンの注入を用いて比較した.図2.4.6に5 keVでSi(100)基板に$B_{10}H_{14}^+$を$10^{13}$ ions/cm$^2$,$BF_2^+$と$B^+$をそれぞれ$10^{14}$ ions/cm$^2$イオン注入した場合のSIMSによって求めたBの分布を示す.10個のB原子からなるクラスターイオンを注入した場合が,注入深さは最も浅い.

一方,$B_{10}H_{14}^+$を20 keVで$5\times10^{14}$ ions/cm$^2$,$B^+$を2 keVで$1\times10^{14}$ ions/cm$^2$イオン注入した場合には,$B^+$を10個含むクラスターの注入分布は,単原

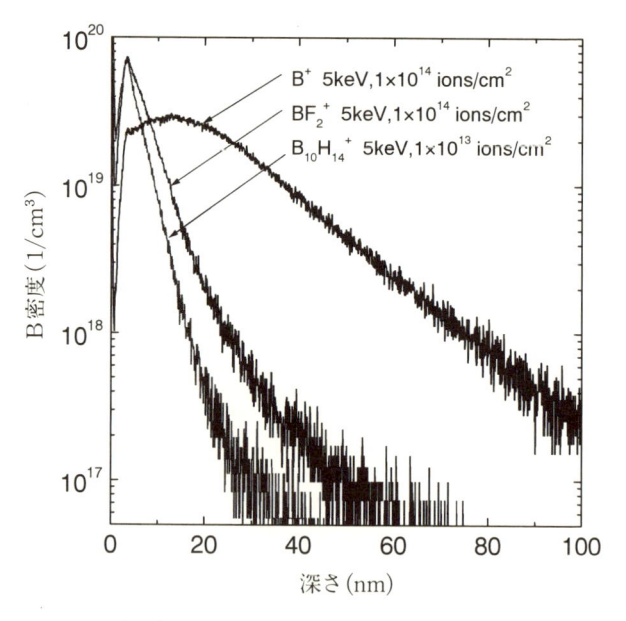

図2.4.6 5 keVでSi(100)基板に$B_{10}H_{14}^+$を$10^{13}$ ions/cm$^2$,$BF_2^+$と$B^+$をそれぞれ$10^{14}$ ions/cm$^2$イオン注入した場合のSIMSによって求めたBの濃度分布.

子イオンの10倍のエネルギー，すなわち等速度で注入した場合と同じ分布を示している[3]．さらに大きいサイズのクラスターイオンの注入効果は100 keVから200 keVのエネルギー範囲の照射実験によって調べ，同様の低エネルギー効果を得ている[19]．

クラスターイオン注入による高密度照射効果は，単原子イオン照射の場合と異なる照射損傷を与える．これは注入イオンのアニール処理に伴う異常拡散，注入原子の活性化，析出などに関係し，応用上重要である．図2.4.7に$B_{10}H_{14}^+$をそれぞれ，5，3および2 keVでSi(100)基板に注入した場合を示す．5 keVで$10^{13}$ ions/cm² 入し，900-1000°Cで10秒間ランプアニールした結果，B濃度が$3\times10^{17}$ cm$^{-3}$の位置をジャンクション深さとすると，$B_{10}H_{14}^+$イオン注入の場合には注入後，ジャンクション深さは25 nmであるが，900°Cのアニールではほとんど TD（thermal diffusion）が生じない．アニール温度を1000°Cにした場合でも，25 nmから，わずか38 nmに増加するにすぎない．また表面付近のBの分布は矩形状になる．2 keVで$1\times10^{12}$ cm$^{-2}$イオン注入し900°Cで10 secアニールした場合，アニール処理に伴うTEDなどの異常拡散は抑制され，この場合，B濃度が$1\times10^{18}$ cm$^{-3}$の位置をジャンクション深

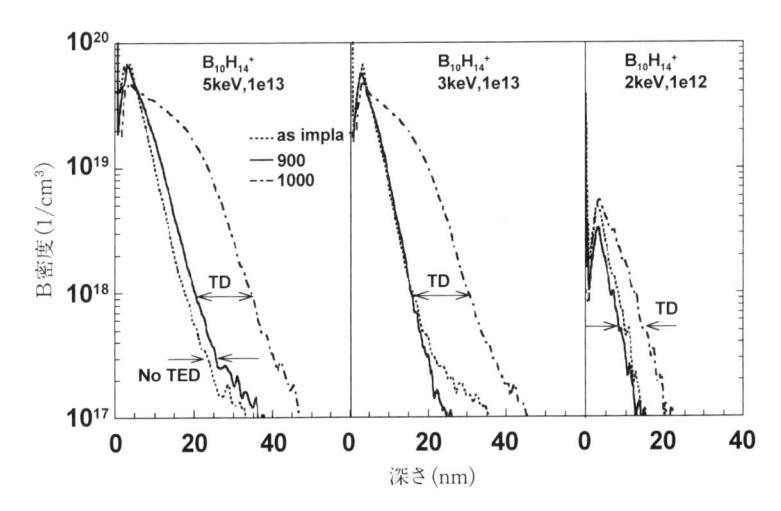

図2.4.7 $B_{10}H_{14}^+$をそれぞれ，5 keVおよび3 keVでSi(100)基板に$10^{13}$ ions/cm²注入し，900-1000°Cで10秒間ランプアニールした場合と2 keVで$10^{12}$ ions/cm²注入した場合のB濃度のSIMS測定によるB濃度分布．

さとすると，7 nm の浅い接合が得られた．

この結果は，クラスターイオン注入の場合には，高密度のダメージが表面付近に集中し，飛程終端近傍のダメージの密度分布が，単原子イオン注入の場合と異なり，長く尾を引かず急峻であることを反映している．分子動力学法によって求めたダメージ分布の比較によると，大きいサイズのクラスターイオン注入では，同じエネルギーで注入しても，ダメージは表面に集中しその密度も高いことが示されている．高密度ダメージの方が，アニールによる結晶回復が容易であることがよく知られている．クラスターイオンによるアニール後の拡散の相違は，これらの高密度照射によるダメージ分布によって説明できる[2]．

クラスターイオン注入を用いてデバイスの製作を行った[5]．LDD（Lightly Doped Drain）構造の p-MOS デバイスのゲート長は 40 nm，ゲート酸化膜厚は 2.8 nm とし，全層 EB 露光で製作した．製作には 2 段注入アニール法を開発して行った．まず Deep source/drain（S/D）には $B_{10}H_{14}^+$ を 30 keV で $1\times 10^{13}$ ions/cm$^2$ イオン注入し 1000℃ で 10 sec アニールした．次いで，サイドウォールを取り除いた後，LDD の形成を，$B_{10}H_{14}^+$ を 2 keV で $1\times 10^{12}$ ions/cm$^2$ イオン注入し，900℃ で 10 sec アニールして行った．$L_{eff}$＝38 nm のデバイスでは $V_{th}$ が 0.15 V で，$I_{drive}$＝0.7 mA/μm が得られた．$S$ 値は 122（@-0.05

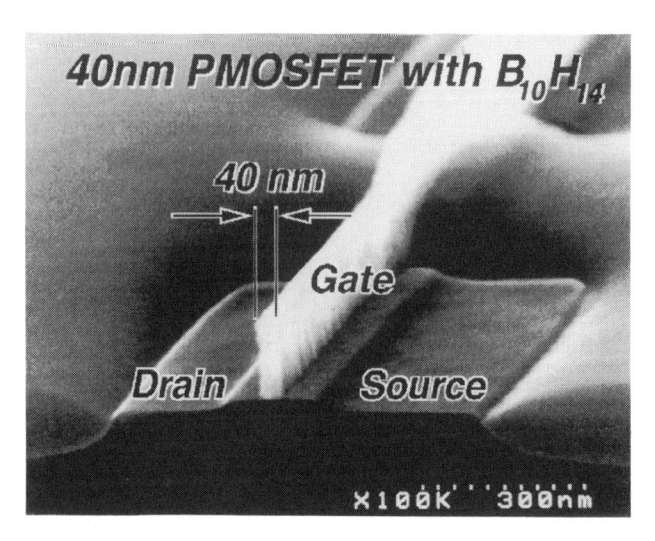

図 2.4.8　試作した 40 nm p-MOS FET の走査電子顕微鏡写真像．

V) mV/dec, $gm_{max}$ は 459 mS/mm を示し，良好な p-MOS デバイスが形成できた．この結果は，浅いジャンクション深さであるにもかかわらず，これまで報告されている微細 p-MOS のうち最高の特性を示している[20,21]．この結果は，クラスターイオンを半導体のイオン注入に初めて応用し，成功した例である．試作したデバイスの走査電子顕微鏡写真像を図 2.4.8 に示す．

## 2.4.5　クラスターイオンによるラテラルスパッタリング

　比較的サイズの大きいクラスターイオンを固体表面に照射すると，多体衝突効果のために，入射原子は基板に平行な運動成分を得て基板表面原子を放出させ，高効率のスパッタ効果を示す．これをラテラルスパッタリングと呼んでいる．スパッタ率は，通常のイオンビームの数百倍にも達する．Si，Ti，Cu，Zr，Ag，W，Au などの基板を，20 keV のサイズ 3000 の $Ar^+$ クラスターイオンによるスパッタ率は，10～100 atoms/ion の値を示している[3]．一般に，単原子・分子イオンによるスパッタでは，基板内に侵入した原子が基板原子とカスケード衝突を繰り返し，基板原子をノックオンし，表面から放出させるが，クラスターイオンの場合は，高密度注入による基板の表面原子と注入原子の間の多体衝突効果に基づく．これらは分子動力学法によるシミュレーションによって示されている[22]．ラテラルスパッタリングは，超低エネルギーで加速した単原子イオンの照射でも見られるが[23]，この場合は，スパッタ率は極めて小さい，固体表面の原子配列に依存するなど，クラスターイオンの場合と原理的にも異なっている．

　$SF_6$ クラスターイオンを Si や W に照射した場合は，スパッタ率の急激な増大が見られる．20 keV で，Si のスパッタ率は 1300 程度，W のそれは約 300 である．これは，クラスターイオンによって直接スパッタする物理スパッタのほかに，$SF_6$ が Si 基板に衝突したときは $SiF_x$（W の場合は $WF_x$）を生じ，それら揮発性反応生成物を基板から脱離させる化学スパッタが生じているためである．このことは，スパッタ中の真空系の残留ガスの分析で確かめている．$SF_6$ は室温では Si とは全く反応しない．Si と $SF_6$ が反応するためには，$SF_6$ 分子の解離が必要であり，衝突による $SF_6$ クラスターの崩壊とともに $SF_6$ の解離が起こると考えられる．このように衝突により，励起された分子の解離過

程は，クラスターのもつ運動エネルギーの化学反応エネルギーへの効果的な転換に基づくものである．

ガスクラスターイオンビーム照射による表面平坦化現象は，クラスターイオン特有の現象である．今までに，Cuの金属薄膜表面の平坦化のほか，Pt, Au, Niなどの金属，ステンレスなどの合金，さらに多結晶Siなどの半導体でも同様の効果がみられた．マイクロ波CVDで製作したダイヤモンド薄膜の平坦化では，サイズ3000の$Ar^+$クラスターイオンを20 keVで$1\times10^{17}$ ions/$cm^2$照射した場合，平均粗さは40 nmから8 nmになった．このほか，SiC, YBCO[24]や高硬度炭素系材料などについても行っている．クラスターイオンの超平坦面形成は，X線リソグラフィー用のCVDダイヤモンドの表面平坦化加工，SOR用ミラーの研磨，SQUIDデバイス製作のための高温超伝導薄膜表面の平坦化など，従来のプラズマエッチングや機械加工が困難な基板の原子レベルの加工と平坦化への応用を検討している[25]．

ガスクラスターイオンビームによる表面平坦化効果は，Arの場合と$SF_6$の

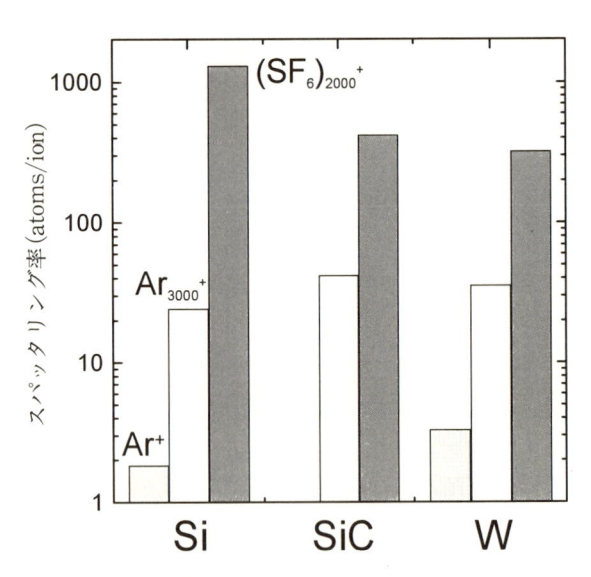

図2.4.9 Si, SiCおよびW基板にそれぞれ$Ar^+$単原子イオン，サイズ3000の$Ar^+$クラスターイオンおよびサイズ2000の$SF_6^+$クラスターイオンを照射した場合のスパッタ率の比較．

## 2.4 クラスターイオンビーム技術

場合で異なる．図2.4.9はSi，SiCおよびW基板にそれぞれ$Ar^+$単原子イオンとサイズ3000の$Ar^+$クラスターイオン，サイズ2000の$SF_6^+$クラスターイオンを照射した場合のスパッタ率の比較を示す．いずれの場合も，単原子イオンよりクラスターイオンの場合がスパッタ率は高く，反応性の場合はにさらに増加する．

図2.4.10はAu基板とW基板にそれぞれサイズ2000の$SF_6$クラスターイオンを20 keVのエネルギーで入射角度を変えて照射した場合の表面平坦度のAFM像を示し，図2.4.11はスパッタ粒子の角度依存性を示す．$Ar^+$イオンの場合には，基板材料に関係なく表面原子との間には物理的スパッタが起きるが，クラスターイオンに$SF_6$を用いた場合，Au基板では$SF_6$と反応しないので，物理スパッタ効果が優勢であるが，W基板の場合には基板と反応し反応性スパッタ効果を示す．Au基板の場合には極めて顕著なラテラルスパッタリ

$SF_6$クラスターイオン→Au
20 keV, $7\times10^{15}$ ions/cm$^2$

$SF_6$クラスターイオン→W
20 keV, $7\times15^{15}$ ions/cm$^2$

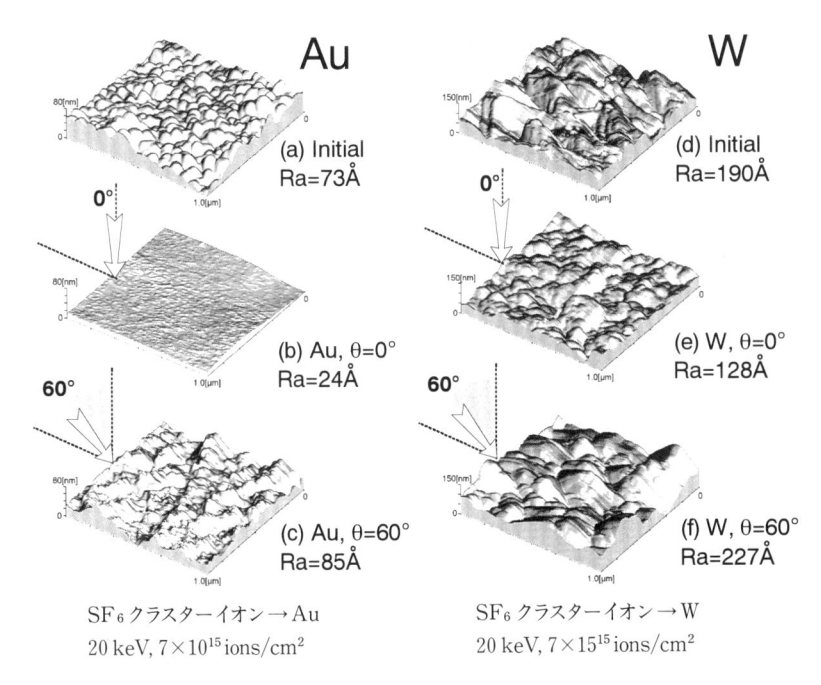

**図2.4.10** Au基板とW基板それぞれにサイズ2000の$SF_6^+$クラスターイオンを20 keVのエネルギーで入射角度を変えて照射した場合の表面平坦度のAFM像．

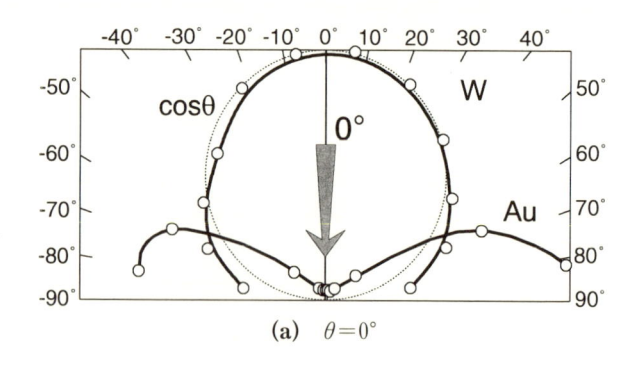

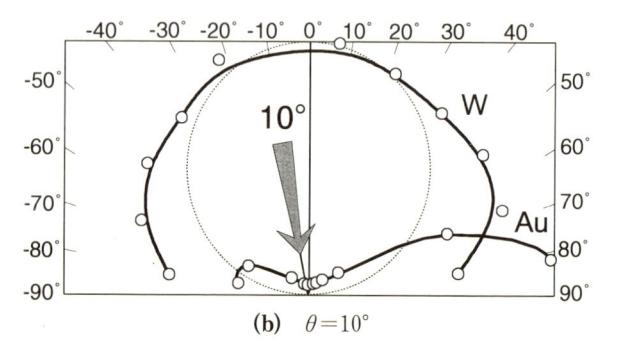

**図 2.4.11** サイズ 2000 の $SF_6$ クラスターイオンを W および Au 基板に照射した場合のスパッタ粒子の角度依存性.

ング特性を示すが,反応性スパッタの場合にはスパッタ粒子は余弦分布をしている.後者の場合には,クラスターイオンは基板表面で W 原子と反応し基板表面原子は $WF_x$ として表面から等方的に熱的に蒸発するためである.

イオンの入射角度を基板表面に垂直から傾けると反応性スパッタの場合には横方向成分のスパッタ粒子が増し,物理スパッタの場合にはイオンの照射方向に多くスパッタされる傾向がある.これらの現象は単原子イオンには見られない特異な現象で,クラスターイオンビームプロセスの特徴を示すものである.

低エネルギーで加速したクラスターイオン照射によって,低損傷で高効率の表面クリーニング効果が期待できる.Si 基板上にスピンコート法によって Cu を強制汚染させた Si(100) 基板に,20 keV のエネルギーでサイズ 3000 の $Ar^+$

クラスターイオンビームを照射した．全反射蛍光X線法を用いて，照射前後の試料表面のCu濃度を測定すると，単原子$Ar^+$イオンの場合は，ドーズ量$3\times10^{15}$ ions/cm$^2$で10%のCuしか除去できないが，$Ar^+$クラスターイオンを$1\times10^{15}$ ions/cm$^2$照射した場合は，80%のCuが除去されている．$Ar^+$クラスターイオンによるCuの除去効率は単原子イオンの照射の数十倍であった．この場合，実効照射エネルギーは10 eVとなり，損傷の少ない表面クリーニングが期待できる[14]．

## 2.4.6 高反応性効果と薄膜形成

酸素などのガスクラスターイオンビームをSiなどの基板表面に照射すると，室温で効率の高い酸化作用が見られる．図2.4.12は室温に保ったSi(100)基板表面に，サイズが250の$O_2^+$と$CO_2^+$クラスターイオンビームを10 keVおよび7 keVで照射して形成した，酸化層の厚みを断面TEMで測定し，イオン照射量依存性を示したものである．この改質層は，XPSによる測定から$SiO_2$層であることが確かめられている．Siと$SiO_2$の界面は極めて平坦であ

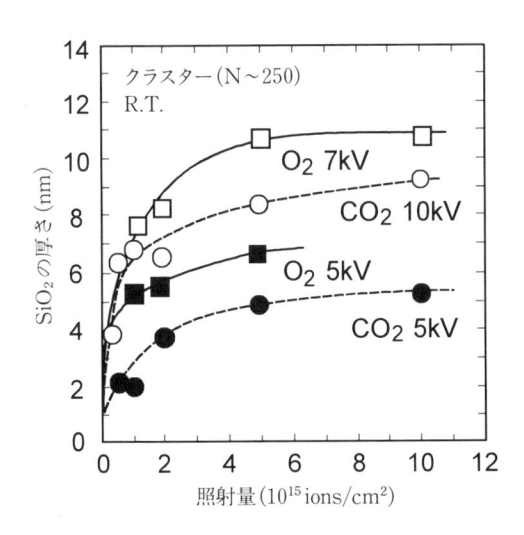

**図2.4.12** $O_2^+$と$CO_2^+$クラスターイオンビームを10 keVおよび7 keVでSi(100)基板表面に照射して形成した，酸化層の厚みのイオン照射量依存性．

り，高密度の酸素原子が注入されたことを示している．一方，酸素の分子イオンを同様の条件で照射した場合は，表面に約 12 nm の改質層が得られたが，HF のエッチングでも除去できず，したがって表面層は，酸素注入による損傷層であった．この結果は，クラスターイオン照射が，界面の平坦な高品質の $SiO_2$ 膜の形成に寄与したことを示している[14]．特にドーズ量の増加と主に急激に酸化膜厚が増加することは高い反応効果を示すものである．このことは，ガスクラスターイオンの低エネルギー照射効果と，高密度輸送効果を利用して，クラスターイオン照射と蒸着を併用するクラスターイオンアシスト蒸着法の可能性を示すものである．現在，この方法による ITO の低基板温度での製作を進めている．

## 2.4.7 あとがき

ガスクラスターイオンビーム装置を開発し，クラスターイオンと固体との相互作用の特徴を明らかにした．主として浅いイオン注入，高スパッタ，高エッチング，薄膜形成およびデバイスプロセス応用を中心に最近の成果を述べた．クラスターイオンビームによる表面プロセスには，予想をはるかに超えた照射効果，例えば浅いイオン注入と特異なアニール効果，超高密度照射による非晶質形成効果，高スパッタや表面平坦化を生ずるラテラルスパッタリング効果，低損傷表面クリーニング効果などが見出された．これらの効果は，半導体を中心とした最新の電子デバイスや光デバイスの実用技術として活用できることを示した．

### 参 考 文 献

1) I. Yamada : Proc. 14th Symp. on Ion Sources and Ion-Assisted Technology, Tokyo, 1991 (The Ion Engineering Society of Japan, Tokyo, 1991) p. 227.
2) I. Yamada, J. Matsuo, E. C. Jones, D. Takeuchi, T. Aoki, K. Goto and T. Sugii : Materials Research Society Symposium Proceedings, Vol. 438, "Materials Modification and Synthesis by Ion Beam Processing, (ed.) D. Alexander, B. Park, N. Cheung and W. Skorupa, 1996 (Materials Research Society, Pittsburgh, 1997) p. 368.

3) I. Yamada and J. Matsuo : Materials Research Society Symposium Proceedings, Vol. 396, "Ion Solid Interactions for Materials Modification and Processing", (ed.) D. B. Pocker, D. Illa, Y-T. Cheng, L. R. Harriott and T. W. Sigmon, 1995 (Materials Research Society, Pittsburgh, 1996) p. 149.
4) I. Yamada and J. Matsuo : Materials Research Society Symposium Proceedings, Vol. 396, "Ion Solid Interactions for Materials Modification and Processing", (ed.) D. B. Pocker, D. Illa, Y-T. Cheng, L. R. Harriott and T. W. Sigmon, 1995 (Materials Research Society, Pittsburgh, 1996) p. 149.
5) K. Goto, J. Matsuo, Y. Tada, T. Tanaka, Y. Momiyama, T. Sugii and I. Yamada : IEDM Tech. Dig. (IEEE Service Center, New Jersey, 1997) p. 471.
6) The 12th International Conference on Ion Implantation Technology, Kyoto 1998 June.
7) R. B. Fair : in "Rapid Thermal Processing", (ed.) R. B. Fair (Academic Press, Inc., Boston, 1993) p. 169.
8) K. S. Jones : in "Rapid Thermal Processing", (ed.) R. P. Fair (Academic Press, Inc., Boston, 1993) p. 123.
9) K. S. Jones, S. Prussin and E. R. Weker : Appl. Phys. **A45** (1998) 1.
10) M. Jaraiz, G. H. Gilmer, J. M. Poate and T. D. dela Rubia : Appl. Phys. Lett. **68**(3) (1996) 409.
11) K. Nojiri and K. Tsunokuni : J. Vac. Sci. Technol. **B11** (1993) 1819.
12) G. S. Oehrlein, R. M. Tromp, J. C. Tsang, Y. H. Lee and E. J. Petrillo : J. Electrochem. Soc. **132** (1985) 1441.
13) H. Handersen and H. L. Bay : in "Sputtering by Particle Bombardment 1", (ed.) R. Behrish (Springer-Verlag, Berlin, 1981) p. 145.
14) M. Akizuki, J. Matsuo, S. Ogasawara, M. Harada, A. Doi and I. Yamada : Jpn. Appl. Phys. **35** (1996) 1450.
15) J. Matsuo, H. Abe, G. H. Takaoka and I. Yamada : Nucl. Instr. Meth. **B99** (1995) 224.
16) I. Yamada, G. H. Takaoka, M. I. Current, Y. Yamashita and M. Ishi : Nucl. Instr. Meth. **B74** (1993) 341.
17) A. Kirkpatrick : the 15th Internatioal Conference on the Application of Accelerators in Research and Industry, Nov. 1998, Denton Texas.
18) Z. Insepov and I. Yamada : Nucl. Instr. Meth. **B99** (1995) 248.
19) D. Takeuchi, J. Matsuo and I. Yamada : Materials Research Society Symposium Proceedings, Vol. 396, "Ion Solid Interactions for Materials Modification

and Processing", (ed.) D. B. Pocker, D. Illa, Y-T. Cheng, L. R. Harriott and T. W. Sigmon, 1995 (Materials Research Society, Pittsburgh, 1996) p. 279.
20) M. Rodder, Q. Z. Hong, M. Nandakumar, S. Aur, J. C. Hu and I-C. Chen: IEDM Tech. Dig. (IEEE Service Center, New jersey, 1996) p. 563.
21) M. Bohr, S. S. Ahmed, S. U. Ahmed, M. Bost, T. R. Ghani, J. Greason, R. Hainsey, C. Jan, P. Packan, S. Sivakumar, S. Thompson and S. Yang: IEDM Tech. Dig. (IEEE Service Center, New jersey, 1996) p. 847.
22) Insepov and I. Yamada: Nucl. Instrum. and Methods **B112** (1995) 16.
23) W. O. Hofer: in "Sputtering by particle bombardment III", (ed.) R. Behrisch and K. Wittmaackm (Springer Verlag, Heiderberg, 1991) p. 26.
24) W. K. Chu, Y. P. Li, J. R. Liu, J. Z. Wu, S. C. Tidrow, N. Toyoda, J. Matsuo and I. Yamada: Appl. Phys. Let. **72** (1997) 246.
25) JST (Japan Science and Technology Corporation, Agency of Science and Technology) innovative research application program (1998-2000), Project leader: I. Yamada.

## 2.5 ダイナミックミキシング
### イオンビーム蒸着法による固体表面改質および薄膜形成

### 2.5.1 はじめに

　固体表面の改質には，古くは鉄板の防錆のために亜鉛，スズをメッキすることにより，また装飾のため金箔をはり，あるいは金メッキすることが行われてきた．1960年代後半に半導体に不純物原子を導入する技術としてイオン注入の技術が開発され，70年代に入ってこの技術が表面改質に適用され，耐摩耗性，耐腐食性の向上などの表面処理の研究が行われている．

　表面改質におけるイオン注入法は，半導体の場合と異なり，基板の機械的および化学的性質を変えるため多量のイオンの注入が必要で，短時間に処理するためには大電流を発生するイオン注入装置が必要である．また照射されるイオンの侵入深さ（飛程）が限られており，厚くても1μm程度の表面層の改質しかできない．厚い層の改質には電流だけでなくイオンの加速電圧も増大させることとなり，消費電力を考えれば基板の温度上昇も無視できない．したがって，イオン注入法だけでは比較的厚い層の機械的性質，すなわち，耐摩耗性，耐腐食性や硬度の向上はあまり期待できない．

　イオンビームを用いたひとつの方法として，イオンミキシング法がある[1]．基板上に堆積した薄膜に数百keVのイオンビームを照射し，薄膜物質の原子を反跳して基板中に侵入させ，新しい物質層を形成する．この方法ではイオンのエネルギーは高くなければならないが，イオンの電流はそれほど大きくしなくても，多量の薄膜中の原子を基板表面近くに導入することができる．しかし導入される原子と基板原子との混合比を正確に制御することは困難である．

　以上のような欠陥を克服するため筆者の一人（藤本）と共同研究者により新しい表面改質，薄膜形成の技術が開発された[2]．この方法は古くから知られた真空蒸着法（もしくはイオンビームスパッタリング法）とイオン照射とを同時に行う方法で，IVD（Ion and Vapor Deposition）法，ダイナミックミキシング（Dynamic Mixing）法またはIBAD（Ion Beam Assisted Deposition）法と呼ば

れる方法である．イオンビームエネルギーは100 eV～40 keV と，通常のイオン注入法の場合よりかなり低い．薄膜形成の初期の段階では，蒸着原子の一部は，イオンとの衝突による反跳で基板に進入すると同時に，入射イオンも基板に注入され，基板原子，蒸着原子とイオン原子とで形成される新しい物質との間に基板原子をも含む新しい混合層が形成される．この相の存在により，基板に対する密着性の強い膜が形成される．この方法ではイオンの加速エネルギーが低いため，かなりのイオン電流を流しても基板温度がそれほど上昇せず，また蒸着速度およびイオン電流を制御することにより，新しい物質相の成分制御が容易である．また立方晶系窒化ボロン(c-BN)のように高温・高圧でのみ安定な物質や相図には存在しない新物質などが形成される．ここでは加速されたイオンの膜形成への役割，装置，および形成される膜の特性について述べる．

## 2.5.2 イオンの役割

イオンが固体に照射されたとき，そのイオンの質量，エネルギーおよび標的固体の原子質量および原子間の結合状態により照射効果は大いに異なる．イオンの入射エネルギーが非常に大きいとき($>100$ keV/u)には，イオンは始め直進し，その領域では標的原子を電子励起しても，ほとんど反跳することなく，照射損傷効果は小さい．イオンが減速されるとイオンは標的原子を反跳し，その原子がさらに他の原子を反跳する，いわゆるカスケード現象を生じる．これらのことはすでに「イオン・固体相互作用編」(8.照射効果)に詳しく述べられている．

入射エネルギーが減少するとカスケード領域(～100 nm)は固体表面に接近する．そしてカスケード領域が表面に接するとスパッタリング現象がおこり(～50 keV/a)，エネルギーが減少するとスパッタリング収量が最大となり(～500 eV/a)，さらに減少すると収量も減少しカスケード領域も表面近辺の限られた範囲となる．ここで述べられるイオンビーム蒸着法では，イオンのエネルギーはこの程度，あるいはそれ以下である．このように入射イオンは化合物形成のための一方の組成原子であるばかりでなく，エネルギーを付与することにより，またその方法により，形成された化合物は結晶であったり，照射損傷の多い多結晶，あるいは非晶質であり，また準安定な相，あるいは相図にな

い化合物が形成される．ここではホウ素に2keVの窒素イオンが照射されたときの計算結果を示す．

この計算では$N^+$イオンがBNの表面に衝突して静止するとし，イオンのもつエネルギーがすべて熱エネルギーとなってBNの中を時間とともに等方的に(半球状に)拡散するとする．熱エネルギーによりBNは熱膨張しようとするが，膨張できないため内部応力となる．この場合，イオン衝突部付近の温度上昇は熱拡散方程式により計算され，内部応力は拡散方程式から求めた温度勾配，熱膨張係数，ポアソン比およびヤング率を用いて求められる．図2.5.1にイオンが衝突したときより$10^{-12}$秒経過したときの，衝突地点からの距離の関数として温度分布，圧力分布を表した．$10^{-12}$秒を選んだのは化学反応時間がこの程度であること[4]，入射イオンが停止するまでの時間が$10^{-13}$秒あるいはそれ以下であり[5]，イオン衝撃後の表面原子の再配列に要する時間が高々$10^{-12}$秒であると考えられるからである[6]．

図2.5.1の斜線部分は立方晶系のc-BNが安定な領域で，このことからイオン衝突地点から約1.2 nmの部分でc-BNが形成され，温度，および圧力が

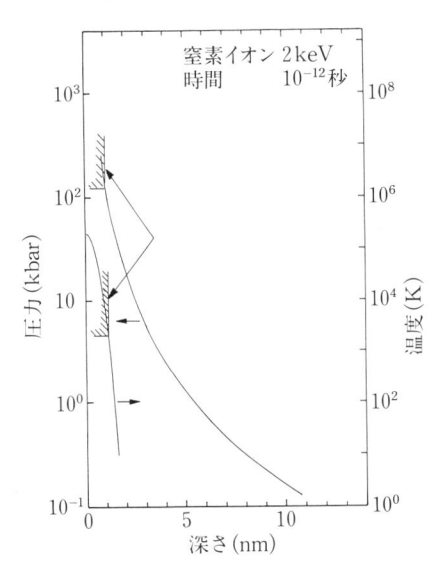

**図2.5.1** イオンの入射による表面層の温度分布と熱応力分布(計算結果；エネルギー：2 keV，経過時間：$10^{-12}$秒).

時間とともに急速に減少するため c-BN 相が急冷され,室温で固定されたと考えられる.このように基板が室温に保たれていても,イオンを照射することにより高温,高圧の状態がつくられ,そのため室温で準安定相の,あるいは相図にない物質が形成される.ときには後の節で述べられるように,単にエネルギーを付与するために希ガスイオンを蒸着と同時に照射したり,化合物の一方の組成原子となるイオンの照射だけではエネルギー付与量が不足する場合,組成原子となるガスに希ガスを混合してイオン照射することがある.

## 2.5.3 装　　置

イオンビーム蒸着法の装置は,蒸着とイオン照射のための蒸着装置とイオン源,さらに蒸着速度と照射されたイオン量を測定するための膜厚モニタとイオン電流モニタ,それに基板ホルダおよび真空槽と真空排気系からなる.装置の一例を図 2.5.2 に示す[7].次に各部分について必要な条件を述べる.

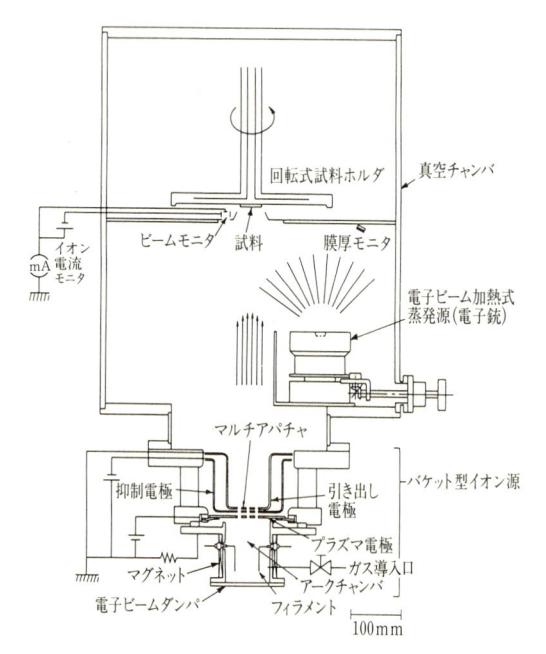

図 2.5.2　IVD 装置の構成.

## a. イオン源

 ある程度応用も考慮すると，イオン源はイオンビーム電流が大きく，表面処理，薄膜形成も含めて，その面積内では一様な強度分布をもち，しかも平行ビームであること，さらに加速エネルギーができるだけ広範囲に変えられることが必要である．実際につくられた膜が結晶膜である場合，成長した結晶の方位や結晶性はイオンビームの入射方向やエネルギーに依存する．また，非晶質の場合も化学結合の状態が入射エネルギーで変化する．さらに，被覆膜の機械的，電気的特性も入射ビームの方向性とエネルギーにより変化する．したがってイオン源に対して前述のような特性が必要となる．

 図2.5.3に示されたイオン源はバケット型イオン源と呼ばれるもので[8]，この図の場合ビームの引き出し部の径が10 cmである．このイオン源では基板ホルダ上の直径10 cmの範囲での電流密度の変化は約10%以内で，その範囲をこえると急速に電流密度は減少する．したがってビームの平行度も非常によい．イオン電流はイオン種，導入ガス圧および引き出し電極の電圧に依存するが，窒素イオンの場合100 mAの電流を得ることができる．引き出されるイオンのエネルギーは最低と最高の比が10倍程度の範囲で可変である．例えば最低エネルギーが200 eVになるように電極間距離を調整した場合，最高エネル

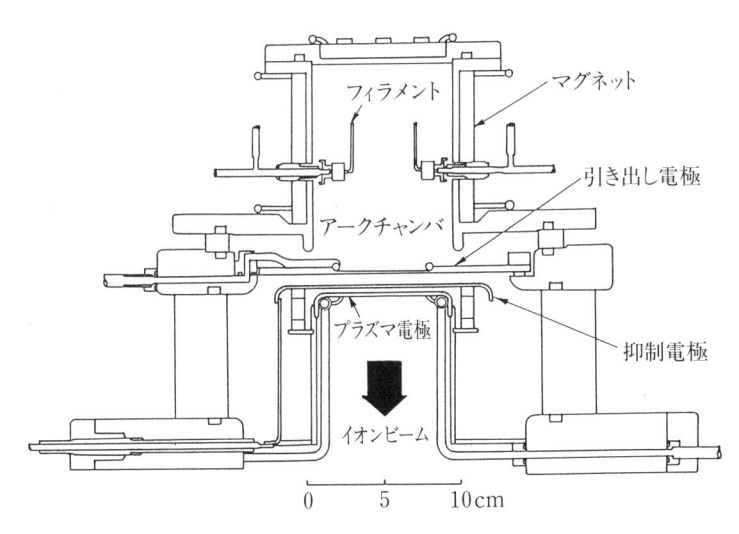

図2.5.3 バケット型イオン源.

ギーは約 2 keV である.ただし図に示されたこのイオン源には分析マグネットは付置されていない.したがって窒素イオンの場合,$N_2^+$ と $N^+$ イオンが混合してイオン源から引き出される.このバケット型イオン源の場合 $N_2^+$ と $N^+$ イオンの比はほぼ 1 対 1 である.基板に到達する窒素原子の数を求める際,この分子,原子イオンの比を考慮しなければならない.

#### b. 蒸　発　源

　蒸発源としてスパッタリング装置を用いることもできるが,図 2.5.2 の場合は,電子衝撃型真空蒸発源が装備されている.蒸発源についてもイオン源と同様に基板上において蒸着速度が均一であることが必要である.しかし蒸発原子流が平行である必要はないが,基板と蒸発源がある程度離れていれば,その条件は満たされている.蒸発源について重要なことは,イオンビームの方向と蒸発原子流との方向とのなす角ができ得る限り小さいことである.これは,結晶の成長方向を支配するイオンビームの方向に対する基板の方位を広範囲に選べるようにするために必要である.

　電子衝撃型蒸発源を用いる場合,電子ビームを走査できることが望ましい.特に炭素,ホウ素を蒸着する場合,ぜひ必要となるであろう.

#### c. 膜厚モニタおよびイオン電流モニタ

　膜厚モニタとしては通常振動子型膜厚測定器が用いられる.イオン電流モニタとしてはファラデーカップが用いられ,いずれも基板ホルダにできるだけ近いところに設置する.後者についてはファラデーカップの代わりにイオン源からの全電流量と基板ホルダ全体に流れる電流との校正をあらかじめ行っておけば,イオン源を流れる電流から,基板に到達するイオン量をモニタすることができる.

#### d. 基板ホルダ

　水冷および加熱装置を設置することが望ましい.また場合によっては試料を回転することも実用的に必要であろう.

#### e. 真空槽および真空排気系

真空槽の真空度は $10^{-6}$ Torr 以下であることが必要である．イオンビーム発生時には約 $5\times10^{-5}$ Torr となる．真空排気系もできる限りオイルフリーであることが必要であろう．

以上，装置の基本的な事柄について述べたが，しばしば，広範囲なイオンエネルギー変化が要求されるときがある．そのためデュアルイオンビーム装置が開発されている[9]．この装置の例を図 2.5.4 に示す．これには 200 eV～2 keV の低エネルギーイオン源と 3～30 keV の高エネルギーイオン源が備えられ，蒸発源の方も 2 台設置されている．基板ホルダは回転することにより各々のイオン源に対応できるようになっている．

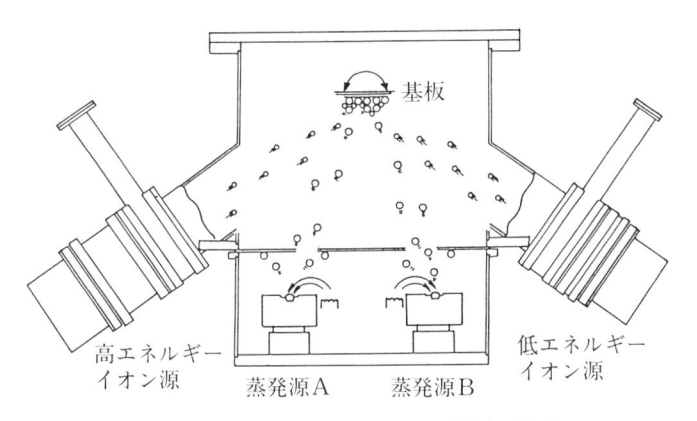

図 2.5.4 デュアルイオンビーム装置の構成．

### 2.5.4 形成された膜の特性

本項ではイオンビーム蒸着法で作成した薄膜の有する特性について述べる．

#### a. 基板界面における膜の密着性

この方法でつくられた薄膜は，一般に基板との間に強い密着性を有する．これは薄膜と基板との間に，各々の組成原子でつくられた混合層が存在するためである．図 2.5.5 にステンレス鋼の基板上の約 100 nm の TiN 膜を 5 keV の

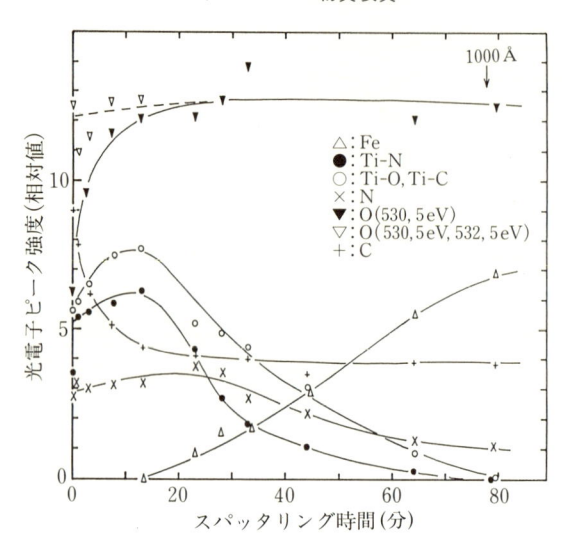

図 2.5.5　TiN 膜の X 線光電子分光分析による元素のデプスプロファイル．

アルゴンイオンを照射して表面をスパッタエッチングし，各深さでの Al-K$_a$ の X 線励起による XPS スペクトルの各元素からの光電子のピークの強度分布を示す[10]（元素間のピーク強度比と組成比とは必ずしも一致しない）．TiN 膜はチタンの蒸着速度を 0.6Å/秒とし，30 keV の窒素イオン（$N_2^+$ と $N^+$ の比が 1:1）を 61 μA/cm$^2$ の電流密度で同時照射して作成された．この膜のチタンと窒素原子数比は Ti/N=0.9 である．また酸素および炭素は，膜作成中に真空槽中の残留ガスから，あるいは大気中に取り出したときに吸着されたと考えられ，酸素原子の濃度は表面近くで約 13% である．鉄の XPS スペクトルは基板のステンレス鋼からのものである．

この結果から，TiN 膜のチタンと窒素および基板に含まれる鉄が互いに入り混じった混合層ができていることがわかる．窒素の方がチタンより深く入り込んでいるのは窒素はイオンとして注入したためである．次にこの混合層が窒素イオンのエネルギーにどのように依存するかを図 2.5.6 に示す．ここではイオンエネルギーが 10, 20, 30 keV のときの鉄の XPS スペクトル強度の深さ依存性，および単にチタンを蒸着した場合について示す．膜厚はいずれも 100 nm で，イオン注入の場合の電流値は各窒素イオンのエネルギーごとに，61,

## 2.5 ダイナミックミキシング

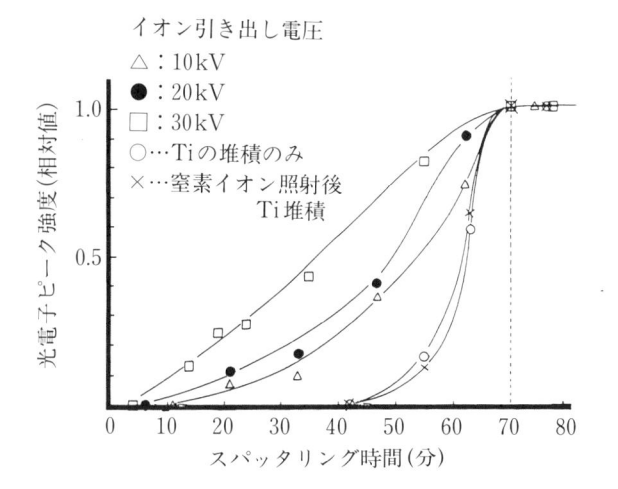

**図2.5.6** イオン引き出し電圧のミキシング効果への影響(基板元素：Fe-2pのしみ出し状態の変化).

88, 180 μA/cm² で，単位時間内に膜で失われるエネルギーが一定，すなわち，基板でのイオン照射による熱の発生が一定としている．ここで混合層の厚さを鉄のスペクトル強度が20%から80%まで変化する厚さと定義し，エッチング時間と深さとが比例すると仮定すると，10，20，30 keV のときの混合層の厚さは各々44, 33, 30 nm となる．このことは混合層の厚さは入射イオンのエネルギーに比例せず，エネルギーが非常に小さくても，厚さはそれほど小さくならないように思われる．事実 2 keV の窒素イオンでシリコン基板上につくられた TiN 膜は硬度試験中でも剝離しないが，イオンエネルギーが 1 keV 以下で作成された膜では，試験中に剝離することがある．R. A. Kant らは密着力がイオンを用いないで作成した膜に比べどの程度強いかを調べた[11]．ステンレス鋼上に CVD 法および 30 keV の窒素イオンで作成された厚さ 200 nm の TiN 膜について引っ掻き試験を行った場合，CVD 法では膜が割れて剝離しているが，窒素イオンを用いた場合では引っ掻き傷が見られるだけで，膜は全く剝がれていない．窒素イオン照射が密着力向上に大きく寄与することを示している．

## b. 結 晶 性

この方法でつくられた膜は，多くの場合結晶化しており，その結晶性，結晶成長の軸方向は，イオンの入射方向およびエネルギーによって変化する．

図2.5.7に各種（単結晶，多結晶，非結晶）基板上に30 keVの窒素イオンで作成された厚さ約1 μm の TiN 膜の表面に対して Cu-K$_\alpha$線のX線の $\theta$-$2\theta$ 法で得られた回折強度を示す[12]．ここで作成中に基板に到達した原子数比は Ti/N＝2.6～6.1 であった(TiN はかなり広い組成比の範囲で立方晶をつくる)．いずれも TiN の(111)の反射が強い．Ti/N＝0.9～1.3でイオンエネルギー 10～30 keV でつくられる膜では図2.5.8に示される回折像のように結晶成長の軸は〈111〉でなく〈100〉軸である[10]．ここでの基板はステンレス鋼である．この場合は，チタン原子1個あたりに与えるエネルギーが異なるために，結晶の成長軸が変化したと考えられる．1.3＜Ti/N＜2.6の間では成長軸が連続的に〈100〉から〈111〉に変化する[13]．Ti/N～1.0の場合入射エネルギーが 200 eV 以上では〈100〉軸が成長軸となり，200 eV 以下で〈111〉軸が成長軸となる結果が報告されている[14]．いずれの場合も基板の種類に依存しない．した

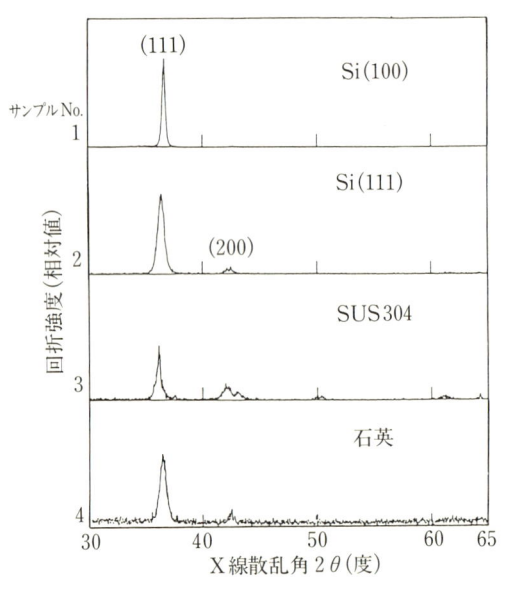

図2.5.7 TiN 膜のX線回折測定結果(1)．

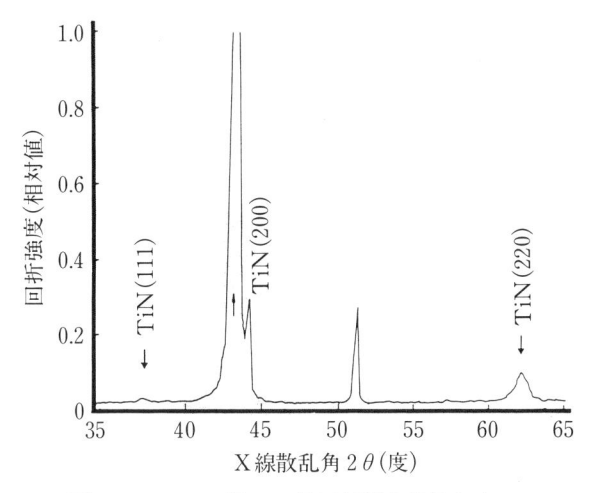

**図 2.5.8** TiN 膜の X 線回折測定結果 (2).

がってこのイオンビームと蒸着による結晶成長は，通常の蒸着の場合のエピタキシによる結晶成長と全く異なった成長機構によりおこっていることが結論づけられる．

図 2.5.9 に 30 keV の窒素イオンでシリコン (100) ウェハー基板上に成長させた厚さ約 1 μm の TiN 膜の断面の透過電子顕微鏡 (TEM) 像を示す[12]．この像ではまず基板と膜の間に混合層が観測される．その厚さは約 40 nm で非結晶構造をもつ．この厚さは図 2.5.6 で示された結果とよく一致している．次に膜中に表面に垂直な多数の筋が観測される．これは結晶相の存在が強い密着性の原因であるばかりでなく，結晶成長が基板とは全く独立に進むことを示している．

TiN 結晶の場合は入射エネルギーの広い範囲で結晶化し，チタンが過剰でもチタン自体がイオン源から洩れてくる窒素ガスを吸収することにより組成比 Ti/N が 1.0 に近づくようになるが，他の結晶の場合には入射エネルギー到達比によって結晶性が大きく変化する．図 2.5.10 に組成比が 1.0，200 eV～20 keV の窒素イオンエネルギーで溶融石英基板上につくられた AlN 膜からの X 線回折強度分布を示す[3]．AlN 結晶は六方晶系である．この結果はイオンエネルギーが 1 keV までは (002) および (004) 反射が強く，それ以外の反射は，ほ

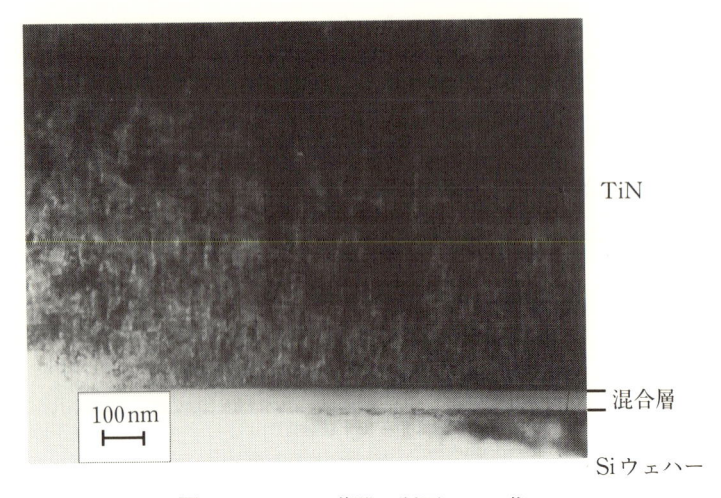

図 2.5.9　TiN 薄膜の断面 TEM 像.

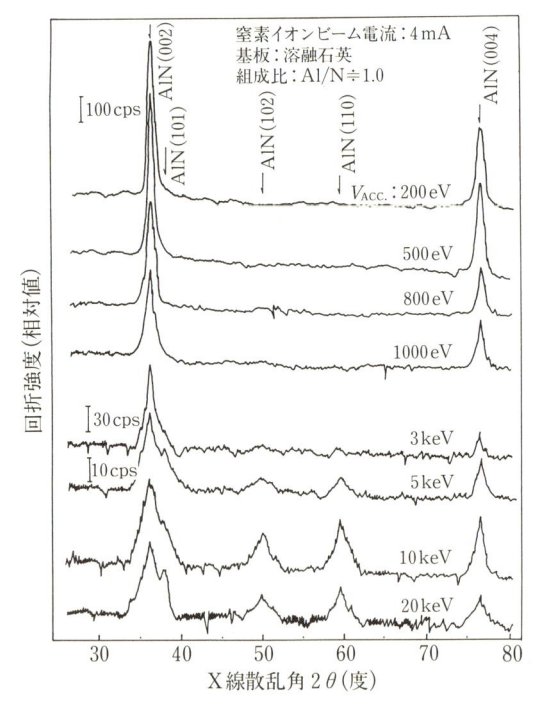

図 2.5.10　AlN 膜の X 線回折測定結果.

とんど観測されない．このことから $c$ 軸が表面に垂直であることがわかる．この場合，結晶は $c$ 軸が入射方向と平行になるように成長する．事実イオンビームを基板表面の法線より傾けて照射した場合，傾けた角だけ $c$ 軸方向が傾いて成長する[15]．TiN 結晶についても同じような結果が報告されている[14]．このように結晶は低指数の結晶軸の方向に成長し，その方向はイオンビームの入射方向に一致する．入射方向に垂直な方向では一般的には等方的である．しかし垂直な方向にもかなり広範囲に結晶成長し，10 μm 程度の板状あるいはデンドライト状のもの[16]，柱状結晶間の位相がそろっているものなどがしばしば観測されている[16~18]．

ここで興味ある結晶成長の例が YSZ(イットリウム-ジルコニウム)について報告されている．この結晶は $CaF_2$ 型立方晶であり，300 eV の酸素イオンを基板に垂直に照射すると ⟨111⟩ 軸方向に成長する．この場合は ⟨111⟩ 軸のまわりはランダムであるが，基板の表面垂線に対し 55° の方向に入射すると，(001) 面が表面になり，しかも各結晶粒の位相がそろう[18]．なお ⟨001⟩ と ⟨111⟩ 軸の間の角が 55° である．

イオンビームによる結晶成長は化合物だけにとどまらず，単体の場合でも，希ガスのイオンを照射することにより結晶化が促進される．例えば，炭素蒸着中の 200 eV のネオンイオン照射によるダイヤモンド化[19]，ニオビウムのアルゴンイオン照射による結晶化[20]，アルミニウムの同じくアルゴンイオン照射による結晶化が報告されている[21]．

### c． 準安定相物質の合成

前述の通り，イオンビームを用いることにより，常温，常圧のもとで相図に存在しない相の物質ができたり，相図には全く存在しない物質がつくられる．ここではそれらの物質について述べよう．

#### （1） ダイヤモンド

炭素蒸着と同時にネオンイオンを照射することにより炭素がダイヤモンド化することが知られている．しかしネオンイオンの強度およびエネルギーによりダイヤモンド化の状態が大いに変化する[3,9]．結果は到達比 Ne/C～0.25 で，エネルギーが 500 eV 以下の場合，ラマンスペクトルにダイヤモンドの $sp^3$ 共役結合による 1333 cm$^{-1}$ のピークが最も鋭く，高く現れる(図 2.5.11 参照)．

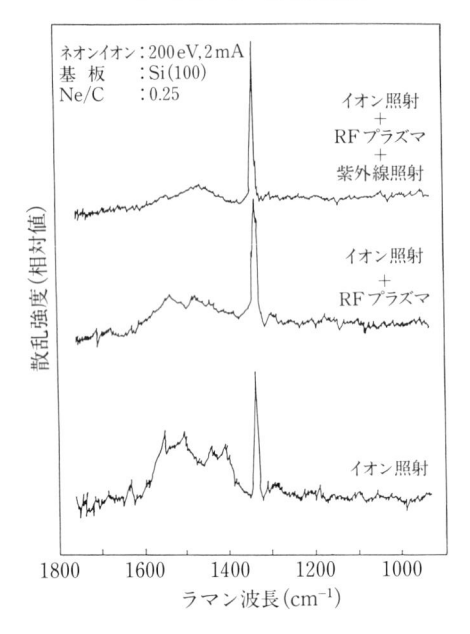

図 2.5.11 炭素薄膜のラマンスペクトル.

しかし 1400〜1600 cm$^{-1}$ のところに非晶質によるブロードで幅の広いピークが強く出る. 非晶質の生成は, ダイヤモンド状の部分が絶縁体であるため, イオン照射により電荷が表面に蓄積し, 放電がおこり, 非晶質化すると考えられる. それを防ぐため, 基板近くに電子プラズマをつくり, さらに紫外光を基板に照射することにより電荷蓄積効果を除去した[22]. IVD 法のみで作成したもの, 作成中に電子プラズマを併用したもの, さらに紫外線の照射を併用してつくった膜のラマンスペクトルを図 2.5.11 に示す. 電子プラズマ, 紫外線照射併用したものでは, スペクトル上から非晶質部分を示すブロードピークが非常に弱くなっている.

このようにしてできたダイヤモンド状炭素膜の大きな特徴は, ①炭化水素ガスを分解してつくる CVD 法と違って, 炭素と親和力の強い水素を全く含んでいない良質のダイヤモンド状膜である (ネオンは作成中に外部に出て膜中には残らない), さらに ②室温で作成できることである. 半導体, 硬質膜被覆など, 広い応用が考えられる.

## (2) 立方晶系窒化ホウ素

立方晶系窒化ホウ素(c-BN)は耐熱性,熱伝導性,特に炭素と化合しない点でダイヤモンドより優れ,ダイヤモンドとほとんど同じ硬度をもつものとして注目されている.今までにも多くの研究者により被覆膜の作成が研究されてきた[23].ここでは良質のc-BN膜の作成について述べる.

窒化ホウ素にはグラファイトに似たh-BN,六方晶系のウルツァイト型結晶(w-BN),それに非晶質のもの(a-BN)があり,c-BN,w-BNは1500°C以上,5GPa以上の圧力下で安定な相で,通常マグネシウムのような触媒を用いて合成される.薄膜作成では,このIVD法も含めて,これらの各相が入り混じったものが得られ,c-BNの純度の高いものの作成は難しい.イオンの役割の項でも述べたように,比較的低エネルギーの窒素イオンを用いることにより,c-BN相の成長条件を作り出すことができるが,まだ十分とはいえない.そこで窒素ガスにアルゴンもしくはヘリウムを混合し,混合ガスをイオン化してホウ素の蒸着と同時にイオン照射を行った[24].図2.5.12に,イオンエネルギーが2keVおよび10keV,窒素ガスとの混合比0,30,50%,ヘリウムについてはさらに80%で作成した厚さ約0.3μmの試料を$\theta$-$2\theta$法で測定したX線回折強度分布を示す.イオンビーム方向は基板に垂直である.このX線回折の結果から,イオンエネルギー2keV,アルゴンガス混合比30%のときc-BNの(111)反射ピークが非常に強く,アルゴンイオンが0%のときの10倍以上になっている.ヘリウムガス混合のときは混合比ともにc-BNによる(111)反射ピークが強くなり,80%のときに最高になり,単位膜厚あたり,アルゴンガス30%混合のときとほぼ同じ強度となる.

このように窒化ホウ素の場合,窒素イオンに希ガスイオンを混入することにより,c-BNの生成率が飛躍的に向上する.この場合,混合ガスが膜に残留していないことは,到達比B/Nが1.0より小さい場合,組成比がB/N=1.0であることより明らかであろう[25].なお,30keVの窒素イオンで作成されたc-BNは,結晶成長軸は〈100〉であるが,1keV以下では〈111〉軸である.ここでも成長軸が変化している.

窒化ホウ素のc-BN相は非常に高い硬度をもつことでよく知られているが,実際に機器に適用するためには,各種の解決しなければならない問題がある.これについては後に述べる.

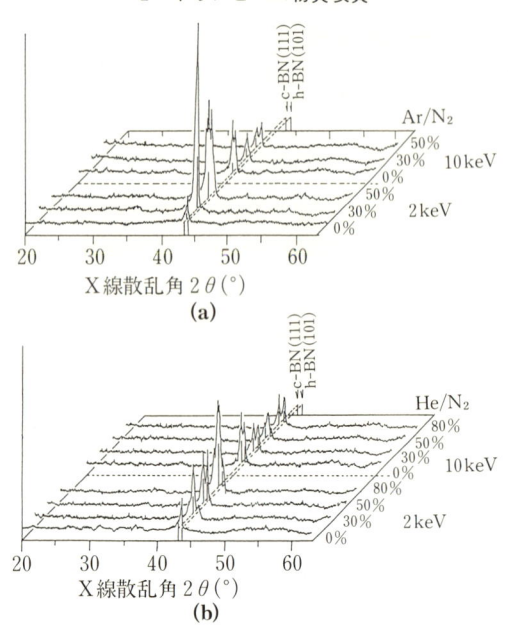

図 2.5.12 混合ビーム(Ar＋N₂, He＋N₂)により形成した窒化ホウ素膜の X 線回折像の混合率に対する変化.

## （3） 岩塩型窒化モリブデン

　岩塩型(B1型)構造をもつ窒化モリブデンは，理論的には 29.4 K で超伝導となる物質である．しかし B1-MoN は Mo-N の相図中には存在せず組成 Mo/N＝1 では六方晶系である．この物質は高温超伝導物質の出現によりあまり注目されないが，高温超伝導物質の不安定性，臨界磁場が小さいことから，いずれはまた注目されるようになるのではないかと考える．

　B1-MoN はマグネトロンスパッタリング，反応性スパッタリング，イオンビームデポジション法で作成されているが[26,27]，筆者達はイオンビーム蒸着法で B1-MoN を作成した[17]．窒素イオンは 20 keV と 5 keV のエネルギーとし，達到比 N/Mo＝1.0〜1.9 で基板に垂直にビーム照射を行った．作成試料のうち，5 keV，N/Mo＝1.7 の場合にのみ，六方晶系と立方晶系のものが混合した膜が形成され，他はすべて B1-MoN であった．20 keV の場合では〈110〉軸が表面に垂直な状態で成長し，5 keV では〈100〉軸が垂直であり，イオンエ

ネルギーによる結晶成長軸の変化が見られた.超伝導への遷移温度は,4.5〜5.8Kであり,理論的に予測される値よりかなり低い.5keV以下のエネルギーでは照射損傷の効果もなく,どのような物質ができるか興味が残されている.

**(4) 窒化炭素**

窒化炭素は半導体への応用,星間物質として興味ある物質であるが,最近,$\beta$-$Si_3N_4$と同じ結晶構造をもつものができれば,それはダイヤモンドよりも固いはずであるという理論的予測がなされ注目されている[28].一方,炭化水素と窒素によるプラズマCVD,衝撃波圧縮法などによる窒化炭素の作成が試みられているが,いずれも組成比C/N=1.4より大きく,C/N<1.0のものは作成されていない.筆者は最近IVD法を用いて室温でC/N<1.0のものを作成した.結晶化こそしていないが(非晶質),今までにない硬度をもった薄膜である[29].図2.5.13に窒素イオンエネルギー200eV〜20keV,組成比C/N=0.2〜2.0,厚さ1μm,そして炭化タングステンを基板にした膜のヌープ硬度と組成比,イオンエネルギーの関係を示す.これからわかることは,単に組成

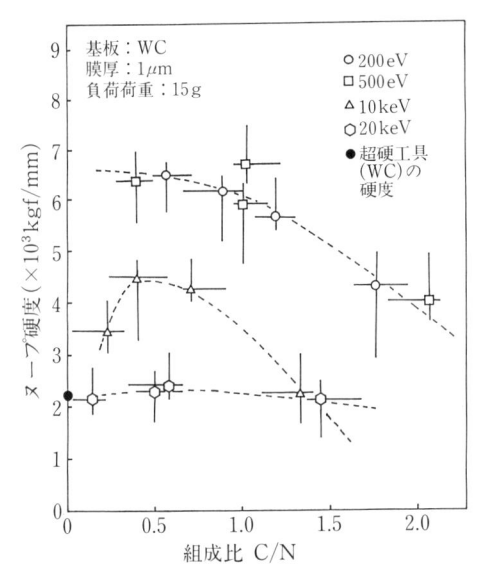

図2.5.13 窒化炭素薄膜のヌープ硬度測定結果.

比C/Nが小さいだけでなく，硬度が高くなるには窒素イオンのエネルギーが500 eVくらい，もしくはそれ以下である必要がある．そしてC/N～0.5近辺で硬度が6500 kgf/mm$^2$に達している．X線励起光電子分光(XPS)およびフーリエ変換赤外吸収スペクトル(FT-IR)で分析した結果では，6500 kgf/mm$^2$の硬度をもった膜では，CとNの三重結合が重要な役割を演じていることがわかった[30]．

このようなC/N<1.0の窒化炭素については，まだその性質がよくわかっておらず，また構造もわかっていない．これから$\beta$-Si$_3$N$_4$型の結晶ができるかどうかはこれからの研究が待たれる．しかし，現段階においても非常に硬い被膜としての役割を果たすであろうことは確かなところであろう．

### 2.5.5 応　　用

これまでは作成された被覆膜の共通の特性について述べた．しかし実際に応用するとなると，それだけでは不十分であり，個々の膜について特性を知る必要がある．

#### a. 硬質被覆

窒化物，炭化物は一般にセラミックスで，耐摩耗性，耐腐食性に優れている．しかし金属表面にIVDで被膜した場合，膜の熱膨張係数が小さいため，常温で密着性がよくても，高温では熱膨張係数の差から密着性が弱くなる．ここではc-BN被膜の実用例について述べる[31]．

基板としては，切削工具に一般的に用いられている高速度鋼(HSS)チップを用いて，切削面に表2.5.1のような表面処理を行った場合について示す．c-BN層の厚さは1 μmである．このチップを用いて一定量の切削を行った後における切削面での摩耗量を図2.5.14に示す．これは，被覆処理をしない高速度鋼チップの摩耗量を基準(100%)として表したものである．結果は表面処理をしたチップの摩耗量は100%より小さくなっている．しかし処理方法により大きく異なる．まずBN層を作成する際の窒素イオンのエネルギーについては，10 keVの方が2 keVよりわずかに摩耗量が少なくなる．これは界面における混合層の厚さが前者の方が大きいことによるものと考えられる．試料3，

## 2.5 ダイナミックミキシング

表 2.5.1 高速度鋼基板上への BN 薄膜の作成方法.

| 試料番号 | BN 薄膜作成条件 | 基板界面の前処理方法 |
|---|---|---|
| 1 | 2 keV N イオン | なし |
| 2 | 10 keV 〃 | なし |
| 3 | 10 keV 〃 | 10 keV, $5\times10^{15}$ イオン/cm² 窒素イオン注入 |
| 4 | 20 keV 〃 | なし |
| 5 | 20 keV | 30 nm 厚さの Si を蒸着後, 10 keV, $5\times10^{15}$ イオン/cm² 窒素イオン注入 |
| 6 | 2 keV N+30%A | 20 keV, $5\times10^{15}$ イオン/cm² 窒素イオン注入 |
| 7 | 2 keV N+30%A | 30 nm 厚さの Si を蒸着後, 20 keV $5\times10^{15}$ イオン/cm² 窒素イオン注入 |

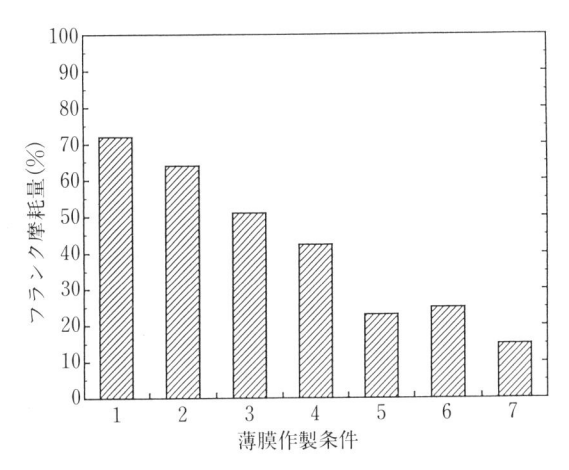

図 2.5.14 BN 膜コーティングチップの切削テストによる摩耗量.

4 では窒素イオンを注入し, 高速鋼成分との窒化物をつくってから 10 keV, 20 keV で BN 層をつくっているが, この前処理により実質的に混合層の厚さが試料 1 と 2 のときより大きくなり, 摩耗量はさらに減少している. 試料 5 では, 500Å 程度の窒化シリコンを BN 層との界面に設けている. 窒化シリコンの熱膨張係数は c-BN と高速度鋼の中間の値を有し, 両者の整合性を維持することが期待できる. 評価結果では, このような界面処理を行うことにより摩耗率が 20% 減少している. 試料 6, 7 では前に述べたように c-BN 相が表面の

大部分を被覆している．ただし試料6では界面となる基板表面を単に窒化だけを行っており，また試料7では基板上に窒化シリコン層を形成して用いた．前者は摩耗率が試料5と変わらないが，後者ではさらに小さくなり，15%になっている．ちなみに試料2，6，7のヌープ硬度は3500，5000，5000 kgf/mm$^2$である．

以上のように硬質被膜を実用化する場合，界面がいかに重要な役割を果たしているかわかるであろう．

### b. 電子機器への応用

IVD法でつくられた薄膜の中には，半導体あるいは電子機器に有用なものがある．それらのものがどれだけ実用に耐える特性をもっているかについて，窒化アルミニウムとITO(インジウム・スズ酸化物)膜について述べる．この方法の特徴は，室温で作成できるということで，CVD法の場合のように基板が高温になることがなく，また高温に保つ必要がない．半導体に応用するにはこの特徴は重要になってくるであろう．

### (1) 窒化アルミニウム

窒化アルミニウムは，誘電率(9.1)，電気抵抗($>10^{13}$ Ω・cm)，禁止帯幅(6.2 eV)，音速(6120 m/s)等で優れた特性を有し，紫外から赤外までの広範

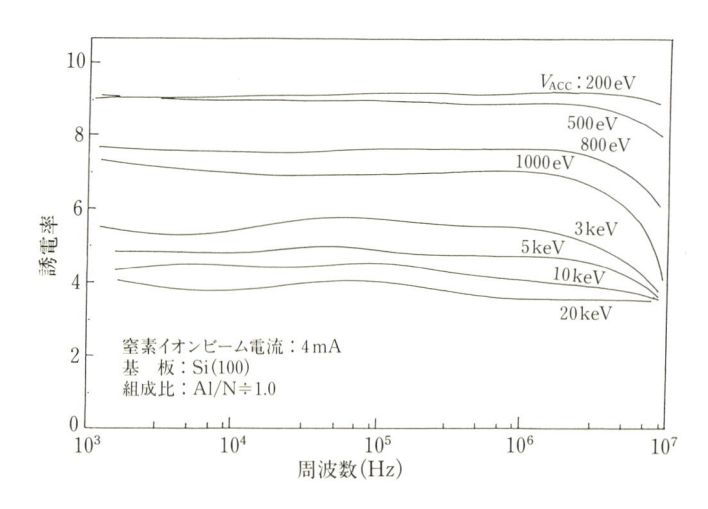

図 2.5.15 AlN 膜の誘電率特性．

囲に渡って透明性を有することから各種の機能性材料として期待される．単結晶材料は高温高圧下で作成され，薄膜も MBE，CVD 法によりつくられるが，いずれもサファイアを基板として，1000°C 程度，あるいはそれ以上の加熱が必要である．この方法により作成された膜の結晶性については，すでに結晶性の項で述べた．窒素イオンエネルギー 200 eV～1 keV，組成比 Al/N～1.0（到達比が 1.0 より小さいものはすべて Al/N＝1.0 である）．で作成された膜は電気抵抗：$1\times10^{14}\ \Omega\cdot cm$，禁止帯幅：6.3 eV，透過率：波長 0.5～2.5 μm の光に対して 98％であった[32]．また誘電率の振動数による変化を図 2.5.15 に示す[15]．この図からイオンエネルギー 200 eV でつくられた試料の，1 MHz 以下での誘電率は 9.01 である．これらの結果は単結晶材料の値とほとんど変わらないことを示している．

### （2） インジウム・スズ酸化物

インジウム・スズ酸化物(ITO)は $CaF_2$ 型結晶の Ca の位置に In，F の位置の 3/4 に酸素(O)，残りの 1/4 は空孔となっている $In_2O_3$ の構造の空孔に Sn 原子が入り込んだもので，可視光領域で透過度が高く，しかも抵抗率が小さい．したがって太陽電池や液晶の電極等に広く用いられている．通常は，蒸着法，マグネトロンスパッタリング法などが用いられるが，いずれも基板を 300～400°C に加熱する必要があり，ときには作成後に加熱処理が必要である．

この物質の場合はインジウムとスズ用に 2 つの蒸発源が必要であり，イオンとして酸素イオンを照射する．バケット型イオン源ではフィラメントを加熱するため，フィラメントの酸化は避けられないがフィラメントの寿命は比較的長く，短時間で作成しうる薄膜試料の作成では不便を感じることはない．

酸素イオンの加速エネルギーを 0.6，10，および 20 keV として，到達比 O/In と Sn/In を変えて成膜した[33]．基板温度は常に 50°C 以下に保たれた．到達比 O/In＝4.5（組成比は 1.5），Sn/In＝0.19 とし，10 keV の酸素イオンビームを照射して作成したもの，到達比 O/In＝2.1（組成比は 1.5），Sn/In＝0.2，0.6 keV で作成した場合の，各々の $\theta$-$2\theta$ 法で測定した X 線回折強度分布を図 2.5.16，図 2.5.17 に示す．基板は石英ガラス，膜厚は 500 Å でイオンビームは基板に対して垂直とした．

この回折像で膜の結晶成長の方向が明らかに異なり，10 keV では $In_2O_3$ の〈111〉軸方向であるが反射線幅が少し広く結晶性は 0.6 keV より悪い．到達比

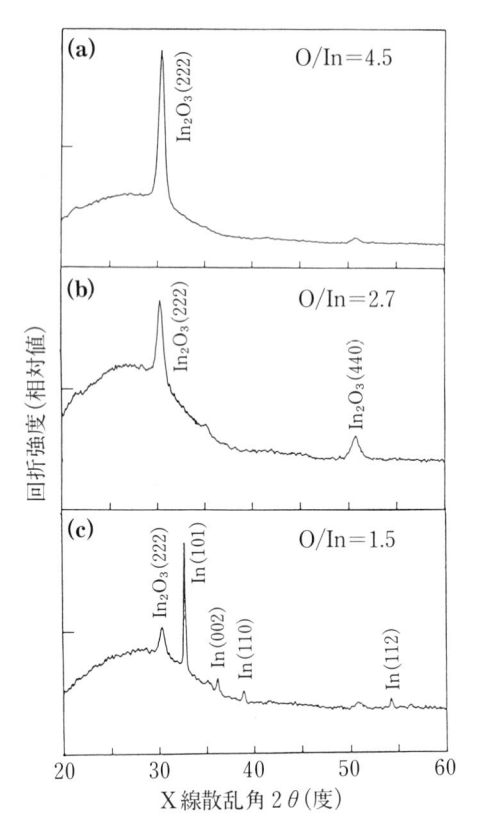

**図 2.5.16** ITO 膜の X 線回折測定結果(酸素イオンエネルギー:10 keV).

Sn/In＝0.2 での電気抵抗率，光(波長 6000Å)の透過率と到達比 O/In の関係を図 2.5.18 に示す．いずれも到達比 O/In が小さいところでは，In が金属粒子として存在するため透過度が悪く，抵抗率も小さい．O/In が大きくなると，すべての金属原子は酸素と結合し，透過度は 90％以上を示す．この際，抵抗率は一度増加した後減少し，再び増加して絶縁性を示すようになる．減少した条件では透過度も大きく抵抗率も比較的小さくなる．この成分のものが ITO 膜として最も有用である．両者の抵抗率は，(110) 表面の方が 1 桁以上 $(2.5×10^{-4}\ \Omega\cdot cm$ と $7×10^{-3}\ \Omega\cdot cm)$ 小さい．これは (110) 面での電気伝導度が (100) 面より高いことを意味している．光の透過率はいずれも 92〜96％である．

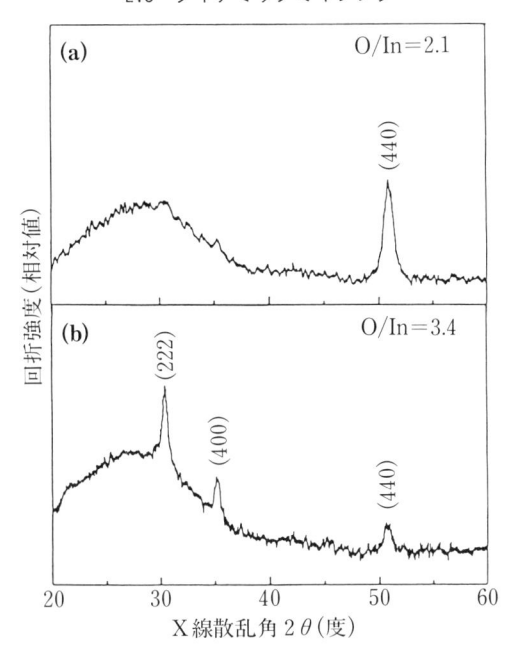

図 2.5.17 ITO 膜の X 線回折測定結果(酸素イオンエネルギー:0.6 keV).

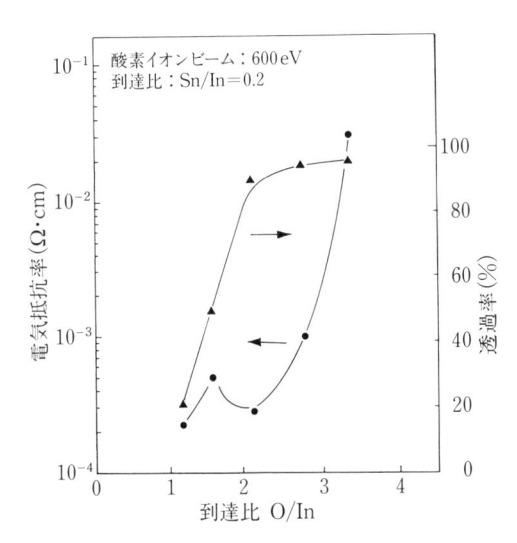

図 2.5.18 ITO 膜の到達比(O/In)と電気抵抗率,透過率の関係.

## 2.5.6 おわりに

イオンビーム蒸着法による表面改質,薄膜作成について,その特徴および作成した膜の特性について述べたが,目的によっては非常に優れた手法である.基板との密着性,結晶方位の制御性,良好な結晶性等,短時間にしかも低温で処理ができる.希ガスイオンの混合といった,さらなる工夫をすることにより,他の方法ではなし得ない表面処理を可能とし,ますます発展し,応用の開発が行われることであろう.ただし,エレクトロニクスへの応用においては比較的小面積での処理が可能であろうが,機械的表面処理の場合では大面積の処理が必要になる.ときにはパイプの内面処理も必要となるであろう.このような場合は,イオンビームの直進性から見ても非常に複雑な工程が必要となり,今後の開発が期待されるところである.

## 参 考 文 献

1) P. J. Martin: Gold Bull. **19**, No. 4 (1986) 102.
2) M. Satou, F. Fukui and F. Fujimoto: Proc. Int. Workshop by Professional Group on Ion-based Techniques for Film Formation, Tokyo (1981) p. 349.
3) K. Ogata, Y. Andoh and F. Fujimoto: Nucl. Instr. Meth. **B80** (1993) 1427.
4) J. A. Davies: Proc. NATO Conf. Ser. 6, vol. 8, chap. 7 (Plenum, New York, 1983) p. 189.
5) R. Kelly: Radiat. Eff. **32** (1977) 91.
6) D. E. Harrison Jr. and R. P. Webb: Nucl. Instr. Meth. **218** (1983) 727.
7) K. Ogata, Y. Andoh and E. Kamijo: Proc. of Int. Conf. on BEAMS '86 (1986) P-D-22.
8) Y. Andoh, Y. Suzuki, K. Matsuda, M. Satou and F. Fujimoto: Nucl. Instr. Meth. **B6** (1985) 111.
9) K. Ogata, Y. Andoh and E. Kamijo: Nucl. Instr. Meth. **B33** (1988) 685.
10) M. Satou, Y. Andoh, K. Ogata, Y. Suzuki, K. Matsuda and F. Fujimoto: Jpn. J. Appl. Phys. **24** (1985) 656.
11) R. A. Kant, B. D. Sartwell, I. L. Singer and R. G. Vardiman: Nucl. Instr. Meth. **B7/8** (1985) 915.

12) M. Kiuchi, K.Fujii, T. Tanaka, M. Satou and F. Fujimoto: Nucl. Instr. Meth. **B33** (1988) 649.
13) M. Satou, K. Fujii, M. Kiuchi and F. Fujimoto: Nucl. Instr. Meth. **B39** (1989) 166.
14) Y. Andoh, K. Ogata, H. Yamaki and S. Sakai: Nucl. Instr. Meth. **B39** (1989) 158.
15) K. Ogata, Y. Andoh, S. Sakai and F. Fujimoto: Nucl. Instr. Meth. **B59/60** (1991) 229.
16) F. Fujimoto: Material Science Forum vol. **54 & 55** (1990) 45.
17) F. Fujimoto, Y. Nakane, M. Satou, F. Komori, K. Ogata and Y. Andoh: Nucl. Instr. Meth. **B19/20** (1987) 791.
18) Y. Iijima: Proc. 4th Int. Symp. on Super Conductivity (1992) 679.
19) K. Ogata, Y. Andoh and E. Kamijo: Nucl. Instr. Meth. **B33** (1988) 685.
20) L. S. Yu, J. M. E. Harper, J. J. Cuomo and D. A. Smith: Appl. Phys Lett. **47** (1985) 932.
21) S. Sakai, K. Ogata and Y. Andoh: Nucl. Instr. Meth. **B59/60** (1991) 288.
22) K. Ogata, Y. Andoh, S. Sakai, M. Sone and F. Fujimoto: Nucl. Instr. Meth. **B59/60** (1991) 225.
23) F.Fujimoto: Vacuum **42** (1991) 67.
24) Y. Andoh, S. Nishiyama, H. Kirimura, T. Mikami K. Ogata and F. Fujimoto: Nucl. Instr. Meth. **B59/60** (1991) 276.
25) Y. Andoh, K. Ogata and E. Kamijo: Nucl. Instr. Meth. **B33** (1988) 678.
26) H. Ihara, Y. Kimura, K. Senzaki, H. Kezuka and M. Hirabayashi: Phy. Rev. **B31** (1985) 3177.
27) N. Terada, M. Naoe and Y. Hoshi: Advances in Cryogenics Engineering, vol. 31, (ed.) A. F. Clark and R. P. Reed (Plenum, New York, 1986).
28) A. M. Liu and M. L. Cohen: Science **245** (1989) 841.
29) F. Fujimoto and K. Ogata: Jpn. J. Appl. Phys. **32** (1993) L420.
30) K. Ogata, J. Fernando, D. Chubaci and F. Fujimoto: to be published in Appl. Phys.
31) Y. Andoh, S. Nishiyama, S. Sakai and K. Ogata: Nucl. Instr. Meth. **B80/81** (1993) 225.
32) K. Ogata, Y. Andoh and E. Kamijo: Nucl. Instr. Meth. **B39** (1989) 178.
33) Y. Nakane, H. Masuta, Y. Honda, F. Fujimoto, T. Miyazaki and S. Yano: Nucl. Instr. Meth. **B59/60** (1991) 264.

## 2.6 イオンビーム加工

### 2.6.1 イオンビームリソグラフィー

**a. 特　徴**

　MOS(Metal Oxide Semiconductor)-DRAM (Dynamic Random Access Memory)メモリに代表される超LSIデバイスの超高密度集積化, 超微細化のためにリソグラフィー, エッチングなどの関連する微細加工技術の開発が進んでいる. 256メガビットメモリの生産に必要な0.2～0.3 μm程度までのパターニングはエキシマレーザを用いたフォトリソグラフィーによって可能であると予測されている. しかし, さらに先のギガビットメモリや今後に実用化が期待される量子効果デバイスでは, 0.1 μm以下のパターニングが必要であり, もはや光では回折効果のため, 描画できない. このため, 超微細パターンの描画ができる新しいリソグラフィー技術の開発が望まれている. このような新しい方法としてX線リソグラフィー, 電子ビームリソグラフィーなどの開発が進められているが, それぞれに得失があり, 決定的な方向はまだ見出されていない. イオンビームリソグラフィーもひとつの方法として検討されている.

　リソグラフィーでは, 主として有機高分子膜をレジストとして用い, ビーム照射によって架橋, 分解反応を誘起し, これによって起こる現像溶媒に対する溶解度の変化によって, レジストにパターンを描画するものである. 照射部に架橋反応が起こると難溶性となってネガパターンが形成され, 分解反応が起こると可溶性となってポジパターンが形成される. 架橋, 分解反応は, ビーム照射によって付与されるエネルギーが大きいほどより進む. したがって, イオンは電子に比べて阻止能が大きいため, レジストの露光感度は電子ビームより2桁以上高いという特長をもっている.

　さらに, イオンビームは, 電子に比べてレジスト中での散乱が小さいため, 高分解能の描画が期待できる. 図2.6.1は, 種々のターゲット中での10および20 keV電子ビームおよび60 keV $H^+$ ビームの飛跡の計算結果を示す[1~3].

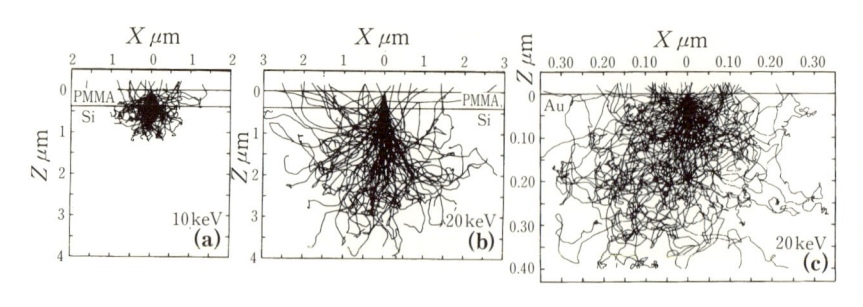

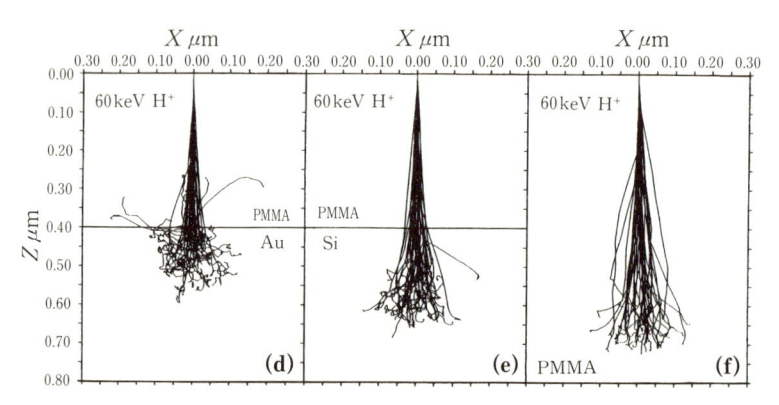

図 2.6.1　電子およびイオンビームの飛跡．(a) 10 keV，(b)，(c) 20 keV 電子，(d)，(e)，(f) 60 keV H$^+$．(a)，(b)，(e) は Si 基板上，(d) は Au 基板上にそれぞれ厚さ 0.4 μm の PMMA を塗布した試料，(c)，(f) はそれぞれ Au および PMMA である．

電子は，図からわかるようにターゲット原子との衝突によって大きな散乱を受ける．Au のように質量の大きいターゲット中ではさらに散乱が大きい．電子ビームでは，この大きい散乱のため近接効果(図 2.6.5 参照)が顕著であり，分解能が低下する．また，低エネルギーほど散乱断面積が大きくなるため，10 keV と 20 keV で比較すると，10 keV の方が大きい散乱を受ける．通常の電子ビームリソグラフィーでは 20 keV 程度のエネルギーが用いられるが，特に超微細パターンの描画が必要な場合には 50 keV またそれ以上のエネルギーが有利である．

一方，イオンビームは，図2.6.1(d)，(e)および(f)に示すように，電子ビームに比べて散乱が小さい．露光の分解能や最小線幅は，一次ビームの散乱に加えて二次電子の広がりにも影響されるが，イオンビームでは，二次電子のエネルギーは，最大100 eV程度であり，その飛程は小さい．したがって，$H^+$のように軽いイオンでは，一次ビームの散乱で決まると思われる．Gaなどの重いイオンでは，原跳原子も分解能や最子線幅に影響を及ぼす可能性がある[4]．

## b. 露光法

露光法としては，フォトリソグラフィー，電子ビームリソグラフィーと同様，1：1の等倍近接投影露光法，縮小投影露光法および走査露光法が考えられている．等倍近接投影露光は，等倍の薄膜マスクやステンシルマスクを用いてウェハーから10 μm程度離して配置し，イオンビームでマスクパターンを転写するものである．マスクをウェハーからわずかに離すのは，ウェハーとマスクの位置合わせ，およびウェハー上の塵などによるマスクの損傷を避けるためである．このギャップが必要とされるために，光やX線を用いる場合はフレネル回折が生じ最小解像度が制約される．イオンビームでは，ドブロイ波長はきわめて短いから回折効果はほとんどない．等倍近接投影露光の場合は図2.6.1に示すレジスト中での散乱に加えて，マスク膜中のイオンの散乱によるビームの広がりが解像度劣化を決める．例えば，厚さ0.1 μmの$Al_2O_3$非晶質をマスク膜とした場合，250 keVのHビームでは，散乱によるビームの広がりは0.6°程度になるので，10 μm程度のギャップでサブミクロンのパターン転写ができる[5]．Si単結晶や有機高分子膜を用いると散乱が減り，さらに厚い膜が使える．例えば，(100)Si単結晶でチャネリング効果を利用すれば，1.4 μmの厚さで前記$Al_2O_3$非晶質膜とほぼ同じ散乱広がりになる．さらにステンシルマスクを使うこともできる．

縮小投影露光法は，ステンシルマスクをイオン光学系で1/5程度に縮小し，投影露光する方法である[6]．ステンシルマスクは，例えば，SiやNi膜を用いてつくられる．マスクと試料の位置合わせおよび低ひずみのイオン光学系の開発などが技術的課題である．ステンシルマスクを用いるためマスク中の散乱はなく，またレジスト中での散乱も図2.6.1に示す例のように小さいため，解像

度は主として光学系の収差によって制約される．これまでに，0.1〜0.2 μm のパターン描画ができている[6]．

走査露光法は，集束イオンビームを用いてビームをコンピュータ制御して走査し描画する方法である．作製，位置合わせなどが困難なマスクを用いないで直接描画できる点が大きな特長であるが，1画素ずつ描画するため露光時間がかかることが欠点である．しかし，すでに 8 nm の集束イオンビームが形成され[7]，これを用いて 12 nm の超微細パターンの描画ができることが実証されており，超微細パターンの描画に有望である．

**c. 露光特性**

レジストの露光感度の例は，図 2.6.2 に示す[8]．これは，PMMA および FPM レジストの電子ビーム露光特性と $H^+$ イオンビーム露光特性を比較したものである．イオンビームでは，$10^{12}$〜$10^{13}/cm^2$ の照射量で露光されており，この例より，先に述べたように電子ビームに比べて阻止能が大きいため，50〜100 倍以上露光感度が向上することが確かめられる．他のレジストでも同様に 100 倍以上の高感度が得られている．$Si^+$ や $Au^+$ などの重いイオンを使うと，衝突によるエネルギー付与が大きいためさらに数倍〜10 倍高い露光感度が得られる．

現状のイオンビーム装置では，数十 μA 程度のイオンビームは問題なく得ら

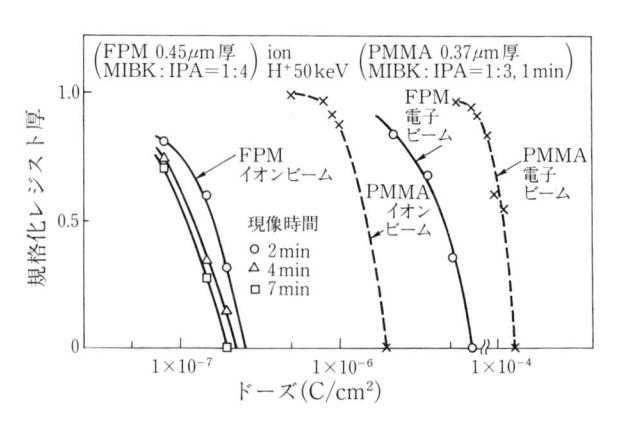

図 2.6.2　PMMA および FPM レジストのイオンビーム露光と電子ビーム露光感度の比較．イオンビーム：50 keV $H^+$，電子ビーム：20 keV．

れる．これからレジストの露光感度が $10^{13}/cm^2$ の場合，6インチのシリコンウェハーを露光するのに数秒しかかからないことになる．超LSIデバイスの生産には，1時間当たり50～60枚程度露光できることが要求されているが，イオンビームリソグラフィーは十分な露光速度をもっていると考えられる．

図2.6.3は，ビームエネルギーと露光される深さの関係を示す[9]．Beイオンを用いると150 keV以上のビームエネルギーでは，1 μm以上の厚さのPMMAが露光できる．また露光される深さは，平均飛程 $R_p$ よりも深くなっている．超LSIデバイスの露光では，1 μm程度の厚さのレジストの露光が必要とされるが，軽いイオンを用いることによって100 keV程度の加速エネルギーで必要なパターニングができることがわかる．

以下に露光例を示す．図2.6.4は，電子ビーム露光とイオンビーム露光で後方散乱の影響を比較した例を示す[8]．試料は，図のようにシリコン表面の一部に厚さ0.1 μmのAu膜を蒸着し，厚さ0.4 μmのPMMAレジストを塗付したものである．電子ビーム露光は，20 keVの電子ビームを用いて走査露光し，イオンビーム露光は，50 keV H$^+$ を用いてステンシルマスクパターンを転写したものである．現像は，イソプロピルアルコール(IPA)とメチルイソブチル

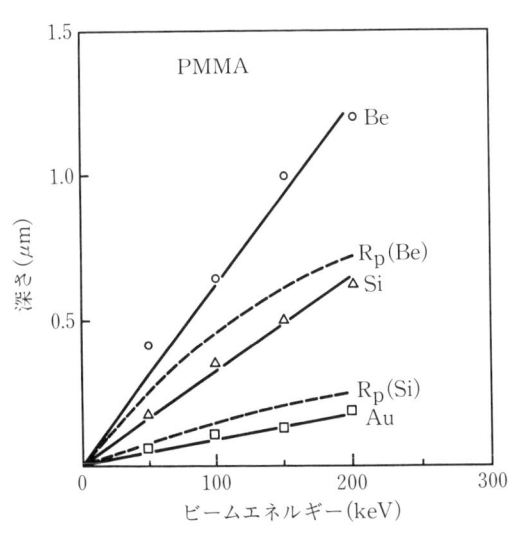

図2.6.3　Be，SiおよびAuイオンビーム露光に対するビームエネルギーと露光されるPMMAレジストの深さ．$R_p$ は平均飛程．

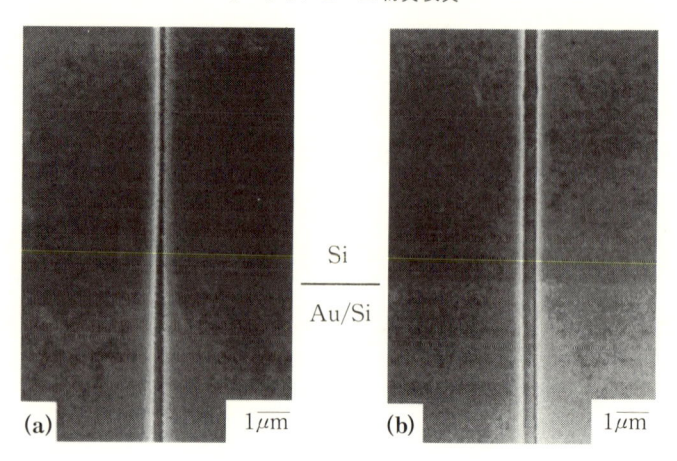

図 2.6.4 電子ビーム露光(a)およびイオンビーム露光(b)における後方散乱の効果.

ケトン(MIBK)混合溶液に浸すことによって行っている. 20 keV の電子ビームでは, Au 膜を横切って露光した場合, Au 膜上では後方散乱が増えるため, 描画線幅は Si 上に比べて広くなる. これに対し, 50 keV $H^+$ による露光では, 後方散乱効果は図 2.6.1 からわかるように, ほとんど無視できるため線幅はほとんど変わっていない. これから, イオンビーム露光では, 下地材質やパターンに影響されず露光できることが確かめられる.

図 2.6.5 は電子ビーム露光とイオンビーム露光で近接効果を比較した例である[10]. $20 \times 30\ \mu m^2$ の長方形パターンとこれに $0.2\ \mu m$ 離して線幅 $0.2\ \mu m$ の細線を描画したもので, 20 keV 電子ビームで露光した場合は後方散乱のため, 2つのパターンは分離して描画できていない. これに対して 150 keV Ge 集束イオンビームで露光した場合は, 後方散乱ビームによる露光がないために細線は分離して描画できている. このような効果は, 互いに隣接する(外部の)パターンからの後方散乱によって起こるため, 外部近接効果と呼ばれる. これに対して図 2.6.4 に示す例ではひとつのパターン内部での後方散乱電子によって起こるため, 内部近接効果と呼ばれる.

図 2.6.6 はシリコンステンシルマスクを 70 keV $H^+$ を用いて縮小投影して描画した PMMA レジストパターンを示す[11]. 縮小投影露光では, マスクエッ

2.6 イオンビーム加工

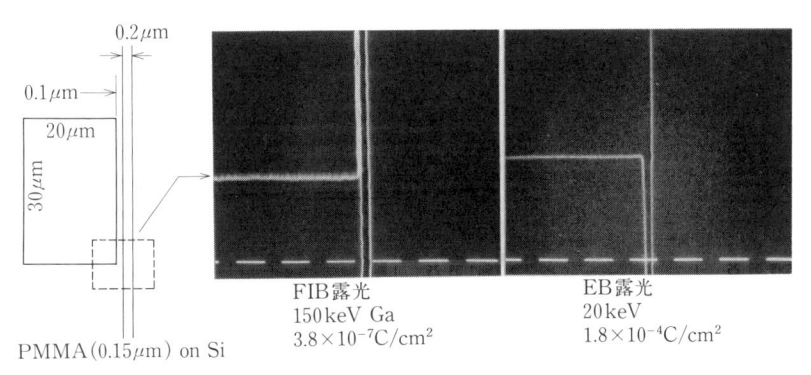

0.2μm
0.1μm
20μm
30μm
PMMA(0.15μm) on Si

FIB露光
150keV Ga
$3.8\times10^{-7}$C/cm$^2$

EB露光
20keV
$1.8\times10^{-4}$C/cm$^2$

図2.6.5 電子ビーム露光およびイオンビーム露光における近接効果の比較．

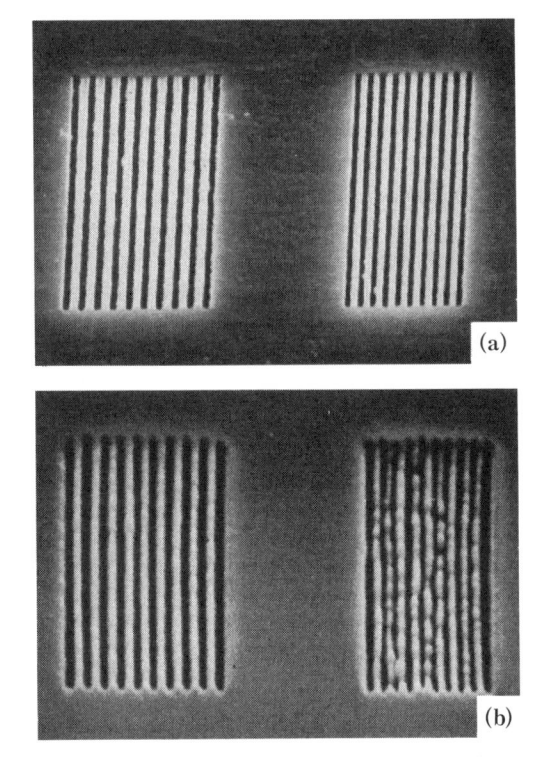

図2.6.6 （a）線幅850 nm，スペース幅600 nm（左）および線幅580 nm，スペース幅550 nm（右）のシリコンステンシルマスク．（b）それを用いた縮小投影露光により形成したPMMAレジストパターン．70 keV H$^+$ ビームを用い，1/8.4に縮小投影している．

ジの粗さが分解能を劣化させる要因と考えられるが，この例は線幅 850 nm のマスクで縮小投影して 85±10 nm の線およびスペース幅をもつパターンを形成しており，適当なマスク製作プロセスを用いることによってマスクエッジの粗さを抑え，高精度の描画ができることを示唆している．

## 2.6.2 イオンビーム支援エッチング

### a. 特徴と方法

エッチング加工では，正確にマスクパターンを転写するために次のような特性が要求される．まず，被エッチング材料とマスクとの高いエッチング選択比(エッチング速度比)が必要である．物理スパッタリングは簡単で，活性なエッチャントガスを用いる必要がなく，安全なエッチング法であるが，高い選択比を得ることが難しい．

集束イオンビームを用いるとマスクは必要でないためこの問題は解決され，さらにリソグラフィーも必要ではなくなり，加工工程も簡単になる．このため，後に述べるように種々の新しい加工に応用される．しかし，物理スパッタリングでは，スパッタされたターゲット原子の再付着が起こり，高アスペクト比のエッチングができず，エッチング形状は，ビームの走査方法に依存する[12]．さらにエッチング速度が小さい，などの問題がある．

再付着効果がなく，大きなエッチング速度とさらに異種材料間で大きなエッチング選択(速度)比を実現するために，反応性イオン(ビーム)エッチングが用いられる．通常の反応性イオンエッチングでは，ラジカルなど反応に寄与する活性種はプラズマ放電によって生成され，試料表面に吸着してイオン照射を受けて反応が促進，誘起されエッチングが起こる．すなわち，プラズマ(気相)中での反応が重要な役割をしている．しかし，集束イオンビームエッチングではプラズマ放電を用いないため，気相中でのラジカル生成はなく，試料表面での，イオン照射による反応の促進，誘起が重要となる．図2.6.7は，集束イオンビームを用いたイオンビーム支援エッチング法(反応性イオンビームエッチング)を示す．集束イオンビームを，$Cl_2$，$XeF_2$ などの反応ガス雰囲気中で照射し，試料表面に吸着したエッチャントガス分子と表面原子とのエッチング反応過程を局所的に増速してマスクレスエッチングを行うものである．エッチャ

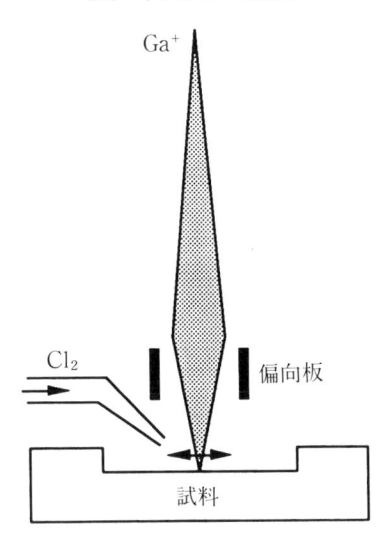

図 2.6.7 集束イオンビームによるイオンビーム支援エッチング法.

表 2.6.1 イオンビーム支援エッチングの特性.

| 材料 | 照射条件 | ガス雰囲気 | エッチング率 | 増速比* |
|---|---|---|---|---|
| $SiO_2$ | 50 keV Ar, Xe | $XeF_2$ (20 mTorr) | 27/ion | 100 |
| $Si_3N_4$ | 50 keV Ar, Xe | $XeF_2$ (20 mTorr) | 9 | 40 |
| Si | 35 keV Ga | $Cl_2$ (20 mTorr) | 9 | 5 |
| GaAs | 35 keV Ga | $Cl_2$ (20 mTorr) | 20 | 10 |
| GaAs | 30 keV Ga | $Cl_2$ (5 Torr) | 50 | 30 |
| InP | 35 keV Ga | $Cl_2$ (20 mTorr) | 80 | 30 |
| Al | 35 keV Ga | $Cl_2$ (20 mTorr) | 7 | 10 |

\* スパッタエッチングに対するエッチング速度比

ントガスは，装置全体を高真空に保って試料表面でのみ高ガス濃度を得るため，小さなノズルを用いて局所的に供給する．

これまでに行われたいくつかの報告例を表 2.6.1 に示す．多くの材料で物理スパッタリングと比べて数倍から数十倍増速されていることがわかる．

### b. 基礎過程

イオンビーム支援エッチングは次のような基礎過程によって進むものと考え

られる．すなわち，

(1) 試料表面への非解離吸着：反応ガスが物理もしくは化学吸着により試料表面に吸着する．入射分子は，付着係数 $S$ の割合で吸着し，滞留時間 $\tau$ の間滞留した後，真空中に脱離する．滞留中，分子は表面をランダムに運動する．吸着は，試料表面に酸素や炭素による汚染があると減少する．イオン照射は，これらの原子をスパッタし表面を清浄にして吸着割合が増加するのに寄与することが考えられる．

(2) 吸着分子の解離：表面に滞留し運動中に解離センターに遭遇し解離する．解離センターは，結晶面のステップやキンク，空孔や欠陥などである．イオン照射は，このような欠陥を生成し，解離を促進することが考えられる．また，イオンや二次電子との衝突により直接解離することも考えられる．気相中のガス分子との衝突による解離の影響は，ガス分子濃度が低いためほとんど無視できる．逆に，無視できないほど濃度が高い場合は，イオンビームの散乱が起こり，微細パターンの形成ができない．

(3) 反応生成物の形成：解離した吸着ガスが試料原子と反応する．この過程でイオン照射は，解離原子のイオン照射増速拡散や試料表面の結合の切断，電子準位の励起などを誘起して反応の増速に寄与する．

(4) 反応生成物の脱離：エッチングの最終過程である．このとき，生成物の平衡蒸気圧が重要で，ある一定以上の平衡蒸気圧がないと表面から脱離しないと考えられる．

(5) 低蒸気圧反応生成物のスパッタリング：解離や反応により低蒸気圧の反応生成物も生じる場合，これらは表面に堆積して，以降のエッチング過程の進行を阻害する．イオン照射は，この反応の妨害種をスパッタによって除去することにより，エッチングの増速に寄与する．

以上のように，イオン照射効果は，エッチング反応の種々の過程の増速に寄与するものと考えられる．

図2.6.8はn型GaAsのエッチング収率のビームエネルギー依存性を示す．ここで照射イオンはGaで，塩素ガスを用いてイオンビーム支援エッチングを行っている．また，イオンビーム支援エッチングは，基板の電子密度のエッチング反応への影響を調べるため，電子密度の異なる基板($n=10^{17}$, $10^{18}$/cm$^3$)

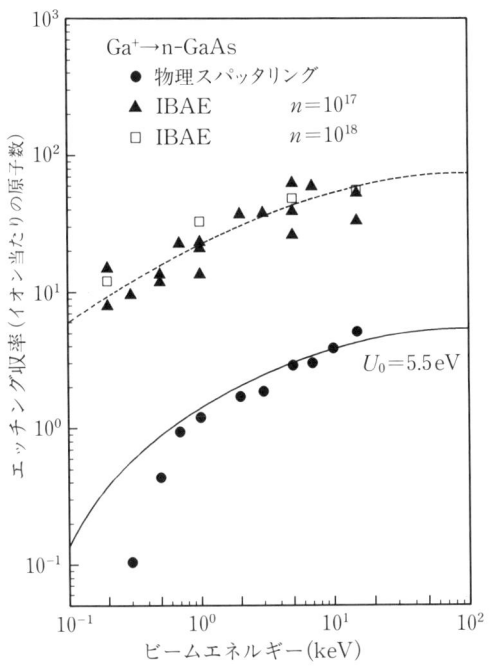

図 2.6.8 n 型 GaAs の物理スパッタリングおよびイオンビーム支援エッチング（IBAE）に対するエッチング収率のビームエネルギー依存性.

を用いている．Ga イオンビームに対する物理スパッタリングに比べて〜1 keV 以上では 13 倍，それ以下で低エネルギーほど増速割合は大きくなっている．これは，低エネルギーのスパッタでは，表面層で Ga の蓄積が起こりエッチングが進まないのに対し，塩素ガス中では，Ga 塩化物となって蒸発し除去されるためと考えられる．なお，図中の実線は Yamamura らによるスパッタモデル[13]で，ターゲット原子の結合エネルギー $U_0$ を 5.5 eV として計算した結果を示す．また，破線は次に述べるイオンビーム支援エッチングモデルにもとづいて計算したエッチング収率のビームエネルギー依存性を示す．

図 2.6.9 はイオンビームをパルス照射した場合に得られるエッチング収率とパルス幅（$T_1$）の関係を示す．エッチングは，流量 $1.1\times10^{19}/cm^2\cdot s$ の塩素ガス雰囲気中でイオン束密度 $4.3\times10^{16}/cm^2\cdot s$ の 15 keV Ga をパルス照射（オフ時間 $T_2$）して行っている．パルス照射では，図 2.6.8 に示す連続照射に比べてさらに増速される．例えば，$T_1=0.02$ ms，$T_2=10$ ms では，連続照射に

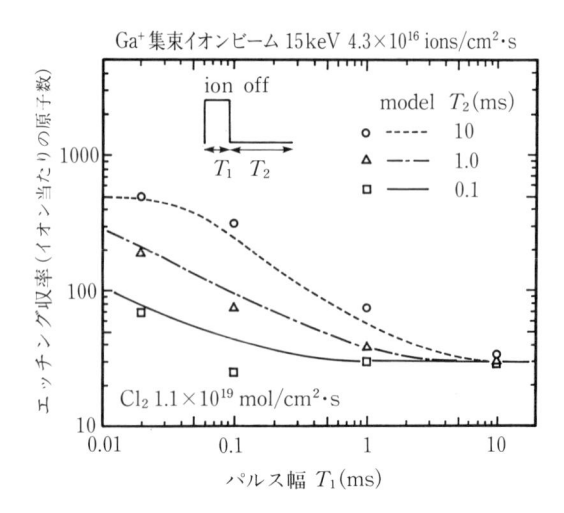

図2.6.9 n型GaAsのエッチング収率とパルス幅($T_1$)の関係.

比べて約40倍増速されている.しかし,パルス幅が長くなるとともにエッチング収率は低下し,～10 ms以上では飽和し,その値は連続照射によって得られるエッチング収率と等しくなる.

エッチング収率のパルス幅依存性は,次のようなエッチング過程に基づいて速度方程式を解くことによって説明できる[15].なお,以下の式に用いる記号の意味は,表2.6.2にまとめて示す.

まず,吸着および反応生成物の形成過程は

$$N_p \frac{d\theta_p}{dt} = \eta I(1-\theta_p-\theta) - \frac{3}{2}k_{Ga}N_p\theta_p(N_s\theta_{Ga}) \\ - \frac{3}{2}k_{As}N_p\theta_p(N_s\theta_{As}) \tag{2.6.1}$$

と表される.ここで$\theta_{Ga}+\theta_{As}=1$である.右辺第1項は塩素の吸着速度を示すが,これは塩素のGaAs表面の被覆率に依存しない吸着確率$\eta$,塩素と反応生成種($GaCl_3$)に覆われていない表面の割合$(1-\theta_p-\theta)$および塩素の供給率$I$に比例するとする.また,第2および第3項は基板との反応による塩化物の生成過程を示すが,それぞれ安定なGaおよびAsの3塩化物の生成を仮定している.

## 表 2.6.2 速度方程式のパラメータ

| | |
|---|---|
| $\eta$ | 塩素の付着率 |
| $I$ | 塩素分子の供給率 |
| $J$ | イオン電流密度 |
| $E$ | イオンエネルギー |
| $\theta$ | $GaCl_3$ の被覆率 |
| $\theta_p$ | $Cl_2$ の被覆率 |
| $\theta_{Ga}$, $\theta_{As}$ | 表面変質層の Ga, As 原子の割合 |
| $k_{Ga}$, $k_{As}$ | $GaCl_3$, $AsCl_3$ の生成反応の反応速度定数 |
| $N_p$ | 塩素分子の飽和表面密度 ($1\times10^{15}\ cm^{-2}$) |
| $N_s$ | GaAs の表面原子密度 ($6.3\times10^{14}\ cm^{-2}$) |
| $N_{Ga}$ | $GaCl_3$ の飽和表面密度 ($8.0\times10^{14}\ cm^{-2}$) |
| $\rho$ | GaAs の原子密度 ($2.2\times10^{22}\ cm^{-3}$) |
| $\sigma$ | 表面変質層の厚さ (24 Å) |
| $v$ | エッチングによる表面の後退速度 |

反応生成種の脱離過程は

$$N_{Ga}\frac{d\theta}{dt}=k_{Ga}N_p\theta_p(N_s\theta_{Ga})-JR(E)N_{Ga}\theta \tag{2.6.2}$$

と表される.ここで,$AsCl_3$ の蒸気圧は高いため,熱脱離速度はその生成速度よりも十分速いとし,$GaCl_3$ は蒸気圧が低いため,熱脱離速度は無視でき,イオン衝撃によって脱離するとしている.$R(E)$ はイオン衝撃によって脱離する割合である.後に述べるように表面でのエネルギー付与率に比例する.

一方,Ga および As の塩化物生成反応速度および脱離速度の違いによって,表面形成がずれ,表面変質層が生じる.その厚さを $\sigma$ とすると,As の変化率,および変質層の後退速度(=エッチング速度 $v$)と As, Ga 原子あわせた脱離速度との関係は,

$$\rho\sigma\frac{d\theta_{As}}{dt}=-k_{As}N_p\theta_p(N_s\theta_{As})+\rho v \tag{2.6.3}$$

$$2\rho v=k_{As}N_p\theta_p(N_s\theta_{As})+JR(E)N_{Ga}\theta \tag{2.6.4}$$

となる.ここで,(2.6.3)式第1項は塩化物として表面より脱離する As,第2項は基板の GaAs より変質層中に補給される As に対応する.

図 2.6.8 に示す曲線は $R(E)=R_0E^m$ としてフィッティングして得られたも

のである．$m=0.5$ はこのエネルギー領域では，核的阻止能のエネルギー依存性に対応している[14]．このことはエッチングは基板に付与されるエネルギーによって増速されていること示唆している．

このエッチングモデルから同時に $GaAl_3$ および $Cl_2$ の表面被覆率も計算される．図 2.6.10 は $GaCl_3$ の被覆率の時間変化を示す．$GaCl_3$ は，吸着した塩素と GaAs が反応して生成し，イオンビーム照射によって脱離するため，被覆率はビームオフ時間中に回復し，パルスオンの直前に最大となる．計算によれば $1.1\times10^{19}/cm^2\cdot s$ の塩素供給速度のとき，パルス幅が $10\,\mu s$ では照射時間内に $GaCl_3$ は除去されず，被覆率は高い．すなわち，パルス幅が短いときはイオンは結合の弱くなった塩化物層を脱離し，パルス幅が長いときは照射中の

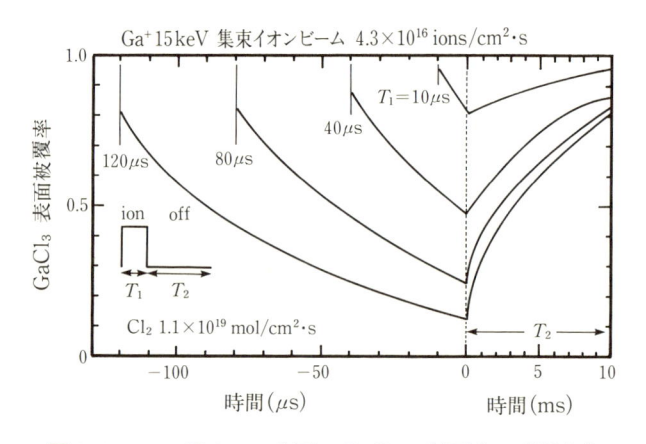

**図 2.6.10** n 型 GaAs 表面の $GaCl_3$ の被覆率の時間変化．

$GaCl_3$ の生成速度が脱離速度より遅いため大部分のイオンは未反応の GaAs 表面に入射し，脱離速度の遅い物理スパッタリングが起こることになる．したがって，図 2.6.9 に見られるように，パルスオフ時間が長いほど，またパルス幅が短いほど大きいエッチング速度が得られること，およびパルス幅の短い領域で飽和し，パルス幅の長い領域ではパルスオフ時間に依存しなくなること，などは $GaCl_3$ の被覆率によって説明される．すなわち，このエッチング過程は，$GaCl_3$ の生成過程で律速されていることになる．

## 2.6.3 反応性イオンビームエッチング

イオンビーム支援エッチングはFやClなどの反応性ラジカルが基板に吸着した状態で，$Ar^+$などの反応性をもたないイオンが基板に照射されたときにエッチング反応が大きく促進される現象である．前節ではGaAsの$Ga^+$イオン照射によるイオンビーム支援エッチングの例について述べた．もし，入射イオン種がFやClなどのハロゲン原子のように基板原子と反応性をもつ場合には，「イオン・固体相互作用編」7.1 で述べられた物理スパッタリング(physical sputtering)が起こるとともに，イオンと基板原子とが化学的に反応し，蒸気圧の高い反応生成物ができ，この反応生成物が気相中に脱離するエッチング現象が起こる．この後者の現象は化学スパッタリング(chemical sputtering)と呼ばれる．これらの2つの現象の割合がどのようになるか，エッチングの速度や基板に与える結晶欠陥を評価する上で重要である．ここではこれらのエッチング速度，つまり，化学，物理スパッタリング率について議論する．

### a. 化学スパッタリング

ここでは最も簡単な例として，F原子を含む$^{19}F^+$，$CF^+$，$CF_2^+$，$CF_3^+$イオンをおのおのSi基板に照射する場合を考える．

$4F+Si \rightarrow SiF_4\uparrow$の反応により蒸気圧の高い$SiF_4$分子が発生してSiの化学スパッタリングが起きる($2F+Si \rightarrow SiF_2\uparrow$が起きる考えもある)．化学スパッタリング率$\eta_C$を化学反応によりエッチングを受けるSi原子の数を入射$^{19}F^+$イオン1個あたりで求めた値として定義し，化学反応によらないでスパッタリングを受けるSi原子の数を物理スパッタリング率$\eta_P$と定義すると，1個の$^{19}F^+$イオンによりエッチングを受ける全Si原子の数，つまり，全スパッタリング率$\eta_T$は

$$\eta_T = \eta_P + \eta_C$$

と表せる[16~18]．

化学スパッタリング率のみを測定する方法として，$4F+Si \rightarrow SiF_4\uparrow$の化学反応により発生する$SiF_4$分子の分圧増加を四重極マスフィルターを用いて求める方法がある．この方法で，図2.3.6に示す質量分離型IBD装置を用い

(2.3節で説明済), 100 eV〜3 keV のエネルギー範囲で, 反応性イオン($^{19}F^+$, $CF^+$, $CF_2^+$, $CF_3^+$)を Si 基板に室温で照射し求めた Si の化学スパッタリング率の結果を図 2.6.11 に示す[18]。

上記 4 種類のイオン種の中では, $F^+$ イオン照射の場合の化学スパッタリング率が最も大きく, イオンエネルギーの増大とともに大きくなり, 1.5 keV 以上で飽和する(〜0.7)。一方, $CF^+$, $CF_2^+$, $CF_3^+$ イオン照射の場合, 低エネルギー側で極大を示し, F 原子の多いイオンほど大きい。高エネルギー側で飽和するがその値(〜0.3)は $F^+$ イオンの場合の約 1/2 である。

物理スパッタリングは, 「イオン・固体相互作用編」7.1 にあるように, 基板表面層への運動量付与がその要因であるから, 入射イオンの質量数とエネルギーがほぼ同じであれば, イオン種にはそれほど依存しない。これに対して化学スパッタリングはイオン種の化学的性質に依存するのでイオン種により大きな差があることがわかる。

同様の方法で, $CF^+$, $CF_2^+$, $CF_3^+$ などの反応性分子イオンを Si 基板に室温で照射した結果によれば, 低エネルギー領域では C 原子を含む膜が堆積し,

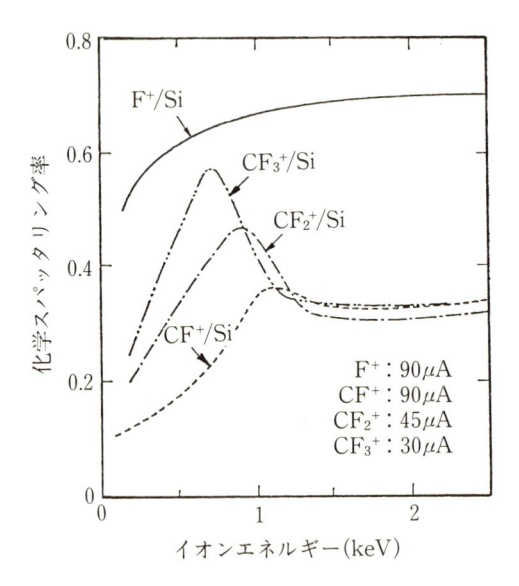

**図 2.6.11** $F^+$, $CF_n^+$ ($n=1, 2, 3$) イオンを Si に照射したときの Si 原子の化学スパッタリング率のイオン種, イオンエネルギー依存性。

ある臨界エネルギー以上でSi基板のエッチングが起こることが報告されている[16,17].

### b. 物理スパッタリングと化学スパッタリングの比較

化学的に活性な $^{19}F^+$ イオン(質量数:19)と質量数が近く化学的に不活性な $^{20}Ne^+$ イオン(質量数:20)のSi基板に対する全スパッタリング率 $\eta_T$ を,イオン支援エッチングの測定のときに用いられた水晶振動子法により求め比較すると,その相対的な大きさの比較ができる.そこで,$^{19}F^+$ イオンと $^{20}Ne^+$ イオンそれぞれを水晶振動子に蒸着したSi基板に室温で照射し,水晶振動子の共振周波数の変化を求め,その値をSiの重量変化に変換して求めた全スパッタリング率 $\eta_T$ のイオンエネルギー依存性を図2.6.12に示す.両者のイオンとも物理スパッタリング率はほぼ同じ程度と考えられるので,化学的に活性な $^{19}F^+$ イオンの全スパッタリング率 $\eta_T$(実線)より,$^{20}Ne^+$ イオンの全スパッタリング率 $\eta_T$(破線)を差し引いたものが,$^{19}F^+$ イオンの化学スパッタリング率 $\eta_C$ に相当すると考えられる[19,20].

この図より,次のことなどが明らかになった.

(1) 1個の $^{19}F^+$ イオン照射によりエッチングされるSi原子の個数は

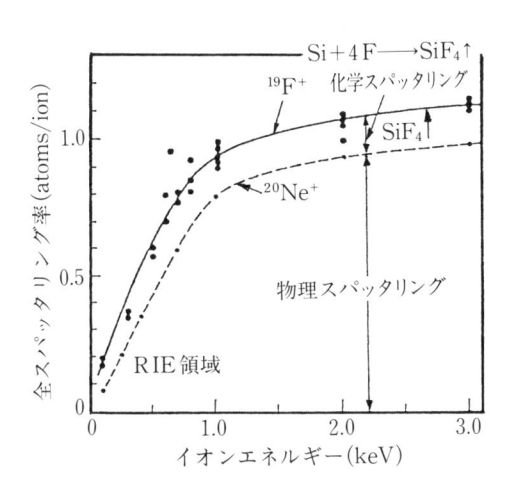

図2.6.12 $^{19}F^+$, $^{20}Ne^+$ イオン照射によるSiの物理スパッタリング率と化学スパッタリング率のイオンエネルギー依存性.

0.1〜1個である．
(2) $^{19}F^+$ イオン照射による Si の全スパッタリング率は 1 keV までは単調に増加し，その後飽和する．
(3) イオンエネルギーが 100 eV 以上の大きいエネルギー領域では物理的スパッタリングの効果の方が大きい．
(4) 100 eV 以下の低エネルギー領域で化学スパッタリングと物理スパッタリングの効果が同じオーダになる．

ほかに，Cl イオンと Ar イオンの組み合わせに関しても同様な報告がなされている[19,20]．

これらの例から反応性イオンビームエッチング（RIE）においては物理スパッタリングの効果が重要であることがわかる．そして，基板の違いによってエッチング速度を変化させる．つまり，基板による選択性を高めるには，化学的なスパッタリング率の相対的役割が大きい低いイオンエネルギー領域が重要なことが予想できる．

このように反応性イオンが照射されているときには，基板表面で分子の解離，表面拡散，化学反応，脱離などのエッチング反応と薄膜形成反応が同時に進行している．詳しいことは文献を参照されたい[16〜22]．

## 2.6.4 イオンビーム支援デポジション

最近，数百 eV 以下の微細集束イオンビームが得られる装置がいくつかのグループで開発されている．このような集束イオンビームを用いれば，スパッタ率が減少し，イオンを堆積して直接薄膜パターンを形成できる．図 2.6.13 は 54 eV の Au 集束イオンビームを用いて，線幅およそ 0.5 μm のサブミクロンパターンを直接形成した例を示す[23]．質量分離したイオンビームを用いるため高純度の金属膜の形成ができよう．また，低エネルギービームを用いるためイオン照射損傷の影響も少ない．

さらに，直接パターンを形成する方法として，ガス雰囲気中で集束イオンビームを照射する方法がある．これは，イオンビーム支援エッチングとほぼ同じ方法であるが，デポジションではイオン照射によって吸着ガス分子は分解して揮発性の成分は蒸発し，不揮発性成分が表面に堆積して薄膜パターンが形成さ

**図 2.6.13** 54 eV の Au 集束イオンビームを用いて直接形成したサブミクロンパターン.

れる.ガスとしては,(ⅰ)物理または化学吸着し,(ⅱ)目的の元素を含み,(ⅲ)イオン照射により不要成分は高蒸気圧分子として解離する,などの条件が必要である.(ⅰ)の条件は,イオンビーム支援エッチングと同様に,解離反応が表面に吸着した分子に対して起こるため,多層吸着層であれば,より大きな膜形成速度が得られる.金属膜の形成にはジメチル金ヘキサフロロアセチルアセトネート($C_7H_7F_6O_2Au$),トリメチルアルミニウム(TMA)などの有機金属化合物や,$W(CO)_6$ などの金属カルボニルなどが使われる.炭素膜は例えばスチレン,$SiO_2$ 膜はテトラメトキシシラン($Si(OCH_3)_4$)などを使って形成できる.

図 2.6.14 は,有機金化合物ガスを用いて堆積した Au 膜パターンの例を示す[24].照射はビーム径≦0.1 μm の 100 keV Ga ビームを用いているが,およそ 0.15 μm 径で高さ 10 μm の Au パターンが形成されており,非常に高アスペクト比のパターンができている.

この方法では,比較的容易に微細集束イオンビームが得られる高エネルギービーム(≧10 keV)を用いることができるため,微細パターンが容易に形成でき,またガス種を変えることによって金属だけでなく,$SiO_2$ のような絶縁膜など多種の材料を堆積できる.さらに,イオンあたり数個から 10 数個の原子

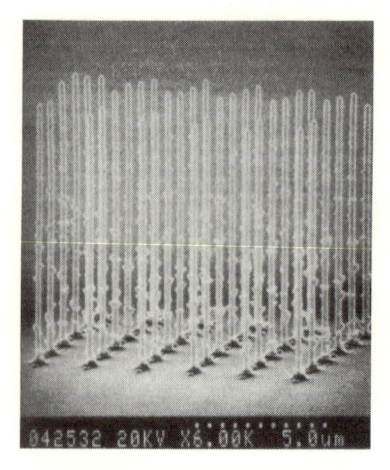

図 2.6.14 イオンビーム支援デポジションにより形成した Au パターン.

または分子が堆積し,直接イオンを堆積するのに比べて大きな堆積率が得られる.しかし一方,形成される膜の純度は 60～90% と低い.抵抗は金属膜ではバルク値の 2～3 倍という結果もあるが,一般には数十～数百倍でバルク値に比べて相当大きい.

## 2.6.5 応用例

### a. ナノ加工

　超LSIデバイスの微細化の進展はめざましく，すでに100ナノメートル前後のデバイスや微細加工技術の開発が進められている．一方，数百ナノメートル以下の微細構造は，電子の平均自由行程，非弾性散乱長などの特性長に比べて小さいため量子効果が顕著に現れるため，新しい量子効果の探索という基礎研究からも関心がもたれている．

　このような微細構造は，電子ビームリソグラフィーとイオンエッチングを用いることによって製作できる．電子ビームで微細なレジストパターンを描画し，これをマスクとしてイオンビームによって選択加工して微細構造をつくる方法である．しかし，このためには，ナノメートル電子ビーム露光装置と高精度のエッチング技術が必要でありプロセスは複雑になる．微細集束イオンビームを用いるとリソグラフィー工程は不要となり，比較的容易に微細構造を作製できる．図2.6.15は集束イオンビームを用いたナノ構造の加工法の例を示す．(a)はイオン照射によって生じる高抵抗層を利用して2次元電子ガス層に量子細線を形成するものである．GaAs/GaAlAsヘテロ構造試料では，$10^{12}/cm^2$程度の比較的低い照射量で高抵抗化する．また，この高抵抗層の広がりは照射量，ビームエネルギーや基板のキャリア濃度などに依存するが，0.1～0.2μm程度であるので，集束イオンビームを一筆書きすることによってサブミクロン幅の絶縁層ができ，量子ポイントコンタクト，サイドゲート量子細線素子，単一電子トンネル素子など種々のナノ構造素子を作製できる[25~27]．(b)ではイオン注入によって選択的に2次元電子ガス層をつくる．ビームの散乱，チャネリングやイオン注入欠陥のアニールなどによってイオン注入により形成したドープ層は広がる．しかし，GaAs/GaAlAsヘテロ構造にビーム径100nmのSi集束イオンビーム注入をした例では，カソードルミネッセンスの測定から線幅200nm程度の擬1次元細線が形成できることが確認されている[28]．また，HEMT（高移動度トランジスタ）構造では，移動度は残留欠陥，不純物に敏感であり，高移動度を得るにはこれらを最小にする必要がある．集束イオンビーム注入で逆HEMT構造を形成した例では，適当なアニールによって

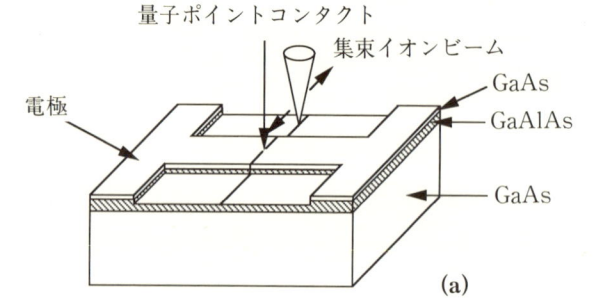

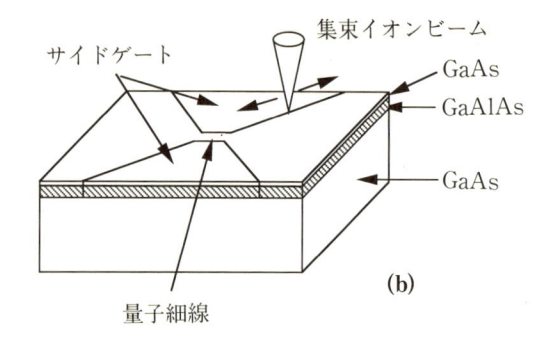

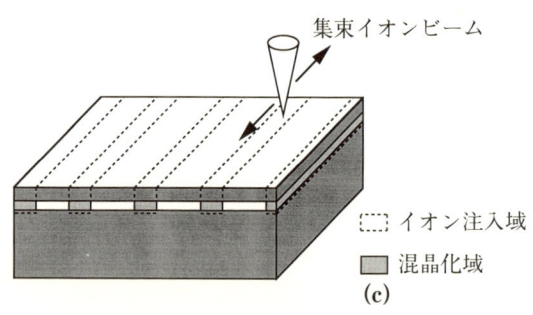

**図 2.6.15** 集束イオンビームを用いた(a)絶縁層の形成,(b)イオン注入,(c)イオンミキシングによるナノ構造の加工例.

48,000 cm$^2$/V·s 程度の比較的高い移動度が得られたことも示されている[29]．

イオンミキシング効果によって，超格子ヘテロ構造界面では原子の相互拡散が誘起され界面の組成が変わる．これによって(c)に示すように面内方向に組

成が変わり，層内にポテンシャルバリアができ，量子箱，量子細線などを製作できる．

**b. 局所加工と検査**

集束イオンビーム（FIB）では，イオン照射によって発生する二次電子を検出

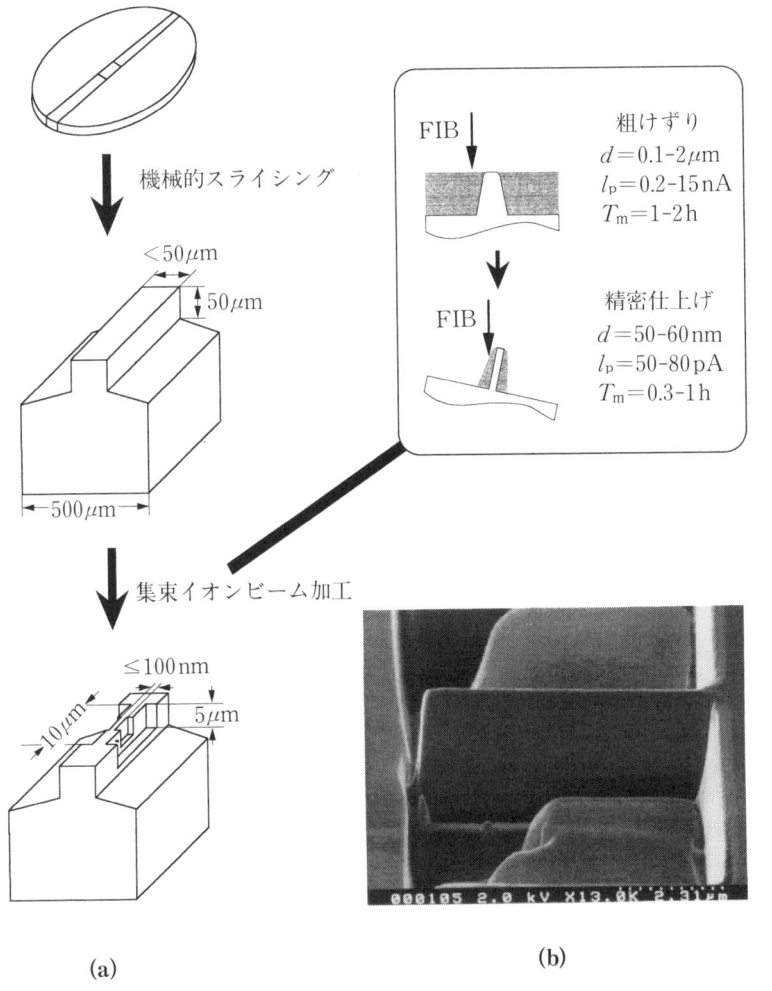

図 2.6.16 （a）集束イオンビームによる透過電子顕微鏡試料の作製と，（b）作製した試料の例．

して，走査電子顕微鏡と同様の像の観測ができるので，加工と観測がその場でできる．これは，超LSI回路の検査や光，X線マスクなどの微細パターンの補修，透過電子顕微鏡試料の作製などの重要な手段となっている[30,31]．

透過電子顕微鏡で観測するには0.1μm程度の薄膜試料が必要であるが，その作製は容易ではない．しかし，集束イオンビームを用いると観測したい箇所を二次電子像で検出し，その場でイオンエッチングして薄膜化できる．典型的なビーム電流密度は1A/cm$^2$程度であるので，エッチングに必要な時間は1〜3時間程度である．図2.6.16はFIBによる透過電子顕微鏡観測用試料の製作法と製作された試料の例を示す．試料を適当な大きさに機械的にダイシングした後，まずFIBを大電流ビームにして粗く必要箇所をエッチングし，ついで，ビームを微細に集束して仕上げのエッチングを行う[30]．図2.6.17は，超LSI回路の積層構造を局所エッチングしてその場で二次電子像を観測した例を示す[31]．埋もれた内部の構造を観測するには劈開する必要があるが，見たい箇所を正確に劈開することはきわめて困難である．これに対してFIBでは

図2.6.17 Ga集束イオンビームエッチングで断面を形成し，その場で観測したVLSIデバイス断面の二次電子像．

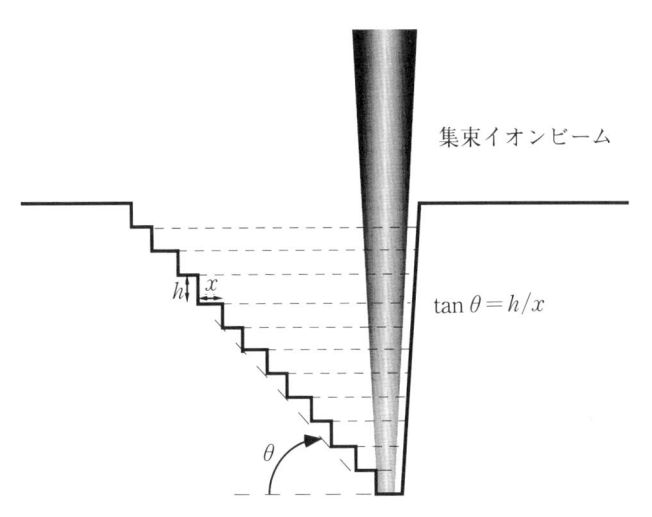

図 2.6.18 半導体レーザのミラーの作製例.

劈開したい箇所をその場で二次電子像を観測することによって検出できるため,正確に劈開できる.このため,例えば超LSI回路の故障診断,加工プロセスの評価などに利用され,威力を発揮している.

局所加工が必要な場合は,ほかにも多い.光デバイスでは,ミラー,マイクロレンズ,回折格子,光導波路などがある.図2.6.18は半導体レーザのミラーの作製例を示す.照射量を局所的に変えることによって傾斜した面を形成でき,面に垂直にレーザ光を取り出すためのミラーが容易に形成できる.通常のリソグラフィーとイオンエッチングを組み合わせた方法では,このような傾斜した面の形成は困難である.

## 参 考 文 献

1) D. F. Kyser and K. Murata : IBM J. Res. Develor. **18** (1974) 352.
2) D. F. Kyser and K. Murata : Proc. 6th Intern. Conf. on Electron and Ion Beam Science and Technology, p. 205.
3) L. Karapipiris, I. Adesida, C. A. Lee and E. D. Wolf : J. Vac. Sci. Technol. **19** (1981) 1259.
4) L. Karapiperis, D. Dieumegard and I. Asesida : Nucl. Instr. Meth. **209/210**

(1983) 165.
5) D. B. Rensch, R. L. Seliger, G. Csanky, R. D. Olney and H. L. Stover : J. Vac. Sci. Technol. **16** (1979) 1897.
6) W. H. Brünger, H. Löschner, G. Stengl, W. Fallmann, W. Finkelsteinand and J. Melngailis : Microelectronic Eng. **27** (1995) 323.
7) R. L. Kubena, J. W. Ward, F. P. Stratton, R. J. Joyce and J. M. Atkinson : J. Vac. Sci. Technol. **B9** (1991) 3079.
8) K. Moriwaki, H. Aritome and S. Namba : Jpn. J. Appl. Phys. **20** (1981) Suppl. 20-1 69.
9) S. Matsui, K. Mori, T. Shiokawa, K. Toyoda and S. Namba : J. Vac. Sci. Technol. **B5** (1987) 853.
10) S. Matsui, Y. Kojima and Y. Ochiai : Appl. Phys. Lett. **53** (1988) 868.
11) W. H. Brunger, J. Blaschke, M. Torkler and L.-M. Buchmann : J. Vac. Sci. Technol. **B11** (1993) 2404.
12) H. Yamaguchi, A. Shimase, S. Haraichi and T. Miyauchi : J. Vac. Sci. Technol. **B3** (1985) 71.
13) Y. Yamamura and J. Bohdansky : Vacuum **35** (1985) 561 ; J. Bohdansky : Nucl. Instr. Meth. **B2** (1984) 587.
14) J. F. Ziegler : the Stopping and Range of Ions in Solids (Pergamon, New York, 1985) Vol. 1.
15) T. Kosugi, Iwase and K. Gamo : Jpn. J. Appl. Phys. **32** (1993) 3051.
16) J. W. Coburn, 三宅　潔 : 半導体ドライエッチング技術　ドライエッチングの基礎 (徳山　巍編, 産業図書, 1992.10) 第3章, p. 39.
17) 三宅　潔 : 半導体研究第20巻超 LSI 技術　ドライプロセスの反応機構 (西沢潤一編, 工業調査会, 1983.8) 第3章, p. 53.
18) K. Miyake, S. Tachi, K. Yagi and T. Tokuyama : J. Appl. Phys. **53** (1982) 3214.
19) S. Tachi, K. Miyake and T. Tokuyama : Jpn. J. Appl. Phys. **20** (1981) L411.
20) S. Tachi, K. Miyake and T. Tokuyama : Jpn. J. Appl. Phys. **21** (1982) Suppl. 21-1, p. 141.
21) T. Sakai, A. Sakai and H. Okano : Jpn. J. Appl. Phys. **32** (1993) 3089.
22) T. Shibano, N. Fujiwara, M. Hirayama, H. Nagata and K. Demizu : Appl. Phys. Letts. **63** (1993) 2336.
23) S. Nagamachi : Appl. Phys. Lett. **62** (1993) 2143.
24) A. Wagner, J. P. Levin, J. L. Mauer, P. C. Blauner, S. J. Kirch and P. Longo :

J. Vac. Sci. Technol. **B8** (1990) 1557.
25) Y. Hirayama, T. Saku and Y. Horikoshi : Phys. Rev. **B41** (1990) 12307.
26) A. D. Wieck and K. Ploog : Appl. Phys. Lett. **56** (1990) 928.
27) S. Nakata : Science and Technology of Mesoscopic Structures (Springer Verlag, Tokyo, 1992) p. 279.
28) Y. J. Li, S. Sasa, W. Beinstingl, M. S. Miller, Z. Xu, G. Snider and P. M. Petroff : J. Vac. Sci. Technol. **B9** (1991) 3456.
29) H. Arimoto, A. Kawano, H. Kitada, A. Endoh and T. Fujii : J. Vasc. Sci. Technol. **B9** (1991) 2675.
30) H. Saka, K. Kuroda, M. H. Hong, T. Kamino, T. Yaguchi, H. Tsuboi, T. Ishitani, H. Koike, A. Shibuya and Y. Adachi : Proc. 13 th Intern. Cong. Electron Microscopy, Vol. 1, (ed.) B. Jouffrey and C. Colliex (Paris Society de Physique, 1994) p. 1009.
31) 皆籐　孝, 相田和男, 杉山安彦, 岩崎浩二, 松村　浩, 足立達彦：日本学術振興会荷電ビームの工業への応用第132委員会第125回研究会資料.

# 索　引

## あ

RSF …… 139
RBS …… 1, 27, 37
ISS …… 91
i-carbon …… 233
ICISS …… 91
ITO …… 306
IBD …… 232
IBAD …… 287
IVD …… 287
浅いイオン注入 …… 269
アニール(技術) …… 177, 269, 277, 333
アブソーバ …… 155
アモルファス層 …… 245

## い

ERD(A) …… 27, 45, 51, 107
E×B …… 33
イオン打ち込み …… 234
イオン源 …… 119, 153, 232, 238, 270, 291
イオン減速部 …… 237
イオン顕微鏡 …… 113
イオン照射増速拡散 …… 322
イオン注入 …… 1, 269
イオン注入技術 …… 169
　　──装置 …… 178, 204
　　──標準試料 …… 138
　　──法 …… 199
イオンドーピング …… 252
イオンビーム支援エッチング …… 320
イオンビーム支援デポジション
　　…… 330, 327

イオンビーム照射効果 …… 203
イオンビームデポジション …… 232
イオンビームプロセス …… 269
イオンビームリソグラフィー …… 313
イオンフラックス …… 235
イオンミキシング効果 …… 334
一次イオン照射系 …… 119
一次イオン注入現象 …… 114
一次イオン分離器 …… 119, 120
イットリウム-ジルコニウム(YSZ)
　　…… 299
医用生体材料 …… 263

## う

ウィーンフィルタ …… 33, 153

## え

ALICISS …… 93
AlN 形成 …… 209
AlN 膜 …… 297
$^{26}$Al …… 147, 163
SIMS …… 113
　　──装置 …… 118
SIM 像 …… 121
SIMOX …… 192
SSD …… 32, 155
SOI 技術 …… 192
S-SIMS …… 135
X 線の(全)発生断面積 …… 68, 71, 72, 74
エッチング …… 270, 313, 320, 333
　　──選択比 …… 320
NRD …… 27, 37

## 索引

エネルギーストラグリング ………… 12
エネルギー損失 …… 24, 151, 152, 154, 172
エネルギー分解能 ………………… 10
エネルギー分散 …………………… 238
エピタキシャル …………………… 16
　　――成長 …………………… 233
エミッションチャネリング ………… 52
LSS 理論 …………………… 172, 202
LMIS …………………… 119, 120
エレクトロニック・アパチャリング法
　……………………………… 121

## お

扇形 MS ……………………………124
扇形二次二重集束型 MS …………124
応力緩和 …………………………225
オージェ過程 ……………………… 73
オージェ遷移 ……………………… 71
オージェ電子 ……………………… 71

## か

ガウス分布 …………………………207
化学スパッタリング ………… 327, 329
化学量論的 ………………………252
核反応 ……………………………… 37
　　――検出法 ……………… 37
　　――の断面積 …………… 37
化合物半導体デバイス ……………188
カスケード衝突 ……………………274
カスケード領域 ……………………288
ガスを充塡した電磁石 ……………157
加速エネルギー ……………………205
加速器質量分析法 …………………145
硬さ ………………………………211
カプトン …………………… 217, 219
ガラス状炭素 ……………… 216, 221

## き

希ガスイオン ………………………301
気体電離箱 …………………………155
機能性薄膜 …………………………252
擬分子イオン ………………………136
Q 値 ………………………………… 38
吸着不純物 ………………………… 50
共鳴型の核反応 ………………… 38, 42
共鳴幅の広がり ………………… 43, 54
局所温度 …………………………262
禁止帯幅 …………………………307
近接効果 …………………………314
金属人工格子 ……………………257
金属表層改質 ……………………206

## く

空間電荷中和 ……………………238
クーロン障壁 ……………………… 38
クラスターイオン …………………269
グラファイト ……………………218
クレータエッジ効果 ………………129

## け

軽（かるい）元素 …………… 27, 44, 46
　　――の分析 ……………… 37
蛍光収量 …………………………… 73
Si 中 N の定量分析 ………………141
欠陥分布 …………………………176
結晶性 ……………………………296
検出限界 …………………………… 81
検出効率 ……………………… 29, 64
元素分析 ……………………… 2, 27
検量線法 …………………………138

## こ

高エネルギーイオン注入 …………189
高温耐酸化性 ……………………213

索 引

高温超伝導薄膜 ……………………254
抗血栓性 ……………………………223
格子(内)位置 …………………1,37,226
格子内位置の決定 …………………46
構造変換 ……………………………215
後方散乱法 …………………………37
高密度磁気記録素子 ………………263
コスター-クローニッヒ遷移係数 ……74
混合層 ………………………………293
混入 …………………………………209

さ

サイクロトロン ………………………151
再構成配列 …………………………17
最小錯乱円 …………………………121
最小収率 …………………………17,19
最大濃度 ……………………………208
再分布 ………………………………209
細胞 …………………………………221
サファイア …………………………224
サブミクロン ………………………315
　　――パターン ………………315,330
3次元解析 …………………………132
酸素イオン …………………………299
散乱断面積 …………………………314
残留ガス ……………………………210
　　――フラックス …………………235
残留抵抗比 …………………………245

し

CAICISS ……………………………93
$^{14}$C ………………………146,147,158,162
シート抵抗 …………………………219
CVD法 ………………………………295
しきい値 ……………………………38
自己スパッタリング率 ……………234
質量分解能 …………………………10

質量分析計 …………………………151
質量分離 ………………………232,239
シトシン ……………………………136
シャドー・コーン ……………19,91,94
集積回路(IC)のAl配線 ……………132
集束イオンビーム ……316,330,333
　　――デポジション ………………258
集束レンズ …………………………120
収量曲線 ……………………………48
縮小投影露光法 ……………………315
準安定合金 …………………………206
準安定セラミックス ………………206
純鉄 …………………………………207
照準線プロセス ……………………205
衝突効果 ……………………………202
蒸発源 ………………………………292
初期摩耗 ……………………………212
触媒 …………………………………263
シリコーン …………………………222
真空槽 ………………………………293
人工関節 ……………………………200
信号検出系 …………………………125
人工格子 ……………………………257
靱性 …………………………………224
振動子型膜厚測定器 ………………292

す

水素 ……………………………42,47
　　――同位体 …………………37,47
　　――の振動状態 …………………54
　　――媒介エピタキシ ……………104
スクラッチ試験 ……………………220
ステンシルマスク …………………315
ストッパフォイル …………………30
ストラグリング ……………………24
スパッタリング ………14,207,208,234
　　――現象 …………………………262

## 索引

――表面の一次イオン種の試料表面
濃度 ……………………………115
――率 ……………115, 270, 327, 329

### せ

制限視野法 ………………………122
生体適合性 ………………………221
成長軸 ……………………………296
静電ディフレクタ ………………153
制動輻射 ………………………67, 82
積層多層膜 ………………………255
積層薄膜 …………………………234
接着 ………………………………221
セラミックス ……………………224

### そ

走査型 ……………………………125
走査露光法 ………………………315
相対感度係数 ……………………139
相対二次イオン化率 ……………117
像分解能 …………………………125
阻止断面積 …………………………5
阻止能 ……………4, 5, 28, 41, 172, 316

### た

耐食性 ………………………213, 245
ダイナミックミキシング …227, 287
耐摩耗性 ……………………211, 221
ダイヤモンド ………………216, 299
――状カーボン薄膜 …………247
ダイレクトイオンビームデポジション法
 ……………………………………232
多体衝突 …………………………270
弾性衝突 …………………………203
弾性反跳原子検出法 …………27, 107
炭素 ………………………………214
タンデム(型)加速器 …9, 146, 151, 183

### ち

窒化炭素 …………………………303
窒化モリブデン …………………302
チャネリング
 ………1, 10, 16, 37, 46, 52, 173, 275, 315
――効果 ………………………173
――スペクトル …………………17
注入分布 …………………………171
超高純度 …………………………234
――鉄薄膜 ……………………243
超微細パターンの描画 …………313
超平滑 ……………………………234
直接描画 …………………………234
直接リコイル ……………………108

### て

Ti 合金 ………………………200, 213
Ti 注入 ……………………………208
TiN 膜 ……………………………293
TIM 像 …………………………125, 132
$Ta_2O_5$ 薄膜 ……………………250
TOF …………………………32, 153, 271
TOF-ICISS …………………………93
D-SIMS ……………………………135
定量分析法 ………………………138
デュオプラズマトロン ……119, 120
$\Delta E$-$E$ …………………………32, 155
電荷中和用の低速電子銃 ………123
電気化学反応 ……………………220
電気抵抗 …………………………307
電気伝導性 ………………………217
電子ビームリソグラフィー …313, 333
電離断面積 …………………72, 74, 76
電離箱 ………………………32, 156

### と

同位体 ……………………………234

| 索　引 | |
|---|---|
| ——測定 …………………137 | 白色発光 …………………226 |
| ——比 ……………………148 | バケット型イオン源 …………291 |
| 透過率 ……………………307 | パターン …………………317 |
| 同時計測法 …………………34 | バックグラウンド ……59, 74, 82, 148 |
| 同重体 ……………………150 | 発光 ………………………225 |
| 等倍近接投影露光法 …………315 | バルクの微量不純物分析 ………127 |
| 特性X線 …………………59, 72 | パルス照射 …………………323 |
| ドップラー効果 ………………54 | 半減期 ………………146, 147, 149 |
| ドップラー広がり ……………43 | 反跳角 ……………………108 |
| トレーサ実験 ………………147 | 反跳原子検出法 …………27, 45, 51 |
| **な** | バン・デ・グラーフ加速器 ……9, 61 |
| 内殻電離断面積 ………………76 | 半導体検出器 ……………59, 61, 155 |
| 内部標準イオン注入 …………139 | 反応性イオンビームエッチング |
| 軟X線ミラー ………………255 | ……………………320, 327 |
| 軟化 ………………………225 | **ひ** |
| **に** | ピアス形電極 ………………123 |
| 二次イオン化率 ………………116 | $^{10}Be$ ………146, 147, 158, 159, 162 |
| 二次イオン(元素)像観察 ………131 | BN ………………………289 |
| 二次イオン光学系 ……………124 | ビーム偏向・走査部 …………121 |
| 二次イオン質量分析法 ………113 | 非共鳴型の(核)反応 …………38, 40 |
| 二次電子 …………………32, 67 | PIXE ……………………27, 37, 59 |
| 2体衝突 …………………269 | 飛行時間(TOF) ………32, 153, 271 |
| **ね** | ——型MS ………………124 |
| 熱振動振幅の測定 ……………48 | 非質量分離大口径イオン注入 …193 |
| 熱力学的分析手法 ……………138 | 非晶質 ……………………218 |
| 年代測定 …………………147, 148 | 微小領域分析 ………………131 |
| **の** | 非弾性衝突 …………………203 |
| ノックオン現象 ………………128 | 飛程 ……………………69, 317 |
| **は** | 非熱平衡プロセス ……………205 |
| バイポーラデバイス …………187 | 微分断面積 …………………3, 29 |
| $\pi^+ \to \mu^+$ チャネリング ………52 | 標準試料 …………………227 |
| パイルアップ信号 ……………64 | 表層改質 …………………199, 201 |
| | 表層合金化 …………………207 |
| | 表面処理 …………………199 |
| | 表面電離型イオン源 ……119, 120 |
| | 表面分析 …………………135 |

表面平坦度 ·····························255
表面リコイル ··························108

## ふ

ファラデーカップ ·····················159
不安定核································52
深さ分解能·····························10
深さ分析································3
深さ分布の測定························40
深さ方向濃度分布の測定 ············127
複合イオンビームデポジション ······250
腐食····································213
　　──電流密度 ·····················244
物理(的)スパッタリング ···281, 320, 327
プライマリーイオンビームデポジション
　　法·································232
ブラッグの法則 ·························5
フリーマン型イオン源 ················238
ブロッキング ······················37, 51
分極特性·······························245
分子動力学シミュレーション
　　·······················261, 274, 279

## へ

平均温度·······························262
ペロブスカイト ·······················254
変位カスケード ·······················262

## ほ

放射性核································52
放射性同位元素 ············145, 146, 147
放射線測定法 ···············147, 149, 161
飽和シート抵抗値 ·····················218
ポリアセチレン ·······················218
ポリマー·······························217
ボロンの深さ方向濃度分布 ···········130

## ま

マイグレーション ·····················245
マイクロ波イオン源 ··················238
マイクロビーム························62
膜堆積·································234
摩擦···································225
　　──係数························211
摩耗機構·······························212
摩耗量·································304

## み

ミキシング層 ··························128
ミクロ観察·····························134
密着性·································293
ミニ突起法·····························129

## む

無潤滑摩耗試験 ·······················212

## め

面心立方格子 ··························261

## も

モースポテンシャル ··················261
MOS デバイス ·························184

## ゆ

優先配向性·····························242

## よ

四重極型 MS ··························124

## ら

ラザフォード後方散乱分光法 ············1
ラザフォード散乱 ············1, 3, 64, 76
ラテラルスパッタリング ···270, 275, 279
ラマン分光スペクトル ················217

ランダムスペクトル………………17

**り**

リソグラフィー …………………313
立方晶系窒化ホウ素 ……………301
粒子識別 …………………………152
　──技術 ……………………145,146
粒子線励起 X 線 …………………59

粒子添加 …………………………215
臨界エネルギー …………………235

**れ**

レジスト ……………………313,333
連続 X 線 ……………………59,67,82
連続膜 ……………………………242

2000年3月25日　第1版発行

編者の了解に
より検印を省
略いたします

イオンビームによる
物質分析・物質改質

編　者　　藤　本　文　範
　　　　　小　牧　研一郎

発 行 者　内　田　　　悟

印 刷 者　山　岡　景　仁

発行所　株式会社　内田老鶴圃　〒112-0012 東京都文京区大塚3丁目34番3号
　　　　　　　　　電話（03）3945-6781・FAX（03）3945-6782
　　　　　　　　　　　　印刷/三美印刷K.K.・製本/榎本製本K.K.

Published by UCHIDA ROKAKUHO PUBLISHING CO., LTD.
3-34-3 Otsuka, Bunkyo-ku, Tokyo, 112-0012, Japan

U.R. No. 497-1

ISBN 4-7536-5033-2 C 3055

イオンビームの基礎を素過程まで詳述する

# イオンビーム工学
## イオン・固体相互作用編

藤本文範・小牧研一郎 共編
A5判・376頁・本体6500円

**[内容主目]**

1. はじめに  2. 散乱  イオン／散乱／ウェイク  3. イオンのエネルギー損失  核的阻止能／電子的阻止能／自由電子ガスの誘電関数と阻止能／分子イオン／クラスターイオンのエネルギー損失／阻止能における$Z_1$振動／局所電子密度モデルと$Z_2$振動／ベーテ-ブロッホの公式と補正項／有効電荷と平均電荷／阻止能の測定法／エネルギー・ストラグリング  4. チャネリング  チャネリングとブロッキング／臨界角と最小収量／純チャネリング／チャネリングにおける阻止能／ディチャネリング／ラザフォード後方散乱法／表面チャネリング／湾曲結晶によるチャネリング効果／原子核寿命の測定／回折現象とチャネリング, 電子・陽電子のチャネリング／干渉性共鳴励起  5. **励起, 電離**  イオン・原子の2体衝突／イオン・固体衝突  6. **表面散乱**  反射散乱イオン／反射イオンのエネルギー損失／荷電変換／2次電子放出  7. **スパッタリング**  単原子固体のスパッタリング／合金・化合物のスパッタリング  8. **照射効果**  照射損傷／電子励起効果

## 材料表面機能化工学　省エネルギー・省資源のための

岩本信也 著
A5判・600頁・本体12000円

材料表面の下地に含まれる希少金属をいかに長持ちさせるか，また下地に廉価な材料を用い腐食・触媒・耐摩耗性などを支持する表面に少量の希少金属を効率よく被覆または包合させる方法を多角的に総括する．

## 薄膜物性入門

エッケルトバ 著　井上・鎌田・濱崎 訳
A5判・400頁・本体6000円

薄膜の作製法からその性質・応用までを幅広くまとめる．
緒言／薄膜の作製法／薄膜の膜厚および蒸着速度の測定方法／薄膜の形成機構／薄膜の分析／薄膜の性質／薄膜の応用

## X線構造解析　原子の配列を決める

早稲田嘉夫・松原英一郎 著
A5判・308頁・本体3800円

物質あるいは材料の構造を原子・分子という微視的レベルで解明するもっとも有力な手段の一つ「X線構造解析」の基礎から応用までを，学生・技術者・研究者のために丁寧に解説する．